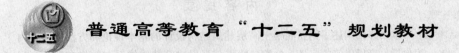

普通高等教育"十二五"规划教材

高层建筑结构设计

（第2版）

谭文辉　李　达　主编

北京

冶金工业出版社

2015

内 容 提 要

　　本书详细阐述了钢筋混凝土高层建筑结构设计的基本理论和方法，主要内容包括：高层建筑的定义、分类与特点，高层建筑结构体系与结构布置，高层建筑结构概念设计，高层建筑结构荷载与地震作用，框架结构设计与案例，剪力墙结构设计与案例，框架-剪力墙结构设计与案例，筒体结构设计简介，高层建筑结构计算机计算原理与设计软件简介等。书中列举了大量算例，章末附有思考题与习题，便于读者掌握所学内容。

　　本书为高等学校土木工程专业的教材，也可供从事建筑结构设计、施工的工程技术人员参考。

图书在版编目（CIP）数据

　　高层建筑结构设计/谭文辉，李达主编. —2 版. —北京：冶金工业出版社，2013. 7（2015. 2 重印）
　　普通高等教育"十二五"规划教材
　　ISBN 978-7-5024-6305-2

　　Ⅰ. ①高… Ⅱ. ①谭… ②李… Ⅲ. ①高层建筑—结构设计—高等学校—教材 Ⅳ. ①TU973

　　中国版本图书馆 CIP 数据核字（2013）第 138658 号

出 版 人　谭学余
地　　址　北京市东城区嵩祝院北巷 39 号　邮编　100009　电话　(010)64027926
网　　址　www. cnmip. com. cn　电子信箱　yjcbs@ cnmip. com. cn
责任编辑　杨　敏　美术编辑　吕欣童　版式设计　孙跃红
责任校对　卿文春　责任印制　牛晓波
ISBN 978-7-5024-6305-2
冶金工业出版社出版发行；各地新华书店经销；北京印刷一厂印刷
2011 年 1 月第 1 版，2013 年 7 月第 2 版，2015 年 2 月第 2 次印刷
787mm×1092mm　1/16；19 印张；461 千字；294 页
39. 00 元
冶金工业出版社　投稿电话　(010)64027932　投稿信箱　tougao@cnmip. com. cn
冶金工业出版社营销中心　电话　(010)64044283　传真　(010)64027893
冶金书店　地址　北京市东四西大街 46 号(100010)　电话　(010)65289081(兼传真)
冶金工业出版社天猫旗舰店　yjgy. tmall. com
（本书如有印装质量问题，本社营销中心负责退换）

第 2 版前言

《高层建筑结构设计》(第 1 版)于 2011 年出版以来,得到了广大读者的认可和好评。由于建筑行业主要规范内容更新,使得该书中的一些内容与新规范中的内容和要求不一致。本书对第 1 版中有关内容进行了修改。主要修改的内容包括:

(1) 对高层建筑的定义、分类根据新规范重新做了阐释。

(2) 在结构荷载计算方面,将旧规范的非抗震设计状况全部改为新规范的持久设计状况和短暂设计状况。

(3) 新规范中以 300MPa 级光圆钢筋取代了 235MPa 级钢筋,因此所有涉及 235MPa 级钢筋的计算都重新进行了计算。

(4) 对结构抗震性能设计原则和方法按新规范重新做了阐释。

(5) 根据新规范对部分章节的构造要求和计算参数做了调整,所根据的国家最新标准和行业标准有:《建筑结构荷载规范》(GB 50009—2012)、《建筑抗震设计规范》(GB 5011—2010)、《混凝土结构设计规范》(GB 50010—2010)、《高层建筑混凝土结构技术规程》(JGJ 3—2010)等。

《高层建筑结构设计》(第 2 版)由谭文辉、李达主编,牟在根、暴育红、张鹏飞参与了有关章节的编写。

限于作者水平,书中不足之处,敬请读者批评指正。

编 者
2013 年 4 月

第1版前言

高层建筑是人类社会和科学技术发展的必然产物,在城市人口日益增多,建筑用地日益减少的情况下,发展高层建筑成为城市建设的必然选择。作为城市的地标,高层建筑不仅可以为城市创造出美丽的天际线,而且可以带来城市商业交流、经济发展的价值。近年来,高层建筑发展迅速,对相关专业的技术人才需求越来越大,要求也越来越高,因而,毕业后有可能参与或从事高层建筑结构设计与施工的土木工程专业的学生,学习和掌握高层建筑结构设计的理论和方法是非常必要的。

本书是编者根据近年来在高层建筑结构教学中的体会和讲义,根据国家的新标准《建筑结构荷载规范》(GB 50009—2001)(2006 年版)、《建筑抗震设计规范》(GB 50011—2001)(2008 年版)、《混凝土结构设计规范》(GB 50010—2002)、《高层建筑混凝土结构技术规程》(JGJ 3—2002)等的有关规定,在吸收了高层建筑结构设计理论和实践的最新研究成果的基础上编写而成的。

本书在介绍各种结构体系的结构设计方法时,按结构分析和构造措施两个步骤进行讲解,并在理论阐述之后辅以例题或实例,以便读者深入体会和掌握高层建筑结构设计的理论和方法。

本书由谭文辉和李达主编,牟在根、暴育红、张鹏飞参与了有关章节的编写。具体分工是:第1~4、6章由谭文辉编写,第5章的5.1~5.5节及第7章由李达编写,第5章的5.6节由牟在根编写,第8章由张鹏飞编写,第9章由暴育红编写。

在编写过程中,参考了有关文献,在此向文献作者表示感谢。

限于编者水平,书中有不妥之处,敬请读者批评指正。

编 者
2010 年 6 月

目　录

1 绪 论

1.1 高层建筑的定义与分类

1.1.1 高层建筑的定义

随着社会经济的发展和科学技术的进步，高层建筑在世界各国大量兴建。高层建筑可节约城市用地，缩短公用设施和市政管网的开发周期，从而减少市政投资，加快城市建设。但是，随着高度的增加，高层建筑的技术问题、建筑艺术问题、投资经济问题以及社会效益问题、环境问题等日益变得复杂、严峻，因此，高层建筑成为衡量一个国家建筑科学技术水平的重要标志，更是检验一个国家建筑结构技术成熟程度的标尺。

什么是高层建筑？高层建筑和城市住宅委员会（Council on Tall Building and Urban Habitat, CTBUH）认为，应考虑如下三个因素：

（1）相对于周围环境的高度。高层建筑的高不仅指建筑的高度，还要相对于它所处的环境而言。如图 1-1 所示，1 栋 14 层的建筑在高层建筑林立的地方如芝加哥或香港一般不认为是高层建筑，但是在欧洲城市或郊区，该建筑明显高于其他城市正常建筑高度，它就可以算是高层建筑。

（2）建筑的高宽比。一个建筑是否是高层建筑，还与其高宽比有关。很多细长的建筑也可以看作高层建筑，特别是处于低矮的建筑群中。相反，很多高度很高、基座很大，但是高度与建筑占地面积之比不在规定范围内的建筑也不能算高层建筑（图 1-2）。

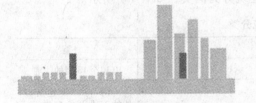

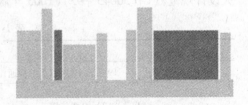

图 1-1　建筑与周围建筑的关系　　　　　图 1-2　高宽比示例

（3）高层建筑技术。如果建筑的技术要求很"高"（如特别的垂直交通技术，因为高度高而设置的风支撑等（图 1-3）），这些建筑可以归为高层建筑。

尽管层数是比较差的指标（因为不同的功能会导致建筑层高不同，如办公建筑和居住建筑的层高不同），但是，CTBUH 依然认为，层数超过 14 层，高度超过 50m 的建筑可以定义为"高层建筑"。

因此，高层建筑可以定义为具有一定层数或高度的建筑。但是，高层建筑的起点高度或层数，各国规定不一，目前尚无统一的严格定义。如：美国规定24.6m或7层以上的建筑物为高层建筑；日本规定31m或8层及以上的建筑物为高层建筑；英国规定高度等于或大于24.3m的建筑物为高层建筑；德国规定22m以上的建筑物为高层建筑。

1972年，国际高层建筑会议将高层建筑分为4类：

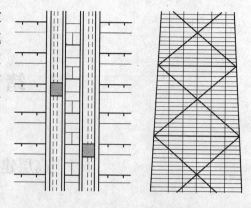

图1-3　高层建筑技术——垂直交通与斜撑

第一类高层建筑为9~16层（最高50m）；

第二类高层建筑为17~25层（最高75m）；

第三类高层建筑为26~40层（最高100m）；

第四类高层建筑为40层以上（高于100m）。

在我国，《高层建筑混凝土结构技术规程》（JGJ 3—2010，J1 86—2010）（以下简称《高规》）里规定：10层及10层以上或房屋高度大于28m的住宅建筑和房屋高度大于24m的其他高层民用建筑称为高层建筑（tall building）。

国际上，通常将高度超过300m的建筑称为超高层建筑（supertall building）。

1.1.2　高层建筑的分类

（1）根据高层建筑的使用功能，高层建筑可分为：

1）高层住宅。高层住宅包括塔式住宅和板式住宅以及底部为商业用房，上部为住宅的商住楼。

2）高层旅馆。高层旅馆包括星级酒店、大型饭店等。

3）公共性建筑。公共性建筑包括办公、商业、科研、教学用楼等。

（2）根据高层建筑的使用性质、火灾危险性、疏散和扑救难度等，《高层民用建筑防火设计规范》（GB 50045—95）（2005年版）将高层建筑分为两类，如表1-1所示。

表1-1　高层建筑分类

名　称	一　类	二　类
居住建筑	19层及19层以上的普通住宅	10层至18层的住宅
公共建筑	（1）医院； （2）高级旅馆； （3）建筑高度超过50m或24m以上部分的任一楼层的建筑面积超过1000m²的商业楼、展览楼、综合楼、电信楼、财贸金融楼； （4）建筑高度超过50m或24m以上部分的任一楼层的建筑面积超过1500m²的商住楼； （5）中央级和省级（含计划单列市）广播电视楼； （6）网局级和省级（含计划单列市）电力调度楼； （7）省级（含计划单列市）邮政楼、防灾指挥调度楼； （8）藏书超过100万册的图书馆、书库； （9）重要的办公楼、科研楼、档案楼； （10）建筑高度超过50m的教学楼和普通的旅馆、办公楼、科研楼、档案楼等	（1）除一类建筑以外的商业楼、展览楼、综合楼、电信楼、财贸金融楼、商住楼、图书馆、书库； （2）省级以下的邮政楼、防灾指挥调度楼、广播电视楼、电力调度楼； （3）建筑高度不超过50m的教学楼和普通的旅馆、办公楼、科研楼、档案楼等

（3）按照建筑结构使用的材料不同，高层建筑结构又可分为钢筋混凝土结构、钢结构和钢-混凝土混合结构三种类型。

钢筋混凝土结构具有取材容易、耐久性和耐火性良好、承载能力大、刚度好、节约钢材、造价低、可模性好以及能浇制成各种复杂的截面和形状等优点，现浇整体式混凝土结构还具有整体性好的优点，设计合理时，可获得较好的抗震性能。钢筋混凝土结构布置灵活方便，可组成各种结构受力体系，在高层建筑中得到了广泛的应用。但是，钢筋混凝土结构施工工序复杂，建造周期较长，受季节的影响大，对高层建筑的建造不利。由于高性能混凝土材料的发展和施工技术的不断进步，钢筋混凝土结构仍将是今后高层建筑的主要结构类型。目前，最高的混凝土建筑是 2009 年在芝加哥建成的高 423m 的特朗普国际酒店大厦。

钢结构具有材料强度高、截面小、自重轻、塑性和韧性好、制造简便、施工周期短、抗震性能好等优点，在高层建筑中也有着较广泛的应用。但由于高层建筑钢结构用钢量大，造价高，再加之因钢结构防火性能差，需要采取防火保护措施，增加了工程造价，此外，钢结构的应用还受钢铁产量和造价的限制。目前，最高的钢结构建筑是 1974 年在芝加哥建成的高 442m 的西尔斯大厦。

钢-混凝土组合结构或混合结构是将钢材放在混凝土构件内部（称为钢骨混凝土），或在钢管内部填充混凝土，做成外包钢构件（称为钢管混凝土）。这种结构不仅具有钢结构自重轻、截面尺寸小、施工进度快、抗震性能好等特点，同时还兼有混凝土结构刚度大、防火性能好、造价低的优点，因而被认为是一种较好的高层建筑结构形式，近年来在世界上发展迅速。目前，世界最高的十大建筑中，有九个是组合结构。最高的组合结构建筑是 2010 年 1 月落成的哈利法塔（828m，163 层）。

1.2　高层建筑结构的特点

高层建筑结构可以设想成为支承在地面上的竖向悬臂构件，承受着竖向荷载和水平荷载的作用。与多层建筑结构相比，高层建筑结构具有其独特的方面。

1.2.1　高层建筑受力和位移特点

（1）高层建筑中水平荷载产生的影响远大于垂直荷载产生的影响，因此，高层建筑结构必须是一个既能抗弯曲又能抗剪切，还能使其地基和基础承受上部传来各种作用力的结构系统。

建筑物抗弯曲要求必须达到以下三个条件（见图 1-4）：

1）不会使建筑物发生倾斜（图 1-4a）；

2）支承体系（柱或墙）的某些部位不致被压碎、压屈或拉断（图 1-4b）；

3）其弯曲侧移（和剪切侧移的总和）不应超过弹性可恢复极限（图 1-4c）。

建筑物抗剪切要求必须达到以下两个条件（见图 1-5）：

1）不会使建筑物被剪断（图 1-5a）；

2）其剪切侧移（和弯曲侧移的总和）不应超过弹性可恢复极限（图 1-5b）。

对地基和基础来说，该建筑结构系统的各支承点之间不应发生过大的不均匀变形，而

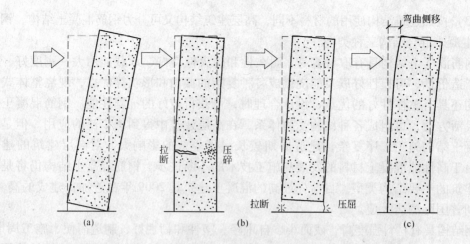

图 1-4　建筑物抗弯曲

（a）必须不会倾覆；（b）必须不发生拉伸破坏或压缩破坏；（c）弯曲侧移不能过大

且其地基和地下结构应能承受侧向荷载引起的水平剪力，并不致引起水平滑移。

（2）高层建筑中，水平荷载和地震作用对结构设计起着决定性的作用。竖向荷载在结构的竖向构件中主要产生轴向压力，其数值仅与结构高度的一次方成正比；而水平荷载对结构产生的倾覆力矩，以及由此在竖向构件中所引起的位移，其数值与结构高度的二次方和四次方成正比（图1-6）。水平均布荷载作用下，荷载效应（轴力 N、弯矩 M 和位移 Δ）的值可用下列式子表达：

$$\left\{ \begin{array}{l} N = WH = f(H) \\ M = qH^2/2 = f(H^2) \\ \Delta = qH^4/(8EI) = f(H^4) \end{array} \right. \qquad (1\text{-}1)$$

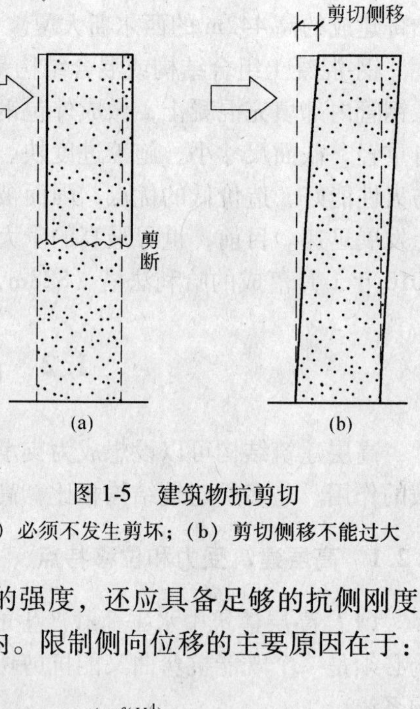

图 1-5　建筑物抗剪切

（a）必须不发生剪坏；（b）剪切侧移不能过大

因此，设计高层建筑时，不仅要求结构具有足够的强度，还应具备足够的抗侧刚度，使结构在水平荷载下产生的侧移被控制在规定的范围内。限制侧向位移的主要原因在于：

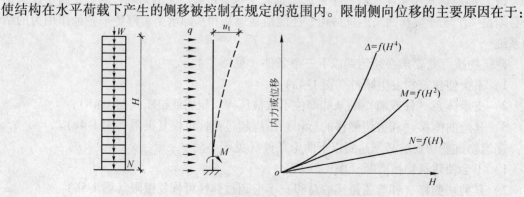

图 1-6　结构内力、位移与高度的关系

1）结构在强阵风作用下的振动加速度超过 0.015g 时，会影响建筑内使用人员的正常工作和生活。在地震作用下，如果侧移过大，更会增加人们的不安全感或惊慌。

2）层间相对位移过大会使填充墙或一些建筑装修开裂或损坏。此外，顶点总位移过大，会使电梯因轨道变形而不能正常运行，机电管道容易受到破坏。

3）高层建筑的重心位置较高，过大的侧向变形会产生重力二阶效应，从而使结构产生较大的附加应力，甚至可能因侧移与应力的恶性循环导致建筑物倒塌。

（3）动力反应不可低估。与竖向荷载相比，作为水平荷载的风荷载和地震作用，其数值与结构的动力特性等有关，具有较大的变异性，而且由于作用在高层建筑上的水平荷载——风和地震作用是动态变化的，所以结构的动力反应不可低估。

（4）高层建筑由于高度大，导致结构轴向变形、剪切变形以及温度、沉降的影响加剧。高层建筑中，竖向构件（特别是柱）的轴向压缩变形对结构和楼面标高会产生较大的影响，如美国的帝国大厦（102 层、高 381m），其总重量约达 30 万吨，导致大厦的高度比原来压缩了 8～15cm，所幸迄今为止帝国大厦还找不到一处龟裂的地方。

在框架结构中，中柱承受的轴压力一般要大于边柱的轴压力，相应地中柱的轴向压缩变形要大于边柱的轴向压缩变形。当房屋很高时，中柱和边柱就会产生较大的轴向变形差异，使框架梁产生不均匀沉降，造成框架梁的弯矩分布发生较大的变化。图 1-7a 为未考虑各柱轴向变形时框架梁的弯矩分布，图 1-7b 为考虑各柱轴向变形差异时框架梁的弯矩分布。

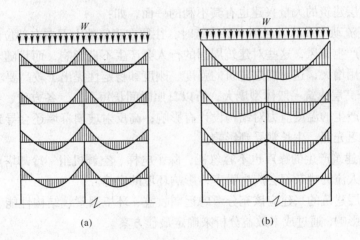

图 1-7 柱轴向变形对高层框架梁弯矩分布的影响

(a) 未考虑各柱轴向变形时框架梁的弯矩分布；

(b) 考虑各柱轴向变形差异时框架梁的弯矩分布

1.2.2 建筑高度与材料用量、工程造价的关系

随着建筑高度的增加，材料用量、工程造价将呈抛物线关系增长，见图 1-8。

1.2.3 高层建筑技术经济特点

高层建筑的蓬勃发展具有以下多方面的意义：

（1）发展高层建筑，能够有效减少地面建筑的密度，建筑向高空延伸，可以增加人们的密集程度，缩短交通联系路线，节约城市用地和市政建设方面的投资。

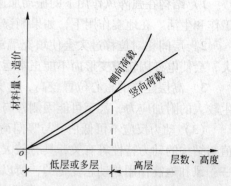

（2）在建筑面积与建设场地面积相同比值的情况下，建造高层建筑比多层建筑能够提供更多的空闲地面，将这些空闲地面用作绿化和休息场地，有利于美化环境，并带来更充足的日照、采光和通风效果，因此可以改善城市环境质量。

（3）发展高层建筑其意义并不单纯在于高度的突破，而是它带动了整个建筑业的发展，以及材料

图 1-8　荷载、材料与建筑高度的关系

工艺、信息技术、设备制造工艺等其他行业的大发展，能够为人类造福，因此高层建筑的经济和社会效益都相当好。

（4）高层建筑是科学发展和经济发展的必然产物和重要标志。高层建筑越多，高度越高，所需要解决的城市规划、建筑结构设计、基础工程、建筑材料、运输、消防、空调、电气、施工技术及城市公用设施所需及与之相配合的问题就愈加复杂，没有轻质高强的材料、没有强大可靠的设计分析理论、高强的施工组织技术和经济作为支撑是不可能建起高层建筑的。

但是，高层建筑的大量兴建也有其不利的一面，如：

（1）空气流动形成的风遇到高层建筑时，往往在建筑的上下左右部位产生涡流，建筑拐角部位还会产生旋风，这些对建筑周围的行人会产生不良影响，而且随着建筑高度的增加，风荷载作用增大，这对高层建筑的强度、刚度和稳定性提出了较高要求。

（2）由于高层建筑一般体型庞大，所以日照时间长短不一，各方位、各高度房间的温差较大，由此产生的温度应力对结构设计有影响；高反射玻璃幕墙还会导致光污染；落影区的植物因缺乏光照，生长常受到影响。

（3）高层建筑产生的噪声也不容忽视，除了电梯、空调机组、冷却塔产生的噪声，人们上下楼梯、人流的嘈杂都会产生噪声，影响环境的安静。

因此，高层建筑的兴建应该充分考虑远期收益、环境因素、结构性能、材料费用以及所产生的社会影响，通过成本效益分析来确定最佳方案。

1.3 高层建筑的发展历史与现状

高层建筑的建造和发展已有百余年的历史，最早的高层建筑有公元前 280 年古埃及人建造的高 100 多米的亚历山大港灯塔，公元 523 年中国河南登封县建成的高 50m 嵩岳寺塔。现代高层建筑兴起于美国，1885 年芝加哥建成的家庭保险大楼（Home Insurance Building）（地上 11 层，高 55m）被认为是世界上第一栋近代高层建筑。第二次世界大战以后，世界范围内出现了高层建筑的繁荣时期。

高层建筑往往是城市的点缀或标志，所以高层建筑在着重于其使用功能的同时，还要充分体现其美学功能。高层建筑的发展是经济与技术发展的产物，同时也是美学在建筑中

的体现，从某种意义上说，高层建筑的发展史就是一部技术与美学的发展史。

1.3.1 世界高层建筑的发展历史

世界高层建筑的发展大致可分为四个阶段：

（1）第一个发展阶段：18世纪末～19世纪末。这个时期，欧洲和美国的工业革命带来了生产力的发展与经济的繁荣。一方面，城市化发展迅速，城市人口高速增长。为了在较小的土地范围内建造史多使用面积的建筑，建筑物不得不向高空发展。另一方面，钢结构的发展和电梯的出现则促成了多层建筑的大量建造。

19世纪初，英国出现铸铁结构的多层建筑（矿井、码头建筑），但铸铁框架通常是隐藏在砖石表面之后。1840年之后的美国，锻铁梁开始代替脆弱的铸铁梁。熟铁架、铸铁柱和砖石承重墙组成笼子结构，是迈向高层建筑结构的第一步。除此之外，19世纪后半叶出现了具有横向稳定能力的全框架金属结构，产生了幕墙的概念，房屋支撑结构与围护墙开始分离；在建筑安全方面，防火技术与安全疏散逐步提高；19世纪60年代，美国已出现给排水系统、电气照明系统、蒸汽供热系统和蒸汽机通风系统，1920年出现了空调系统。1890年奥提斯（Otis）发明了现代电力电梯，解决了高层建筑的竖向运输问题，以上这些都为高层建筑的发展奠定了必要的基础。

1871年10月8日夜，芝加哥发生大火，在风力作用下，火势不断扩大、蔓延，48h之内，烧毁房屋18000栋，使10万人无家可归，300人被烧死。火灾后芝加哥重建，由于市区内土地昂贵，建筑向高空发展比购买更多的土地更为经济，而此时建造高层建筑的技术已具备，因此1885年，近代真正的第一栋高层建筑——11层高的芝加哥家庭生命保险大楼诞生了。该楼没有承重墙，由金属框架承重，圆形铸铁柱子内填水泥灰，1～6层为铸铁工字梁，其余楼层用钢梁，砖石外立面，窗间墙和窗下墙为砖石构造，像幕墙一样挂在框架之上，建筑史称它为"钢铁结构进化中决定性的一步"。

这个时期的建筑采用了一个革命性的建筑技术：放弃传统的石头承重墙，采用一种轻型的铸铁结构和石头或陶砖外墙，框架与外墙分离。

（2）第二个发展阶段：20世纪初期至30年代。第一次世界大战后，美国实力急剧膨胀，1902年在美国的辛辛那提市建造了16层、高64m的英格尔斯（Ingalls）大楼，为世界第一栋钢筋混凝土高层建筑。1931年，在纽约建造了著名的102层、高381m的帝国大厦（图1-9），它保持世界最高建筑达41年之久。该结构采用钢框架支撑体系，在电梯井纵横方向设置了支撑，连接采用铆接，钢框架中填充墙体以共同承受侧向力。

这个时期，一部分欧洲和美国设计师提出了工业主义建筑设计理念，认为一栋新建筑应符合新功能、新材料、新社会制度和新技术的要求，并对高层建筑设计进行了积极探索，奠定了20世纪30～

图1-9 帝国大厦

60 年代现代主义高层建筑的设计原则和形式基础。如由伯姆和鲁特设计的瑞莱斯大厦，其水平带几乎全是玻璃，强调围护结构的轻质透明，表现框架结构的美学特点；格罗皮乌斯的设计方案形式简洁，没有多余的装饰，充分展现框架结构的美学品位，无论是在结构上还是功能上都是杰出的，极其适合办公楼要求，成为第二次世界大战后流行的高层办公楼形式的早期萌芽。

本阶段结构发展特点：由于设计理论和建筑材料的限制，结构材料用量较多，自重较大，以框架结构为主；但是钢铁工业的发展和钢结构设计技术的进步，使高层钢结构建筑得到较大发展。

（3）第三个发展阶段：20 世纪 30～80 年代。这一阶段最完美地体现了工业主义建筑设计理念，这一时期的建筑所关心的问题聚焦在如何开发材料、结构的表现力，如何单纯抽象地表达使用功能、表达空间组合。密斯·凡·德罗设计的芝加哥湖滨路公寓（1952）、纽约西格拉姆大厦（1958）都充分展现了钢框架结构和围护墙体玻璃材料的表现力；芝加哥约翰·汉考克大厦（1968，100 层，高 344m，多功能综合建筑）着力挖掘了结构构件 X 形支撑的美学特色；贝聿铭设计的波士顿约翰·汉考克大厦（1976，60 层）外墙采用全隐框反射玻璃幕墙（见图 1-10），开创现代建筑新的表现手法（有人称为最后一栋现代主义建筑）。

工业主义建筑设计理念以适应大工业生产为目标，强化"以物为中心"，缺乏对人性的关怀，因此，许多设计也暴露出严重的缺陷。如密斯式的方盒子建筑在世界范围流行，地方特色受到严重冲击。

这一阶段代表性高层建筑还有：

1973 年建造的纽约世界贸易中心（World Trade Center）双塔楼，北楼高 417m，南楼高 415m，均 110 层，采用钢结构框筒结构（外筒内框），见图 1-11。该工程首次进行了模型风洞试验，首次采用了压型钢板组合楼板，首次在楼梯井道采用了轻质防火隔板，首次采用黏弹性阻尼器进行风振效应控制等，并对以后高层建筑结构的设计和建造具有重要的

图 1-10 约翰·汉考克中心

图 1-11 纽约世界贸易中心

参考价值。

1974 年建造的芝加哥西尔斯大厦（Willis Tower），110 层，高 442m，采用钢结构成束框架筒体结构，曾保持世界最高建筑纪录达 20 多年之久，见图 1-12。

本阶段结构发展特点：钢筋混凝土结构得到全新发展，钢结构发展了新体系；钢混组合结构迅速发展。在结构理论方面突破了纯框架抗侧力体系，提出在框架结构中设置竖向支撑或剪力墙来增加高层建筑的侧向刚度；20 世纪 60 年代中期，美国著名的结构专家法兹勒·坎恩（Fazlur Khan）博士，首次提出了筒体结构设计概念，使结构体系发展到了一个新的水平，为高层建筑提供了理想的结构形式，从这种体系中衍生出来的筒中筒、多束筒和斜撑筒等结构体系，对以后高层建筑的发展产生了巨大的推动作用。

图 1-12　西尔斯大厦

（4）第四个发展阶段：20 世纪 80 年代以后。20 世纪 80 年代以后，高层建筑设计理念发生了巨大转变，建筑形体在强调对材料和结构的率真表达的同时，也重视建筑的语义表达；同时注重强调建筑与周围环境的和谐和与城市文脉的整合，工业主义建筑人文化设计理念开始深入人心。20 世纪 90 年代以后，出现了新古典、新技派、生态观、解构主义等各种建筑流派和思潮，这些都是工业主义建筑人文化设计理念某些观念的具体体现。如菲利浦约翰逊设计的美国电话电报公司总部（1984）、矶崎新设计的日本筑波中心（1970～1980）借用历史符号表达建筑的思想内涵、贝聿铭设计的香港中国银行大厦（1990）通过有意识地强化结构支撑构件实现"芝麻开花节节高"的隐寓，O·M·翁格尔斯设计的德国托豪斯大厦（20 世纪 90 年代）隐寓的"大门"形象，是通过建筑的虚实对比实现的，诺曼福斯特事务所设计的法兰克福商业银行总部大厦（1994）在强调象征意义和功能的同时，引入生态的概念，是世界上第一座"生态型"超高层建筑，其建筑平面呈三角形，宛如三叶花瓣夹着一支花茎：花瓣部分是办公空间，花茎部分为中空大厅。中空大厅起自然通风作用，同时还为建筑内部创造了丰富的景观。

本阶段结构发展特点是：钢筋混凝土高层建筑得到了空前的发展；焊接和高强螺栓在钢结构制造中得到推广和进一步应用；同时，轻质高强材料、抗风抗震结构体系、施工技术及施工机械等方面都取得了很大进步，计算机在设计中的应用使得高层建筑飞速发展。高层钢筋混凝土及混合结构的发展速度超过了高层钢结构的发展，高层建筑结构体系发展了巨型框架结构、巨型桁架结构体系等。

20 世纪 90 年代以后，由于亚洲经济的崛起，西太平洋沿岸的一些国家和地区，陆续建造了高度超过 200m、300m、400m 的高层建筑，成为新的高层建筑中心。如 1992 年在香港建成的中环大厦，78 层，高 374m，是当时的世界十大建筑之一；1995 年在朝鲜平壤建成了 102 层，高 306m 的柳京饭店；1998 年在马来西亚吉隆坡建成的石油大厦（Petronas

Tower)，88 层，高 452m，为当时世界最高的建筑；2004 年建成的台北市国际金融中心（台北 101 大厦），高 508m，居世界最高建筑不到 6 年，就被 2010 年 1 月竣工的高 828m 的哈利法塔所取代；2008 年在我国上海建成的上海环球金融中心，101 层，492m，是目前正在使用的世界第四高的建筑。目前，世界各地还有一些高层建筑正在酝酿中，相信不久还有可能出现更高的高层建筑。

根据世界高层建筑与城市住宅委员会（Council on Tall Buildings & Urban Habitat，CTBUH）公布的结果，截止到 2013 年 3 月，正在使用的世界上最高的十大建筑见表1-2 和图1-13 ~ 图1-22。

表1-2   世界上正在使用的最高的十大建筑（截止到 2013 年 3 月）

排名	名 称	所处城市	建成年份	层数	高度（建筑/结构）/m	材 料	用 途
1	哈利法塔 Khalifa Tower	迪拜	2010	163	828/584.5	钢-混凝土	综合
2	麦加皇家钟塔酒店 Makkah Royal Clock Tower Hotel	麦加	2012	120	601/558.7	钢-混凝土	综合
3	台北 101 大厦 Taipei 101	台北	2004	101	508/438	混合	办公
4	上海环球金融中心 Shanghai World Financial Center	上海	2008	101	492/474	混合	办公/旅馆
5	香港国际商业中心 International Commerce Center	香港	2010	108	484/468.8	混合	办公/旅馆
6	石油大厦 1 和 2 Petronas Tower 1 & 2	吉隆坡	1998	88	452/375	混合	办公
7	南京紫峰大厦 Zifeng Tower	南京	2010	66	450/316.6	混合	办公/旅馆
8	西尔斯大厦 Willis Tower	芝加哥	1974	108	442/412.69	钢	办公
9	京基金融中心 KK100 Development	深圳	2011	100	441.8/427.1	混合	办公/旅馆
10	广州国际金融中心 Guangzhou International Finance Center	广州	2010	103	438.6/415.1	混合	办公/旅馆

注：1. 建筑高度指室外地面到建筑物顶部的高度，包括尖顶，不包括天线、桅杆或旗杆；结构高度指室外地面到建筑物主要屋顶的高度，不包括尖顶或天线。

     2. 排名参见 http：//skyscrapercenter.com/list.php? list_type = 1

图1-13 哈利法塔

图1-14 麦加皇家钟塔酒店

图1-15 台北101大厦

图1-16 上海环球金融中心

1.3.2 国内高层建筑的发展历史

新中国成立前，在上海、广州、天津等城市，由国外设计建造了少量高层建筑如锦江饭店（1925年，13层）等。新中国成立后，我国开始自行设计建造高层建筑，我国高层建筑的发展可以分为如下四个阶段：

第一阶段：从新中国成立到20世纪60年代末。这个阶段是初步发展阶段，主要为20层以下的框架结构，如1959年建成的北京民族饭店（12层，高47.4m）；1964年建成了北京民航大楼（15层，高60.8m）；1966年建成了广州人民大厦（18层，高63m）。1968年建成的广州宾馆，27层，高88m，为60年代我国最高的建筑。

图 1-17 香港国际商业中心

图 1-18 石油大厦

图 1-19 南京紫峰大厦

图 1-20 西尔斯大厦

图 1-21 京基金融中心

图 1-22 广州国际金融中心

第二阶段：20 世纪 70 年代。这个阶段高层建筑有了较大的发展，但层数一般还是 20 ~ 30 层，主要用于住宅、旅馆、办公楼，如 1974 年建成的北京饭店新楼（20 层，高 87.4m）是当时北京最高的建筑；1976 年建成的广州白云宾馆（剪力墙结构，33 层、高 114.05m）是我国自行设计建造的首栋高度超过 100m 的高层建筑，它保持我国最高的建筑长达 9 年；此外，还有上海漕溪路 20 栋 12 ~ 16 层剪力墙住宅楼，北京前三门 40 栋 9 ~ 16 层大模板施工的剪力墙住宅楼。

第三阶段：20 世纪 80 年代。80 年代我国高层建筑发展进入兴盛时期，仅 1980 ~ 1983 年所建的高层建筑就相当于 1949 年以来 30 多年中所建高层建筑的总和。十年内全国（不包括香港、澳门、台湾）建成 10 层以上的高层建筑面积约 4000 万平方米，高度 100m 以上的共有 12 栋。1985 年建成的深圳国际贸易中心（筒中筒结构，50 层，高 160m）是 80 年代最高的建筑。此外，深圳发展中心大厦（43 层，高 165.3m，加上天线的高度共 185.3m），是我国第一座大型高层钢结构建筑，其他著名建筑有广州国际大厦（63 层，高 200m）、北京京广中心大厦（57 层，高 208m）、上海新锦江宾馆（43 层，总高 153.52m）、静安希尔顿饭店（43 层，总高 143.62m）等。

第四阶段：20 世纪 90 年代开始至今。20 世纪 90 年代后，随着我国经济实力的增强，高层建筑在我国得到了前所未有的发展。高层建筑的层数和高度增长更快，建成了多座 200m 以上的超高层建筑。代表性建筑有：上海明天广场（1998 年，60 层，238m），我国最高的框架-剪力墙结构；上海金茂大厦（88 层，高 420m）；上海环球金融中心（钢-混结构，101 层，492m）是我国大陆目前最高的建筑。

未来中国最高建筑是目前正在施工的空中城市（又名远望大厦）（见图 1-23），该建筑建在长沙望城区，是集住宅、办公、酒店、教育、医院等功能为一体的综合性大厦，建筑总高度为 838m，220 层，采用钢结构。

我国高层建筑的结构特点：20 世纪 70 年代以前，我国的高层建筑多采用钢筋混凝土框架结构、框架-剪力墙结构和剪力墙结构；进入 80 年代，由于建筑功能以及高度和层数等要求，筒中筒结构、筒体结构、底部大空间的框支剪力墙结构以及大底盘多塔楼结构在工程中逐渐采用；90 年代以来，除上述结构体系得到广泛应用外，多筒体结构、带加强层的框架-筒体结构、连体结构、巨型结构、悬挑结构、错层结构等也逐渐在工程中采用。

图 1-23 空中城市

截止到 2013 年 3 月，中国（不含港、澳、台地区）最高的十大建筑见表 1-3。

表 1-3　中国（不含港、澳、台地区）最高的十大建筑（截止到 2013 年 3 月）

序号	名　称	地点	建筑高度/m	结构层		体　系		建成年代
				地上	地下	材料	结构	
1	上海环球金融中心	上海	492	101	3	混合	巨型结构-核心筒	2008
2	南京紫峰大厦	南京	450	66	3	混合	框架-筒体	2010
3	京基金融中心	深圳	442	100	4	混合	框架-核心筒及伸臂桁架	2010
4	广州国际金融中心	广州	439	103	4	混合	筒中筒	2010
5	金茂大厦	上海	421	88	3	混合	框架-筒体	1999
6	中天广场（中信广场）	广州	391	80	2	混凝土	框架-筒体	1997
7	地王大厦（信兴广场）	深圳	384	69	3	混合	框架-筒体	1996
8	广晟国际大厦	广州	360	59	6	混凝土	框架-核心筒	2012
9	赛格广场	深圳	355	72	4	混合	框架-筒体	2000
10	天津环球金融中心	天津	337	75	4	混合	筒中筒	2011

1.4 高层建筑的发展趋势

高层建筑作为城市经济繁荣、科学发展和社会进步的标志，在未来必将得到进一步的发展。高层建筑如果想继续向上发展，现阶段还必须克服四大难题：首先要发展高层轻质墙体材料。房子高，自身重量大，如果不控制墙材重量，地基将难以负荷；其次要发展用于高层建筑的轻钢结构，现在中国的轻钢只适用于 500~600m 高度的建筑；第三要发展垂直运输设备，比如电梯，目前世界上速度最快的电梯为哈利法塔中的电梯，速度为每秒17.4m，如果建筑达到 1000m 以上，无论是施工过程还是投入使用后，运输都将成为问题，必须开发能适应这种高度的新型电梯；最后，要发展超高层建筑的防火、防毒气等的安全设施和设备安装技术等。

高层建筑将朝着如下方向发展：

（1）开发和应用新材料。随着建筑高度的增加，结构面积占建筑使用面积的比例越来越大，建筑的自重也越来越大，引起的地震效应也越大，为此，必须从建筑材料方面进行改进，建筑材料将朝轻质、高强、复合方向发展，如高性能混凝土（HPC）、绿色高性能混凝土（GHPC）、纤维混凝土、耐火钢材 FR、钢-混凝土组合材料与结构等，以满足高层建筑不断攀升的需要。

（2）高层建筑的高度将出现突破（超过 1000m）。根据世界高层建筑与城市住宅委员会统计，到 2020 年，世界最高的十大建筑将如表 1-4 所示。

表 1-4 2020 年世界最高的十大建筑

等级	名　称	城市	建成时间	层数	高度/m	材　料	用　途
1	王国塔（Kingdom Tower）	吉达	2018	167	1000 +	混凝土	办公/旅馆/住宅
2	空中城市（Sky City）	长沙	—	220	838	钢	综合
3	哈利法塔（Burj Khalifa）	迪拜	2010	162	828	钢-混凝土	办公/旅馆/住宅
4	世纪广场南塔（Century Plaza South Tower）	苏州	—	147	729	混合	办公/旅馆/住宅
5	平安金融中心（PingAn Finance Center）	深圳	2015	115	660	混合	办公
6	雅加达信号塔（Signature Tower Jakarta）	雅加达	2020	113	638	混合	办公/旅馆
7	武汉绿地中心（Wuhan Greenland Center）	武汉	2017	125	636	混合	综合
8	上海塔（Shanghai Tower）	上海	2014	128	632	混合	办公/旅馆
9	三一（Triple one）	首尔	2016	112	620	—	办公
10	兰科希尔斯信号塔（Lanco Hills Signature Tower）	海得拉巴	2017	112	604	—	住宅

斯坦福大学的意大利建筑师丹特·比尼设计了拟建于日本东京海湾，高2004m，可容纳75万人的"清水TRY2004大都市金字塔"（图1-24），该建筑总占地面积约8km²，基底周长为2800m，将是埃及的吉萨金字塔的12倍，号称"超级金字塔"。

图1-24 "超级金字塔"外观

（3）涌现新的设计概念和新的结构形式。新的设计概念包括动力非线性分析方法、结构控制理论和全概率设计法等，新的结构形式如巨型结构、蒙皮结构、带加强层结构、耗能减震结构等将逐步用于高层建筑的分析与设计中。

（4）智能建筑将得到发展。智能建筑是信息时代的必然产物，是高科技与现代建筑的巧妙集成，它已成为综合经济国力的具体表征，并将以龙头产业的面貌进入21世纪。《智能建筑设计标准》（GB/T 50314—2006）对智能建筑定义为"以建筑物为平台，兼备信息设施系统、信息化应用系统、建筑设备管理系统、公共安全系统等，集结构、系统、服务、管理及其优化组合为一体，向人们提供安全、高效、便捷、节能、环保、健康的建筑环境"。

智能建筑是1981年由美国UTBS公司（联合技术建筑系统公司）倡导提出的，于1983年7月随美国康涅狄格州哈佛城市广场大厦的落成典礼而变为现实。哈佛大厦被称为是世界上第一座智能建筑。我国于20世纪90年代才起步，但迅猛发展势头令世人瞩目。

智能建筑是信息时代的必然产物，建筑物智能化程度随科学技术的发展而逐步提高。当今世界科学技术发展的主要标志是4C技术（即Computer计算机技术、Control控制技术、Communication通信技术、CRT图形显示技术）。将4C技术综合应用于建筑物之中，在建筑物内建立一个计算机综合网络，使建筑物智能化。智能建筑由五大系统（即5A）组成：大楼自动化系统BA（Building Automation System）、办公自动化系统OA（Office Automation System）、通讯自动化系统CA（Communication Automation System）、安全自动化系统SA（Security Automation System）和维护自动化系统MA（Maintenance Automation System）。

智能建筑通过对建筑物的4个基本要素，即结构、系统、服务和管理，以及它们之间的内在联系，以最优化的设计，提供一个投资合理又拥有高效率的幽雅舒适、便利快捷、高度安全的环境空间。智能建筑物能够帮助大厦的主人，财产的管理者和拥有者等意识到，他们在诸如费用开支、生活舒适、商务活动和人身安全等方面将得到最大利益的回报。

（5）生态建筑将成为高层建筑发展趋势。所谓"生态建筑"，其实就是将建筑看成一个生态系统，通过组织（设计）建筑内外空间中的各种物态因素，使物质、能源在建筑生态系统内部有秩序地循环转换，获得一种高效、低耗、无废、无污、生态平衡的建筑环境。

真正意义的生态住宅，应该是从设计、建设、使用到废弃整个过程都做到无害化，因此要求：1）在建筑工业中实现高效、节能。具体到建材产品方面是使用再生、不产生副作用的建材产品。2）建材的研发应更多地致力于可再生的建筑材料，并尽快扩大这种材料的使用范围。3）注重工程建设中的能源节约，尽量使用节能降耗、能够再生的天然材料。4）建材原料从使用到回收不产生影响环境的污染，这是划定生态建筑的重要标准。总而言之，只有使人、建筑与自然生态环境之间形成一个良性的系统，才能真正实现建筑的生态化。

以福斯特设计的德国柏林国会大厦（The Reichstag）为例，该大厦广泛使用了自然采光通风联合发电及热回收系统，不仅使大厦能耗和运转费用降到了最低，而且还能作为地区的发电装置向邻近建筑物供电；被视为柏林新象征的玻璃穹顶不仅有助于采光，还是电能和热能的主要来源、自然通风系统的重要组成部分。此外，生态技术的使用，还使整个大厦设备的二氧化碳排放量减少了94%。

因此，在目前地球能源短缺、各种污染严重的情况下，生态建筑将是未来高层建筑的首选。

1.5　本课程的主要内容、学习目的和要求

"高层建筑结构设计"是土木工程专业主修建筑结构专业方向的主干课程，与力学、钢结构、混凝土结构、钢-混凝土组合结构等密切相关，

本课程主要介绍高层建筑结构的理论计算方法和设计方法，主要内容包括高层建筑结构的发展概况和今后的发展趋势、高层建筑结构概念设计、高层建筑结构体系与布置原则、高层建筑结构荷载作用与计算、框架结构、剪力墙结构、框架-剪力墙结构以及筒体结构的内力、位移计算和设计、高层建筑结构计算机计算原理与结构设计程序等。

学习本课程的目的在于培养较强的高层混凝土建筑结构工程分析与设计的能力，为将来进行工程设计与结构研究打下坚实的基础。为此，学习本课程时要求：

（1）了解高层建筑的结构体系及其应用，能够根据需要进行结构选型与结构布置；

（2）熟练掌握风荷载与地震作用的计算方法，能够进行结构荷载的分析计算；

（3）掌握框架结构、剪力墙结构和框架-剪力墙结构这三种基本结构体系的工程近似计算方法（主要是内力与位移计算），能够进行结构内力与位移计算；

（4）掌握进行结构截面设计和按构造要求验算的方法，能进行各类结构构件与节点的配筋计算及构造设置；

（5）了解筒体结构的特点和分类；

（6）了解高层建筑结构分析方法与结构设计程序，熟悉一门结构设计软件。

思考题与习题

1-1　我国对高层建筑是如何定义的？

1-2　高层建筑结构的受力及变形有哪些特点？

1-3　国内外高层建筑的发展各划分为哪几个阶段？

1-4　高层建筑的发展趋势是怎样的？

1-5　阐述你对我国及世界高层建筑发展的看法。

2 高层建筑结构体系与结构布置

高层建筑设计的基本原则要求是．注重概念设计，重视结构选型与平、立面布置的原则性，择优选用抗震和抗风好且经济的结构体系，加强构造措施。因此，高层建筑的选型非常重要，高层建筑结构选型主要包括三个方面：

(1) 选择合适的竖向承重结构（框架、剪力墙、框架-剪力墙、筒体等）；

(2) 选择合适的水平承重结构（单向板肋形楼盖、双向板肋形楼盖、井式楼盖、密肋楼盖、无梁楼盖等）；

(3) 选择合适的基础结构（独立基础、条形基础、筏形基础、箱形基础、桩基础等）。

本章主要介绍高层建筑的结构体系，结构的平、立面布置，结构缝的设置，楼盖和基础，以期对高层建筑结构体系有一个基本的认识，为后续高层建筑结构的概念设计和结构分析方法学习奠定基础。

2.1 高层建筑结构体系

高层建筑结构的主要受力构件是梁、柱、墙、支撑和筒体，这些构件的组合形成了建筑的结构体系，影响着结构的受力性能，因此，结构体系的选择成为高层建筑结构设计的第一步。

选择结构体系要考虑的因素有：房屋高度、高宽比、抗震设防类别、抗震设防烈度、场地条件、地基、结构材料和施工技术等。

所选结构体系应符合如下要求：

(1) 满足使用要求；

(2) 尽可能与建筑形式相一致；

(3) 平面和立面形式规则，受力好，有足够的承载力、刚度和延性；

(4) 施工简便；

(5) 经济合理。

2.1.1 框架结构体系

框架是指同一平面内由水平横梁和竖柱通过刚性节点连接在一起，形成矩形网格的一种结构形式（见图 2-1a、b）。框架结构体系是指沿房屋的纵向和横向均采用框架作为承重和抵抗侧力的主要构件所构成的结构体系（见图 2-1c）。

框架结构在水平荷载作用下的侧移由两部分组成，其中一部分是由于柱子的拉伸和压缩所产生的，侧移曲线为弯曲型，自下而上层间位移增大；另一部分是由梁、柱的弯曲变形产生的，侧移曲线为剪切型，自下而上层间位移减小。在框架结构中，剪切变形是主要

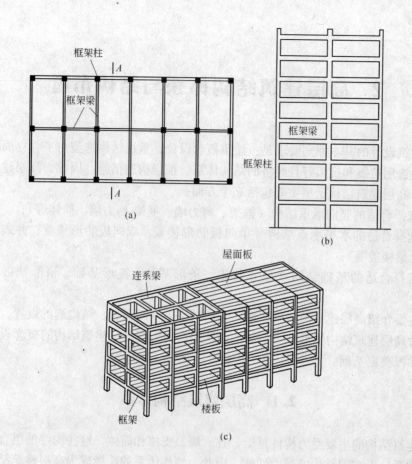

图 2-1 框架结构

（a）框架结构平面图；（b）一榀平面框架；（c）框架结构体系

的，随着建筑高度的增大，弯曲变形的比例逐渐加大，一般框架结构体系在水平力作用下的变形以剪切型变形为主。水平均布荷载作用下框架结构的侧移曲线见图 2-2。

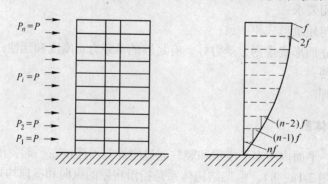

图 2-2 水平均布荷载作用下框架结构的剪切型变形侧移曲线

框架结构的承载结构主要是梁（主要承受弯矩和剪力，轴力较少）和柱（主要承受轴力和弯矩，剪力较少），框架梁、柱可以分别用钢、钢筋混凝土、钢骨（型钢）混凝土，柱还可以用钢管混凝土。

由于框架结构的梁、柱都属于线形构件，构件所占用空间较少，所以，框架结构能提供较大的使用空间，可以分割出不同的空间以适应不同使用功能的需求，适用于办公楼、教室、商场等建筑，平面布置灵活；但是，框架结构的抗侧刚度较小，用于比较高的建筑时，需要截面尺寸比较大的梁柱才能满足侧向刚度的要求，减少了有效空间，造成浪费。

由于框架只能在自身平面内抵抗侧向力，所以必须在两个正交的主轴方向设置框架以抵抗各个方向的侧向力。框架的柱网一般在 4~8m 范围内。

民用建筑的柱网和层高根据建筑使用功能而定，图 2-3 所示为 4 个民用建筑的柱网布置。

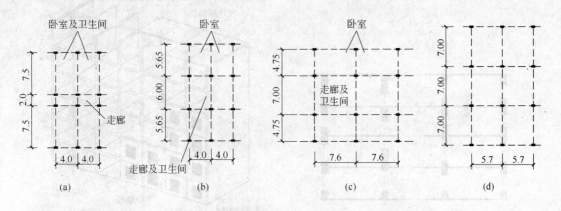

图 2-3　民用建筑的柱网布置
（a）北京民族饭店；（b）北京长城饭店；（c）广州东方宾馆；（d）南京电视大楼

工业建筑的柱网尺寸和层高根据生产工艺要求而定。车间的柱网可归纳为内廊式和等跨式两种（图 2-4）。

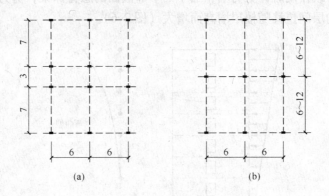

图 2-4　工业建筑的柱网布置
（a）内廊式；（b）等跨式

做抗震设计时，不应采用部分由框架承重、部分由砌体墙承重的混合承重形式，因为框架和砌体墙是两种性能不同的结构，框架的抗侧刚度小变形大，而砌体墙的抗侧刚度大变形小，混合承重对结构的抗震产生不利的影响。框架结构一般用于多层或低烈度区的高层建筑，因为层数高将导致梁柱截面过大和配筋增多，地震反应增大，因此建造高度不超过60m。

2.1.2　剪力墙结构体系

剪力墙结构是指用墙板来承受竖向荷载、抵抗水平荷载的空间结构，墙体同时作为维护和分隔构件。钢筋混凝土剪力墙是一种能较好地抵抗水平荷载的墙，因此在《建筑抗震设计规范》（GB 50011—2001）中又被称为抗震墙，《建筑结构设计术语和符号标准》（GB/T 50083）则称其为结构墙。图2-5所示为简单的剪力墙结构体系。

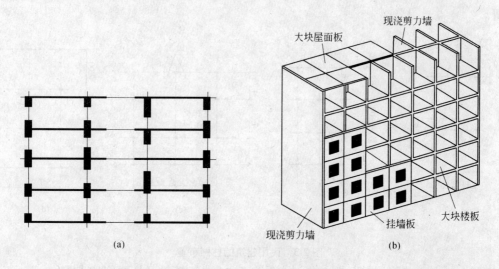

图2-5　剪力墙结构
（a）剪力墙平面布置；（b）剪力墙结构体系

在承受水平荷载作用时，剪力墙相当于一下部嵌固的悬臂深梁，剪力墙的侧向位移曲线呈弯曲型，结构层间位移随楼层增高而增大（图2-6）。

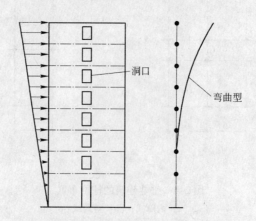

图2-6　水平荷载作用下剪力墙结构的位移

剪力墙对侧向荷载的反应与它的平面形状有很大关系，即与其抗弯刚度的大小有关。因此，墙肢截面宜简单、规则，剪力墙的两端尽可能与另一方向的墙连接成工形、T形或L形等有翼缘的墙，以增大剪力墙的刚度和稳定性，图2-7列出了一些常用的剪力墙截面形式。

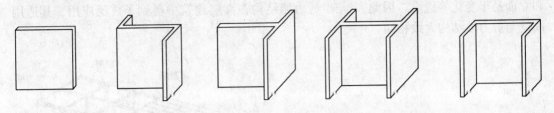

图2-7　典型的剪力墙截面形式

剪力墙结构中竖向荷载由楼盖直接传到墙上，因此剪力墙的间距取决于楼板的跨度，剪力墙结构的开间一般为 3～8m，较适用于住宅、旅馆类建筑，层数在 10～40 层范围内都可采用，在 20～30 层的房屋中应用较为广泛。

剪力墙作为平面构件，在自身平面内承载力和刚度较大，平面外的承载力和刚度较小，结构设计时一般不考虑墙的平面外承载力和刚度。因此，剪力墙要双向布置，分别抵抗各自平面内的侧向力，抗震设计的剪力墙结构，应尽量使两个方向的刚度接近。

墙体的平面布置应综合考虑建筑使用功能、构件类型、施工工艺及技术经济指标等因素加以确定。剪力墙结构体系的典型布置见图2-8。

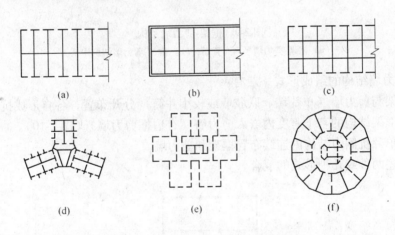

图2-8　剪力墙结构体系的典型布置

近年，一种称为短肢剪力墙（指墙肢截面高度与宽度之比为 5～8 的剪力墙）结构的体系在住宅建筑中逐渐被采用。短肢剪力墙结构比一般剪力墙结构平面布置灵活，结构自重轻，但是抗震性能不如高宽比大于8的一般剪力墙，在高层建筑中不允许采用全部为短肢的剪力墙结构，应设置一定数量的一般剪力墙或井筒，形成短肢剪力墙与井筒（或一般墙）共同抵抗水平作用的剪力墙结构。要注意的是，短肢墙较多的剪力墙结构的最大高度比一般剪力墙结构低，但是抗震设计要求比一般剪力墙高。

2.1.3　框架-剪力墙结构体系

在框架结构中布置一定数量的剪力墙共同承受竖向荷载和侧向力，就组成了框架-剪力墙结构（图2-9）。框架-剪力墙结构体系利用剪力墙抗侧刚度大的优点，弥补了框架结构柔性大和侧移大的缺点，同时，仅在部分位置上设置剪力墙又保持了框架结构空间较大和立面易于变化等优点。因此，框架-剪力墙结构在高层建筑中得到了广泛应用，其适用高度与剪力墙结构大致相同。

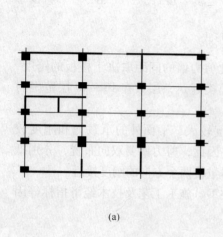

(a)

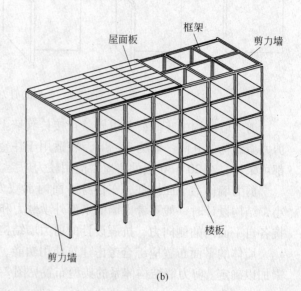

(b)

图2-9　框架-剪力墙结构

（a）框架-剪力墙平面布置图；（b）框架-剪力墙结构体系

框架-剪力墙结构的组成形式一般有：

（1）框架与剪力墙（单片墙、联肢墙或较小井筒）分开布置，各自形成抗侧力结构。

（2）在框架结构的若干跨度内嵌入剪力墙（有边框剪力墙）（图2-10）。

（3）在单片抗侧力结构内连续布置框架和剪力墙。

（4）上述两种或几种形式的混合。

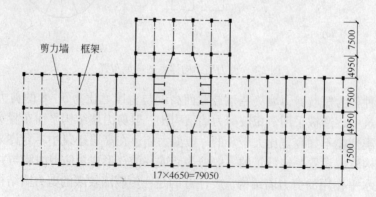

图2-10　北京饭店平面图

框架-剪力墙结构作为一种双重抗侧力结构，剪力墙承担了大部分层剪力，框架承担的侧向力相对较小；在罕遇地震作用下，剪力墙的连梁往往先屈服，使剪力墙的刚度降低，由剪力墙抵抗的部分层剪力转移到框架。如果框架具有足够承载力和延性抵抗地震作用，则双重抗侧力结构的优势可以得到充分发挥，避免在罕遇地震作用下严重破坏，甚至倒塌。

水平荷载作用下，框架结构和剪力墙结构的变形曲线分别是剪切型和弯曲型，框架-剪力墙结构由于楼板的作用，变形必须协调，在结构的底部，框架的侧移减小；在结构的顶部，剪力墙的侧移减小，因此框架-剪力墙的侧移曲线呈弯剪型，图 2-11 和图 2-12 形象地说明了它们之间的关系。

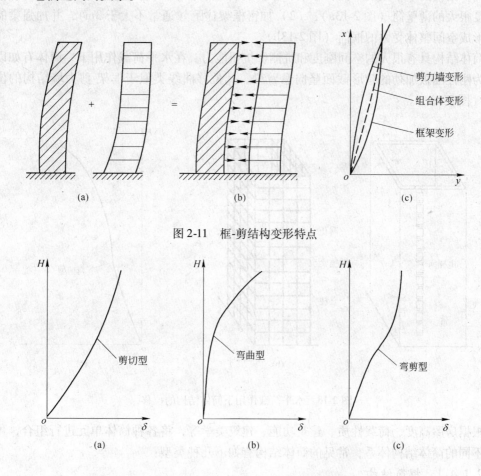

图 2-11　框-剪结构变形特点

图 2-12　水平荷载作用下框-剪结构的位移
（a）框架；（b）剪力墙；（c）框架-剪力墙

框架-剪力墙结构布置的关键是剪力墙的位置和数量，由于框架和剪力墙都只能在自身平面内抗侧力，因此，框架-剪力墙结构应设计成双向抗侧力体系，在结构的两个主轴方向都要布置剪力墙。剪力墙数量多一些，结构的刚度大一些，侧向变形小一些，但剪力墙太多不但布置困难，而且也不经济。通常剪力墙的数量以使结构的层间位移角不超过规范规定的限值为宜。剪力墙的数量也不能过少，在基本振型地震作用下剪力墙承受的倾覆弯矩小于结构总倾覆力矩的 50% 时，说明剪力墙的数量偏少。这种情况下，框架-剪力墙结构的抗震要求与框架结构的抗震要求相同。

2.1.4 筒体结构

层数超过40～50层时的超高层建筑，需要抗侧刚度更大的结构体系。20世纪60年代初，美国工程师法兹勒·坎恩（Fazlur Khan）提出了筒体结构体系的概念。他设计了第一栋钢框筒结构——芝加哥43层的德威特切斯纳特公寓。第一栋钢筋混凝土筒体结构高楼是美国休斯敦市高218m、52层的贝壳广场大厦。

筒体结构的基本组成有两种形式：（1）将剪力墙在平面内围起来，形成竖向布置的空间刚度很大的薄壁筒（图2-13a）；（2）加密框架柱距（通常不大于3m），并加强梁的刚度，形成空间整体受力的框筒（图2-13b）。

筒体结构具有很大的空间刚度和抗侧、抗扭能力。在水平荷载作用下，筒体有如以楼板作为刚性隔板加劲的箱形截面竖向悬臂梁，其位移曲线类似于框架-剪力墙结构的位移曲线（图2-13c）。

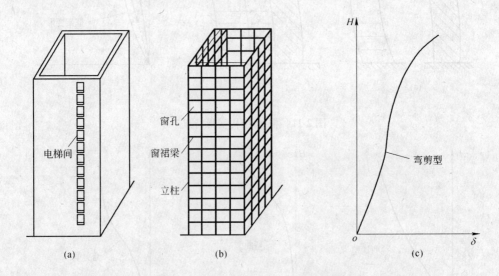

图2-13　水平荷载作用下筒体结构的位移

根据房屋高度、荷载性质、建筑功能、建筑美学等，将各种筒体单元进行组合，可以形成不同的筒体结构体系，常见的筒体结构有如下几种类型：

2.1.4.1 框筒结构

框筒是由一般的框架结构发展起来的，它不设内部支撑式墙体，仅靠悬臂筒体的作用来抵抗水平力。

为减少楼盖结构的内力和挠度，中间往往要布置一些柱子，以承受楼面竖向荷载，如图2-14所示。通常假定设置的内部柱子只承受竖向荷载，不分担外部的水平荷载。框筒结构最有代表性的应用是美国纽约世界贸易中心大厦（110层，402m）见图2-15。

2.1.4.2 框架-筒体结构

框架-筒体结构一般在中央布置剪力墙薄壁筒，外框筒侧向变形仍以剪切型为主，而核心筒通常是以弯曲型变形为主，两者通过平面内刚度很大的楼板联系，以保证协调工作。它们协同工作的原理与框架-剪力墙类似。在下部，核心筒承担大部分水平剪力；在

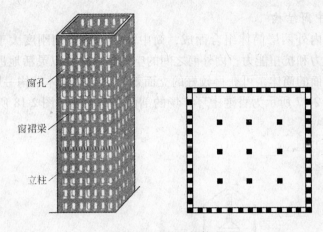

图 2-14 框筒结构体系

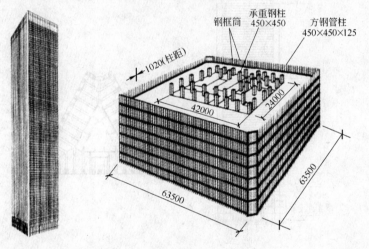

图 2-15 纽约世界贸易中心大厦

上部，水平剪力逐步转移到外框筒上。其抗侧刚度远大于框架-剪力墙。常用于 50 层左右的高层建筑中，最高可建到 100 层。图 2-16 所示为两个框架-筒体结构的应用实例。

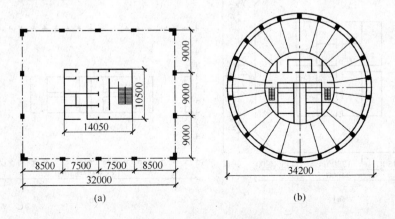

图 2-16 框架-筒体结构
(a) 上海联谊大厦 (29 层，高 108.65m); (b) 广东肇庆星湖大酒店 (34 层，高 118.4m)

2.1.4.3　筒中筒结构

筒中筒结构由内外两层筒体组合而成，筒中筒结构的抗侧刚度大于框架-筒体结构，具有很大的抗侧能力和抗扭能力；内外筒之间的空间较大，可以灵活地进行平面布置；通过设计各种不同平面的筒体，可获得较好的立面效果；此种筒体结构一般用于 65 层左右的公用建筑中。图 2-17 所示为香港中环广场的剖面、平面图。图 2-18 所示为两个筒中筒结构的应用实例。

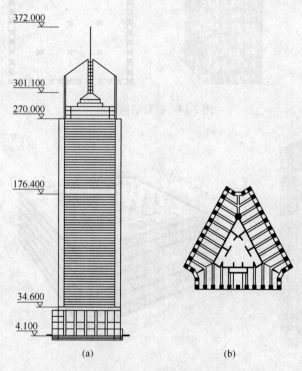

(a)　　　　　(b)

图 2-17　香港中环广场（78 层，372m）

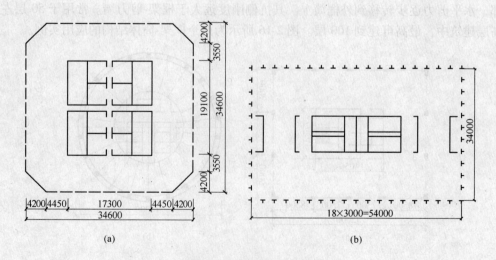

(a)　　　　　(b)

图 2-18　筒中筒结构实例

（a）深圳国际贸易中心（48 层，高 160m）；（b）上海电信大楼（24 层，高 110m）

2.1.4.4 束筒结构

两个以上框筒（或其他筒体）排列在一起成束状，称为束筒。束筒结构中的每一个框筒，可以是方形、矩形或者三角形（图2-19）；多个框筒可以组成不同的平面形状，其中任一个筒可以根据需要在任何高度终止。由于集中了多个筒体共同抵御外部荷载，因而束筒结构具有比筒中筒结构更大的抗侧能力，常用于75层以上的高层建筑中。

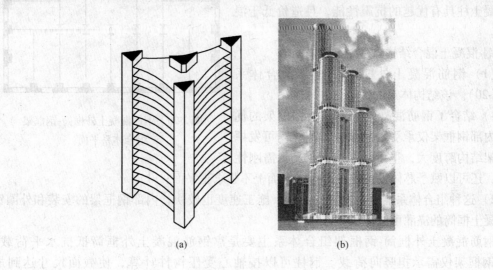

(a)　　　　　　　　　(b)

图2-19　束筒结构

（a）三角形束筒；（b）圆形束筒

2.1.5 新型结构体系

高层建筑建造得越高，结构体系的选择就越至关重要，结构体系不仅要科学、合理，而且应该使建筑造价最经济。以往超过50层的超高层建筑，70%～80%采用钢结构体系，钢筋混凝土结构体系仅占10%左右。钢结构具有材料强度高、截面小、自重轻、塑性和韧性好、制造简便、施工周期短、抗震性能好等优点，但由于高层建筑钢结构用钢量大，造价高，再加上钢结构防火性能差，需要采取防火保护措施，因此增加了工程造价。

混凝土结构具有取材容易、耐久性和耐火性良好、承载能力大、刚度好、节约钢材、降低造价、可模性好以及能浇制成各种复杂的截面和形状等优点，现浇整体式混凝土结构还具有整体性好的优点，经过合理设计，可获得较好的抗震性能。因此，目前超高层结构采用型钢-混凝土、钢管混凝土混合结构体系越来越多，钢-混凝土组合结构是钢材和混凝土两种材料的组合，它充分发挥两种材料的优点，克服了彼此的缺点，备受各国工程界的重视。

混合结构体系一般有以下几种结构体系。

2.1.5.1 钢-混凝土混合结构体系

钢-混凝土混合结构体系有两种形式：一种是型钢-混凝土混合结构，即把型钢埋入钢筋混凝土中的一种独立结构形式；另一种是钢管混凝土结构体系，钢管混凝土构件是指在钢管中充填素混凝土而形成的组合构件，其基本原理是借助圆形钢管对核心混凝土的套箍约束作用，使核心混凝土处于三向受压状态，从而使核心混凝土具有更高的抗压强度和压缩变形能力。钢管混凝土除具有强度高、重量轻、延性好、耐疲劳、耐冲击等优越的力学性能外，还具有省工省料、施工速度快等优越的施工性能。钢管混凝土柱具有优越的抗震性能，且造价低于混凝土。

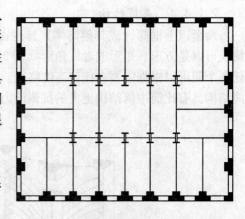

图 2-20　钢筋混凝土外框筒-钢框架
组合体系平面

钢-混凝土混合结构体系主要有：

（1）钢筋混凝土外框筒-钢框架组合体系（图 2-20）。该结构体系的优点是：

1）结合了钢筋混凝土外框筒与钢框架的优点，内部钢框架仅承受竖向荷载，这样既可发挥钢框架结构跨度大，重量轻的特点，又无需刚性节点，还可以赋予芯体设计的灵活性，平面上不强求正平面；

2）这种组合体系能得出较轻的结构，施工速度也较快，内部钢框架的安装和外圈钢筋混凝土框筒的浇灌可以交错进行。

钢筋混凝土外框筒-钢框架组合体系主要是靠钢筋混凝土外框筒抵抗水平荷载，内部钢框架仅需承担竖向荷载。钢柱可以按轴心受压构件计算，使截面尺寸达到最小值。

坐落在美国新奥尔良市 52 层的贝壳广场大厦如图 2-21 所示。其外框筒柱距 3.05m，内钢柱设在建筑核心四周，楼板梁边跨度 12.2m。

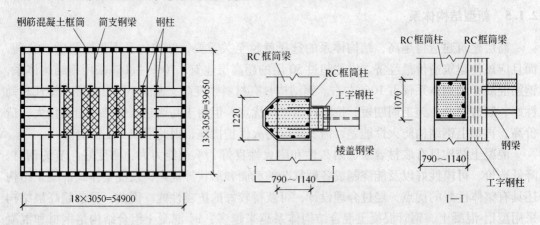

图 2-21　贝壳广场大厦

（2）钢筋混凝土核心筒-钢框架组合体系。钢筋混凝土核心筒-钢框架组合体系是指由钢筋混凝土核心筒及铰接或刚接钢框架所组成的混合结构体系，如图 2-22 所示。该结构体系的优点是：

1）由于钢框架极少承担水平荷载，减少了抵抗这部分荷载的用钢量；

2）节点连续简化，支撑亦取消，相应费用亦减少；

3）能充分发挥钢柱抗压强度高的性能，楼板结构跨度可增大，使用面积得到了增加，也便于在底层布置大空间和大的出入口。

该结构体系 不利之处在于混凝土核心筒布置不够灵活，墙体占据了部分空间。

该结构体系中，混凝土核心筒是结构体系中的主要的抗侧力竖向构件。当楼面外圈为刚接框架时，混凝土核心筒承担着作用于整座楼房的水平荷载的大部分，小部分由钢框架承担，当楼面外圈为铰接框架时，混凝土核心筒则承担楼房的全部水平荷载。

法国巴黎 1974 年建成的蒙帕纳斯大厦，地面以上 59 层，高 209m，如图 2-23 所示。大楼建筑平面尺寸为 61.8m×37.9m，框架柱距 5.37m，主梁跨度 11m。

楼面中心部位设置一个现浇钢筋混凝土核心筒，其平面尺寸，42 层以下，为 37.3m×14.2m；43 层以上，为 21.5m×14.2m。

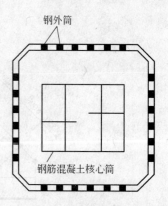

图 2-22 钢筋混凝土核心筒-钢框架组合体系平面

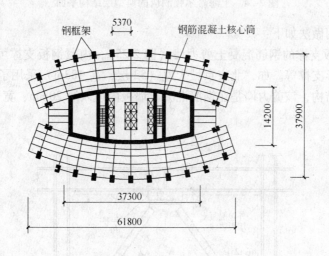

图 2-23 蒙帕纳斯大厦的典型层结构平面

上海希尔顿酒店也采用该结构体系，地下 1 层，地面以上 43 层，高 143m。其建筑平面的形状为切角的三角形（图 2-24），房屋高宽比为 4.4，钢框架柱距 4m 和 8m，截面尺寸为 0.4m×0.4m，楼面中心部位设置一个多边形现浇钢筋混凝土核心筒，墙沿高度分三段变化，为 30～50cm。

2.1.5.2 带剪力墙的钢框架结构体系

在钢框架内嵌入钢筋混凝土剪力墙板并使其与钢框架有效连接，剪力墙板即可充当钢框架的支撑，大大增加钢框架的抗侧刚度，在日本的钢结构高层建筑中这种结构应用较多。

钢筋混凝土墙分成预制和现浇两种，带剪力墙的钢框架结构体系中，钢框架是主要的承重构件，钢筋混凝土墙是主要的抗侧力构件。水平荷载引起的倾覆力矩主要由带剪力墙的钢框架来承担。

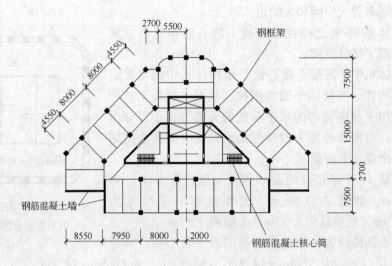

图 2-24　上海希尔顿酒店的典型层结构平面

剪力墙的常用做法如下：

（1）内藏钢板支撑的钢筋混凝土剪力墙（图 2-25），内藏钢板支撑可采用 X 形支撑、V 形支撑、人字形支撑等。如，北京京城大厦（52 层，高 183m）采用了内藏钢板支撑剪力墙的框架体系结构，该剪力墙是在钢筋混凝土墙板内埋入厚 20mm、宽 300mm 的人字形钢板支撑。

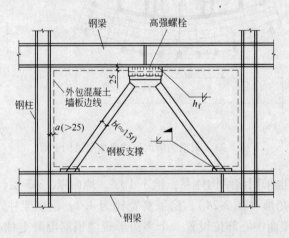

图 2-25　内藏钢板支撑的预制混凝土剪力墙墙板

（2）带竖缝的钢筋混凝土剪力墙。带竖缝的钢筋混凝土剪力墙（图 2-26）嵌固于框架梁柱之间，它只承受水平荷载产生的剪力，不考虑承受竖向荷载产生的压力。带竖缝混凝土剪力墙比实体剪力墙具有更好的抗震性能。

北京京广中心主楼（53 层，高 208m）采用了带竖缝混凝土剪力墙框架体系。

2.1.5.3　巨型结构体系

由若干个巨大的竖向支撑结构（组合柱、角筒体、边筒体等）与梁式或桁架式转换层结合形成一级结构，承受主要的水平和竖向荷载，普通的楼层梁柱为第二级结构，将楼面重量以及承受的水平力传递到第一级结构上去，这种多级结构体系就是巨型结构体系。巨型结构体系是一种超常规的具有巨大抗侧刚度及整体工作性能的大型结构体系，主次结构受力明确，布置灵活，可满足特殊建筑形式和建筑功能的要求，特别适合于在大型复杂的高层与超高层建筑中应用。近年来发展的巨型框架形式在超高层建筑结构中发挥了很大优势，其外露的巨型框架和支撑体系，因丰富了建筑立面而成为目前建筑上一种时髦的处理手法。

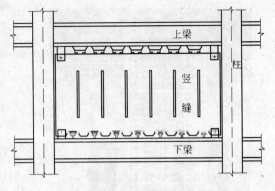

图 2-26　带竖缝的钢筋混凝土剪力墙

较为新颖的竖向承重结构有悬挂结构、巨型框架结构、巨型桁架结构、刚性横梁和刚性桁架结构等（图 2-27）。

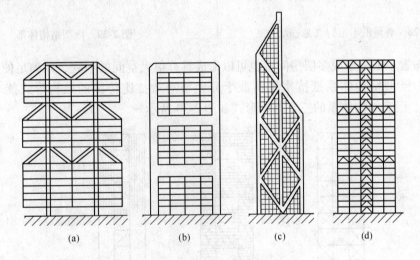

图 2-27　新型竖向承重结构体系

（a）悬挂结构；（b）巨型框架结构；（c）巨型桁架；（d）刚性横梁和刚性桁架结构

典型的悬挂结构为香港汇丰银行大楼（图 2-28），该楼由建筑师 N·福斯特和结构师 O·阿吕普设计，1986 年建成。其上部结构 43 层，高 180m，地下 4 层。主体为"柱-桁架悬吊"体系，即主体结构的主要承重构件为自基础延伸至不同高度处的两列巨型钢立柱（每列 4 个共 8 个），主要承受全楼的重力荷载和水平荷载。每个立柱的平面尺寸为 4.8m×5.1m，由 4 个圆钢管柱组成，钢管柱沿竖向每隔 3.9m（层高）连以矩形截面加腋钢梁，形成一空腹桁架式的竖向构件，各楼层的重力荷载由 5 个在不同高程上设置的"两层高伸臂桁架"分别承受。

巨型结构体系的基本形式如图 2-29 所示，巨型框架具有很大的承载能力和侧向刚度。由于它可以看作是由两级框架组成，第一级为主框架，是承载的主体；第二级是位于主框架内的次框架，也起承载作用。因此，这种结构是具有两道抗震防线的抗震结构，具有良好的抗震性能。从建筑方面看，这种结构体系在上、下两层巨型梁之间有较大的灵活空

图 2-28   香港汇丰银行（悬挂结构）

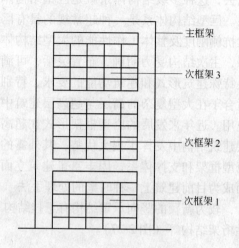

图 2-29   巨型结构体系

间，可以布置小框架形成多层房间，也可以形成具有很大空间的中庭，以满足使用功能和
建筑需要。巨型结构体系抵抗水平荷载十分经济有效，比传统的结构形式能节约钢材
40% 左右。巨型结构体系的三个基本形式如图 2-30 所示。

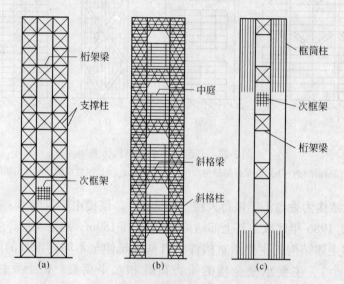

图 2-30   巨型框架的三个基本形式
（a）桁架型；（b）斜格型；（c）框筒型

典型的巨型空间桁架为香港中银大厦（图 2-31），该楼由建筑师贝聿铭和结构师罗伯
逊、福勒设计，1988 年建成。其上部结构 72 层，高 369m，地下 4 层。它的结构特点是用
8 个竖向有斜撑的平面钢桁架（外包混凝土成为组合构件）组成一个从正方形底部升起逐
渐收进到顶部一点的棱柱筒体，其中 4 个筒侧的平面桁架具有交叉斜撑，其余均为以平面

三角形组成的桁架，其实质就是一个固定在地基上的竖向悬臂空间桁架结构，大楼所受到的主要荷载最后都由位于大楼四角的巨型组合立柱承受，并传递至基础。

2.1.6 结构体系的选择

建筑结构体系的选择主要考虑以下两个方面：

（1）考虑建筑功能要求，商场、车站、展览馆、餐厅、停车库等需要空间较大的建筑故较多选用框架结构；高层住宅、公寓、宾馆等一般采用剪力墙结构；酒店、写字楼、教学楼、科研楼、病房楼等既要求有大空间又要求有小空间的综合性公共建筑可选用框架-剪力墙结构、框架-核心筒等；

（2）按结构设计要求，根据房屋高度、高宽比、抗震设防类别、抗震设防烈度、场地条件、结构材料和施工技术条件等因素初步选择。

不同的结构体系的承载力和刚度不同，因此，其适用的高度和范围也不一样。根据《高规》，钢筋混凝土高层建筑结构的最大适用高度

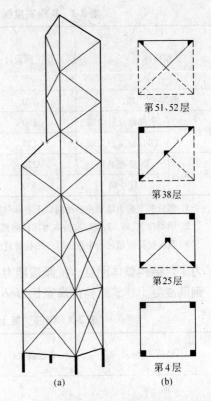

图 2-31 巨型空间桁架——香港中银大厦结构
（a）立面图；（b）楼层平面图

和高宽比分为 A 级和 B 级。B 级高度高层建筑结构的最大适用高度和高宽比可较 A 级适当放宽，其结构抗震等级、有关的计算和构造措施应相应加严，并应符合《高规》有关条文的规定。A、B 级高度钢筋混凝土高层建筑的最大适用高度分别见表 2-1、表 2-2。

表 2-1　A 级高度钢筋混凝土高层建筑的最大适用高度　　（m）

结构体系		非抗震设计	抗震设防烈度				
			6 度	7 度	8 度		9 度
					0.20g	0.30g	
框　架		70	60	55	40	35	—
框架-剪力墙		150	130	120	100	80	50
剪力墙	全部落地剪力墙	150	140	120	100	80	60
	部分框支剪力墙	130	120	100	80	50	不应采用
筒　体	框架-核心筒	160	150	130	100	90	70
	筒中筒	200	180	150	120	100	80
板柱-剪力墙		110	80	70	55	40	不应采用

注：1. 房屋高度指室外地面至主要屋面高度，不包括局部突出屋面的电梯机房、水箱、构架等高度；
　　2. 表中框架不含异形柱框架结构；
　　3. 部分框支剪力墙结构指地面以上有部分框支剪力墙的剪力墙结构；
　　4. 平面和竖向均不规则的结构或IV类场地上的结构，最大适用高度应适当降低；
　　5. 甲类建筑，6、7、8 度时宜按本地区抗震设防烈度提高一度后符合本表的要求，9 度时应专门研究；
　　6. 框架结构、板柱-剪力墙结构以及 9 度抗震设防的表列其他结构，当房屋高度超过本表数值时，结构设计应有可靠依据，并采取有效的加强措施。

表 2-2　B 级高度钢筋混凝土高层建筑的最大适用高度　　　　　　　（m）

结构体系		非抗震设计	抗震设防烈度			
			6 度	7 度	8 度	
					0.20g	0.30g
框架-剪力墙		170	160	140	120	100
剪力墙	全部落地剪力墙	180	170	150	130	110
	部分框支剪力墙	150	140	120	100	80
筒体	框架-核心筒	220	210	180	140	120
	筒中筒	300	280	230	170	150

注：1. 部分框支剪力墙结构指地面以上有部分框支剪力墙的剪力墙结构；

　　2. 甲类建筑，6、7 度时宜按本地区设防烈度提高一度后符合本表的要求，8 度时应专门研究；

　　3. 当房屋高度超过表中数值时，结构设计应有可靠依据，并采取有效的加强措施。

为了对结构整体刚度、抗倾覆能力、整体稳定、承载能力以及经济合理性进行宏观控制，钢筋混凝土建筑结构的高宽比 H/B 的限值应符合表 2-3 的规定。

表 2-3　钢筋混凝土高层建筑结构适用的最大高宽比

结构体系	非抗震设计	抗震设防烈度		
		6 度、7 度	8 度	9 度
框架	5	4	3	—
板柱-剪力墙	6	5	4	—
框架-剪力墙、剪力墙	7	6	5	4
框架-核心筒	8	7	6	4
筒中筒	8	8	7	5

除了满足高度和高宽比要求，在进行结构体系的选择时，应保证结构具有合理的刚度和承载能力，避免产生软弱层或薄弱层，保证结构的稳定和抗倾覆能力；此外，应使结构具有多道防线，提高结构和构件的延性，增强其抗震能力。

2.2　高层建筑结构平面布置

在高层建筑结构设计中，除了要根据结构高度选择合理的结构体系外，还应根据抗震概念设计的要求设计和选择建筑物的平面、立面、剖面形状和总体型，也即进行结构布置。结构布置主要包括以下内容：

（1）结构平面布置，即确定梁、柱、墙、基础、电梯井和楼梯等在平面上的位置；

（2）结构竖向布置，即确定结构竖向形式、楼层高度、电梯机房、屋顶水箱、电梯井和楼梯的高度，是否设置地下室、转换层、加强层、技术夹层以及它们的位置和高度等。

2.2.1　结构平面布置原则

为了便于建筑工业化，高层建筑的开间、进深尺寸和选用的构件类型应减少规格，高层建筑平面布置应满足如下要求：

（1）在高层建筑的一个独立结构单元内，宜使结构平面形状简单、规则，质量、承载力和刚度分布均匀、对称；

（2）选择风作用效应较小的平面形状，一般地，平面为圆形或椭圆形可比矩形减小风荷 20%～40%；

（3）结构平面布置应减少扭转的影响，采用平面规则，刚度中心与外载合力中心或重心重合的平面布置方式；

（4）建筑平面各部位尺寸满足表2-4要求。

表 2-4　平面尺寸限值

设防烈度	L/B	L/B_{max}	l/b	l'/B_{max}	l/B_{max}
6度、7度	≤6.0	≤5.0	≤2.0	≥1.0	≤0.35
8度、9度	≤5.0	≤4.0	≤1.5	≥1.0	≤0.30

高层建筑结构平面布置如图2-32所示。

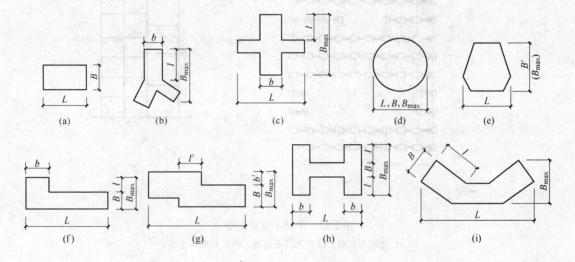

图 2-32　结构平面布置

2.2.2　平面不规则的类型

为了使结构受力合理，应尽量避免出现平面不规则情况，平面不规则类型主要有三种，如表2-5和图2-33所示。

表 2-5　平面不规则主要类型

不规则类型	定义和参考指标
扭转不规则	在规定的水平力作用下，楼层的最大弹性水平位移（或层间位移），大于该楼层两端弹性水平位移（或层间位移）平均值的1.2倍
凹凸不规则	结构平面凹进的尺寸，大于相应投影方向总尺寸的30%
楼板局部不连续	楼板的尺寸和平面刚度急剧变化，例如，有效楼板宽度小于该层楼板典型宽度的50%，或开洞面积大于该层楼面面积的30%，或较大的楼层错层

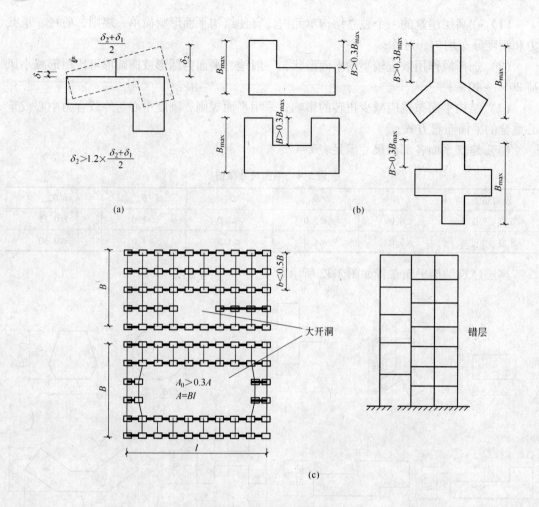

图 2-33　平面不规则类型

（a）扭转不规则；（b）凹凸不规则；（c）局部不连续

为了避免各种平面不规则，应尽量使结构平面布置规则、均匀、对称；在布置抗侧力结构时，尽量使荷载作用线通过刚度中心，以减少扭转的影响；对凹入、凸出或洞口的大小加以限制，满足规定的各项要求；楼板开大洞削弱后，宜采取以下构造措施予以加强：

（1）加厚洞口附近楼板，提高楼板的配筋率，采用双层双向配筋；

（2）洞口边缘设置连梁、暗梁；

（3）在楼板洞口角部集中配置斜向钢筋。

2.3　高层建筑结构竖向布置

2.3.1　结构竖向布置原则

为了保证高层建筑在水平力作用下不发生倾覆，并保证建筑的整体稳定性，高层建筑的高宽比不宜过大，一般情况下应满足表 2-3 的要求，钢筋混凝土高层建筑如不超出表 2-3、表 2-4 中的限值，一般可以不验算倾覆安全度和整体稳定性。此外，高层建筑的竖向体型宜规则、均匀，避免有过大的外挑和内收。结构的侧向刚度宜下大上小，逐渐均匀变化，不应采用竖向布置严重不规则的结构。

抗震设计时，当结构上部楼层收进部位到室外地面的高度 H_1 与房屋高度 H 之比大于 0.2 时，上部楼层收进后的水平尺寸 B_1 不宜小于下部楼层水平尺寸 B 的 0.75 倍（图 2-34a、b）；当上部结构楼层相对于下部楼层外挑时，下部楼层的水平尺寸 B 不宜小于上部楼层水平尺寸 B_1 的 0.9 倍，且水平外挑尺寸 a 不宜大于 4m（图 2-34c、d）。

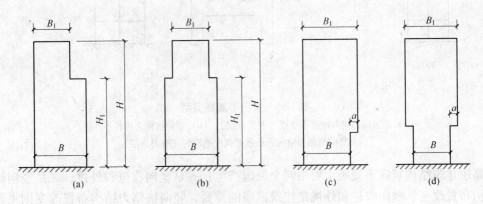

图 2-34　结构竖向收进和外挑示意

为了防止高层建筑发生倾覆和滑移，高层建筑的基础应有一定的埋置深度，埋置深度根据建筑物的高度、体型、地基土质、抗震设防烈度等因素确定。

高层建筑宜设置地下室，地下室有如下结构功能：

（1）利用土体的侧压力防止水平力作用下结构的滑移、倾覆；

（2）减小土的重量，降低地基的附加压力；

（3）提高地基土的承载能力；

（4）减少地震作用对上部结构的影响。

地震震害调查表明，有地下室的建筑物震害明显减轻。同一结构单元应全部设置地下室，不宜采用部分地下室，且地下室应当有相同的埋深。

2.3.2　竖向不规则的类型

为了使结构受力合理，应尽量避免出现竖向不规则情况，竖向不规则类型主要有三种，如表 2-6 和图 2-35 所示。

表 2-6　竖向不规则主要类型

不规则类型	定义和参考指标
侧向刚度不规则	该层的侧向刚度小于相邻上一层的 70%，或小于其上相邻三个楼层侧向刚度平均值的 80%；除顶层或出屋面小建筑外，局部收进的水平向尺寸大于相邻下一层的 25%
竖向抗侧力构件不连续	竖向抗侧力构件（柱、抗震墙、抗震支撑）的内力由水平转换构件（梁、桁架等）向下传递
楼层承载力突变	抗侧力结构的层间受剪承载力小于相邻上一楼层的 80%

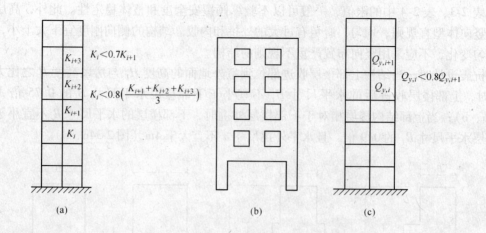

图 2-35 竖向不规则类型

（a）沿竖向的侧向刚度不规则（有柔软层）；（b）竖向抗侧力构件不连续；
（c）竖向抗侧力结构屈服抗剪强度不均匀（有薄弱层）

高层建筑结构竖向不规则主要由两个原因产生：一是竖向收进和外挑；二是竖向抗侧力结构布置改变。竖向收进和外挑是建筑造型的需要，竖向抗侧力结构布置改变则主要是由于建筑功能的需要而使上下结构轴线布置或结构形式发生变化，这时一般应设置转换层。若建筑有个别项超过上述不规则类型的指标，则此结构为不规则结构；若有多项超过不规则类型的指标，或某一项超过不规则指标较多，此结构为特别不规则结构；若有多个项目超过不规则类型的指标，或某一项超过了严重不规则指标的上限，则为严重不规则结构。抗震高层建筑允许采用不规则结构，但需采取计算和构造方面的加强措施；特别不规则的结构应进行专门研究和论证；严重不规则的结构不应采用。

2.4 变形缝设置

为了消除结构不规则、收缩和温度应力、不均匀沉降对结构的有害影响，常常需要设置变形缝，变形缝包括伸缩缝、沉降缝、防震缝。高层建筑中是否设置变形缝，是进行结构平面布置时要考虑的重要问题之一。

2.4.1 伸缩缝

伸缩缝又称为温度缝，为释放建筑平面尺寸较大的房屋因温度变化和混凝土干缩产生的结构内力而设。

高层建筑结构不仅平面尺寸大，而且竖向的高度也很大，温度变化和混凝土收缩不仅会产生水平方向的变形和内力，而且也会产生竖向的变形和内力。但是，高层钢筋混凝土结构一般不计算由于温度、收缩产生的内力。因为一方面高层建筑的温度场分布和收缩参数等都很难准确地决定；另一方面混凝土不是弹性材料，它既有塑性变形，又有徐变和应力松弛，实际的内力要远小于按弹性结构的计算值。

混凝土收缩和温度应力常常会使混凝土结构产生裂缝，为了避免由此产生的裂缝，房屋建筑可以设置伸缩缝。伸缩缝只设置在上部结构，基础可不设伸缩缝；伸缩缝处宜做双柱，伸缩缝最小宽度为50mm。《高规》规定的伸缩缝最大间距如表2-7所示。

表 2-7 伸缩缝的最大间距

结构体系	施工方法	最大间距/m
框架结构	现浇	55
剪力墙结构	现浇	45

当采用下列构造措施和施工措施可减少温度和混凝土收缩对结构的影响时，可适当放宽伸缩缝的间距：

（1）顶层、底层、山墙和纵墙端开间等温度变化影响较大的部位提高配筋率；

（2）顶层加强保温隔热措施，外墙设置外保温层；

（3）每30~40m间距留出施工后浇带，带宽800~1000mm，钢筋采用搭接接头，后浇带混凝土宜在45d后浇灌；

（4）采用收缩小的水泥，减少水泥用量，在混凝土中加入适宜的外加剂；

（5）提高每层楼板的构造配筋率或采用部分预应力结构；

（6）顶部楼层改用刚度较小的结构形式或顶部设局部温度缝，将结构划分为长度较短的区段。

2.4.2 沉降缝

高层建筑大多由主体结构和层数不多的裙房组成，裙房和主体结构的高度及重量相差悬殊，容易出现由沉降差引起的裂缝或破坏，此外，当相邻部分基础、埋深不一致，地基土层变化很大时，都会引起房屋开裂，为了避免由此产生的裂缝，应设沉降缝将相邻部分分开。沉降缝不但要将上部结构断开，在基础处也必须断开。

建筑物各部分不均匀沉降有三种处理方法：

（1）放：设沉降缝，让各部分自由沉降，互不影响，避免出现由于不均匀沉降时产生的内力，此为传统方法。缺点是在结构、建筑和施工上都较复杂，而且在高层建筑中采用此法往往使地下室容易渗水。

（2）抗：采用端承桩避免显著的沉降或利用刚度很大的基础来抵抗沉降，此法消耗材料较多，不经济，只宜在一定情况下使用。

（3）调：在设计和施工中，采取措施，如调整地基压力、调整施工顺序（先主楼后裙房）、预留沉降差等，这是处于"放"和"抗"之间的一种方法。

2.4.3 防震缝

在地震作用下，特别不规则结构的薄弱部位容易造成震害，可以用防震缝将其划分为若干独立的抗震单元，使各个结构单元成为规则结构。防震缝一般在房屋平面较复杂，或房屋有较大错层，或部分结构的刚度、荷载相差悬殊而又未采用有效措施时设置。防震缝应在地面以上沿全高设置，其基础部分可以不设缝，但要加强构造措施。

防震缝应有一定的宽度，否则在地震时相邻部分会互相碰撞而破坏。《高规》规定，框架结构房屋的防震缝宽度，当高度不超过15m时，不应小于100mm；当高度超过15m

时，按表2-8取值。

表2-8　高度超过15m时，防震缝增加要求

抗震设防烈度	6度	7度	8度	9度
每增加	5m	4m	3m	2m
缝加宽	20mm	20mm	20mm	20mm

　　框架-剪力墙结构和剪力墙结构房屋的防震缝宽度分别不应小于框架结构防震缝宽度的70%和50%，但都不宜小于100mm。防震缝两侧结构类型不同时，按需要较宽防震缝的结构类型和较低房屋高度确定缝宽。

　　实际工程中，设缝会影响建筑立面，多用材料，构造复杂，防水处理困难等，此外，设缝的结构在强烈地震下，相邻结构可能发生碰撞而局部损坏。因此，常常通过采取措施，如调整平面形状、尺寸和结构布置，采取构造和施工措施，尽量不设缝；当需设缝时，应将高层建筑结构划分为独立的结构单元，并设置必要的缝宽，以防震害。变形缝的缝宽应满足防震缝最小宽度的要求。

2.5　高层建筑水平承重结构选型

　　高层建筑中，水平结构除承受作用于楼面或屋面上的竖向荷载外，还要承担起连接各竖向承重构件的任务。

　　楼盖结构是将各竖向抗力结构（剪力墙、框架、筒体等）连接起来形成空间结构的一种水平刚性结构，除承受竖向荷载外，水平荷载也要通过楼板平面进行传递和分配，最终将竖向荷载和水平荷载有效传递至基础。此外，楼盖结构作为竖向承重结构的支承，使各榀框架、剪力墙不产生平面外失稳。在进行高层建筑结构空间协调分析时，常常采用楼板在自身平面内刚度无穷大的假定。因此，高层建筑楼盖结构选型首先应考虑结构的整体性好，楼盖平面内刚度大，使楼盖在实际结构中的作用与在计算简图中平面内刚度无穷大的假定相一致；其次应尽量使结构高度小，重量轻，此外还应考虑到建筑使用要求，建筑装饰要求，设备布置要求及施工技术条件等。

2.5.1　楼盖结构的类型和特点

　　楼盖按施工方式分为现浇楼盖、装配式楼盖和装配整体式楼盖。

　　按结构形式可分为：

　　（1）肋形楼盖（包括梁板式楼盖单向板肋梁楼盖、双向板肋梁楼盖、密肋楼盖或井式楼盖）。其具有板薄、混凝土用量少、自重轻、施工方便、较经济的特点。但板底不平，可能影响美观和使用。

　　（2）平板（包括非预应力混凝土平板、无粘结预应力混凝土平板、空心平板）。

　　（3）无梁楼盖。

　　（4）组合式楼盖（压型钢板-混凝土楼板、钢梁-混凝土板组合楼盖、网架楼盖）。

　　图2-36和图2-37是几种常见的楼盖形式。

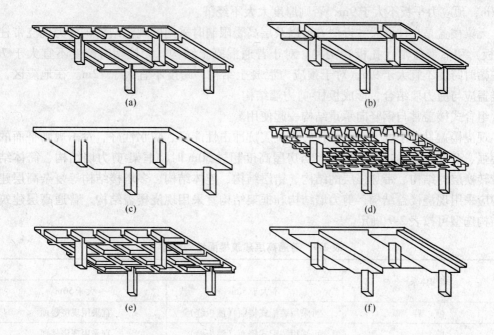

图 2-36　楼盖类型图

（a）单向板肋梁楼盖；（b）双向板肋梁楼盖；（c）无梁楼盖；
（d）密肋楼盖；（e）井式楼盖；（f）扁梁楼盖

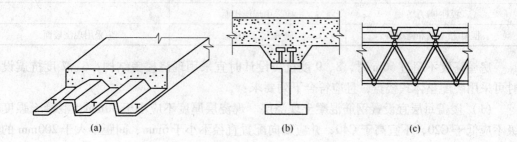

图 2-37　组合式楼盖

（a）压型钢板-混凝土楼板；（b）钢梁-混凝土板组合楼盖；（c）网架楼盖

2.5.2　楼盖结构的选型与构造要求

　　肋形楼盖在多高层建筑中广泛应用，一般采用现浇式。要求混凝土等级不应低于 C20，不宜高于 C40。在框架-剪力墙结构中也采用装配整体式楼面（灌板缝加现浇面层）形成肋形楼盖方案。

　　密肋楼盖多用于跨度较大而梁高受限制的情况，在筒体结构的角区楼板也常用密肋楼盖。其肋间距为 0.9～1.5m，以 1.2m 较经济；密肋板的跨度一般不大于 9m；对于预应力混凝土密肋楼盖的跨度一般不超过 12m。

　　平板楼面一般用于剪力墙结构或筒体结构。板底平整，可不另加吊平顶；结构厚度小，适应于层高较低的情况；缺点是适用的跨度不能太大，一般非预应力平板跨度不大于

6～7m，预应力平板不大于 9m，否则厚度太大不经济。

无梁楼盖是在柱网尺寸近似方形以及层高受限制时采用的现浇结构，分为现浇带柱帽（托板）和不带柱帽（托板）两种。对于普通混凝土结构，无柱帽时跨度不宜大于 7m，有柱帽时跨度不宜大于 9m，对于预应力混凝土结构，跨度不宜大于 12m。在地震区，无梁楼盖应与剪力墙结合，形成板柱-剪力墙结构。

组合式楼盖常与钢竖向承重结构一起使用。

现浇楼盖具有刚度大、整体性好、抗震抗冲击性能好、防水性好、对不规则平面的适用性强、开洞容易的特点，因此，当房屋高度超过 50m 时，框架-剪力墙结构、筒体结构及带转换层的结构、带加强层的结构、错层结构、连体结构、多塔楼结构等复杂高层建筑结构应采用现浇楼盖结构，剪力墙结构和框架结构宜采用现浇楼盖结构。普通高层建筑楼面结构选型可按表 2-9 确定。

表 2-9　普通高层建筑楼面结构选型

结构体系	高　度	
	不大于 50m	大于 50m
框　架	可采用装配式楼面（灌板缝）	宜采用现浇楼面
剪力墙	可采用装配式楼面（灌板缝）	宜采用现浇楼面
框架-剪力墙	宜采用现浇楼面 可采用装配整体式楼面 （灌板缝加现浇面层）	应采用现浇楼面
板柱-剪力墙	应采用现浇楼面	—
框架-核心筒和筒中筒	应采用现浇楼面	应采用现浇楼面

房屋高度不超过 50m 时，8、9 度抗震设计时宜采用现浇楼盖结构；6、7 度抗震设计时可采用装配整体式楼盖，且应符合下列要求：

（1）楼盖每层宜设置钢筋混凝土现浇层。现浇层厚度不应小于 50mm，混凝土强度等级不应低于 C20，不宜高于 C40，并应双向配置直径不小于 6mm、间距不大于 200mm 的钢筋网，钢筋应锚固在梁或剪力墙内。

（2）楼盖的预制板板缝上缘宽度不宜小于 40mm，板缝大于 40mm 时应在板缝内配置钢筋，并宜贯通整个结构单元。现浇板缝、板缝梁的混凝土强度等级宜高于预制板的混凝土强度等级，且不应低于 C20。

（3）预制板板端宜预留胡子筋，其长度不宜小于 100mm；无现浇叠合层的预制板，板端搁置在梁上的长度不宜小于 50mm。

房屋的顶层、结构转换层、大底盘多塔结构的底盘顶层、平面复杂或开洞过大的楼层、作为上部结构嵌固部位的地下室楼层应采用现浇楼盖结构。一般楼层现浇楼板厚度不应小于 80mm，当板内预埋暗管时不宜小于 100mm；顶层楼板厚度不宜小于 120mm，宜双层双向配筋；转换层楼板应符合《高规》第 10 章的有关规定；普通地下室顶板厚度不宜小于 160mm；作为上部结构嵌固部位的地下室楼层的顶楼盖应采用梁板结构，楼板厚度不宜小于 180mm，应采用双层双向配筋，且每层每个方向的配筋率不宜小于 0.25%。

现浇预应力混凝土楼板厚度可按跨度的 1/45～1/50 采用，且不宜小于 150mm。

2.6 高层建筑基础选型

高层建筑基础是高层建筑的重要组成部分，它的作用是将上部结构传来的巨大荷载传递给地基。在地震区，房屋的基础直接受到地震的作用，并将地震作用传到上部结构，使结构产生震动。因此，基础形式选择的好坏，不但对房屋的造价、施工等有重大影响，而且关系到结构的安全。

高层建筑基础的选型要根据上部结构形式、荷载特点、工程地质条件、施工条件等因素综合确定，确保建筑物不致发生过量沉降或倾斜，满足建筑物正常使用要求。还应注意与相邻建筑的相互影响，了解邻近地下构筑物及各项地下设施的位置和标高，确保施工安全。

2.6.1 基础形式

高层建筑常用的基础类型及其适用范围如下：

（1）柱下独立基础。柱下独立基础适用于层数不多、地基土质较好的框架结构。

（2）条形基础和十字交叉梁基础。条形基础和十字交叉梁基础（图2-38）整体性比单柱基础好，适用于层数不多、土质一般的框架、剪力墙、框-剪结构。

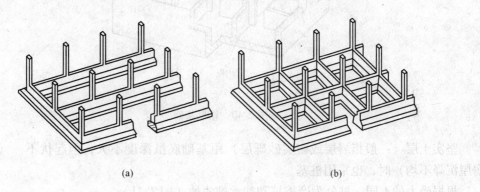

(a)   (b)

图2-38 条形基础和十字交叉梁基础
（a）条形基础；（b）十字交叉梁基础

（3）片筏基础（图2-39）。其是高层建筑常用的基础形式之一，整体性较好，适用于层数不多，土质较弱，或层数较多，地基土质较好的情况，特别是在上部结构重量不均匀或土质不均匀时采用。片筏基础有平板式及梁板式两种。

（4）箱形基础（图2-40）。箱形基础是高层建筑常用的基础形式之一，具有较大的刚度和整体性，适用于上部结构荷载较大而地基土较软弱的情况；箱形基础既能抵抗和协调地基的不均匀变形，又能扩大基底面积，将上部荷载均匀传递到基础土上，同时，又使得部分土体重量得到置换，降低了土压力。

（5）桩基。当上部结构荷载太大，且地基软弱，坚实土层距基础底面较深，采用其他基础形式可能导致沉降过大不能满足要求时，常采用桩基或桩基与其他形式基础联合使用，以减少地基变形。

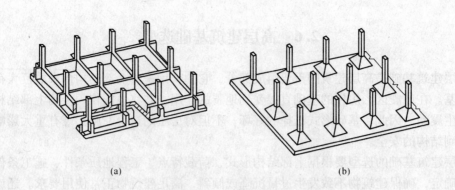

图 2-39　片筏基础

（a）倒交梁楼盖式片筏基础；（b）倒无梁楼盖式片筏基础

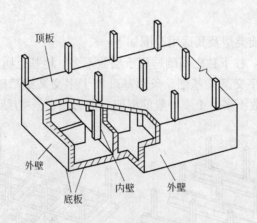

图 2-40　箱形基础

坚实土层（一般指岩层或密实砂砾层）距基础底虽深度不大，但起伏不一（易导致房屋沉降不均）时，也采用桩基。

根据受力的不同，桩分为摩擦桩和端承桩两种（图 2-41）。

（6）复合基础。复合基础适用于层数较多或土质较弱的情况。

高层建筑基础选型原则：应采用整体性好、能满足地基的承载力和建筑物容许变形要求并能调节不均匀沉降的基础形式。宜采用片筏基础，必要时可采用箱形基础。当地质条件好、荷载较小，且能满足地基承载力和变形要求时，也可采用交叉梁基础或其他基础形式；当地基承载力或变形不能满足设计要求时，可采用桩基或复合地基。

2.6.2　基础埋深

高层建筑基础应有一定的埋置深度，在确定埋置深度时，应考虑建筑物的高度、体型、地基土质、抗震设防烈度等因素。埋置深度可从室外地坪算至基础底面，并宜符合下列要求：

（1）天然地基或复合地基，可取房屋高度的 1/15；

（2）桩基础，可取房屋高度的 1/18（桩长不计在内）。

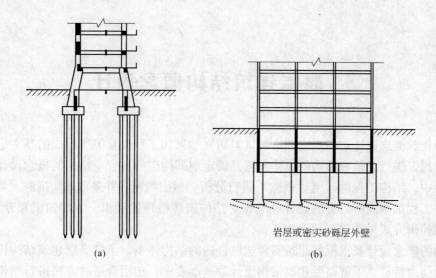

图 2-41　桩基

（a）摩擦桩；（b）端承桩

　　注意：当主楼与裙房用沉降缝分开时，主楼基础的有效埋深只能从裙房地下室底板标高起计。

　　当建筑物采用岩石地基或采取有效措施时，在满足地基承载力、稳定性及基础底面与地基之间零应力区面积不超过限值的前提下，基础埋置深度可不受上述条件的限制。当地基可能产生滑移时，应采取有效的抗滑移措施。

　　高层建筑基础的混凝土强度等级不宜低于 C25。

思考题与习题

2-1　高层建筑结构选型包括哪些主要内容？

2-2　高层建筑结构体系有哪几种，各有何特点？

2-3　新型结构体系有哪些？

2-4　结构缝有几种，各有何特点？

2-5　高层建筑结构布置的基本原则是什么？

2-6　什么是平面不规则结构，什么是竖向不规则结构？

2-7　高层建筑楼盖结构如何选型？

2-8　高层建筑基础有哪几种类型，各有何特点？

2-9　如何确定高层建筑的埋置深度？

3 高层建筑结构概念设计

所谓建筑概念设计是指根据理论与试验研究结果和工程经验等所形成的基本设计原则和设计思想，进行建筑和结构的总体布置并确定细部构造的过程。结构的概念设计是指在结构设计中，结构工程师运用"概念"进行分析，做出判断，并采取相应措施。判断能力主要来自工程师本人所具有的设计经验、对结构破坏机理的认识，力学知识和专业知识，对结构试验研究成果的理解和认知等。

结构的概念设计要求根据建筑需要选取合适的结构体系，了解高层建筑结构构件和结构整体的受力特征，了解高层建筑结构设计的基本要求，选用合适的方法进行结构内力分析和构件截面设计，并采取相应的构造措施。本章主要介绍高层建筑结构概念设计的一些基本内容。

3.1 高层建筑结构受力特征

3.1.1 高层建筑结构基本构件的受力特征

高层建筑结构的基本构件有梁、柱、墙、板、基础、框架、桁架等。它们具有不同的特点。

（1）梁。梁一般指承受垂直于其纵轴方向荷载的线形构件。如果荷载重心作用在梁的纵轴平面内，该梁只承受弯矩和剪力；如果荷载所在平面与梁的纵对称轴斜交或正交，该梁便处于双向受弯、受剪状态，甚至还可能同时受扭矩作用。

根据梁的受力特点，梁分为简支梁、伸臂梁、悬臂梁、两端固定梁、一端简支另一端固定梁、连续梁等，梁的受力特点与它在结构中所处位置以及所受荷载情况有关。如楼板结构中承受垂直荷载与水平荷载的主次梁，厂房结构中承受动力荷载的吊车梁，楼梯中承受垂直荷载的斜梁，砌体结构中承受因墙体不均匀沉降引起的内力的圈梁等。梁的高跨比一般为 1/16 ~ 1/8，悬臂梁高达 1/6 ~ 1/5，预应力混凝土梁可小至 1/25 ~ 1/20。高跨比大于 1/4 的梁称为深梁。

（2）柱。柱是承受垂直荷载的线形构件，其截面尺寸小于其高度，一般以受压和受弯为主，属压弯构件。根据受力特点可分为轴心受压柱和偏心受压柱两种。砌体结构中的构造柱不直接承受荷载，其作用主要是增加墙体的延性。

（3）墙。其主要是承受平行于墙面方向荷载和垂直于墙面荷载的竖向构件。在重力和竖向荷载作用下主要承受压力，有时也承受弯矩和剪力；在风、地震等水平荷载作用或土压力、水压力作用下主要承受剪力和弯矩。根据受力特点分类，有以承受重力为主的承重墙、以承受风力或地震产生的水平力为主的剪力墙，以及作为隔断等非受力用的非承重墙。

（4）板。板是具有较大平面尺寸，但是厚度相对较小的平面型结构构件。通常水平设置，承受垂直于板面方向的荷载，受力以弯矩、剪力、扭矩为主，但在结构计算中剪力和扭矩往往可以忽略。根据受力特点分为单向板和双向板。

（5）基础。基础是地面以下部分的结构构件，用来将上部结构（地面以上结构）所承受的荷载传给地基。按受力特点有柔性基础（承受弯矩、剪力为主）、刚性基础（承受压力为主）。

（6）框架。框架是由横梁和立柱联合组成能同时承受竖向荷载和水平荷载的结构构件。一般建筑物中，框架的横梁和立柱都是刚性连接，它们之间的夹角在受力前后是不变的；连接处的刚性给予框架在承受竖向和水平荷载时衡量承载能力和稳定性的尺度，使框架的梁和柱既受轴力（框架梁在设计时轴力可忽略）又受弯曲和剪切（框架柱在设计时剪切可忽略）。

根据其受力特点，若框架的各构件轴线处于一平面内的为平面框架，若不在同一平面内的为空间框架，空间框架也可由平面框架组成。

（7）桁架。桁架是由若干直杆组成的一般为三角形网格的平面或空间承重结构构件。它在竖向和水平荷载作用下各杆件主要承受轴向拉力或轴向压力（当有侧向荷载作用在桁架的个别杆件上时，它们也会像梁一样受弯曲），从而能充分利用材料的强度，故适用于较大跨度或高度的结构物，如大跨结构中的屋架，高层建筑中的支撑系统或格构墙体等。

根据受力特点分为静定桁架和超静定桁架、平面桁架和空间桁架（其中网架就是空间桁架的一种）。

3.1.2 建筑结构的三个基本分体系

建筑结构是由许多结构构件组成的一个系统，其中主要的受力系统称为结构总体系。结构总体系种类繁多，但是基本是由三个部分组成，即基本水平分体系、基本竖向分体系以及基础体系。

基本水平分体系也称楼（屋）盖体系，一般由板、梁、桁（网）架组成。其作用为：
（1）在竖向，承受楼面或屋面的竖向荷载，并把它传给竖向分体系；
（2）在水平方向，起隔板和支承竖向构件的作用，并保持竖向构件的稳定。
基本竖向分体系一般由柱、墙、筒体组成，如框架体系、墙体系和井筒等。其作用为：
（1）在竖向，承受由水平体系传来的全部荷载，并把它传给基础体系；
（2）在水平方向，抵抗水平作用力如风荷载、水平地震作用等，也把它们传给基础体系。
基础体系一般由独立基础、条形基础、交叉基础、片筏基础、箱形基础以及桩、沉井组成。其作用为：
（1）把上述两类分体系传来的重力荷载全部传给地基；
（2）承受地面以上的上部结构传来的水平作用力，并把它们传给地基；
（3）限制整个结构的沉降，避免不均匀沉降和结构的滑移。

3.1.3 高层建筑结构的传力路线

高层建筑的竖向平面结构和水平平面结构都必须有明确的传力路线。传力路线的模式依结构体系的类别和结构布置而异。图 3-1a 表示不同结构体系中各种二维竖向平面结构

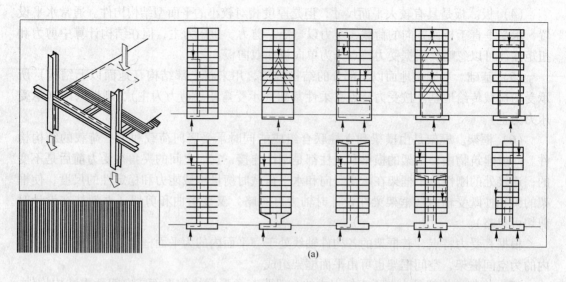

(a)

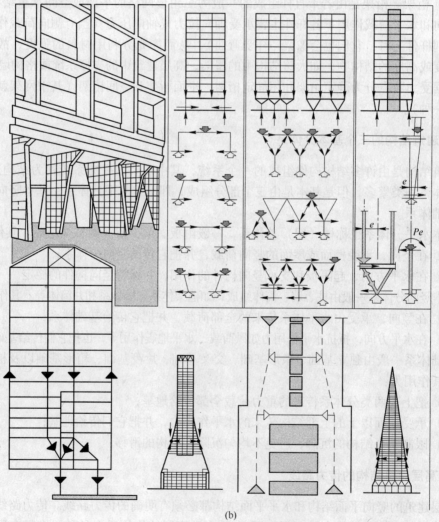

(b)

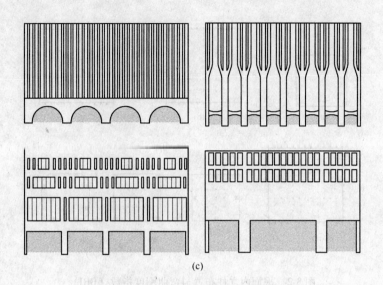

(c)

图 3-1　高层建筑结构的传力路线

（a）不同结构体系中各种二维竖向平面结构的传力路线；（b）立柱倾斜时的受力特点
（有时产生水平荷载）；（c）底层柱间距有变化时的结构布置

的传力路线；由图可见，竖向平面结构内的立柱既可垂直又可倾斜，既可连续也可错列，既可均匀分布也可集中在中部，甚至形成核心筒或分散在周边。传力的路线既可沿立柱上下连续传递，也可突然中断在水平方向转换到另外的柱列中。

当立柱倾斜时，所承受的重力荷载会使立柱受到水平推力，并使它产生侧移。图 3-1b 为当立柱倾斜时与柱连接的横梁（含楼板）横向受拉或横向受压的情况。可见当结构对称时，由均匀恒载产生的水平力能够自我平衡，但是由不利活载产生的水平力以及由不对称结构的均匀荷载产生的水平力必须要有抗侧力结构来抵抗它。

高层建筑由于功能需要，往往在底层只设少量立柱以便有足够的空间可以设置宽敞的入口、前厅或广场，这时，有较密柱间距的上层结构的重力荷载，就要通过另一种结构系统（转换梁、转换拱、转换桁架等）传给底层立柱以及底层立柱的基础，如图 3-1c 所示，也可以将立柱做成 Y 形或 V 形树枝状，V 形柱利于抵抗风荷载和水平地震作用，在不对称荷载下会产生水平推力。

3.1.4　弯曲刚度指数（BRI）和剪切刚度指数（SRI）的概念

高层建筑结构可以设想为一个从其自身地基上升起的悬臂构件，承受着水平侧向荷载和竖向重力荷载的作用，因此必须具有较强的抗弯性能和抗剪性能。美国结构师塔拉纳塔提出了用弯曲刚度指数（BRI）和剪切刚度指数（SRI）两个指标来评价结构的效能。

BRI 指建筑物底层所有立柱截面围绕自身为整体的重心轴旋转，所得截面惯性矩的相对值（相对于底层柱网为 4 个角柱，结构平面面积相等情况下，柱截面惯性矩的比值）。图 3-2 所示为平面内立柱布置与弯曲刚度指数（BRI）。

SRI 指建筑物中用以抵抗侧向水平力的墙体、板块或桁架的相对剪切刚度。指标值越大，表示结构系统的效能越好。

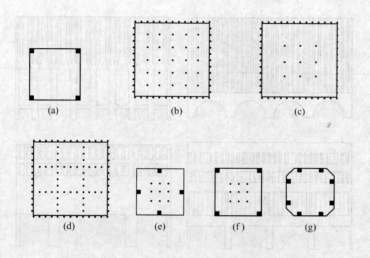

图 3-2　平面内立柱布置与弯曲刚度指数（BRI）

（a）BRI = 100（香港中国银行）；（b）BRI = 33（美国帝国大厦）；

（c）BRI = 33（纽约世界贸易中心）；（d）BRI = 33（西尔斯大厦）；

（e）BRI = 33（纽约花旗银行）；（f）BRI = 56；

（g）BRI = 63（休斯敦西南银行）

　　理想抗剪切体系为一片无洞口的墙体或板材（一般用钢筋混凝土或砌体材料做成），具有最大的剪切刚度指数 SRI = 100（见图 3-3a）。图 3-3b 所示为 45°斜腹杆，SRI = 60；图 3-3c 所示为斜腹杆和水平腹杆组合，斜腹杆倾角为 45°，SRI = 30。

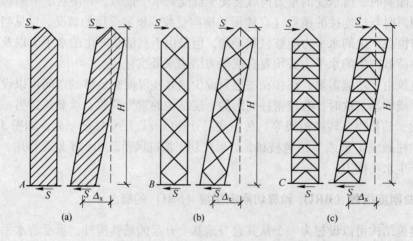

图 3-3　高层建筑结构的抗剪切体系

（a）剪力墙；（b）斜腹杆支撑；（c）有斜腹杆和水平腹杆的支撑

　　SRI 在 30 ~ 60 之间的竖向普通类型抗剪结构见图 3-4。它们大体有两类：一类为轴心受力撑系骨架；另一类为偏心受力撑系骨架。前者内力为轴向力，后者利用杆件轴线的偏移，使它们产生弯曲和剪切，SRI 值虽偏低，却可以增加支撑的延性。

　　可见，为高层建筑寻求合理高效的抗弯曲和抗剪切体系是结构概念设计的重要内容之一。

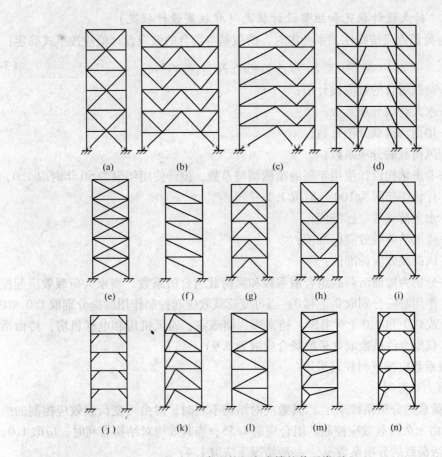

图 3-4 常用的竖向支撑的普通类型

3.2 高层建筑结构设计要求

高层建筑结构设计的基本要求主要包括下列五个方面：
（1）强度问题，即进行构件截面承载力验算；
（2）刚度问题，即进行正常使用条件下结构水平位移验算；
（3）稳定问题，即进行结构稳定与抗倾覆验算；
（4）延性问题，即抗震结构的延性要求；
（5）经验问题，即抗震结构的概念设计要求。
本节将分别进行介绍。

3.2.1 荷载效应组合

荷载效应是指由荷载引起结构或结构构件的反应，如内力、变形和裂缝等。一般地，各种荷载出现在结构上的概率不同，因此可以根据概率统计和可靠度理论把各种荷载效应按一定规律进行组合，这就是荷载效应组合。高层建筑受到水平荷载和垂直荷载的作用，为了获得结构构件的最大内力和位移，必须进行荷载效应组合。

3.2.1.1　持久设计状况和短暂设计状况（非抗震设计状况）

当荷载与荷载效应按线性关系考虑时，荷载基本组合的效应设计值应按下式确定：

$$S_d = \gamma_G S_{Gk} + \gamma_L \psi_Q \gamma_Q S_{Qk} + \psi_w \gamma_w S_{wk} \tag{3-1}$$

式中　S_d——荷载组合的效应设计值；

　　　　γ_G——永久荷载分项系数；

　　　　γ_Q——楼面活荷载分项系数；

　　　　γ_w——风荷载的分项系数；

　　　　γ_L——考虑结构设计使用年限的荷载调整系数，设计使用年限为 50 年时取 1.0，设计使用年限为 100 年时取 1.1；

　　　　S_{Gk}——永久荷载效应标准值；

　　　　S_{Qk}——楼面活荷载效应标准值；

　　　　S_{wk}——风荷载效应标准值；

　ψ_Q，ψ_w——分别为楼面活荷载组合值系数和风荷载组合值系数，当永久荷载效应起控制作用时应分别取 0.7 和 0；当可变荷载效应起控制作用时应分别取 1.0 和 0.6 或 0.7 和 1.0（对书库、档案库、储藏室、通风机房和电梯机房，楼面活荷载组合值系数取 0.7 的场合应取为 0.9）。

荷载分项系数应按下列规定采用：

（1）承载力计算时：

1）永久荷载的分项系数 γ_G：当其效应对结构不利时，对由可变荷载效应控制的组合应取 1.2，对由永久荷载效应控制的组合应取 1.35；当其效应对结构有利时，应取 1.0；

2）楼面活荷载的分项系数 γ_Q：一般情况下应取 1.4；

3）风荷载的分项系数 γ_w 应取 1.4，其组合系数分为：高层建筑 $\psi_w = 1.0$，多层建筑取 $\psi_w = 0.6$。

（2）位移计算时，各分项系数均应取 1.0。

不利布置时，承载力公式至少可做出 17 种组合（不含恒、活载不分开的情况，设计使用年限 50 年），主要有：

$$S = 1.35 S_{Gk} + 0.7 \times 1.4 S_{Qk} \tag{3-2}$$

$$S = 1.26(S_{Gk} + S_{Qk})（恒、活载不分开） \tag{3-3}$$

$$S = 1.2 S_{Gk} + 1.0 \times 1.4 S_{Qk} \pm 0.6 \times 1.4 S_{wk} \tag{3-4}$$

$$S = 1.2 S_{Gk} \pm 1.0 \times 1.4 S_{wk} + 0.7 \times 1.4 S_{Qk} \tag{3-5}$$

$$S = 1.0 S_{Gk} + 1.0 \times 1.4 S_{Qk} \pm 0.6 \times 1.4 S_{wk} \tag{3-6}$$

$$S = 1.0 S_{Gk} \pm 1.0 \times 1.4 S_{wk} + 0.7 \times 1.4 S_{Qk} \tag{3-7}$$

3.2.1.2　地震设计状况

当作用与作用效应按线性关系考虑时，荷载和地震作用基本组合的效应设计值应按下式确定：

$$S_d = \gamma_G S_{GE} + \gamma_{Eh} S_{Ehk} + \gamma_{Ev} S_{Evk} + \psi_w \gamma_w S_{wk} \tag{3-8}$$

式中 S_d——荷载和地震作用组合的效应设计值；

$\qquad S_{GE}$——重力荷载代表值的效应；

$\qquad S_{Ehk}$——水平地震作用标准值的效应，尚应乘以相应的增大系数或调整系数；

$\qquad S_{Evk}$——竖向地震作用标准值的效应，尚应乘以相应的增大系数或调整系数；

$\qquad \gamma_G$——重力荷载分项系数；

$\qquad \gamma_w$——风荷载分项系数；

$\qquad \gamma_{Eh}$——水平地震作用分项系数；

$\qquad \gamma_{Ev}$——竖向地震作用分项系数；

$\qquad \psi_w$——风荷载的组合值系数，应取0.2。

地震设计状况，荷载和地震作用基本组合的分项系数应按下列规定采用：

（1）分项系数应按表3-1采用。当重力荷载效应对结构承载力有利时，表3-1中γ_G不应大于1.0；

（2）位移计算时，上式中各分项系数均应取1.0。

表3-1　有地震作用效应组合时荷载和作用分项系数

所考虑的组合	γ_G	γ_{Eh}	γ_{Ev}	γ_w	说　明
重力荷载及水平地震作用	1.2	1.3	—	—	抗震设计的高层建筑结构均应考虑
重力荷载及竖向地震作用	1.2	—	1.3	—	9度抗震设计时考虑；水平长悬臂和大跨度结构7度（0.15g）、8度、9度抗震设计时考虑
重力荷载、水平地震及竖向地震作用	1.2	1.3	0.5	—	9度抗震设计时考虑；水平长悬臂和大跨度结构7度（0.15g）、8度、9度抗震设计时考虑
重力荷载、水平地震作用及风荷载	1.2	1.3	—	1.4	60m以上的高层建筑考虑
重力荷载、水平地震作用、竖向地震作用及风荷载	1.2	1.3	0.5	1.4	60m以上的高层建筑，9度抗震设计时考虑；水平长悬臂和大跨度结构7度（0.15g）、8度、9度抗震设计时考虑
	1.2	0.5	1.3	1.4	水平长悬臂和大跨度结构7度（0.15g）、8度、9度抗震设计时考虑

注：表中"—"号表示组合中不考虑该项荷载或作用效应。

有地震作用效应的组合数非常多，具体的组合数与房屋高度、抗震设防烈度和是否是长悬臂结构有关。对60m以上、9度抗震设计的高层建筑，与抗震有关的组合可达76种，加上非抗震组合可达93种；如果考虑质量偶然偏心，则组合数为380种（5×76），加上非抗震组合可达397种。如果再考虑楼面活荷载的不利布置，组合工况数更多。因此，为减少工作量，只采用那些起控制作用的组合，手算时更应注意。

3.2.2　构件承载能力的验算

高层建筑结构设计应保证结构在各种可能同时出现的外荷载作用下，各个构件及其连接均有足够的承载力，构件承载力极限验算采用由荷载效应组合得到的构件最不利内力进行，其一般表达式为：

持久设计状况、短暂设计状况：

$$\gamma_0 S_d \leqslant R_d \tag{3-9}$$

地震设计状况：

$$S_d \leqslant R_d / \gamma_{RE} \tag{3-10}$$

式中　γ_0——结构重要性系数，对安全等级为一级的结构构件不应小于1.1，对安全等级为二级的结构构件不应小于1.0；

　　　S_d——作用组合的效应设计值；

　　　R_d——构件承载力设计值。

　　　γ_{RE}——构件承载力抗震调整系数。钢筋混凝土构件承载力抗震调整系数见表3-2，型钢混凝土构件承载力抗震调整系数见表3-3，钢构件的承载力抗震调整系数见表3-4。当仅考虑竖向地震作用组合时，各类结构构件的承载力抗震调整系数均应取为1.0。

表3-2　钢筋混凝土构件承载力抗震调整系数 γ_{RE}

构件类别	梁	轴压比小于 0.15 的柱	轴压比不小于 0.15 的柱	剪力墙		各类构件	节点
受力状态	受弯	偏压	偏压	偏压	局部承压	受剪、偏拉	受剪
γ_{RE}	0.75	0.75	0.80	0.85	1.0	0.85	0.85

表3-3　型钢混凝土构件承载力抗震调整系数 γ_{RE}

正截面承载力计算				斜截面承载力计算
型钢混凝土梁	型钢混凝土柱及钢管混凝土柱	剪力墙	支撑	各类构件及节点
0.75	0.80	0.85	0.80	0.85

表3-4　钢构件的承载力抗震调整系数 γ_{RE}

强度破坏（梁、柱、支撑、节点板件、螺栓、焊缝）	屈曲稳定（柱、支撑）
0.75	0.80

3.2.3　水平位移限值和舒适度要求

水平位移限值是为了保证结构的刚度。按正常使用极限状态要求，高层建筑结构应满足风荷载和地震荷载作用下楼层层间水平位移限值和人们舒适度两方面的规定。

3.2.3.1　楼层层间水平位移限值

限制高层建筑结构层间位移的目的在于：

（1）保证主结构基本处于弹性受力状态，即避免混凝土墙或柱出现裂缝，梁等楼面构件的裂缝数量、宽度和高度在规范限度内；

（2）保证填充墙、隔墙和幕墙等非结构构件的完好，避免产生明显损伤。

我国规范采用按弹性方法计算的楼层层间最大水平位移 Δu_i 与层高 h_i 之比（简称层间

位移角 θ_i）控制层间位移。对于第 i 层，层间位移角为：

$$\theta_i = \frac{\Delta u_i}{h_i} = \frac{u_i - u_{i-1}}{h_i} \tag{3-11}$$

由于多高层建筑结构在水平力作用下几乎都会产生扭转，所以 Δu 的最大值一般在结构单元的边角部位。

《高规》对按弹性方法计算的楼层层间最大位移与层高之比 $\Delta u/h$ 的限制如下：

（1）高度不大于 150m 的高层建筑，其楼层层间最大位移与层高之比 $\Delta u/h$ 不宜大于表 3-5 的限值；

表 3-5　楼层层间最大位移与层高之比的限值

结构类型	$\Delta u/h$ 限值
框　架	1/550
框架-剪力墙、框架-核心筒、板柱-剪力墙	1/800
筒中筒、剪力墙	1/1000
除框架结构外的转换层	1/1000

（2）高度不小于 250m 的高层建筑，$\Delta u/h$ 不宜大于 1/500；

（3）高度在 150 ～ 250m 之间的高层建筑按上两项值的线性插入取值。

如果结构存在薄弱层，在强烈地震作用下，结构薄弱部位将产生较大的弹塑性变形，会引起结构严重破坏甚至倒塌，因此，《高规》给出了高层建筑结构进行罕遇地震作用下薄弱层弹塑性变形验算的范围。

（1）下列结构应进行弹塑性变形验算：

1）7 ~ 9 度时楼层屈服强度系数小于 0.5 的框架结构；

2）甲类建筑和 9 度抗震设防的乙类建筑结构；

3）采用隔震和消能减震技术的建筑结构；

4）房屋高度大于 150m 的结构。

（2）下列结构宜进行弹塑性变形验算：

1）建筑高度超过了《高规》要求进行时程分析的建筑设计，且竖向不规则的高层建筑结构；

2）7 度 Ⅲ、Ⅳ 类场地和 8 度抗震设防的乙类建筑结构；

3）板柱-剪力墙结构。

结构薄弱层（部位）层间弹塑性位移应符合下式要求：

$$\Delta u_p \leqslant [\theta_p]h \tag{3-12}$$

式中　Δu_p——层间弹塑性位移；

　　$[\theta_p]$——层间弹塑性位移角限值，可按表 3-6 采用；对框架结构，当轴压比小于 0.40 时，可提高 10%；当柱子全高的箍筋构造采用比《高规》中框架柱箍筋最小含箍特征值大 30% 时，可提高 20%，但累计不超过 25%；

　　h——层高。

表 3-6　层间弹塑性位移角限值

结构类型	$[\theta_\mathrm{p}]$
框架结构	1/50
框架-剪力墙结构、框架-核心筒结构、板柱-剪力墙结构	1/100
剪力墙结构和筒中筒结构	1/120
除框架结构外的转换层	1/120

3.2.3.2　舒适度要求

高层建筑在风荷载作用下将产生振动，过大的振动加速度将使高楼内的人们不舒适，甚至不能忍受，舒适度与风振加速度两者的关系如表 3-7 所示。

表 3-7　舒适度与风振加速度的关系

不舒适的程度	无感觉	有感觉	扰人	十分扰人	不能忍受
建筑物的加速度	<0.05g	0.005g~0.015g	0.015g~0.05g	0.05g~0.15g	>0.15g

因此，结构设计应控制结构过大的加速度，《高规》规定，房屋高度不小于150m 的高层建筑应满足舒适度要求，按 10 年一遇的风荷载标准值计算的顺风向与横风向结构顶点振动最大加速度不能超过表 3-8 的限值。

表 3-8　结构顶点最大加速度限值 a_max

使 用 功 能	$a_\mathrm{max}/\mathrm{m\cdot s^{-2}}$
住宅、公寓	0.15
办公、旅馆	0.25

楼盖结构也应具有适宜的舒适度，楼盖结构的竖向振动频率不宜小于3Hz，竖向振动加速度峰值不应超过表 3-9 的限值：

表 3-9　楼盖结构竖向振动加速度限值

人员活动环境	峰值加速度限值/$\mathrm{m\cdot s^{-2}}$	
	竖向自振频率不大于2Hz	竖向自振频率不小于4Hz
住宅、办公	0.07	0.05
商场及室内连廊	0.22	0.15

注：楼盖结构竖向自振频率为 2 ~ 4Hz 时，峰值加速度限值可按线性插值选取。

3.2.4　重力二阶效应与结构的抗倾覆验算

3.2.4.1　重力二阶效应的概念与刚重比

所谓重力二阶效应，是指：（1）由于构件自身挠曲引起的附加重力效应，即 $P\text{-}\delta$ 效应，二阶内力与构件挠曲形态有关，一般中段大，端部为零；（2）结构在水平风荷载或水平地震作用下产生侧移变位后，重力荷载由该侧移而引起的附加效应，即重力 $P\text{-}\Delta$ 效应。分析表明，对于一般钢筋混凝土高层建筑而言，由于构件的长细比不大，在二阶效应的两个组成部分中，挠曲二阶效应的影响相对很小，一般可以忽略；但由于结构侧移和重

力荷载引起的 P-Δ 效应相对较为明显，可使结构的位移和内力增加，当位移很大时甚至导致结构失稳。因此，高层建筑混凝土结构的稳定设计主要是控制、验算结构在风或地震作用下，重力荷载产生的 P-Δ 效应对结构性能降低的影响以及由此可能引起的结构失稳。

高层建筑结构只要有水平侧移，就会在重力荷载作用下产生 P-Δ 效应，其大小与结构侧移和重力荷载自身大小直接相关，而结构侧移又与结构侧向刚度和水平作用大小密切相关。结构是否有足够的侧向刚度可由宏观上的两个指标来判断：一是结构侧移是否满足《高规》的位移限制条件，二是结构的楼层剪力与该层及其以上各层重力荷载代表值的比值（即楼层剪重比）是否满足最小值规定。一般情况下，满足了这些规定，可基本保证结构的整体稳定性，且重力二阶效应的影响较小。

对抗震设计的结构，楼层剪重比必须满足下式的要求：

$$V_{Eki} \geqslant \lambda \sum_{j=i}^{n} G_j \tag{3-13}$$

式中　V_{Eki}——第 i 层对应于水平地震作用标准值的楼层剪力；

　　　λ——水平地震剪力系数，不应小于表 3-10 规定的值；对于竖向不规则结构的薄弱层，尚应乘以 1.15 的增大系数；

　　　G_j——第 j 层的重力荷载代表值；

　　　n——结构计算总层数。

表 3-10　楼层最小地震剪力系数值 λ

类　别	6 度	7 度	8 度	9 度
扭转效应明显或基本周期小 3.5s 的结构	0.008	0.016 （0.024）	0.032 （0.048）	0.064
基本周期大于 5.0s 的结构	0.006	0.012 （0.018）	0.024 （0.036）	0.048

注：1. 基本周期介于 3.5s 和 5s 之间的结构，按插值法取值；

　　2. 括号内数值分别用于设计基本地震加速度为 0.15g 和 0.30g 的地区。

对于非抗震设计的结构，虽然《荷载规范》规定基本风压的取值不得小于 0.3kN/m^2，可保证水平风荷载产生的楼层剪力不至于过小，但对楼层剪重比没有最小值规定。因此，对非抗震设计的高层建筑结构，当水平荷载较小时，虽然侧移满足楼层位移限制条件，但侧向刚度可能依然偏小，可能不满足结构整体稳定要求或重力二阶效应不能忽略。

因此，结构的侧向刚度和重力荷载是影响结构稳定和重力 P-Δ 效应的主要因素。侧向刚度与重力荷载的比值称为结构的刚重比，刚重比成为衡量结构稳定和重力二阶效应的指标。对于剪力墙、框架-剪力墙和筒体等弯剪型结构，以及对于框架等剪切型结构，刚重比分别用 ζ 和 ζ_i 表示，即：

$$\zeta = \frac{EI_d/H^2}{\sum_{i=1}^{n} G_i} \tag{3-14}$$

$$\zeta_i = \frac{D_i h_i}{\sum_{j=i}^{n} G_j} \quad (i = 1, 2, \cdots, n) \tag{3-15}$$

式中　EI_d——结构一个主轴方向的弹性等效侧向刚度，可按倒三角形分布荷载作用下结构顶点位移相等的原则，将结构的侧向刚度折算为竖向悬臂受弯构件的等效侧向刚度；

　　　　H——房屋高度；

　　G_i，G_j——分别为第 i、j 楼层重力荷载设计值；

　　　　h_i——第 i 楼层层高；

　　　　D_i——第 i 楼层的弹性等效侧向刚度，可取该层剪力与层间位移的比值；

　　　　n——结构计算总层数。

由上述公式可见，对于弯剪型结构，刚重比 ζ 为常数，对于剪切型结构，刚重比 ζ_i 随楼层 i 变化。

3.2.4.2　结构整体稳定性要求

刚重比的最低要求就是结构稳定要求，称为刚重比的下限条件，当刚重比小于此下限时，重力 P-Δ 效应急剧增加，可能导致结构整体失稳；当结构刚重比增大，刚重比达到一定量值时，结构侧移变小，重力 P-Δ 效应不明显，计算上可以忽略不计，这是刚重比的上限条件。在刚重比的下限条件和上限条件之间，应考虑重力 P-Δ 效应。

通过分析，与整体失稳临界荷载对应的弯剪型悬臂竖杆和剪切型框架结构的刚重比 ζ 和 ζ_i 分别为：

$$\zeta = \frac{EI_d/H^2}{\left(\sum\limits_{i=1}^{n} G_i\right)_{cr}} = \frac{1}{7.4} = 0.14 \tag{3-16}$$

$$\zeta_i = \frac{D_i h_i}{\left(\sum\limits_{j=i}^{n} G_j\right)_{cr}} = 1 \quad (i = 1, 2, \cdots, n) \tag{3-17}$$

为了安全起见，《高规》取上述临界刚重比的 10 倍作为刚重比下限条件，因此，结构整体稳定应符合下列规定：

（1）剪力墙、框架-剪力墙和筒体结构应符合下式要求：

$$\zeta \geqslant 1.4 \tag{3-18}$$

（2）框架结构应符合下式要求：

$$\zeta_i \geqslant 10 \tag{3-19}$$

《高规》取刚重比的上限条件为下限条件的 2 倍，即：在水平力作用下，当高层建筑结构满足下列规定时，可不考虑重力二阶效应的不利影响。

（1）剪力墙结构、框架-剪力墙结构、筒体结构：

$$\zeta \geqslant 2.7 \tag{3-20}$$

（2）框架结构：

$$\zeta_i \geqslant 20 \tag{3-21}$$

当结构的刚重比在《高规》规定的刚重比下限条件和上限条件之间时，重力 P-Δ 效应应予以考虑。考虑重力 P-Δ 效应有两种方法：

（1）按简化的弹性有限元方法近似考虑。可以采用如下两种方法：

1）根据楼层重力和楼层在水平力作用下产生的层间位移，计算出考虑 P-Δ 效应的等效荷载向量，结构构件刚度不折减，利用结构分析的有限元方法求解其影响；

2）对结构的线弹性刚度进行折减，将梁、柱、剪力墙的弹性抗弯刚度分别乘以折减系数 0.4、0.6、0.45，然后直接计算结构的内力，截面设计时不再考虑受压构件的偏心距增大系数 η。

（2）对未考虑重力 P-Δ 效应的构件内力乘以增大系数。

1）偏压构件的偏心距增大系数 η。通过偏心距增大系数与柱计算长度相结合来近似估计重力二阶效应的影响（对破坏形态接近弹性失稳的细长柱误差较大）；

2）楼层内力和位移增大系数。《高规》给出结构位移增大系数 F_1、F_{1i} 和内力增大系数 F_2、F_{2i} 可分别按下列规定近似计算：

① 剪力墙结构、框架-剪力墙结构、筒体结构：

$$F_1 = \frac{1}{1 - 0.14/\zeta}$$

$$F_2 = \frac{1}{1 - 0.28/\zeta} \tag{3-22}$$

② 框架结构：

$$F_{1i} = \frac{1}{1 - 1/\zeta}$$

$$F_{2i} = \frac{1}{1 - 2/\zeta} \tag{3-23}$$

在这种情况下，内力应乘以增大系数后再参加内力组合，结构的位移乘以增大系数后仍应满足《高规》关于楼层水平位移限值的要求。

3.2.4.3 抗倾覆验算

当高层建筑高度较大，水平风荷载或地震作用较大，地基刚度较弱时，结构整体倾覆验算十分重要，直接关系到整体结构安全度的控制。

一般地，要求抗倾覆力与倾覆力矩满足下列要求：

$$M_R/M_0 \geqslant 1.0 \tag{3-24}$$

式中　M_R——抗倾覆力矩，计算时，恒载取 90%，楼面活荷载取 50%；

M_0——倾覆力矩，按风荷载或地震作用计算其设计值。

高层建筑设计时，如果满足《高规》规定，即在基础设计时，高宽比大于 4 的高层建筑，在地震作用下基础底面不出现零应力区；对高宽比不大于 4 的高层建筑，基础底面零应力区面积不超过基底面积的 15% 时，一般都不可能出现倾覆问题，因此通常不需要进行特殊的抗倾覆验算。

3.2.5 高层建筑结构的延性要求和抗震等级

高层建筑结构在地震作用下因振动而产生惯性力，从而产生内力与位移。建筑物受到地震作用的大小取决于建筑物的自振周期和场地土的特性，而建筑物的自振周期又由其质量和刚度所决定；在同等烈度和场地条件下，建筑物的自重越大，受到的地震作用也越大，同样，结构刚度越大，周期越短，受到的地震作用也越大。因此，在满足允许位移的前提下，适当调整建筑物的刚度，延长建筑物的周期，可以降低地震作用，取得较大的经济效益。

3.2.5.1　构件的延性

延性是指构件和结构屈服后，具有承载能力不降低或基本不降低，但有足够塑性变形能力的一种性能。一般用延性比表示延性，将构件破坏时的变形 Δv 与屈服时的变形 Δy 的比值定义为延性 μ。图 3-5 是构件的变形能力示意图，图 3-5a 是弹性构件，以弹性变形来吸收地震能量，图 3-5b 和 图 3-5c 中构件主要以塑性变形来吸收地震能量。在 $E_1 = E_2 = E_3$ 的条件下，有 $P_1 > P_2 > P_3$，相应 $\Delta_1 > \Delta_2 > \Delta_3$。因此，可以利用构件的变形能力来降低设计内力。当 $\mu > 3$ 时，构件才有良好的抗震性能。

构件的延性主要依靠合理的截面尺寸，适宜的配筋和充分的构造措施来保证。

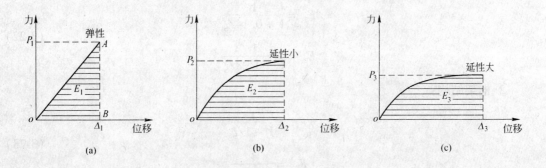

图 3-5　构件的变形能力图

3.2.5.2　结构整体的抗震性能

结构整体的抗震性能取决于：

（1）各构件的强度和变形性能；

（2）构件之间的连接构造；

（3）结构的稳定性；

（4）结构的整体性及空间工作能力；

（5）多道抗震设防系统；

（6）非主要构件的抗震能力。

多道抗震设防的含义有两个方面：一是指一个抗震结构体系，应由若干个延性较好的分体系组成，并由延性较好的结构构件将各分体系联系起来协同工作；二是指抗震结构体系应有最大可能数量的内部、外部赘余度，有意识地建立起一系列分布的屈服区，以使结构能吸收和消耗大量的地震能量，一旦遭受破坏也易于修复，即利用次要构件的耗能来保护主要承重构件。

当结构设计成延性结构时，由于塑性变形可以消耗地震能量，结构变形虽然会加大，但结构承受的地震作用（惯性力）不会很快上升，内力也不会再加大，因此具有延性的结构可降低对结构承载力的要求，即延性结构用它的变形能力（而不是承载力）抵抗罕遇地震作用。因此，延性结构是一种经济的设计对策。

3.2.5.3 结构的刚度选择

采用刚性结构还是柔性结构是结构设计必须涉及的问题，图 3-6 所示为钢结构和钢筋混凝土结构在不同地面运动周期情况下，受地震作用的结果。可见，不同的结构抗震能力是不一样的，要综合考虑所用的结构体系和材料、场地土的卓越周期，避免发生共振。

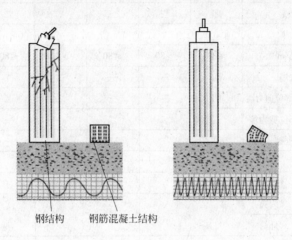

钢结构   钢筋混凝土结构

图 3-6   结构抗震性能比较

刚性结构和柔性结构特点比较见表 3-11。

表 3-11   刚性结构和柔性结构特点比较

结　构	优　点	缺　点
刚性结构	(1) 当地面运动周期长时，震害较小； (2) 结构变形小，非结构构件容易处理； (3) 安全储备较大，空间整体性好； (4) 钢筋混凝土结构适宜	(1) 当地面运动周期短时，有产生共振的危险； (2) 地震作用较大； (3) 结构变形能力小，延性小； (4) 材料用量常常较多
柔性结构	(1) 当地面运动周期短时，震害较小； (2) 地震作用较小； (3) 一般结构自重较轻，地基易处理； (4) 钢结构适宜	(1) 长周期地面运动易发生共振； (2) 非结构构件要有特殊要求，否则易产生破坏； (3) 容易产生 P-Δ 效应和倾覆； (4) 不容易适应钢筋混凝土结构

3.2.5.4 抗震等级

对于高层建筑结构的设计，除了计算要求外，还有一定的构造要求，以考虑计算模型、计算方法以及一些与实际结构的差异导致的误差。构造要求包括非抗震的和抗震的要求，抗震构造要求随着结构的抗震等级不同而不同。结构的抗震等级根据设防烈度、结构类型和房屋高度确定，A、B 级高度的高层建筑结构的抗震等级见表 3-12 和表 3-13。

表 3-12　A 级高度的高层建筑结构抗震等级

结构类型		烈　度						
		6 度		7 度		8 度		9 度
框架结构		三		二		一		一
框架-剪力墙结构	高度/m	≤60	>60	≤60	>60	≤60	>60	≤50
	框架	四	三	三	二	二	一	一
	剪力墙	三		二		一		一
剪力墙结构	高度/m	≤80	>80	≤80	>80	≤80	>80	≤60
	剪力墙	四	三	三	二	二	一	一
部分框支剪力墙结构	非底部加强部位剪力墙	四	三	三	二	二	一	
	底部加强部位剪力墙	三	二	二	一	一		
	框支框架	二		一		一		
筒体结构	框架-核心筒 框架	三		二		一		
	框架-核心筒 核心筒	二		二		一		
	筒中筒 内筒	三		二		一		
	筒中筒 外筒							
板柱-剪力墙结构	高度/m	≤35	>35	≤35	>35	≤35	>35	
	板柱的柱	三	二	二	二	一	一	—
	剪力墙	二	二	二	二	二	一	

注：1. 接近或等于高度分界时，应结合房屋不规则程度及场地、地基条件适当确定抗震等级；
　　2. 底部带转换层的筒体结构，其转换框架的抗震等级应按表中部分框支剪力墙结构的规定采用；
　　3. 当框架-核心筒结构的高度不超过 60m 时，其抗震等级应允许按框架-剪力墙结构采用。

表 3-13　B 级高度的高层建筑结构抗震等级

结构类型		烈　度		
		6 度	7 度	8 度
框架-剪力墙	框架	二	一	一
	剪力墙	二	一	特一
剪力墙	剪力墙	二	一	一
部分框支剪力墙	非底部加强部位剪力墙	二	一	一
	底部加强部位剪力墙	一	一	特一
	框支框架	一	特一	特一
框架-核心筒	框架	二	一	一
	筒体	二	一	特一
筒中筒	外筒	二	一	特一
	内筒	二	一	特一

注：底部带转换层的筒体结构，其转换框架和底部加强部位筒体的抗震等级应按表中部分框支剪力墙结构的规定采用。

3.2.5.5 结构抗震设防分类和设防标准

为使建筑物的抗震设计既安全又具有合理、明确、经济的设防标准，规范规定了建筑结构的设防类别和设防标准。

《建筑工程抗震设防分类标准》GB 50223—2008规定，建筑抗震设防类别划分应根据下列因素的综合分析确定：

（1）建筑破坏造成的人员伤亡、直接和间接经济损失及社会影响的大小。

（2）城镇的大小、行业的特点、工矿企业的规模。

（3）建筑使用功能失效后，对全局的影响范围大小、抗震救灾影响及恢复的难易程度。

（4）建筑各区段的重要性有显著不同时，可按区段划分抗震设防类别。下部区段的类别不应低于上部区段（区段指由防震缝分开的结构单元、平面内使用功能不同的部分或上下使用功能不同的部分）。

（5）不同行业的相同建筑，当所处地位及地震破坏所产生的后果和影响不同时，其抗震设防类别可不相同。

根据上述因素，建筑工程应分为以下4个抗震设防类别：

（1）特殊设防类：指使用上有特殊设施，涉及国家公共安全的重大建筑工程和地震时可能发生严重次生灾害等特别重大灾害后果，需要进行特殊设防的建筑。简称甲类。

（2）重点设防类：指地震时使用功能不能中断或需尽快恢复的生命线相关建筑，以及地震时可能导致大量人员伤亡等重大灾害后果，需要提高设防标准的建筑。简称乙类。

（3）标准设防类：指大量的除（1）、（2）、（4）以外按标准要求进行设防的建筑。简称丙类。

（4）适度设防类：指使用上人员稀少且震损不致产生次生灾害，允许在一定条件下适度降低要求的建筑。简称丁类。

各抗震设防类别建筑的抗震设防标准又分为4个类别，如表3-14所示。

表3-14　建筑工程抗震设防标准

建筑类别	示　例	抗　震　设　计		
		地震作用	抗震构造	
甲	重大工程和地震时可能发生严重次生灾害的建筑	按高于本地区设防烈度提高一度的要求加强其抗震措施。但抗震烈度为9度时应按比9度更高的要求采取抗震措施；同时，按批准的地震安全性评价结果且高于本地区抗震设防烈度的要求确定	6、7、8度	按高一度的要求确定
			9度	比9度更高的要求
乙	地震时使用功能不能中断或需尽快恢复的建筑	按高于本地区设防烈度提高一度的要求加强其抗震措施；但抗震烈度为9度时应按比9度更高的要求采取抗震措施；地基基础的抗震措施，应符合有关规定。同时，应按本地区设防烈度确定其地震作用	6、7、8度	按高一度的要求确定
			9度	比9度更高的要求
丙	除甲、乙、丁以外的一般建筑	按本地区设防烈度的要求	按本地区设防烈度的要求确定	
丁	抗震次要建筑	按本地区设防烈度的要求	7、8、9度	允许比本地区设防烈度的要求适当降低其抗震措施
			6度	不应降低

注：对于划分为重点设防类而规模很小的工业建筑，当改用抗震性能较好的材料且符合抗震设计规范对结构体系的要求时，允许按标准设防类设防。

3.2.5.6 抗震设计基本原则——"三水准两阶段"设计原则和方法

抗震设计多年来沿用的基本原则是"三水准两阶段"原则,"三水准"是抗震设防的目标,即:小震不坏,中震可修,大震不倒。"两阶段"是指两阶段设计方法,具体步骤如下:

第一阶段设计:按照第一水准(多遇地震)的地震动参数进行地震作用计算、结构分析和构件内力计算,按规范进行截面设计,然后采用相应的构造措施,达到"小震不坏,中震可修"的要求。

第二阶段设计:对特别重要的建筑和地震时容易倒塌的结构,除进行第一阶段的设计外,还要进行薄弱层部位的弹塑性变形验算和采取相应的构造措施,实现第三水准的要求。

三水准设防要求下的地震系数最大值与设计要求见表3-15。

表3-15　三水准设防要求下的地震系数最大值与设计要求

烈度水准	规范术语	频　度	设防烈度				说　明
			6 度	7 度	8 度	9 度	
小震	多遇地震	50 年一遇	0.04	0.08 (0.12)	0.16 (0.24)	0.32	进行内力位移计算和截面设计
中震	设防地震	500 年一遇	0.12	0.23 (0.34)	0.45 (0.68)	0.90	采取构造措施
大震	罕遇地震	2000 年一遇	0.28	0.50 (0.72)	0.90 (1.20)	1.40	采取构造措施,薄弱层防倒塌验算

多年震害经验表明:对大多数经过抗震设计的结构,其震害可以控制在一定范围内并且能有效减少生命损失。但是,近年大城市震害最显著的特点是:地震灾害经济损失异常大,主要原因是建筑和桥梁结构的功能因结构破坏受到影响。因此,只以生命安全为目标是远远不够的,抗震设计不仅应考虑人身安全,而且应考虑因建筑、桥梁等破坏造成的经济损失能得以控制,维持功能的继续。

3.2.5.7 结构抗震性能设计原则和方法

20 世纪 90 年代,美国学者提出了基于性态的抗震设计思想 (performance-based seismic design,PBSD)。我国 2004 年颁布的《建筑工程抗震性态设计通则(试用)》将基于性态的抗震设计理论引入到建筑工程抗震中。新的抗震设计理论针对不同的结构特点和性能要求,综合考虑和应用设计参数、结构体系、构造措施和减震装置来保障结构及其所在系统的抗震可靠度。

《高规》(2010 年版)中,明确提出了结构抗震性能设计的目标和要求。结构的抗震性能目标综合考虑抗震设防类别、设防烈度、场地条件、结构的特殊性、建造费用、震后损失和修复难易程度等各项因素分为 A、B、C、D 四个等级(表3-16),结构抗震性能分为 1~5 五个水准(表3-17),每个性能目标均与一组在指定地震地面运动下的结构抗震性能水准相对应。

表 3-16 结构抗震性能目标

性能目标 性能水准 地震水准	A	B	C	D
多遇地震	1	1	1	1
设防烈度地震	1	2	3	4
预估的罕遇地震	2	3	4	5

表 3-17 各性能水准结构预期的震后性能状况

结构抗震性能水准	宏观损坏程度	损坏部位			继续使用的可能性
		关键构件	普通竖向构件	耗能构件	
1	完好、无损坏	无损坏	无损坏	无损坏	不需要修理即可继续使用
2	基本完好、轻微损坏	无损坏	无损坏	轻微损坏	稍加修理即可继续使用
3	轻度损坏	轻微损坏	轻微损坏	轻度损坏、部分中度损坏	一般修理后可继续使用
4	中度损坏	轻度损坏	部分构件中度损坏	中度损坏、部分比较严重损坏	修复或加固后可继续使用
5	比较严重损坏	中度损坏	部分构件比较严重损坏	比较严重损坏	需排险后大修

注:"关键构件"指构件的失效可能引起结构的连续破坏或危及生命安全的严重破坏;"普通竖向构件"指"关键构件"之外的竖向构件;"耗能构件"包括框架梁、剪力墙连梁及耗能支撑等。

不同抗震性能水准的结构设计方法如下:

(1)第 1 性能水准的结构,应满足弹性设计的要求。在设防烈度地震作用下,结构构件的抗震承载力应符合下式规定:

$$\gamma_G S_{GE} + \gamma_{Eh} S_{Ehk}^* + \gamma_{Ev} S_{Evk}^* \leqslant R_d / \gamma_{RE} \tag{3-25}$$

式中 R_d,γ_{RE}——分别为构件承载力设计值和构件承载力抗震调整系数;

S_{GE},γ_G,γ_{Eh},γ_{Ev}——同公式(3-1);

         S_{Ehk}^*——水平地震作用标准值的构件内力,不需考虑与抗震等级有关的增大系数;

         S_{Evk}^*——竖向地震作用标准值的构件内力,不需考虑与抗震等级有关的增大系数。

(2)第 2 性能水准的结构,在设防烈度地震或预估的罕遇地震作用下,关键构件及普通竖向构件的抗震承载力宜符合式(3-25)的规定;耗能构件的受剪承载力宜符合式(3-25)的规定。其正面承载力应符合下式规定:

$$S_{GE} + S_{Ehk}^* + 0.4 S_{Evk}^* \leqslant R_k \tag{3-26}$$

式中　R_k——截面承载力标准值，按材料强度标准值计算。

（3）第 3 性能水准的结构应进行弹塑性计算分析。在设防烈度地震或预估的罕遇地震作用下，关键构件及普通竖向构件的正截面承载力应符合式（3-26）的规定。水平长悬臂结构和大跨度结构中的关键构件正截面承载力尚应满足式（3-27）的规定，其受剪承载力宜符合式（3-25）的规定；部分耗能构件进入屈服阶段，但其受剪承载力应符合式（3-26）的规定。在预估的罕遇地震作用下，结构薄弱部位的层间位移角应满足式（3-12）的规定。

$$S_{GE} + 0.4S_{Ehk}^* + S_{Evk}^* \leqslant R_k \tag{3-27}$$

（4）第 4 性能水准的结构应进行弹塑性计算分析。在设防烈度地震或预估的罕遇地震作用下，关键构件的抗震承载力应符合式（3-26）的规定，水平长悬臂结构和大跨度结构中的关键构件正截面承载力尚应满足式（3-27）的规定；部分竖向构件以及大部分耗能构件进入屈服阶段，但钢筋混凝土竖向构件的受剪截面应符合式（3-28）的规定，钢-混凝土组合剪力墙的受剪截面应符合式（3-29）的规定。在预估的罕遇地震作用下，结构薄弱部位的层间位移角应满足式（3-12）的规定。

$$V_{GE} + V_{Ek}^* \leqslant 0.15 f_{ck} b h_0 \tag{3-28}$$

$$(V_{GE} + V_{Ek}^*) - (0.25 f_{ak} A_a + 0.5 f_{spk} A_{sp}) \leqslant 0.15 f_{ck} b h_0 \tag{3-29}$$

式中　V_{GE}——重力荷载代表值作用下的构件剪力，N；

V_{Ek}^*——地震作用标准值的构件剪力，N，不需考虑与抗震等级有关的增大系数；

f_{ck}——混凝土轴心抗压强度标准值，N/mm²；

f_{ak}——剪力墙端部暗柱中型钢的强度标准值，N/mm²；

A_a——剪力墙端部暗柱中型钢的截面面积，mm²；

f_{spk}——剪力墙墙内钢板的强度标准值，N/mm²；

A_{sp}——剪力墙墙内钢板的横截面面积，mm²。

（5）第 5 性能水准的结构应进行弹塑性计算分析。在预估的罕遇地震作用下，关键构件的抗震承载力宜符合式（3-26）的规定。较多的竖向构件进入屈服阶段，但同一楼层的竖向构件不宜全部屈服；竖向构件的受剪截面应符合式（3-28）或式（3-29）的规定；允许部分耗能构件发生比较严重的破坏；结构薄弱部位的层间位移角应满足式（3-12）的规定。

3.3　高层建筑结构分析方法

3.3.1　结构分析原则

实际中的高层建筑结构十分复杂，工程设计中一般按三维空间结构利用计算机进行计算，计算精度较高。对于比较简便的结构则可以采用结构力学中的近似方法通过手算分析，手算与机算方法相比，精度稍差，但物理概念直接、计算工作量小。一般地，进行结构分析时必须满足下列条件：

（1）结构整体及各部分必须满足力学平衡条件；

（2）在不同程度上符合变形协调条件，包括节点和边界的约束条件；

（3）采用合理的材料本构关系和构件单元的受力-变形关系。

结构分析所需的各种几何尺寸，以及所采用的计算图形、边界条件、作用的取值与组合，材料性能的计算指标、初始应力和变形状况等，应符合结构的实际工作状况，并应具有相应的构造保证措施。结构分析中所采用的各种简化和近似假定，应有理论或试验的依据，或依工程实践验证。计算结果的精度应符合工程设计的要求。

3.3.2 结构分析方法

结构计算分析方法与结构材料性能、结构受力状态、结构分析精度要求等有关。结构分析常用的方法主要有 5 种，各种方法的选用根据结构类型、材料性能和受力特点等确定。这 5 种方法的特点如下：

（1）弹性分析方法。弹性分析方法是最基本和最成熟的结构分析方法，也是其他分析方法的基础和特例。混凝土结构弹性分析可采用结构力学或弹性力学等分析方法。弹性分析方法适用于混凝土结构的承载能力极限状态及正常使用极限状态的作用效应分析。按此方法设计的结构，其承载力一般偏于安全。少数结构因混凝土开裂部分的刚度减小而发生内力重分布，可能影响其他部分的开裂和变形状况。考虑到混凝土结构开裂后刚度的减小，对梁、柱构件可分别采用不同的刚度折减值，且不再考虑刚度随作用效应而变化。在此基础上，结构的内力和变形仍可采用弹性方法进行分析。

需要注意的是，结构按承载能力极限状态计算时，其荷载和材料性能指标可取为设计值；按正常使用极限状态验算时，其荷载和材料性能指标可取为标准值。

目前，一般情况下高层建筑结构的内力和位移仍采用弹性分析方法，对复杂的不规则结构或重要的结构，需验算其在罕遇地震作用下薄弱层的弹塑性变形。

（2）塑性内力重分布分析方法。该法可用于超静定混凝土结构设计，如房屋建筑中的钢筋混凝土连续梁和连续单向板。重力荷载作用下的框架、框架-剪力墙中的现浇梁以及双向板等，经弹性分析求得内力后，可对支座或节点弯矩进行适度调幅，并确定相应的跨中弯矩。按考虑塑性内力重分布分析方法设计的结构和构件，尚应满足正常使用极限状态要求且采取有效的构造措施。

直接承受动力载荷的构件，以及要求不出现裂缝或处于侵蚀环境（三 a、三 b 类环境）情况下的结构，不应采用考虑塑性内力重分布分析方法。

对属于协调扭转的混凝土结构构件，受相邻构件约束的支撑梁的扭矩宜考虑内力重分布的影响。考虑内力重分布后的支承梁，应按弯剪扭构件进行承载力计算（当有充分依据时，也可采用其他设计方法）。

考虑塑性内力重分布方法具有充分发挥结构潜力、节约材料、简化设计和方便施工等优点，但抗弯能力调低部位的变形和裂缝可能相应增大。

（3）弹塑性分析方法。弹塑性分析方法以钢筋混凝土的实际力学性能为依据，引入相应的本构关系后，可进行结构受力全过程分析，而且可以较好地解决各种体形和受力复杂结构的分析问题。该法主要用于对重要或受力复杂的结构进行整体或局部验算以及罕遇地震作用下的结构分析，可根据实际情况采用静力或动力分析方法。

弹塑性分析时，结构基本构件计算模型应遵循如下原则：

1）梁、柱、杆等杆系构件可简化为一维单元，宜采用纤维束模型或塑性铰模型。

2）墙、板等构件可简化为二维单元，宜采用膜单元、板单元。

3）复杂的混凝土结构、大体积混凝土结构、结构的节点或局部区域需作精细分析时，宜采用三维块体单元。

4）构件、截面或各种计算单元的受力-变形本构关系宜符合实际受力情况。某些变形较大的构件或节点进行局部精细分析时，宜考虑钢筋与混凝土间的粘结-滑移本构关系；钢筋、混凝土材料的本构关系宜通过试验分析确定，或按《混凝土结构设计规范》（GB 50010—2010）附录 C 采用。

当混凝土的收缩、徐变以及温度变化等间接作用在结构上产生的作用效应可能危及结构的安全或正常使用时，宜采用此法进行间接作用效应的分析；也可以考虑裂缝和徐变对构件刚度的影响，按弹性方法进行近似分析。

弹塑性分析方法比较复杂，计算工作量大，各种非线性本构关系尚不够完善和统一，且要有成熟、稳定的软件提供使用，至今应用范围仍然有限。

（4）塑性极限分析方法。塑性极限分析方法又称塑性分析方法或极限平衡法。对不承受多次重复荷载作用的混凝土结构，当有足够的塑性变形能力时，可采用塑性极限理论的分析方法进行结构承载力计算，同时应满足正常使用要求。

承受均布荷载的周边支承的双向矩形板，可采用塑性铰线法或条带法等塑性极限分析方法进行承载能力极限状态的分析与设计。

整体结构的塑性极限分析计算应符合下列规定：

1）对于可预测结构破坏机制的情况，结构的极限承载力可根据设定的结构塑性屈服机制，采用塑性极限理论进行分析；

2）对难于预测结构破坏机制的情况，结构的极限承载力可采用静力或动力弹塑性分析方法确定；

3）对直接承受偶然作用的结构构件或部位，应根据偶然作用的动力特征考虑其动力效应。

（5）试验分析方法。该法适用于体形复杂和受力状态复杂，又无恰当的简化分析方法的混凝土结构或构件。例如剪力墙及其孔洞周围、框架和桁架的主要节点、构件的疲劳、受力状态复杂的水坝等。图 3-7 ~ 图 3-9 所示分别为柱、梁、剪力墙的受荷试验。

3.3.3　结构分析步骤

进行结构分析主要包括如下几个步骤：

（1）确定结构方案，进行结构布置。主要包括上部主要承重结构方案与布置；楼（屋）盖结构方案与布置；基础方案与布置；结构主要构造措施及特殊部位的处理。

（2）确定结构计算简图和结构上作用的荷载。确定各结构构件之间的相互关系，以及结构的传力路径（由计算简图确定），初步定出结构的全部尺寸（初估尺寸主要靠经验、技巧、参考）。

图 3-7　柱受荷试验

图 3-8　梁受荷试验　　　　　　　　　　　图 3-9　剪力墙受荷试验

计算简图要求能满足下列各条件：

1）能反映结构的实际体型、尺度、边界条件、截面尺寸、材料性能及连接方式等；

2）根据结构的特点及实际受力情况，考虑施工偏差、初始应力及变形位移状况等对计算简图加以修正。

（3）结构内力分析、荷载效应组合。将作用于结构上的恒载、活载、风载、地震作用等载荷效应根据规范和经验进行组合，找出最不利荷载布置和相应的效应，为截面设计提供依据。

（4）截面设计。根据前面算出的最不利内力对控制截面处进行配筋设计以及必要的尺寸修改。如尺寸修改较大，则应重新进行结构内力的上述分析。

（5）构造设计。配置除计算所需之外的钢筋（分布钢筋、架立钢筋等）；钢筋的锚固、截断的确定；构件支承条件的正确实现以及腋角等细部尺寸的确定等。

3.4　高层建筑结构计算的基本假定、计算简图和计算要求

高层建筑是十分复杂的空间结构体系，建筑平、立面复杂多变，混凝土材料特性也是不断变化的。工程设计中，常采用机算和手算两种方法，机算一般利用计算机按三维空间结构进行分析，用矩阵位移法求解，手算常采用结构力学中的近似方法如分层法、D值法等，是非矩阵方法。一般而言，手算方法是机算方法的基础，也是校核机算方法计算结果合理性的一种有效手段。为使计算既符合实际又比较简单，高层建筑结构计算中常采用以下的一般计算原则和基本简化假定。

3.4.1　高层建筑结构计算基本原则与假定

（1）弹性变形假定。我国混凝土结构设计规范采用弹性方法计算结构内力与位移。采用弹塑性方法进行截面设计，即不考虑钢筋混凝土结构材料的弹塑性和开裂对内力分布的

影响。因此，高层建筑结构也采用弹性分析方法进行计算，只在部分情况下考虑弹塑性性能影响。

非抗震设计时，在竖向荷载和风荷载作用下，结构应保持正常使用状态，结构处于弹性工作阶段；抗震设计时，需要进行结构在多遇地震作用下的内力和变形分析，此时可假定结构与构件处于弹性工作状况，内力和变形可采用线性静力或线性动力方法进行分析。

框架梁、连梁等构件可考虑局部塑性变形引起的内力重分布，对内力适当予以调整。在框架-剪力墙结构中，连梁的刚度可折减，折减系数不宜小于0.5。

（2）刚性楼板假定。高层建筑结构空间性能整体协同工作的原因是由于各抗侧力结构通过楼板联系，进行高层建筑内力与位移计算时，假定楼板在其自身平面内有无限大的刚度，而在其平面外的刚度很小，可忽略不计。

结构分析时对于楼盖和屋盖刚度，可按下列方法考虑：

1）高层建筑的楼、屋面为现浇或有现浇面层的预制装配整体式楼板，可视其为水平放置的深梁，近似认为楼板在其自身平面内为无限刚性；

2）对于楼板有效宽度较窄的环形楼面，或其他有大开洞楼面、有狭长外伸段楼面、局部变窄产生薄弱连接的楼面、连体结构的狭长连接体楼面等场合，考虑楼板的实际刚度时可采用将楼板等效为弯剪水平梁的简化方法，也可采用有限元法进行计算；

3）当需要考虑楼板面内变形而计算中采用楼板面内刚性无限的假定时，应对计算结果进行调整，对楼板削弱部位的抗侧刚度相对较小的结构构件，适当增大其计算内力，加强配筋和构造措施；

4）对无梁楼盖结构，因楼板比较厚，其面外刚度在结构整体计算时不能忽略，近似计算时，可将楼板的面外刚度以等代框架梁的方法加以考虑。

对于地下室顶板刚度，当地下室顶板作为上部结构的嵌固部位时，应满足：

1）地下室结构的楼层侧向刚度不应小于相邻上部结构楼层侧向刚度的2倍；

2）地下室楼层应采用现浇结构，地下室顶板应采用梁板结构；

3）地下室顶板厚度不宜小于180mm，混凝土强度等级不宜低于C30，应采用双层双向配筋，且每层每个方向的配筋率不宜小于0.25%。

当楼板可能产生较明显的面内变形时，计算时应考虑楼板的面内变形影响或对采用楼板面内无限刚性假定计算方法的计算结果进行适当调整。

（3）平面结构假定。采用简化方法或手算方法计算荷载与作用效应时，允许将多高层建筑结构划分为若干个平面结构，考虑它们空间协同工作来进行计算。

目前广泛应用的框架结构、框架-剪力墙结构和剪力墙结构，在这个假定下进行简化计算时，可以把整个结构视为由若干片（或榀）抗侧力结构即平面框架、平面剪力墙所组成。在正交布置的情况下，可以认为每一个方向的水平力只由本方向的各片抗侧力结构承担，其垂直于荷载方向的抗侧力结构在计算中不考虑。当抗侧力结构与主轴斜交时，在简化计算中可将柱和剪力墙的刚度转换到主轴方向再进行。

（4）水平力按位移协调的原则分配。在不考虑结构扭转时，由于楼板在平面内的刚度可视为无穷大，所以在同一楼层上水平位移相同，因此，水平力的分配与各片抗侧力结构的刚度有关，刚度愈大的结构单元水平力愈大。

（5）等效刚度原则。如果结构在某一组水平荷载作用下其顶点位移为 u，而另一个竖向悬臂杆在相同水平荷载作用下也有相同的顶点水平位移（图 3-10），则可以认为此悬臂杆与结构有相同的刚度，称此悬臂杆的刚度（用符号 EI_{eq} 或 EI_d 表示）为原结构的等效刚度。等效刚度与原结构顶点位移有关，故实质上是用位移的大小来间接表达结构的刚度。等效刚度用于水平力分配、结构自振周期和稳定性的计算中。

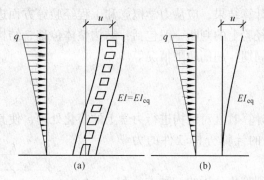

图 3-10　等效刚度
（a）结构位移；（b）竖向悬臂梁位移

（6）高层建筑空间整体共同工作原则。高层建筑中楼板在自身平面内的刚度很大，同层各构件的水平位移相同，但是，不能如低层建筑一样简单地按受荷面积、构件间距分配水平力；否则；会使刚度大且起主要作用的结构所分配的水平力过小，偏于不安全。

高层建筑按空间整体工作计算时，主要考虑下列变形：

1）梁的弯曲、剪切、扭转变形，必要时考虑轴向变形；

2）柱的弯曲、剪切、轴向、扭转变形；

3）墙的弯曲、剪切、轴向、扭转变形。

（7）对于比较柔软的结构，要考虑重力二阶效应（$P\text{-}\Delta$）的不利影响；

（8）对复杂的不规则结构或重要结构（如甲类建筑和 9 度抗震设计的乙类建筑），应验算其在罕遇地震下薄弱层的弹塑性变形。

3.4.2　高层建筑分析模型

高层建筑结构分析模型应根据结构实际情况确定，所选取的分析模型应能准确地反映结构中各构件的实际受力情况。常用的计算模型有：平面结构空间协同模型、空间杆系模型、空间杆-薄壁杆系模型、空间杆-墙板元模型、其他组合有限元模型。

对于平面和立面布置简单规则的框架结构、框架-剪力墙结构宜采用空间分析模型、也可采用平面结构空间协同模型；对于剪力墙结构、筒体结构和复杂布置的框架结构、框架-剪力墙结构应采用空间分析模型。

对于体型复杂、结构布置复杂的高层建筑应采用至少两个不同力学模型的结构分析软件进行整体计算。对于 B 级高度的高层建筑结构、混合结构和复杂高层建筑结构，应符合下列要求：

（1）应采用至少两个不同力学模型的三维空间分析软件进行整体内力位移计算；

（2）抗震计算时，宜考虑平扭耦联计算结构的扭转效应，振型数不应小于 15，对多塔楼结构的振型数不应小于塔楼数的 9 倍，且计算振型数应使振型参与质量不小于总质量的 90%；

（3）应采用弹性时程分析法进行补充计算；

（4）宜采用弹塑性静力或弹塑性动力分析方法补充计算。

对结构分析软件的计算结果，应从力学概念和工程经验等方面进行分析判断，确认其合理性和有效性。工程经验上的判断一般包括：结构整体位移、结构楼层剪力、振型形态和位移形态、结构自振周期、超筋超限情况等。

3.4.3　计算简图

高层建筑结构分析计算时宜对结构进行力学上的简化处理，使其既能反映结构的受力性能，又适应于所选用的计算分析软件的力学模型。

结构计算简图是达到简化分析的一种方法和手段，它应根据结构的实际形状和尺寸、构件的连接构造、支承条件和边界条件、构件的受力和变形特点等合理地确定。

在内力与位移计算中，当构件截面相对其跨度较大时，构件交点处会形成刚度较大的刚性节点区域（图 3-11），在确定为刚性区段内，构件不发生弯曲和剪切变形，但仍保留轴向变形和扭转变形。杆端刚域的大小取决于交汇于同一节点的各构件的截面尺寸和节点构造，刚域尺寸大小

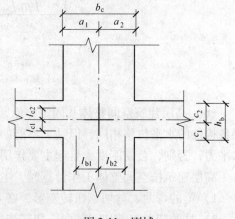

图 3-11　刚域

会在一定程度上影响结构的整体分析结果。刚域的近似计算公式如下：

$$l_{b1} = a_1 - 0.25 h_b \tag{3-30}$$

$$l_{b2} = a_2 - 0.25 h_b \tag{3-31}$$

$$l_{c1} = c_1 - 0.25 b_c \tag{3-32}$$

$$l_{c2} = c_2 - 0.25 b_c \tag{3-33}$$

在结构内力与位移整体计算中，转换层结构、加强层结构、连体结构、多塔楼结构，应按情况选用合适的计算单元进行分析。在整体计算中对转换层、加强层、连接体等做简化处理的，整体计算后应对其局部进行补充计算分析。

复杂平面和立面的剪力墙结构，应采用适合的计算模型进行分析。当采用有限元模型时，应在复杂变化处合理地选择和划分单元；当采用杆件模型时，对错洞墙可采用适当的模型化处理后进行整体计算，并应在此基础上对结构局部进行补充计算分析。

高层建筑结构计算中，当地下室顶板作为上部结构嵌固部位时，地下室结构的楼层侧向刚度不应小于相邻上部结构楼层侧向刚度的 2 倍。

3.4.4　计算参数处理原则

在结构的简化计算中，由于进行了一些简化和假设，计算结果与实际情况会有一定的

差异，为了减少这种差异，在计算过程中，必须对计算参数进行一些处理，具体如下：

（1）在内力与位移计算中，抗震设计的框架-剪力墙或剪力墙结构的连梁刚度可予以折减，折减系数不宜小于 0.5。

（2）现浇楼面和装配整体式楼面中，梁的刚度可考虑翼缘的作用予以增大。楼面梁刚度增大系数可根据翼缘情况取 1.3～2.0。对于无现浇面层的装配式结构，可不考虑楼面翼缘的作用。

（3）在竖向荷载作用下，可考虑框架梁塑性变形内力重分布对梁端负弯矩乘以调幅系数进行调幅，并应符合下列规定：

1）装配整体式框架梁端负弯矩调幅系数可取为 0.7～0.8；现浇框架梁端负弯矩调幅系数可取为 0.8～0.9；

2）框架梁端负弯矩调幅后，梁跨中弯矩应按平衡条件相应增大；

3）应先对竖向荷载作用下框架梁的弯矩进行调幅，再与水平作用产生的框架梁弯矩进行组合；

4）截面设计时，框架梁跨中截面正弯矩设计值不应小于竖向荷载作用下按简支梁计算的跨中弯矩设计值的 50%。

（4）高层建筑结构楼面梁受扭计算中应考虑楼盖对梁的约束作用。当计算中未考虑楼盖对梁扭转的约束作用时，可对梁的计算扭矩乘以折减系数予以折减。梁扭矩折减系数应根据梁周围楼盖的情况确定。

思考题与习题

3-1 什么叫做结构概念设计？

3-2 阐述各种结构基本构件的受力特征。

3-3 结构分体系有哪几种，各有何特点？

3-4 高层建筑结构设计的基本要求有哪些？

3-5 限制高层建筑结构层间位移的目的是什么，如何保证？

3-6 为何要考虑重力二阶效应，如何考虑高层建筑结构的重力二阶效应？

3-7 什么叫做刚重比，不同结构对刚重比有何要求？

3-8 建筑物为何要进行抗倾覆验算？

3-9 柔性结构和刚性结构各有何特点？

3-10 荷载组合要考虑哪些工况，有地震作用组合和无地震作用组合有什么区别？

3-11 哪些结构需进行罕遇地震下的薄弱层变形验算，什么是楼层屈服强度系数，弹塑性位移计算的方法有哪些，在什么条件下可采用简化方法计算薄弱层的弹塑性位移？

3-12 为什么应对高度超过 150m 的高层建筑进行舒适度验算，如何进行验算？

3-13 建筑工程分为哪四个抗震设防类别，各抗震设防类别建筑的抗震设防标准有何不同？

3-14 简述抗震设计三水准两阶段设计方法。

3-15 结构分析方法有哪些？

3-16 高层建筑结构有哪些常用的设计计算模型？

3-17 高层建筑结构计算的基本原则与假定有哪些？

3-18 进行结构分析的主要步骤是怎样的？

3-19 结构的简化计算中，对计算参数进行处理的原则有哪些？

4 高层建筑结构荷载与地震作用

4.1 引　言

建筑结构上的荷载有三类：永久荷载（包括结构自重、土压力、预应力等），可变荷载（包括楼面活荷载、屋面活荷载和积灰荷载、吊车荷载、风荷载、雪荷载、温度作用等）和偶然荷载（包括爆炸力、撞击力等）。根据荷载作用的方向，一般将荷载分为竖向荷载、水平荷载与作用。竖向荷载包括结构自重及楼面、屋面活载等使用荷载；水平荷载与作用包括风荷载和地震作用等。当建筑高度不同时，结构受到的竖向力和水平力的比例不同，低层建筑中，结构主要受竖向力作用的内力控制，水平力作用下结构产生的内力和变形很小。多层建筑中，竖向力和水平力同时起控制作用；高层建筑中，水平力作用下结构内力和变形迅速增大，起控制作用的是水平力，竖向力处于第二位的作用。

本章主要介绍高层建筑上作用的竖向荷载、风荷载和地震作用。

4.2　竖向荷载

竖向荷载主要是恒载和活荷载，恒载包括结构本身（梁、板、柱、墙、支撑）的重量和非结构构件（非承重构件、可移动的隔墙、玻璃幕墙及其附件、各种外饰面的材料、楼面的找平层、吊在楼面下的各种设备管道等）的重量，这些重量的大小不随时间而改变，又称为永久荷载，其标准值可按构件及其装修的设计尺寸和材料单位体积或面积的自重计算确定。对常用材料和构件的容重可从《建筑结构荷载规范》（GB 50009—2012）（以下简称《荷载规范》）附表 A.1 中查得。

活荷载包括楼面活荷载、屋面活荷载（积灰、雪荷载、屋面、不上人屋面、屋顶停机载荷）等，各种荷载取值见《荷载规范》中表 5.1.1。

在有些情况下，高层建筑由于自身的特殊性，还需参考其他资料，甚至需自行进行局部调整确定设计荷载。如施工中采用附墙塔、爬塔等对结构受力有影响的起重机械或其他施工设备时，在结构设计中应根据具体情况验算施工荷载的影响；旋转餐厅轨道和驱动设备的自重和擦窗设备自重应按实际情况确定。

计算多层建筑结构在竖向荷载作用下产生的内力时，一般应考虑活荷载的不利布置，尤其在多层工业厂房使用荷载往往较大的情况下。计算高层建筑结构在竖向荷载作用下产生的内力时，一般可以不考虑活荷载的不利布置，而按满布考虑。这是因为高层民用建筑楼面活荷载不大（一般为 $2 \sim 2.5 \text{kN/m}^2$），只占全部竖向荷载的 $15\% \sim 20\%$，不利布置产生的影响很小，其次是由于高层建筑结构是复杂的空间体系，层数、跨数很多，计算工作量极大，为简化起见，计算高层建筑竖向荷载作用下产生的内力时，一般可以不考虑活荷载的不利布置。在活荷载较大的情况下，可以把满布荷载计算的梁跨中弯矩和支座截面弯矩乘以 1.1~1.3 的放大系数。

目前，国内高层建筑结构大部分为钢筋混凝土结构，采用的混凝土强度等级较低（较多为 C40 及以下），隔墙材料也较重，所以结构面积比较大，因而结构自重较大。在方案设计阶段，可用表 4-1 的单位建筑面积的竖向总荷载来估算所需地基承载力，估算地震作用及初步决定构件截面尺寸。

表 4-1　高层建筑的竖向总荷载

结构体系	单位建筑面积的竖向总荷载/kN·m^{-2}
框架、框架-剪力墙	12~14
剪力墙、筒体	14~16

4.3　风荷载作用

4.3.1　风对高层建筑结构作用的特点

沿水平方向运动的大气称为风。风给予建筑物的风压随着风速、风向的紊乱变化而不停地改变着。通常将风压作用的平均值视为稳定风荷载，它对建筑物的作用使建筑物产生静侧移，实际风速在平均风速附近波动，风压也在平均风压附近波动，称为波动风压。因此，实际上建筑物在平均侧移附近摇摆（图 4-1）。

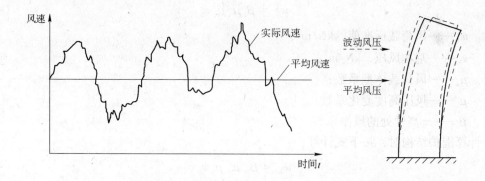

图 4-1　风振动作用

为了保证安全性，世界第一高楼哈里法大楼的设计标准是能在 55m/s 的大风中保持稳定，在高楼中办公的人完全感觉不到大风的影响。在大楼的施工过程中，尽管迪拜的地面温度是 43℃，没有一丝风，但在 100 层以上的施工现场，则完全是另一番景象，风速通常在 30m/s。虽然高层安装有安全网，但"有可能让狂风刮走的恐惧让人双腿打颤"。一旦风速超过 70m/s，就必须停止施工，因为在这种风力下，把工人运到 100 层以上的电梯就不能运行了。因此，在高层建筑的施工现场常安装风速计，即时测定风速并报警。

由于高层建筑的设计使用年限一般在 50 年以上，因此风荷载的作用不可忽视而且起决定性作用。风对高层建筑作用具有如下特点：

（1）风荷载作用与建筑物的外形有关，圆形与正多边形受到风力较小，对抗风有利；相反，平面凹凸多变的复杂建筑物受到的风力较大，而且容易产生风力扭转作用，对抗风不利。

（2）风力受建筑物周围环境影响较大，处于高层建筑中的高层建筑，有时会出现受力更为不利的情况。例如，由于不对称遮挡而使风力偏心产生扭转；相邻建筑物之间的狭缝风力增大，使建筑物产生扭转等。

（3）风力在建筑物表面的分布很不均匀，在角区和建筑物内收的局部区域，会产生较大的风力，而且，随着建筑物高度的增加，建筑物所受到的风荷载增大。

（4）与地震作用相比，风力作用持续时间较长，其作用更接近于静力荷载，但对建筑物的作用期间出现较大风力的次数较多，因此风荷载具有静力作用与动力作用两重性；一般地，建筑结构分析时将风荷载作为静荷载考虑，但是波动风压对建筑物的动力效应在高层建筑设计时不能忽略，一般采用加大稳定风荷载的方法来考虑，即在按规范求得的一般风荷载值上乘以大于 1 的风振系数。

（5）风压引起建筑物过度的侧向位移可能引起隔墙、外墙的开裂，机械系统的失调；还可能产生住户不舒适的摇摆频率和幅度，对电梯运行、建筑物周围的行人都有影响，因此在高层建筑结构设计中必须考虑风荷载。

4.3.2　单位面积上的风荷载标准值及基本风压

《荷载规范》规定，垂直于建筑物表面上的风荷载标准值，计算主要受力结构时，按下式计算：

$$w_k = \beta_z \mu_s \mu_z w_0 \tag{4-1}$$

式中　w_k——风荷载标准值，kN/m^2；

　　　　w_0——基本风压，kN/m^2；

　　　　μ_s——风荷载体型系数；

　　　　μ_z——风压高度变化系数；

　　　　β_z——z 高度处的风振系数。

计算围护结构时，按下式计算：

$$w_k = \beta_{gz} \mu_{sl} \mu_z w_0 \tag{4-2}$$

式中　β_{gz}——z 高度处的阵风系数，可查《荷载规范》中表 8.6.1；

　　　　μ_{sl}——风荷载局部体型系数。

（1）基本风压 w_0。基本风压 w_0 与风速大小有关，它是以当地比较平坦地面上离地 10m 高统计所得的 50 年一遇 10min 平均最大风速 $v_0(m/s)$ 为依据（近似按 $w_0 = v_0^2/1600$ 确定）。例如北京地区基本风压为 $0.45kN/m^2$。《荷载规范》GB 50009 给出了全国各主要城市的基本风压值，要求基本风压不得小于 $0.3kN/m^2$。

一般高层建筑取重现期为 50 年的风压值计算风荷载，对于特别重要或有特殊要求的高层建筑，取重现期为 100 年的风压值计算风荷载。在进行舒适度计算时，取重现期为 10 年的风压值计算风荷载。对高层建筑、高耸结构以及对风荷载比较敏感的其他结构，基本风压的取值应适当提高。对风荷载比较敏感的高层建筑，承载力设计时应按基本风压的

1.1 倍采用。

（2）风荷载体型系数 μ_s。风荷载在建筑物表面上分布很不均匀，风的作用力随建筑物的体型、尺度、表面位置、表面状况而改变，一般取决于建筑的平面外形、建筑的高宽比、风向与受力墙面所成的角度、建筑物的立面处理、周围建筑物密集程度及其高低等。通常，在迎风面上产生压力，侧风面和背风面产生风吸力。

风荷载体型系数 μ_s 用来表示不同体型建筑物表面风力的大小。体型系数通常由建筑物的风压现场实测或由建筑物模型的风洞试验求得。计算主体结构的风荷载效应时，风荷载体型系数 μ_s 可按下列规定采用：

1）圆形平面建筑取 0.8。

2）正多边形及截角三角形平面建筑，由下式计算：

$$\mu_s = 0.8 + 1.2/\sqrt{n} \tag{4-3}$$

式中 n——多边形的边数。

3）高宽比 H/B 不大于 4 的矩形、方形、十字形平面建筑取 1.3。

4）下列建筑取 1.4：

① V 形、Y 形、弧形、双十字形、井字形平面建筑；

② L 形、槽形和高宽比 H/B 大于 4 的十字形平面建筑；

③ 高宽比 H/B 大于 4，长宽比 L/B 不大于 1.5 的矩形、鼓形平面建筑。

5）在需要更细致进行风荷载计算的场合，风荷载体型系数可按《高规》附录 B 采用，或由风洞试验确定。

图 4-2 给出了一般高层建筑常用的几种平面形状、各个表面的风荷载体型系数。图 4-3 所示为风向与受力墙面所成角度不同时的风荷载体型系数。《荷载规范》表 8.3.1 给出了各种情况的风荷载体型系数（体型系数中正（＋）表示压，负（－）表示吸），需要时可以查用。

计算围护构件及其连接的风荷载时，封闭式矩形平面房屋的墙面及屋面可按《荷载规范》表 8.3.3 规定确定局部体型系数 μ_{sl}；檐口、雨篷、遮阳板、阳台等水平构件，取

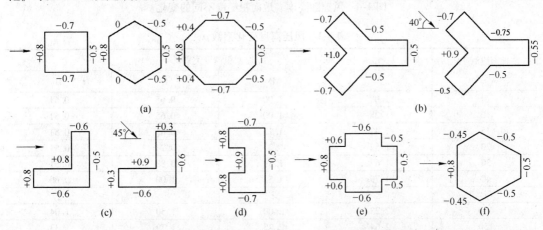

图 4-2 一般高层建筑常用的几种平面形状及各个表面的风荷载体型系数

（a）正多边形（包括矩形）平面；（b）Y 形平面；（c）L 形平面；

（d）Π 形平面；（e）十字形平面；（f）截角三边形平面

-2.0；其他房屋和构筑物按《荷载规范》表8.3.1规定的体型系数的1.25倍取值。

（3）风压高度变化系数μ_z。风速由地面处为零沿高度按曲线逐渐增大，直至距地面某高度处达到最大值，上层风速受地面影响小，风速较稳定。不同的地表面粗糙度使风速沿高度增大的梯度不同，《荷载规范》将地面粗糙度分为A、B、C、D四类，A类指近海海面和海岛、海岸、湖岸及沙漠地区；B类指田野、乡村、丛林、丘陵以及房屋比较稀疏的乡镇；C类指有密集建筑群的城市市区；D类指有密集建筑群且房屋较高的城市市区。地面粗糙度不同时风速沿高度的变化曲线见图4-4。《荷载规范》给出了各类地区风压沿高度的变化系数，见表4-2。在山区及离岸海岛上的高层建筑，查表后还应根据《荷载规范》的要求进行修正。

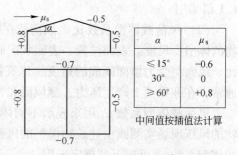

α	μ_s
$\leqslant 15°$	-0.6
$30°$	0
$\geqslant 60°$	$+0.8$

中间值按插值法计算

图4-3　风向与受力墙面所成角度
不同时的风荷载体型系数

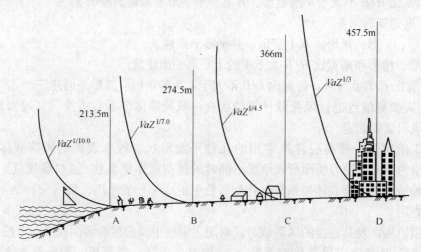

图4-4　风速随高度、地面粗糙度不同的变化

表4-2　风压高度变化系数μ_z

离地面或海平面高度/m	地面粗糙度类别			
	A	B	C	D
5	1.09	1.00	0.65	0.51
10	1.28	1.00	0.65	0.51
15	1.42	1.13	0.65	0.51
20	1.52	1.23	0.74	0.51
30	1.67	1.39	0.88	0.51
40	1.79	1.52	1.00	0.60
⋮	⋮	⋮	⋮	⋮
100	2.23	2.00	1.50	1.04
150	2.64	2.25	1.79	1.33
⋮	⋮	⋮	⋮	⋮
500	2.91	2.91	2.91	2.74
$\geqslant 550$	2.91	2.91	2.91	2.91

（4）风振系数 β_z。对于高度大于 30m 且高宽比大于 1.5 的房屋，以及基本自振周期 T_1 大于 0.25s 的各种高耸结构，应考虑风压脉动对结构产生顺风向风振的影响。顺风向风振响应计算按结构随机振动理论进行。

对于一般竖向悬臂型结构，例如高层建筑和构架、塔架、烟囱等高耸结构，均可仅考虑第一振型的影响，采用风振系数法计算其顺风向风荷载，结构的顺风向风荷载可按公式 (4-1) 计算。风振系数 β_z 一般使风载加大（不满足上述情况时，$\beta_z=1.0$），z 高度处的风振系数 β_z 可按下式计算：

$$\beta_z = 1 + 2gI_{10}B_z\sqrt{1+R^2} \tag{4-4}$$

式中　g——峰值因子，可取 2.5；

I_{10}——10m 高度名义湍流强度，对应 A、B、C 和 D 类地面粗糙度，可分别取 0.12、0.14、0.23 和 0.39；

R——脉动风荷载的共振分量因子，按下列公式计算：

$$R = \sqrt{\frac{\pi}{6\zeta_1}\frac{x_1^2}{(1+x_1^2)^{4/3}}} \tag{4-5}$$

$$x_1 = \frac{30f_1}{\sqrt{k_w w_0}}, \quad x_1>5$$

f_1——结构第 1 阶自振频率，Hz；

k_w——地面粗糙度修正系数，对 A、B、C 和 D 类地面粗糙度，可分别取 1.28、1.0、0.54 和 0.26；

ζ_1——结构阻尼比，对钢结构可取 0.01，对有填充墙的钢结构房屋可取 0.02，对钢筋混凝土及砌体结构可取 0.05，对其他结构可根据工程经验确定；

B_z——脉动风荷载的背景分量因子，对体型和质量沿高度均匀分布的高层建筑和高耸结构，可按下式计算：

$$B_z = kH^{\alpha_1}\rho_x\rho_z\frac{\phi_1(z)}{\mu_z} \tag{4-6}$$

$\phi_1(z)$——结构第 1 阶振型系数，可由结构动力计算确定，对外形、质量、刚度沿高度按连续规律变化的竖向悬臂型高耸结构及沿高度比较均匀的高层建筑，振型系数 $\phi_1(z)$ 可根据相对高度 z/H 按《荷载规范》附录 G 确定。表 4-3 为迎风面宽度较大的高层建筑，剪力墙和框架都起主要作用时的振型系数。

H——结构总高度，m，对 A、B、C 和 D 类地面粗糙度，H 的取值分别不应大于 300m、350m、450m 和 550m；

ρ_x——脉动风荷载水平方向相关系数，可按下式计算：

$$\rho_x = \frac{10\sqrt{B+50e^{-B/50}-50}}{B} \tag{4-7}$$

B——结构迎风面宽度 (m)，$B\leqslant 2H$。

ρ_z——脉动风荷载竖直方向相关系数，可按下式计算：

$$\rho_z = \frac{10\sqrt{H + 60e^{-H/60} - 60}}{H} \tag{4-8}$$

k，a_1——系数，按表4-4取值。

表4-3 高层建筑的振型系数 $\phi_1(z)$

相对高度	振型序号			
z/H	1	2	3	4
0.1	0.02	−0.09	0.22	−0.38
0.2	0.08	−0.30	0.58	−0.73
0.3	0.17	−0.50	0.70	−0.40
0.4	0.27	−0.68	0.46	0.33
0.5	0.38	−0.63	−0.03	0.68
0.6	0.45	−0.48	−0.49	0.29
0.7	0.67	−0.18	−0.63	−0.47
0.8	0.74	0.17	−0.34	−0.62
0.9	0.86	0.58	0.27	−0.02
1.0	1.00	1.00	1.00	1.00

表4-4 系数 k 和 a_1

粗糙度类别		A	B	C	D
高层建筑	k	0.944	0.670	0.295	0.112
	a_1	0.155	0.187	0.261	0.346
高耸结构	k	1.276	0.910	0.404	0.155
	a_1	0.186	0.218	0.292	0.376

对迎风面和侧风面的宽度沿高度按直线或接近直线变化，而质量沿高度按连续规律变化的高耸结构，式(4-6)计算的背景分量因子 B_z 应乘以修正系数 θ_B 和 θ_V。θ_B 为构筑物在 z 高度处的迎风面宽度 $B(z)$ 与底部宽度 $B(0)$ 的比值；θ_V 可按表4-5确定。

表4-5 修正系数 θ_V

$B(z)/B(0)$	1	0.9	0.8	0.7	0.6	0.5	0.4	0.3	0.2	≤0.1
θ_V	1.00	1.10	1.20	1.32	1.50	1.75	2.08	2.53	3.30	5.60

在确定风荷载大小时，应注意：

1）房屋高度大于200m 或有下列情况之一时，宜进行风洞试验判断确定建筑物的风荷载：

① 平面形状不规则或立面形状复杂；

② 立面开洞或连体建筑；

③周围地形和环境较复杂。

2）当多栋或群集的高层建筑相互间距较近时，宜考虑风力相互干扰的群体效应。一般可将单栋建筑的体型系数 μ_s 乘以相互干扰增大系数，该系数可参考类似条件的试验资料确定；必要时宜通过风洞试验确定。

3）对于横风向振动效应或扭转风振效应明显的高层建筑，应考虑横风向风振或扭转风振的影响。横风向风振和扭转风振的计算范围、方法以及顺风向与横风向效应的组合方法应符合《荷载规范》GB 50009 的有关规定。

4.3.3 总风荷载与局部风荷载

总风荷载是建筑物各表面承受风作用力的合力，是沿高度变化的分布荷载。z 高度处的总风荷载可按下式计算：

$$W_z = \beta_z \mu_z w_0 (\mu_{s1} B_1 \cos\alpha_1 + \mu_{s2} B_2 \cos\alpha_2 + \cdots + \mu_{sn} B_n \cos\alpha_n) \tag{4-9}$$

式中　n——建筑物外围表面积数（每一个平面作为一个表面积）；

　　B_i——第 i 个表面的宽度；

　　μ_{si}——第 i 个表面的风荷载体型系数；

　　α_i——第 i 个表面法线与风作用方向的夹角。

进行总风荷载计算时要注意每个表面体型系数的正负号，区别是风压力还是风吸力，以便作矢量相加。上式中计算得到的 W_z 是线荷载，单位为 kN/m。结构计算时，将沿高度分布的总风荷载换算成集中作用在各楼层位置的集中荷载，再计算结构的内力和位移。

风压作用在建筑物表面是不均匀的，在某些风压较大的部位，要考虑局部风荷载。局部风荷载是指建筑物某个局部承受的风作用力，局部风荷载主要用于计算结构局部构件或围护构件与主体的连接。局部风荷载计算时，一般采用增大局部体型系数的方法。如对于檐口、雨篷、遮阳板、阳台等水平构件，计算局部上浮风荷载时，风荷载体型系数 μ_s 不宜小于 2.0。

4.3.4 多层钢筋混凝土框架房屋风荷载计算例题

作用于框架结构房屋外墙面上的风荷载，沿高度方向上是倒三角形的分布荷载时，为了计算方便，一般将其简化为作用于各楼层处的水平集中力，并采用下面公式计算：

$$P_i = w_k \cdot h_i \cdot B = \beta_z \mu_s \mu_z w_0 h_i B \tag{4-10}$$

式中　P_i——作用于第 i 楼层处的集中风荷载；

　　h_i——第 i 楼层受风面高度，取第 i 层楼面上层层高和下层层高各一半之和。对于首层，其层高应从室外地面算起；对于屋面层，其受风面高度应为顶层层高之半与女儿墙高之和；

　　B——受风面宽度，取房屋垂直于风向上的长度。

第 i 层的风荷载高度变化系数，应根据第 i 层楼面至地面的高度定。

【例题 4-1】　某建于海岸边的四层框架结构房屋，其平面简图及剖面如图 4-5 所示。已知该地区基本风压 $w_0 = 0.70 \text{kN/m}^2$，地面粗糙度为 A 类，试计算该房屋横向所受到的水

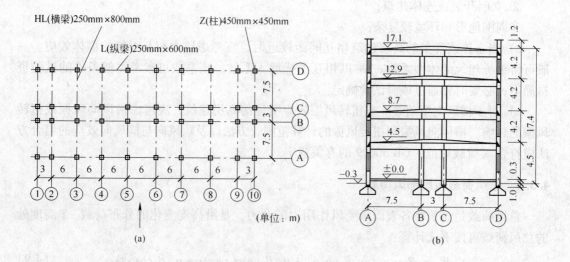

图 4-5　例题结构平面图和剖面图

(a) 平面图；(b) 剖面图

平风荷载。

解：取风振系数 $\beta_z = 1$；

体型系数：迎风面 $\mu_s = +0.8$，背风面 $\mu_s = -0.5$；

高度变化系数 μ_z：地面粗糙度按 A 类，根据各层楼面处至室外地面高度确定高度变化系数及风荷载标准值如表 4-6 所示。

表 4-6　风荷载标准值计算

离地面高度/m	μ_z	$w_k = \beta_z \mu_s \mu_z w_0 = 1 \times (0.8 + 0.5) \times 0.70 \mu_z / \mathrm{kN \cdot m^{-2}}$
4.8	1.09	0.99
9.0	1.24	1.13
13.2	1.37	1.25
17.4	1.47	1.34

受风载宽度取房屋纵向长度：$B = 48\mathrm{m}$ 各楼层受风面高度取上下层高各半之和，顶层取至女儿墙顶，则

$$P_1 = 0.99 \times 48 \times \frac{1}{2} \times (4.8 + 4.2) = 213.84 \mathrm{kN}$$

$$P_2 = 1.13 \times 48 \times \frac{1}{2} \times (4.2 + 4.2) = 227.81 \mathrm{kN}$$

$$P_3 = 1.25 \times 48 \times \frac{1}{2} \times (4.2 + 4.2) = 252.00 \mathrm{kN}$$

$$P_4 = 1.34 \times 48 \times \left(\frac{1}{2} \times 4.2 + 1.2 \right) = 212.26 \mathrm{kN}$$

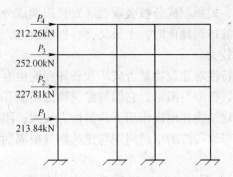

图 4-6　框架在风荷载作用下的简图
（该框架表示各横向框架之综合）

4.4　地震作用

4.4.1　地震作用的特点

地震引起的振动以波的形式从震源向各个方向传播并释放能量，这就是地震波。地震波传播产生地面运动，通过基础影响上部结构，上部结构产生的振动称为结构的地震反应，包括加速度、速度和位移反应。结构的地震反应与地震动特性、结构自身动力特点（自振周期、振型和阻尼）密切相关。

地震动特性主要通过三个基本要素来描述，即地震动的幅值、频谱和持时（持续时间），称为地震动三要素。

（1）地震动幅值。其可以是地面运动的加速度、速度或位移的某种最大值或某种意义下的有效值。采用最多的是最大加速度幅值，它可描述地面震动的强弱程度，且与震害密切相关，是地震烈度的参考物理指标。有时地面运动的加速度或速度幅值并不太大，而地震波的卓越周期（频谱分析中能量占主导地位的频率成分）与结构物基本周期接近时，就可能对建筑物造成严重影响。地震动幅值的大小受震级、震源机制、传播途径、震中距、局部场地条件等因素的影响。

（2）地震动频谱特性指地震动对具有不同自振周期的结构的反应特性，通常用反应谱、功率谱和傅立叶谱来表示。反应谱是工程中最常用的形式。震级、震中距和场地对地震动的频谱特性有重要影响。

（3）地震动持时。其对结构的破坏程度有着较大的影响。相同地震最大加速度作用下，当强震的持续时间长，则该地点的地震烈度高，结构物的地震破坏重，反之，则轻。地震动强震持时对地震反应的影响主要表现在非线性反应阶段。

地面运动的特性除了与震源所在位置、深度、地震发生原因、传播距离等因素有关外，还与地震传播经过的区域和建筑物所在区域的场地土性质有密切关系。研究表明，不同性质的土层对地震波包含的各种频率成分的吸收和过滤效果不同。地震波在传播过程中，振幅逐渐衰减，在土层中高频成分易被吸收，低频成分振动传播得更远。因此，在震中附近或在岩石等坚硬土壤中，地震波中短周期成分丰富。在距震中较远的地方，或当冲积土层厚、土壤又较软时，短周期成分被吸收而导致长周期成分为主，这对高层建筑十分不利。此外，当深层地震波传到地面时，土层又会将振动放大，土层性质不同，放大作用也不同，软土的放大作用较大。

建筑结构本身的动力特性对建筑物是否破坏和破坏程度也有很大影响。建筑物动力特性是指建筑物的自振周期、振型与阻尼，它们与建筑物的质量和结构的刚度有关。通常质量大、刚度大、周期短的建筑物在地震作用下的惯性力较大；刚度小、周期长的建筑物位移较大，但惯性力较小，当地震波的卓越周期与建筑物自振周期相近时会引起共振，结构的地震反应加剧。

地震波可以分解为六个振动分量，包括两个水平分量，一个竖向分量和三个转动分量。对建筑结构造成破坏的，主要是水平振动和扭转振动。地面水平振动使结构产生移动和摇摆，扭转振动使结构扭转，后者对房屋破坏性很大，但目前尚无法计算，主要采用概念设计方法加大结构的抵抗能力以减小破坏程度。地面竖向振动只在震中附近的高烈度区影响房屋结构，因此，大多数结构的设计计算主要考虑水平地震作用。

4.4.2　一般计算原则

高层建筑结构应按下列原则考虑地震作用：

（1）一般情况下，应允许在结构两个主轴方向分别考虑水平地震作用计算；有斜交抗侧力构件的结构，当相交角度大于15°时，应分别计算各抗侧力构件方向的水平地震作用；

（2）质量与刚度分布明显不对称、不均匀的结构，应计算双向水平地震作用下的扭转影响；其他情况，应计算单向水平地震作用下的扭转影响；

（3）高层建筑中的大跨度和长悬臂结构，7度（0.15g）、8度抗震设计时应考虑竖向地震作用；

（4）9度抗震设计时应计算竖向地震作用。

各抗震设防类别的高层建筑地震作用的计算，应符合下列规定：

（1）甲类建筑：应按批准的地震安全性评价结果且高于本地区抗震设防烈度的要求确定；

（2）乙、丙类建筑：应按本地区抗震设防烈度计算。

4.4.3　计算方法

水平地震作用有三种计算方法：底部剪力法、振型分解反应谱法和时程分析法。

高层建筑结构应根据不同情况，分别采用下列地震作用计算方法：

（1）高层建筑结构宜采用振型分解反应谱法。对质量和刚度不对称、不均匀的结构以及高度超过100m的高层建筑结构应采用考虑扭转耦联振动影响的振型分解反应谱法；

（2）高度不超过40m，以剪切变形为主且质量和刚度沿高度分布比较均匀的高层建筑结构，可采用底部剪力法。

（3）7～9度抗震设防的高层建筑，下列情况应采用弹性时程分析法进行多遇地震下的补充计算：

1）甲类高层建筑结构；

2）表 4-7 所列的乙、丙类高层建筑结构；

3）结构竖向布置不规则的高层建筑结构；

4）复杂高层建筑结构；

5）质量沿竖向分布特别不均匀的高层建筑结构。

表 4-7 采用时程分析的高层建筑结构

设防烈度	7 度和 8 度 I、II 类场地	8 度 III、IV 类场地	9 度
建筑物高度	>100m	>80m	>60m

4.4.3.1 水平地震作用计算

在进行水平地震作用计算之前，必须确定如下几个参数。

A 地震影响系数 α

地震影响系数 α 是地震系数 k 和动力系数的乘积，即：

$$\alpha(T) = k\bar{\beta}(T) \tag{4-11}$$

式中，地震系数 $k = \dfrac{|\ddot{x}_g|_{max}}{g}$（$|\ddot{x}_g|_{max}$ 为地面运动最大加速度），我国《建筑抗震设计规范》采用的地震系数与基本烈度的对应关系见表 4-8。

表 4-8 地震系数与基本烈度的对应关系

基本烈度	6	7	8	9
地震系数 k	0.05	0.10（0.15）	0.20（0.30）	0.40

注：括号中的数值分别用于设计基本地震加速度为 0.15g 和 0.30g 的地区。

动力系数（或加速度放大系数）定义为

$$\beta(T) = \frac{S_a(T)}{|\ddot{x}_g|_{max}} \tag{4-12}$$

式中 $S_a(T)$ ——加速度反应谱。

动力系数用于结构抗震设计时，一般采取以下措施：

（1）取确定的阻尼比 $\xi = 0.05$；

（2）按场地、震中距将地震记录分类；

（3）计算每一类地震动，记录动力系数的平均值，即

$$\bar{\beta}(T) = \frac{\sum\limits_{i=1}^{n} \beta_i(T)|_{\xi=0.05}}{n} \tag{4-13}$$

因此，地震影响系数 α 可以按图 4-7 中曲线选取。

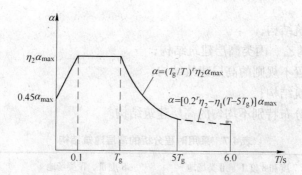

图 4-7   地震影响系数与结构自振周期的关系

T—结构自振周期；r—衰减指数，$r = 0.9 + \dfrac{0.05 - \xi}{0.3 + 6\xi}$；$\eta_1$—直线下降段下降斜率调整系数，

$\eta_1 = 0.02 + (0.05 - \xi)/(4 + 32\xi)$，$\eta_1$ 小于 0 时取 0；η_2—阻尼调整系数，

$\eta_2 = 1 + \dfrac{0.05 - \xi}{0.08 + 1.6\xi}$，$\eta_2$ 小于 0.55 时，取 0.55；ξ—阻尼比，除有专门规定外，

钢筋混凝土建筑的阻尼比应取 0.05，此时，η_2 取 1.0；T_g—场地特征周期

（单位为 s），查表 4-9 可得，计算罕遇地震作用时，特征周期应增加 $0.05g$；

α_{max}—水平地震影响系数最大值（$\xi = 0.05$），见表 4-10。

表 4-9   场地特征周期 T_g （s）

设计地震分组	场 地 类 别				
	I_0	I_1	II	III	IV
第一组	0.20	0.25	0.35	0.45	0.65
第二组	0.25	0.30	0.40	0.55	0.75
第三组	0.30	0.35	0.45	0.65	0.90

表 4-10   水平地震影响系数最大值 α_{max}

地震烈度	6 度	7 度	8 度	9 度
多遇地震	0.04	0.08（0.12）	0.16（0.24）	0.32
设防烈度	0.12	0.23（0.34）	0.45（0.68）	0.90
罕遇地震	0.28	0.50（0.72）	0.90（1.20）	1.40

可见，地震影响系数应根据地震烈度、场地类别、设计地震分组和结构自振周期以及阻尼比才能确定。

B   重力荷载代表值

计算地震作用时，建筑结构的重力荷载代表值应取永久荷载标准值和可变荷载组合值之和。由三部分组成：

（1）恒载的全部；

（2）雪载的 50%；

（3）楼面活荷载按实际情况计算时取 1.0；按等效均布活荷载计算时，藏书库、档案库、库房取 0.8，一般民用建筑取 0.5。

C 结构自振周期

结构自振周期的计算方法有：理论计算方法、半理论半经验方法和经验公式方法。

（1）理论计算方法。理论计算方法采用刚度法或柔度法，用求解特征方程的方法得到结构的基本周期、振型振幅分布和其他各阶高振型周期、振型振幅分布。理论方法适用于各种结构。

由于用理论方法计算结构自振周期时只考虑了主要承重结构的刚度，未考虑刚度很大的砌体填充墙的刚度，所以计算出的周期较实际周期长，如用于计算将偏于不安全。因此，计算地震效应时必须乘以周期折减系数 ψ_T。一般地，ψ_T 取值如下：

框架结构： $\psi_T = 0.6 \sim 0.7$

框架-剪力墙结构： $\psi_T = 0.7 \sim 0.8$

框架-核心筒： $\psi_T = 0.8 \sim 0.9$

剪力墙结构： $\psi_T = 0.8 \sim 1.0$

（2）半理论半经验方法。对理论公式加以简化，并应用一些经验系数，使得计算时方便快捷，就是半理论半经验方法。应用此法只能得到基本自振周期，不能得出振型，通常在采用底部剪力法时采用。常用的方法有顶点位移法、能量法和等效质量法等。

对质量与刚度沿高度分布较为均匀的框架、框架-剪力墙结构，可采用顶点位移法计算，其基本自振周期 T_1 可由下式计算：

$$T_1 = 1.7\psi_T \sqrt{u_T} \tag{4-14}$$

式中，u_T——结构顶点假想位移，即把各楼层重量 G_i 作为 i 层楼面的假想水平荷载，将结构视为弹性体计算得到的顶点侧移，其单位为 m。

（3）经验公式方法。高层建筑自振周期的经验公式如下：

框架结构： $T_1 = (0.08 \sim 0.10)n$ （n 为地面以上结构层数）

框架-剪力墙结构： $T_1 = (0.06 \sim 0.08)n$

剪力墙结构： $T_1 = (0.04 \sim 0.05)n$

4.4.3.2 底部剪力法

底部剪力法是反应谱法的特例，该法只考虑结构的基本振型。分析表明，对于高度不超过40m、以剪切变形为主且质量和刚度沿高度分布比较均匀的高层建筑结构，结构振动位移反应往往以第一振型为主，而且第一振型接近于直线。满足上述条件时，《建筑抗震设计规范》建议采用底部剪力法；用底部剪力法计算地震作用时，将多自由体系等效为单自由度体系，只考虑结构基本自振周期计算总水平地震力，然后再按一定规律分配到各个楼层。

结构底部总水平地震作用的标准值为

$$F_{Ek} = \alpha_1 G_{eq} \tag{4-15}$$

式中 α_1——相应于结构基本自振周期 T_1 的地震影响系数 α 值；

G_{eq}——结构等效总重力荷载代表值，$G_{eq} = 0.85G_E$；

G_E——结构总重力荷载代表值，为各层重力荷载代表值之和，$G_E = \sum_{j=1}^{n} G_j$。

等效地震荷载分布形式见图4-8，第 i 楼层处的水平地震力 F_i 按下式计算：

$$F_i = \frac{G_i H_i}{\sum\limits_{j=1}^{n} G_j H_j} F_{\text{Ek}}(1 - \delta_n) \qquad (4\text{-}16)$$

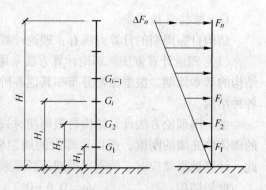

式中　δ_n——顶部附加地震作用系数。

　　式(4-16)中，为了考虑高振型对水平地震力沿高度分布的影响，先把一部分地震作用移到顶层，即在顶部附加一集中力，再将剩下部分分配到各楼层。

　　顶部附加水平地震作用标准值为

图 4-8　底部剪力法计算示意图

$$\Delta F_n = \delta_n F_{\text{Ek}} \qquad (4\text{-}17)$$

式中，当基本自振周期 $T_1 < 1.4 T_g$ 时，高振型影响小，不考虑顶部附加水平力，δ_n 取为 0；$T_1 \geqslant 1.4 T_g$ 时，查表 4-11 得出。

表 4-11　顶部附加地震作用系数

T_g/s	$T_1 > 1.4 T_g$	$T_1 \leqslant 1.4 T_g$
$T_g \leqslant 0.35$	$0.08 T_1 + 0.07$	
$0.35 < T_g \leqslant 0.55$	$0.08 T_1 + 0.01$	0.00
$T_g > 0.55$	$0.08 T_1 - 0.02$	

注：T_1 为结构基本自振周期。

4.4.3.3　振型分解法

　　较高的结构，除基本振型的影响外，高振型的影响比较大，因此一般高层建筑都要用振型分解反应谱法考虑多个振型的组合。对质量和刚度不对称、不均匀的结构以及高度超过 100m 的高层建筑应采用考虑扭转耦联振动影响的振型分解反应谱法。

　　结构分析中，一般将每层的质量集中在楼层位置，n 个楼层为 n 个质点，有 n 个振型，如图 4-9 所示。

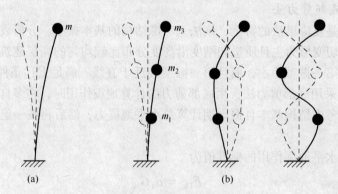

图 4-9　单质点与多质点体系的振型图
(a) 单质点体系的振型；(b) 多质点体系的振型

　　由图可见，单质点体系只有一种振动方式，即左右摇摆，只是不同情况下其振动周期、振幅、加速度等不同而已；对于多质点体系，有 n 个质点，就有 n 个振动形式。如 3

质点体系就有 3 个振动形式，即 3 个振型。多质点的振动是由各个振型叠加而成的复合振动，在组合前要分别计算每个振型的水平地震作用及其效应（内力、位移等），根据不同的情况，振型组合有不同的方法。

（1）对于不考虑扭转耦联振动影响的结构。第 j 个振型在第 i 个质点上产生的水平地震作用力为

$$F_{ji} = \alpha_j \gamma_j X_{ji} G_i \tag{4-18}$$

式中　α_j——相应于 j 振型自振周期的地震影响系数；

X_{ji}——j 振型 i 质点的水平相对位移；

γ_j——j 振型的参与系数，$\gamma_j = \sum\limits_{i=1}^{n} X_{ji} G_i / \sum\limits_{i=1}^{n} X_{ji}^2 G_i$（$i = 1, 2, \cdots, n$；$j = 1, 2, \cdots, m$）；

n——结构计算总质点数，小塔楼宜每层作为一个质点参与计算；

m——结构计算振型数。规则结构可取 3，当建筑较高、结构沿竖向刚度不均匀时可取 5～6。

由于各振型最大反应不在同一时刻发生，所以直接由各振型最大反应叠加估计体系最大反应，结果会偏大，因此根据随机振动理论，采用平方和开方的方法（SRSS 法）估计体系最大地震反应可获得较好的结果，即：

$$S = \sqrt{\sum_{j=1}^{m} S_j^2} \tag{4-19}$$

式中　S_j——j 振型的水平地震作用效应（位移、内力），可只取前 2～3 个振型，当基本自振周期大于 1.5s 或房屋高宽比大于 5 时，振型个数应适当增加。

m——结构计算振型数。规则结构可取 3，当建筑较高、结构沿竖向刚度不均匀时可取 5～7。按两个主轴方向验算，只考虑平移方向的振型时，一般考虑 3 个振型；较不规则的结构考虑 6 个振型。

（2）考虑扭转影响的结构（CQC 法）。各楼层可取两个正交的水平位移和一个转角位移共三个自由度，按下列公式计算地震作用和地震效应：

1）j 振型 i 层的水平地震标准值计算公式为

$$
\begin{aligned}
F_{xji} &= \alpha_j \gamma_{tj} X_{ji} G_i \\
F_{yji} &= \alpha_j \gamma_{tj} Y_{ji} G_i \qquad (i = 1,2,\cdots,n；j = 1,2,\cdots,m) \\
F_{tji} &= \alpha_j \gamma_{tj} r_i^2 \varphi_{ji} G_i
\end{aligned}
\tag{4-20}
$$

式中　F_{xji}，F_{yji}，F_{tji}——分别为 j 振型 i 层的 x 方向、y 方向和转角方向的地震作用标准值；

X_{ji}，Y_{ji}——分别为 j 振型 i 层质心在 x、y 方向的水平相对位移；

φ_{ji}——j 振型 i 层的相对扭转角；

r_i——i 层转动半径，可取 i 层绕质心的转动惯量除以该层质量的商的正二次方根；

γ_{tj}——考虑扭转的第 j 振型的振型参与系数，按下列公式确定：

当仅取 x 方向地震作用时，

$$\gamma_{tj} = \gamma_{tjx} = \sum_{i=1}^{n} X_{ji}G_i \Big/ \sum_{i=1}^{n} (X_{ji}^2 + Y_{ji}^2 + \varphi_{ji}^2 r_i^2)G_i$$

当仅取 y 方向地震作用时，

$$\gamma_{tj} = \gamma_{tjy} = \sum_{i=1}^{n} Y_{ji}G_i \Big/ \sum_{i=1}^{n} (X_{ji}^2 + Y_{ji}^2 + \varphi_{ji}^2 r_i^2)G_i$$

当取与 x 方向斜交的地震作用时，

$$\gamma_{tj} = \gamma_{tjx}\cos\theta + \gamma_{tjy}\sin\theta$$

θ——地震作用方向与 x 方向的夹角。

2）单向水平地震作用的扭转效应按下式计算：

$$S_{Ek} = \sqrt{\sum_{j=1}^{m} \sum_{k=1}^{m} \rho_{jk} S_j S_k}$$

$$\rho_{jk} = \frac{8\sqrt{\zeta_j \zeta_k}(\zeta_j + \lambda_T \zeta_k)\lambda_T^{1.5}}{(1 - \lambda_T^2)^2 + 4\zeta_j \zeta_k(1 + \lambda_T^2)\lambda_T + 4(\zeta_j^2 + \zeta_k^2)\lambda_T^2} \tag{4-21}$$

式中　S_{Ek}——考虑扭转的地震作用标准值的效应；

S_j，S_k——分别为 j、k 振型地震作用标准值的效应，可取前 9~15 个振型；

ρ_{jk}——j 振型与 k 振型的耦联系数；

λ_T——k 振型与 j 振型的自振周期比；

ζ_j，ζ_k——分别为 j、k 振型的阻尼比。

3）双向水平地震作用的扭转效应可按下列两式的较大值确定：

$$S_{Ek} = \sqrt{S_x^2 + (0.85S_y)^2}$$

$$S_{Ek} = \sqrt{S_y^2 + (0.85S_x)^2} \tag{4-22}$$

式中　S_x——仅考虑 x 向水平地震作用时的地震作用效应；

S_y——仅考虑 y 向水平地震作用时的地震作用效应。

（3）抗震验算时，结构任一楼层的水平地震剪力应符合下式要求：

$$V_{Eki} \geqslant \lambda \sum_{j=1}^{n} G_j \tag{4-23}$$

式中　V_{Eki}——第 i 层对应于水平地震作用标准值的楼层剪力；

λ——剪力系数，不应小于表 4-12 规定的值；对于竖向不规则结构的薄弱层，尚应乘以 1.15 的增大系数；

G_j——第 j 层的重力荷载代表值；

n——结构计算总层数。

表 4-12　楼层最小地震剪力系数值

类　别	6 度	7 度	8 度	9 度
扭转效应明显或基本周期小于 3.5s 的结构	0.008	0.016（0.024）	0.032（0.048）	0.064
基本周期大于 5.0s 的结构	0.006	0.012（0.018）	0.024（0.036）	0.048

注：1. 基本周期介于 3.5s 和 5s 之间的结构，可插入取值；

2. 括号内的数值分别用于设计基本地震加速度为 0.15g 和 0.30g 的地区。

4.4.3.4 时程分析法

时程分析法是20世纪50年代末由美国的 G. W. Housner 提出的，通过对结构的运动微分方程直接进行逐步积分求解的一种动力分析方法。根据选定的地震波和结构恢复力特性曲线，采用逐步积分方法对动力方程进行直接积分，可以计算出地震过程中每一瞬间的位移、速度和加速度反应，可观察到结构破坏的全过程。

《高规》规定，进行动力时程分析时，应符合下列要求：

（1）应按建筑场地类别和设计地震分组选取实际地震记录和人工模拟的加速度时程曲线，其中实际地震记录的数量不应少于总数量的 2/3，多组时程曲线的平均地震影响系数曲线应与振型分解反应谱法所采用的地震影响系数曲线在统计意义上相符，且弹性时程分析时，每条时程曲线计算所得的结构底部剪力不应小于振型分解反应谱法求得的底部剪力的 65%，多条时程曲线计算所得的结构底部剪力的平均值不应小于振型分解反应谱法求得的底部剪力的 80%；

（2）地震波的持续时间不宜小于建筑结构基本自振周期的 5 倍和 15s，地震波的时间间距可取 0.01s 或 0.02s；

（3）输入地震加速度的最大值，可按表 4-13 采用；

表 4-13 弹性时程分析时输入地震加速度的最大值 （cm/s²）

设防烈度	6 度	7 度	8 度	9 度
多遇地震	18	35（55）	70（110）	140
设防地震	50	100（150）	200（300）	400
罕遇地震	125	220（310）	400（510）	620

注：7 度、8 度时括号内数值分别用于设计基本地震加速度为 0.15g 和 0.30g 的地区，此处 g 为重力加速度。

（4）当取三组时程曲线进行计算时，结构地震作用效应可取时程法计算结果的包络值与振型分解反应谱法计算结果的较大值；当取七组及七组以上时程曲线进行计算时，结构地震作用效应可取时程法计算结果的平均值与振型分解反应谱法计算结果的较大值。

4.4.3.5 例题

【例题 4-2】 已知某 16 层框架-剪力墙结构高层建筑，第 1 层层高 5.5m，第 14、15 层层高 4.2m，第 16 层层高 6m，其余楼层层高 3.6m，每层重力荷载如表 4-13 所示。8 度抗震，Ⅱ类场地，设计地震为第三组。用底部剪力法计算各层等效地震力 F_i 和各层层间剪力 V_i。

解：第一步：计算总底部剪力 F_{Ek}

结构自振周期 $T_1 = 0.08N = 0.08 \times 16 = 1.22$

由 8 度抗震、多遇地震，查表得 $a_{max} = 0.16$

由Ⅱ类场地、第三组，查表得 $T_g = 0.45$

因为 $T_g < T_1 < 5T_g$，查地震影响系数曲线，故

$$\alpha = (T_g/T_1)^\gamma \cdot \eta_2 \cdot \alpha_{max} = (0.45/1.22)^{0.9} \times 1.0 \times 0.16 = 0.0652$$

结构总重 $\qquad G = \Sigma G_i = 227903kN$

结构等效总重 $\qquad G_{eq} = 0.85G = 0.85 \times 227903 = 193717.55kN$

则
$$F_{Ek} = a \cdot G_{eq} = 0.0652 \times 193717.55 = 12630.38 \text{kN}$$

第二步：按下式计算等效地震力沿高度分布值 F_i
$$F_i = G_i \cdot H_i / (\Sigma G_i \cdot H_i) \times F_{Ek} \times (1 - \delta_n)$$

由 $T_1 > 1.4 T_g$，可得
$$\delta_n = 0.08 T_1 + 0.01 = 0.108$$

顶层附加力
$$\Delta F_n = \delta_n \cdot F_{Ek} = 0.108 \times 12630.38 = 1364.08 \approx 1364.0 \text{kN}$$

各层等效地震力 F_i 和层间剪力 V_i 的计算见表4-14。

表 4-14　各层等效地震力 F_i 和层间剪力 V_i 的计算表

层　数	G_i/kN	H_i/m	$G_i H_i$ /kN·m	$G_i H_i$ /$\Sigma G_i H_i$	F_i/kN	V_i/kN
16	10203	63.1	64.38×10^4	0.0875	986	986 + 1364 = 2350
15	15100	57.1	86.22×10^4	0.1170	1318	3668
14	15100	52.9	79.88×10^4	0.1086	1224	4892
13	14300	48.7	69.64×10^4	0.0947	1067	5959
12	14300	45.1	64.49×10^4	0.0877	988	6947
11	14300	41.5	59.34×10^4	0.0807	909	7856
10	14300	37.9	54.20×10^4	0.0737	830	8686
9	14300	34.3	49.05×10^4	0.0667	751	9437
8	14300	30.7	43.90×10^4	0.0597	673	10110
7	14300	27.1	38.75×10^4	0.0527	594	10704
6	14300	23.5	33.60×10^4	0.0457	515	11219
5	14300	19.9	28.46×10^4	0.0387	436	11655
4	14300	16.3	23.31×10^4	0.0317	357	12012
3	14300	12.7	18.16×10^4	0.0247	278	12290
2	15100	9.1	13.74×10^4	0.0187	211	12501
1	15100	5.5	8.3×10^4	0.0113	127	12628
Σ	227903		735.42×10^4			

【例题4-3】　某12层高层建筑结构，层高均为3.0m，总高度为36.0m，已求得各层内重力荷载代表值如图4-10a所示，第1和第2振型如图4-10b、c所示，对应于第1、2振型的自振周期分别为 $T_1 = 0.75$s，$T_2 = 0.2$s，抗震设防烈度为8度，Ⅱ类场地，设计地震分组为第二组，试采用振型分解反应谱法计算底部剪力和底部弯矩设计值。

解：（1）计算第1振型的各层水平地震作用 F_{1i}。根据场地类别为Ⅱ类，设计地震分组为第二组，由《高规》可查得特征周期 $T_g = 0.40$s。由于 $T_g < T_1 < 5 T_g$，查地震影响系数曲线，故：

$$\alpha_1 = (T_g / T_1)^\gamma \cdot \eta_2 \cdot \alpha_{max} = (0.40 / 0.75)^{0.9} \times 1.0 \times 0.16 = 0.09$$

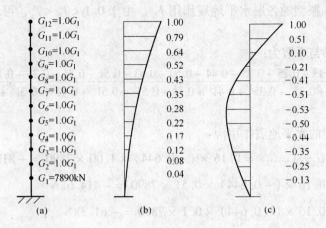

图 4-10 例题 4-3 各层重力荷载代表值和第 1、第 2 振型

第 1 振型的参与系数为:

$$\gamma_1 = \frac{7890 \times (0.04 + 0.08 + 0.12 + 0.17 + 0.22 + 0.28 + 0.35 + 0.43 + 0.52 + 0.64 + 0.79 + 1.00)}{7890 \times (0.04^2 + 0.08^2 + 0.12^2 + 0.17^2 + 0.22^2 + 0.28^2 + 0.35^2 + 0.43^2 + 0.52^2 + 0.64^2 + 0.79^2 + 1^2)}$$

$$= 1.663$$

第 1 振型各层的水平地震作用为:

$$F_{112} = \alpha_1 \gamma_1 X_{112} G_{12} = 0.09 \times 1.663 \times 1.00 \times 7890 = 1180.9\text{kN}$$

$$F_{111} = 0.09 \times 1.663 \times 0.79 \times 7890 = 932.9\text{kN}$$

$$F_{110} = 0.09 \times 1.663 \times 0.64 \times 7890 = 755.8\text{kN}$$

$$F_{19} = 0.09 \times 1.663 \times 0.52 \times 7890 = 614.1\text{kN}$$

$$F_{18} = 0.09 \times 1.663 \times 0.43 \times 7890 = 507.8\text{kN}$$

$$F_{17} = 0.09 \times 1.663 \times 0.35 \times 7890 = 413.3\text{kN}$$

$$F_{16} = 0.09 \times 1.663 \times 0.28 \times 7890 = 330.7\text{kN}$$

$$F_{15} = 0.09 \times 1.663 \times 0.22 \times 7890 = 259.8\text{kN}$$

$$F_{14} = 0.09 \times 1.663 \times 0.17 \times 7890 = 200.8\text{kN}$$

$$F_{13} = 0.09 \times 1.663 \times 0.12 \times 7890 = 141.7\text{kN}$$

$$F_{12} = 0.09 \times 1.663 \times 0.08 \times 7890 = 94.5\text{kN}$$

$$F_{11} = 0.09 \times 1.663 \times 0.04 \times 7890 = 47.3\text{kN}$$

第 1 振型的基底剪力标准值为:

$$V_{01} = \sum_{i=1}^{12} F_{1i} = 5479.6\text{kN}$$

第 1 振型的基底弯矩标准值为:

$$M_{01} = \sum_{i=1}^{12} F_{1i} H_i = 147660.0\text{kN} \cdot \text{m}$$

（2）计算第 2 振型的各层水平地震作用 F_{2i}。由于 $0.1 < T_2 < T_g$，可求得 $\alpha_2 = \alpha_{max} = 0.16$。

第 2 振型的参与系数为：

$$\gamma_2 = \frac{7890 \times (-0.13 - 0.25 - 0.35 - 0.44 - 0.50 - 0.53 - 0.51 - 0.41 - 0.21 + 0.10 + 0.51 + 1.00)}{7890 \times (0.13^2 + 0.25^2 + 0.35^2 + 0.44^2 + 0.5^2 + 0.53^2 + 0.51^2 + 0.41^2 + 0.21^2 + 0.1^2 + 0.51^2 + 1^2)}$$
$$= -0.644$$

第 2 振型各层的水平地震作用为：

$$F_{212} = \alpha_2 \gamma_2 X_{212} G_{12} = 0.16 \times (-0.644) \times 1.00 \times 7890 = -813.0 \text{kN}$$

$$F_{211} = 0.16 \times (-0.644) \times 0.51 \times 7890 = -414.6 \text{kN}$$

$$F_{210} = 0.16 \times (-0.644) \times 0.1 \times 7890 = -81.3 \text{kN}$$

$$F_{29} = 0.16 \times (-0.644) \times (-0.21) \times 7890 = 170.7 \text{kN}$$

$$F_{28} = 0.16 \times (-0.644) \times (-0.41) \times 7890 = 333.3 \text{kN}$$

$$F_{27} = 0.16 \times (-0.644) \times (-0.51) \times 7890 = 414.6 \text{kN}$$

$$F_{26} = 0.16 \times (-0.644) \times (-0.53) \times 7890 = 430.9 \text{kN}$$

$$F_{25} = 0.16 \times (-0.644) \times (-0.50) \times 7890 = 406.5 \text{kN}$$

$$F_{24} = 0.16 \times (-0.644) \times (-0.44) \times 7890 = 357.7 \text{kN}$$

$$F_{23} = 0.16 \times (-0.644) \times (-0.35) \times 7890 = 284.5 \text{kN}$$

$$F_{22} = 0.16 \times (-0.644) \times (-0.25) \times 7890 = 203.2 \text{kN}$$

$$F_{21} = 0.16 \times (-0.644) \times (-0.13) \times 7890 = 105.7 \text{kN}$$

第 2 振型的基底剪力标准值为：

$$V_{02} = \sum_{i=1}^{12} F_{2i} = 1398.2 \text{kN}$$

第 2 振型的基底弯矩标准值为：

$$M_{02} = \sum_{i=1}^{12} F_{2i} H_i = -1831.2 \text{kN} \cdot \text{m}$$

结构基底剪力和弯矩的标准值总效应：

$$V_0 = \sqrt{V_{01}^2 + V_{02}^2} = 5655.2 \text{kN}$$

$$M_0 = \sqrt{M_{01}^2 + M_{02}^2} = 147671.4 \text{kN} \cdot \text{m}$$

4.4.4　突出屋面上塔楼的地震力

当建筑物有局部突出屋面的小建筑（如屋顶间、女儿墙、烟囱）等时，由于该部分结构的重量和刚度突然变小，将出现该处地震反应加剧的现象，这就是鞭梢效应。

当采用底部剪力法计算这类小建筑的地震作用效应时，宜乘以增大系数 3。

鞭梢效应只对局部突出小建筑有影响，因此作用在小建筑上的地震作用向主体传递时（或计算建筑主体的地震作用效应时），则不乘增大系数，即增大部分不应往下传递。

如果建筑物顶部有小塔楼，小塔楼地震力可按下列方法计算：

（1）采用时程分析时，塔楼与主体建筑一起分析，反应结果可以直接采用，不必修正；

（2）用振型分解反应谱法计算时，当采用6个以上振型时，已充分考虑了高阶振型的影响，可以不必修正；只用3个振型时，所得地震力偏小，宜适当放大；

（3）采用底部剪力法时，由于假定以第1振型曲线为标准，求得的地震力可能偏小较多，此时，可将塔楼作为一个质点，按底部剪力法公式计算塔楼的水平地震作用，然后乘以地震作用增大系数 β_n，即：

$$F_n = \beta_n F_{n0} \tag{4-24}$$

需要注意的是：顶部附加水平地震作用 ΔF_n 加在主体结构的顶层，不加在小塔楼上。

突出屋面高塔的地震作用：将塔楼作为一个单独建筑物放在地面上，按底部剪力法计算塔底及塔顶的剪力，然后分别乘以放大系数，即可得到设计用地震作用标准值。

4.4.5 竖向地震作用计算

高层建筑和烟囱等高耸结构的上部在竖向地震作用下，因上下振动，因而会出现受拉破坏，《高规》规定：设防烈度为7度（$0.15g$），8度地区的大跨度、长悬臂结构和设防烈度为9度区的高层建筑，应考虑竖向地震作用。

高层建筑9度抗震设计时，结构竖向地震作用标准值计算如下：

（1）结构总竖向地震作用标准值按下式计算：

$$\begin{aligned} F_{\mathrm{Evk}} &= \alpha_{\mathrm{vmax}} G_{\mathrm{eq}} \\ G_{\mathrm{eq}} &= 0.75 G_{\mathrm{E}} \\ \alpha_{\mathrm{vmax}} &= 0.65 \alpha_{\mathrm{max}} \end{aligned} \tag{4-25}$$

式中　F_{Evk}——结构总竖向地震作用标准值；

　　　α_{vmax}——结构竖向地震影响系数最大值；

　　　G_{eq}——结构等效总重力荷载代表值；

　　　G_{E}——计算竖向地震作用时，结构总重力荷载代表值，应取各质点重力荷载代表值之和。

（2）结构第 i 楼层的竖向地震作用标准值按下式计算：

$$F_{\mathrm{vi}} = \frac{G_i H_i}{\displaystyle\sum_{j=1}^{n} G_j H_j} F_{\mathrm{Evk}} \tag{4-26}$$

式中　F_{vi}——质点 i 的竖向地震作用标准值；

　G_i，G_j——分别为集中于质点 i、j 的重力荷载代表值，应按《高规》第4.3.6条的规定计算；

　H_i，H_j——分别为质点 i、j 的计算高度。

（3）楼层各构件的竖向地震作用效应可按构件承受的重力荷载代表值比例分配，并宜乘以增大系数1.5。

分别计算出竖向荷载和水平荷载产生的效应后，应该按本书第3.2.1节方法进行荷载效应组合，得出结构承受的最不利内力，以便进行结构构件的设计和验算。

思考题与习题

4-1 高层建筑结构设计时应主要考虑哪些荷载或作用？

4-2 高层建筑结构的竖向荷载如何取值，进行竖向荷载作用下的内力计算时，是否要考虑活荷载的不利布置，为什么？

4-3 风对高层建筑结构作用的特点是什么？

4-4 作用在结构上的风荷载如何计算？

4-5 高层建筑地震作用计算的原则有哪些？

4-6 高层建筑结构自振周期的计算方法有哪些？

4-7 地震作用的计算方法有哪些，各有何特点？

4-8 在什么情况下需要考虑竖向地震作用效应？

4-9 已知某12层框架-剪力墙结构，总高50m，第一层层高6m，其余楼层层高4m。平面形状30m×20m（迎风面宽30m），B类地面，地区基本风压值为0.64kN/m²，体型系数$\mu_s = 1.3$。结构基本周期0.84s。计算该结构迎风面所受到的水平风荷载及在室外地坪处产生的弯矩、剪力。

4-10 已知：抗震设防烈度为8度，设计地震分组为第二组，Ⅱ类场地，阻尼比ξ取0.05，$T_1 = 0.467s$，$G_1 = 2646kN$，$G_2 = 2646kN$，$G_3 = 1764kN$，层高均为3.5m。用底部剪力法求3层框架的层间地震剪力。

5 钢筋混凝土框架结构设计与案例

5.1 框架结构的设计步骤

框架结构的设计是一个反复试算、逐步优化的过程，不可能一次完成。其主要设计步骤见图5-1。

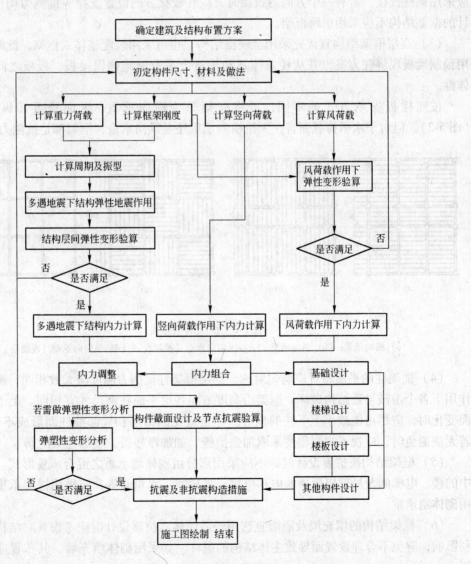

图 5-1 框架结构设计步骤

5.2 结构布置与计算简图

5.2.1 结构布置

高层框架结构除了要满足第2章中结构布置的总体要求外，还需要注意以下问题：

（1）应综合考虑建筑使用功能、结构合理性、经济以及方便施工等因素，进行框架柱网布置。宿舍、办公楼、饭店、医院病房楼等需要小开间的建筑可设计成小柱网。建筑平面要求有较大空间的房屋可设计成大柱网，但梁柱的截面尺寸会随之增大。在有抗震设防的框架结构中，柱网过大将给实现延性框架增加困难。

（2）框架结构应设计成双向梁柱刚接的抗侧力结构体系。主体结构除个别部位外，不应采用梁柱铰接。若有一个方向为铰接时，应在铰接方向设置支撑等抗侧力构件。抗震设计的框架结构不应采用单跨框架。

（3）高层框架结构宜优先采用全现浇结构。也可采用装配整体式框架，此时宜优先采用预制梁板现浇柱方案，并从楼盖体系和构造上采取措施确保梁板、板板之间连接的整体性。

按照楼板支承方式的不同，可将框架分为横向承重、纵向承重和纵横向承重（图5-2）。但对于水平荷载而言，无论横向承重还是纵向承重，框架都是抗侧力结构。

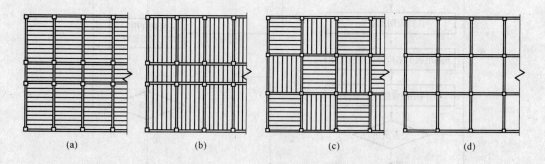

图 5-2 框架承重方式

（a）横向承重；（b）纵向承重；（c）纵横向承重（预制板）；（d）纵横向承重（现浇板）

（4）框架柱的平面布置应均匀对称，同层框架柱抗侧力刚度应大致相同，避免在地震作用下各个击破导致结构破坏。框架沿高度方向各层平面柱网尺寸宜相同。上下楼层柱截面变化时，应尽可能减小上下柱的偏心。尽量避免因错层和局部抽柱而形成不规则框架，若无法避免时，应视不规则程度采取加强措施，如加厚楼板、增加边梁配筋等。

（5）框架结构按抗震设计时，不应采用部分由砌体墙承重之混合承重形式。框架结构中的楼、电梯间及局部出屋顶的电梯机房、楼梯间、水箱间等，应采用框架承重，不应采用砌体墙承重。

（6）框架结构的填充墙及隔墙宜选用轻质墙体。抗震设计时应考虑其对结构抗震的不利影响，避免不合理设置而导致主体结构的破坏。如采用砌体填充墙，其布置应符合下列要求：

1）避免形成上、下层刚度变化过大；

2）避免形成短柱；

3）减少因抗侧刚度偏心所造成的扭转。

（7）抗震设计时，框架结构的楼梯间应符合下列规定：

1）楼梯间的布置应尽量减小其造成的结构平面不规则；

2）宜采用现浇钢筋混凝土楼梯，楼梯结构应有足够的抗倒塌能力；

3）宜采取措施减小楼梯对主体结构的影响；

4）当钢筋混凝土楼梯与主体结构整体连接时，应考虑楼梯对地震作用及其效应的影响，并应对楼梯构件进行抗震承载力验算。

（8）抗震设计时，砌体填充墙及隔墙应具有自身稳定性，并应符合下列规定：

1）砌体的砂浆强度等级不应低于 M5，当采用砖及混凝土砌块时，砌块的强度等级不应低于 MU5；采用轻质砌块时，砌块的强度等级不应低于 MU2.5。墙顶应与框架梁或楼板密切结合；

2）砌体填充墙应沿框架柱全高每隔 500mm 左右设置 2 根直径 6mm 的拉筋，6 度时拉筋宜沿墙全长贯通，7、8、9 度时拉筋应沿墙全长贯通；

3）墙长大于 5m 时，墙顶与梁（板）宜有钢筋拉结；墙长大于 8m 或层高的 2 倍时，宜设置间距不大于 4m 的钢筋混凝土构造柱；墙高超过 4m 时，墙体半高处（或门洞上皮）宜设置与柱连接且沿墙全长贯通的钢筋混凝土水平系梁，但应注意避免产生短柱；

4）楼梯间采用砌体填充墙时，应设置间距不大于层高且不大于 4m 的钢筋混凝土构造柱，并应采用钢丝网砂浆面层加强。

（9）框架梁、柱中心线宜重合。当梁柱中心线不能重合时，在计算中应考虑偏心对梁柱节点核心区受力和构造的不利影响，以及梁荷载对柱子的偏心影响。

梁、柱中心线之间的偏心距，9 度抗震设计时不应大于柱截面在该方向宽度的 1/4；非抗震设计和 6~8 度抗震设计时不宜大于柱截面在该方向宽度的 1/4，如偏心距大于该方向柱宽的 1/4 时，可采取增设梁的水平加腋（图 5-3）等措施。设置水平加腋后，仍须考虑梁柱偏心的不利影响。

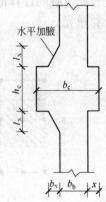

图 5-3 水平加腋梁

1）梁的水平加腋厚度可取梁截面高度，其水平尺寸宜满足下列要求：

$$b_x/l_x \leqslant 1/2 \tag{5-1}$$

$$b_x/b_b \leqslant 2/3 \tag{5-2}$$

$$b_b + b_x + x \geqslant b_c/2 \tag{5-3}$$

式中 b_x、l_x——分别为梁水平加腋的宽度和长度；

b_b——梁截面宽度；

b_c——沿偏心方向柱截面宽度；

x——非加腋侧梁边到柱边的距离。

2）梁采用水平加腋时，框架节点有效宽度 b_j 宜符合下列要求：

① 当 $x=0$ 时，b_j 按下式计算：

$$b_j \leqslant b_b + b_x \tag{5-4}$$

② 当 $x \neq 0$ 时，b_j 取式(5-5)和式(5-6)计算的较大值，且应满足式(5-7)的要求：

$$b_j \leqslant b_b + b_x + x \tag{5-5}$$

$$b_j \leqslant b_b + 2x \tag{5-6}$$

$$b_j \leqslant b_b + 0.5h_c \tag{5-7}$$

式中　h_c——柱截面宽度。

3）加腋部分应附加间距不大于200mm、直径不小于 $\phi12$ 的斜筋和不少于 $\phi8@150$ 的附加箍筋。

5.2.2　计算简图

5.2.2.1　框架计算单元

框架结构是一个由纵向框架和横向框架组成的空间结构（图5-4），应采用空间框架的分析方法进行结构计算。当框架较规则时，可以忽略它们之间的联系，选取具有代表性的纵、横向框架作为计算单元，按平面框架分别进行计算。

竖向荷载作用下，一般采用平面结构分析模型，图5-4左图所示阴影部分为计算单元所受竖向荷载的计算范围。水平力作用下，采用平面协同分析模型，取变形缝之间的区段为计算单元。

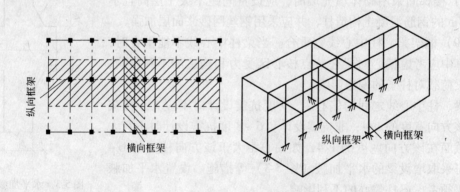

图5-4　框架的计算单元

5.2.2.2　梁的计算跨度

框架结构计算简图中，框架梁的计算跨度一般取为柱的计算轴线间的距离。对上下等截面的柱子，其计算轴线即为截面的形心线；当上下柱截面发生改变时，取顶层柱的形心线作为柱的计算轴线进行整体分析。楼面梁与竖向构件的偏心以及上、下层竖向构件之间的偏心宜按实际情况计入结构的整体计算。

当框架梁柱截面相对其跨度较大时，构件交点处会形成相对的刚性节点区域（图5-5），在结构整体计算时，宜考虑该刚性区域的影响。刚域的长度可按下列公式近似计算：

$$l_{b1} = a_1 - 0.25h_b \qquad (5-8)$$

$$l_{b2} = a_2 - 0.25h_b \qquad (5-9)$$

$$l_{c1} = c_1 - 0.25b_c \qquad (5-10)$$

$$l_{c2} = c_2 - 0.25b_c \qquad (5-11)$$

当计算的刚域长度为负值时，应取为零。

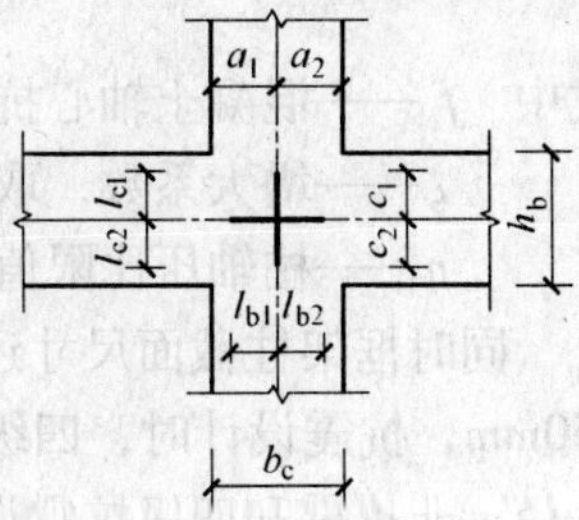

对斜形或折线形横梁，当其坡度 $i \leqslant 1/8$ 时，可近似按水平梁计算；当各跨跨长相差不大于 10% 时，可近似按等跨梁计算；当框架梁是有支托的加腋梁时，若 $I_m/I < 4$ 或 $h_m/h < 1.6$（I_m、h_m 分别是支托端最高截面的惯性矩和高度，I、h 分别是跨中截面的惯性矩和高度），则可以不考虑支托的影响，简化为无支托的等截面梁。

图 5-5　刚域

5.2.2.3　柱的计算长度

梁柱刚接的多、高层框架结构，在计算轴心受压框架柱稳定系数 φ 和偏心受压构件裂缝宽度的偏心距增大系数时，各层框架柱的计算长度 l_0 可按表 5-1 取用。

表 5-1　框架结构各层柱的计算长度

楼盖类型	柱的类别	l_0	楼盖类型	柱的类别	l_0
现浇楼盖	底层柱	$1.0H$	装配式楼盖	底层柱	$1.25H$
	其余各层柱	$1.25H$		其余各层柱	$1.5H$

注：表中 H 对底层柱为从基础顶面到一层楼盖顶面的高度；对其余各层柱为上下两层楼盖顶面之间的高度。

5.2.2.4　构件截面尺寸估算

（1）梁截面尺寸的估算。在一般荷载情况下，框架结构的主梁截面高度 h_b 可按计算跨度 l_b 的 $1/18 \sim 1/10$ 确定；梁净跨与截面高度之比不宜小于 4。梁的截面宽度不宜小于梁截面高度的 $1/4$，也不宜小于 200mm。当梁高较小或采用梁宽大于柱宽的扁梁时，扁梁截面高度 h_b 可取计算跨度 l_b 的 $1/22 \sim 1/16$，并应满足现行有关规范对挠度和裂缝宽度的规定，同时应符合下列要求：

$$b_b \leqslant 2b_c \qquad (5-12)$$

$$b_b \leqslant b_c + h_b \qquad (5-13)$$

$$h_b \leqslant 16d \qquad (5-14)$$

式中　b_c——柱截面宽度，圆形截面取柱直径的 0.8 倍；

b_b、h_b——分别为梁截面宽度和高度；

d——柱纵筋直径。

（2）柱截面尺寸的估算。框架柱的截面面积通常根据经验或作用于柱上的轴力设计值 N_v（竖向荷载标准值可取 $12 \sim 15kN/m^2$，分项系数取 1.25），并考虑弯矩影响后近似确定，一般按下列公式近似估算后再确定边长：

1）仅有风荷载作用或无地震作用组合时：

$$A_c \geqslant (1.05 \sim 1.1)N_v/f_c \qquad (5-15)$$

2）有水平地震作用组合时：

$$A_c \geq \zeta N_v / (nf_c) \tag{5-16}$$

式中　f_c——混凝土轴心抗压强度；

　　　　ζ——增大系数，取 1.2 ~ 1.3；

　　　　n——柱轴压比限值。

同时框架柱截面尺寸还须满足以下要求：矩形截面柱的边长，非抗震设计时不宜小于 250mm，抗震设计时，四级不宜小于 300mm，一、二、三级时不宜小于 400mm；圆柱截面直径，非抗震和四级抗震设计时不宜小于 350mm，一、二、三级时不宜小于 450mm；柱剪跨比宜大于 2；柱截面高宽比不宜大于 3。

5.2.2.5　梁、柱刚度计算

在结构内力与位移计算时，现浇楼盖和装配整体式楼盖中的框架梁，其刚度可考虑楼板的翼缘作用而予以增大。近似计算时，楼面梁刚度增大系数可根据梁翼缘尺寸与梁截面尺寸的比例情况取 1.3 ~ 2.0。无现浇面层的装配式楼面、开大洞口的楼板则不宜考虑楼面梁刚度的增大。框架柱则按实际截面尺寸计算其侧向刚度和线刚度。

5.3　框架结构内力计算

框架是典型的杆系体系，为结构力学中的超静定刚架。其内力计算方法很多，常用来对框架进行手工精确计算的方法有力矩分配法、无剪力分配法、迭代法等。在实用中有更为精确、更省人力的计算机程序分析方法（杆有限元法）。但有些近似的手算方法目前仍为工程师们所常用，这些方法概念清楚、计算简单，计算结果易于分析与判断，能反映刚架受力的基本特点。以下就对多层多跨框架的常用近似计算方法加以介绍，包括竖向荷载作用下的分层法、弯矩二次分配法和水平荷载作用下的反弯点法和 D 值法。

5.3.1　竖向荷载作用下结构的内力计算

5.3.1.1　分层法

力法和位移法的计算结果表明，竖向荷载作用下的多层多跨框架，其侧向位移很小；当梁的线刚度大于柱的线刚度时，在某层梁上施加的竖向荷载，对其他各层杆件内力的影响不大。为简化计算，作如下假定：

（1）竖向荷载作用下，多层多跨框架的位移忽略不计；

（2）每层梁上的荷载对其他层梁、柱的弯矩、剪力的影响忽略不计。

这样，即可将多 n 层框架分解成 n 个单层敞口框架，用力矩分配法分别计算(图 5-6)。

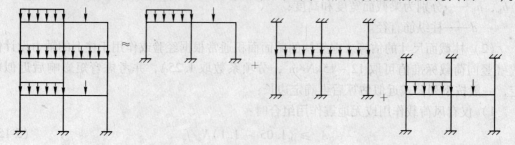

图 5-6　分层法的计算简图

分层计算所得的梁的弯矩即为其最后的弯矩。除底层柱外，其余各柱属于上下两层，所以柱的最终弯矩为上下两层计算弯矩之和。上下层柱弯矩叠加后，在刚节点处弯矩可能不平衡。为提高精度，可对节点不平衡弯矩再进行一次分配（只分配，不传递）。

分层法计算框架时，还需注意以下问题：

（1）分层后，均假定上下柱的远端为固定端，而实际上除底层处为固定外，其他节点处是有转角的，为弹性嵌固。为减小由此引起的计算误差，除底层外，其他层各柱的线刚度均乘以折减系数 0.9；所有上层杆的传递系数取为 1/3，底层柱的传递系数仍取 1/2；

（2）分层法一般适用于节点梁、柱线刚度比 $\Sigma i_b / \Sigma i_c \geqslant 3$，且结构与竖向荷载沿高度分布较均匀的多层、高层框架，若不满足此条件，则计算误差较大。

5.3.1.2 弯矩二次分配法

此法是对弯矩分配法的进一步简化，在忽略竖向荷载作用下框架节点侧移时采用。具体做法是将各节点的不平衡弯矩同时分配和传递，并以两次分配为限。其计算步骤如下：

（1）计算各节点的弯矩分配系数；

（2）计算各跨梁在竖向荷载作用下的固端弯矩；

（3）计算框架各节点的不平衡弯矩；

（4）将各节点的不平衡弯矩同时进行分配，并向远端传递（传递系数均为 1/2），再将各节点不平衡弯矩分配一次后，即可结束。

弯矩二次分配法所得结果与精确法相比，误差甚小，其计算精度已可满足工程设计要求。

【例题 5-1】 图 5-7a 所示为两跨二层框架，分别用分层法和弯矩二次分配法作 M 图。括号内的数字为杆件截面尺寸。各杆件 E 相同。

解：（1）分层法。

分为两层计算，上层计算简图见图 5-7b，下层计算简图见图 5-7c，括号中数字为线刚度相对值（未考虑楼板影响），其计算从略。分别用力矩分配法计算，分配系数及固端弯矩计算从略，力矩分配过程见图 5-8 和图 5-9。各节点均分配两次，次序为先两边节点，后中间节点。上层各柱远端弯矩传递系数为 1/3，底层各柱远端传递系数为 1/2。

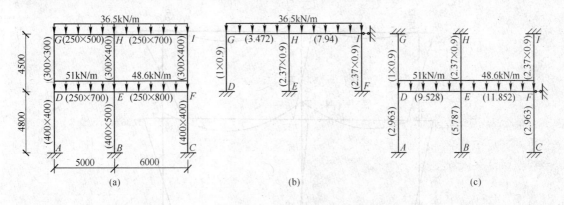

(a)　　　　　　　　　(b)　　　　　　　　　(c)

图 5-7　两跨二层框架

把图 5-8 和图 5-9 算得的结果叠加，得各杆的最后弯矩图，如图 5-10 所示。可以看

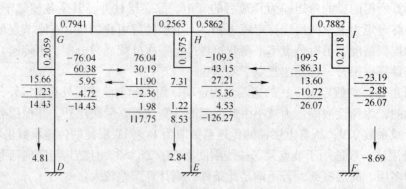

图 5-8　上层框架力矩分配过程

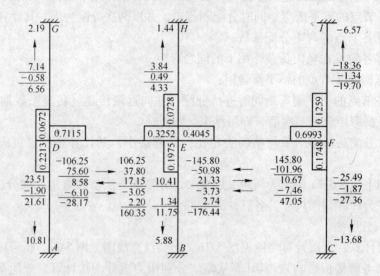

图 5-9　底层框架力矩分配过程

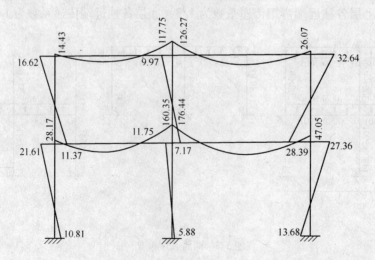

图 5-10　分层法弯矩图（单位：kN·m）

出，节点杆端弯矩有不平衡的情况。

（2）弯矩二次分配法。

分配系数及固端弯矩计算从略，力矩分配过程见图 5-11。图 5-12 为弯矩分配法弯矩图。

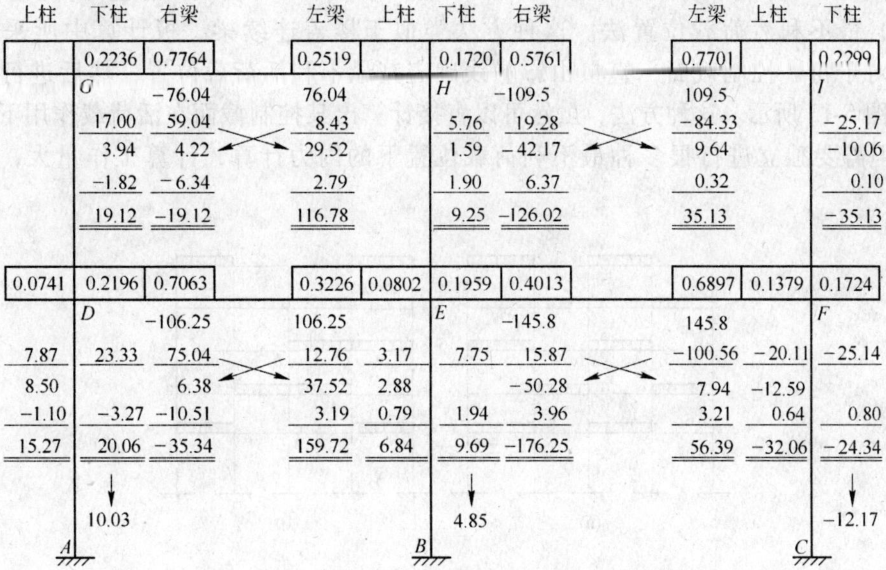

上柱	下柱	右梁	左梁	上柱	下柱	右梁	左梁	上柱	下柱
	0.2236	0.7764	0.2519		0.1720	0.5761	0.7701		0.2299
	G	-76.04	76.04		H	-109.5	109.5		I
17.00	59.04	8.43		5.76	19.28	-84.33			-25.17
3.94	4.22	29.52		1.59	-42.17	9.64			-10.06
-1.82	-6.34	2.79		1.90	6.37	0.32			0.10
19.12	-19.12	116.78		9.25	-126.02	35.13			-35.13
	0.0741	0.2196	0.7063	0.3226	0.0802	0.1959	0.4013	0.6897	0.1379	0.1724
	D	-106.25	106.25		E	-145.8	145.8		F
7.87	23.33	75.04	12.76	3.17	7.75	15.87	-100.56	-20.11	-25.14
8.50	6.38	37.52	2.88		-50.28	7.94	-12.59		
-1.10	-3.27	-10.51	3.19	0.79	1.94	3.96	3.21	0.64	0.80
15.27	20.06	-35.34	159.72	6.84	9.69	-176.25	56.39	-32.06	-24.34

10.03　　　4.85　　　-12.17

A　　　B　　　C

图 5-11　弯矩二次分配法计算过程

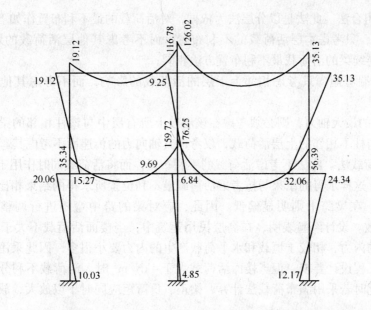

图 5-12　弯矩二次分配法弯矩图（单位：kN·m）

5.3.1.3　荷载的布置

竖向荷载有恒荷载和活荷载两种。恒荷载是长期作用在结构上的重力荷载，因此要按其实际布置情况计算其对结构构件的作用效应。对活荷载则要考虑其不利布置。确定活荷载的最不利位置，一般有四种方法。

（1）分跨计算组合法。此法是将活荷载逐层逐跨单独作用在框架上，分别计算结构内力，根据所设计构件的某指定截面，组合出最不利的内力。用这种方法求内力，计算简单明了，在运用计算机求解框架内力时，常采用这一方法。但手算时工作量大，较少采用。

（2）最不利活荷载位置法。这种方法类似于楼盖连续梁、板计算中所采用的方法，即对于每一控制截面，直接由影响线确定其最不利活荷载位置，然后进行内力计算，如图 5-13 所示。这种方法，虽然可以直接计算出某控制截面在活荷载作用下的最大内力，但需要独立进行很多种最不利荷载位置下的内力计算，计算工作量大，一般不采用。

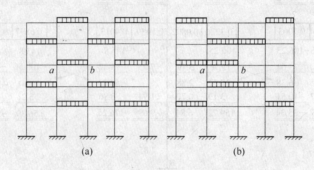

图 5-13　框架梁的活荷载不利布置

（a）ab 梁跨中最大 M 的活荷载不利布置；（b）ab 梁 a 端的最大负 M 的活荷载不利布置

（3）分层组合法。此法是以分层法为依据，对活荷载的最不利布置作如下简化：

1）对于梁，只考虑本层活荷载的不利布置，而不考虑其他层活荷载的影响。因此，其布置方法和连续梁的活荷载最不利布置方法相同；

2）对于柱端弯矩，只考虑相邻上下层的活荷载的影响，而不考虑其他层活荷载的影响；

3）对于柱的最大轴力，则必须考虑在该层以上所有层中与该柱相邻的梁上活荷载的情况，但对于与柱不相邻的上层活荷载，仅考虑其轴向力的传递而不考虑其弯矩的作用。

（4）满布荷载法。此法不考虑活荷载的不利布置，而将活荷载同时作用于各框架梁上进行内力分析。这样求得的结果与按考虑活荷载最不利位置所求得的结果相比，在支座处内力极为接近，在梁跨中则明显偏低。因此，应对梁的跨中弯矩进行调整，通常乘以 1.1～1.2 的系数。设计经验表明，在高层民用建筑中，当楼面活荷载不大于 $4kN/m^2$ 时，活荷载所产生的内力，相较于恒载和水平荷载产生的内力要小很多，因此采用此法的计算精度可以满足工程设计要求。但当楼面活荷载大于 $4kN/m^2$ 时，活荷载不利分布对梁弯矩的影响较大，此时若采用满布荷载法计算，梁正、负弯矩应同时予以放大，放大系数可取为 1.1～1.3。

5.3.1.4　内力调整

竖向荷载作用下梁端的负弯矩较大，导致梁端的配筋量较大；同时柱的纵向钢筋以及另一个方向的梁端钢筋也通过节点，因此节点的施工较困难。即使钢筋能排下，也会因钢筋过于密集使浇筑混凝土困难，不容易保证施工质量。考虑到钢筋混凝土框架属超静定结构，具有塑性内力重分布的性质，因此可以通过在重力荷载作用下，梁端弯矩乘以调整系数 β 的办法适当降低梁端弯矩的幅值。根据工程经验，考虑到钢筋混凝土构件的塑性变形能力有限的特点，调幅系数 β 的取值为：

对现浇框架：$\beta = 0.8 \sim 0.9$；对装配整体式框架：$\beta = 0.7 \sim 0.8$。

框架梁端负弯矩调幅后，梁跨中弯矩应按平衡条件相应增大；截面设计时，框架梁跨中截面正弯矩设计值不应小于竖向荷载作用下按简支梁计算的跨中弯矩设计值的50%。

梁端弯矩调幅后，不仅可以减小梁端配筋数量，方便施工，而且还可以使框架在破坏时梁端先出现塑性铰，保证柱的相对安全，以满足"强柱弱梁"的设计原则。这里应注意，梁端弯矩的调幅只是针对竖向荷载作用下产生的弯矩进行的，而对水平荷载作用下产生的弯矩不进行调幅。因此，不应采用先组合后调幅的做法。

5.3.2 水平荷载作用下结构的内力计算

5.3.2.1 反弯点法

框架在水平荷载作用下，节点将同时产生转角和侧移。根据分析，当梁的线刚度 k_b 和柱的线刚度 k_c 之比大于3时，节点转角 θ 将很小，其对框架的内力影响不大。因此，为简化计算，通常假定 $\theta = 0$（图5-14）。实际上，这等于把框架横梁简化成线刚度无限大的刚性梁。这种处理，可使计算大大简化，而其误差一般不超过5%。

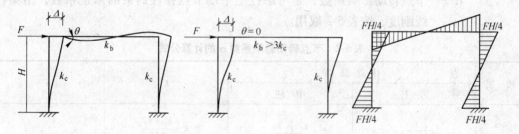

图5-14 反弯点法

采用上述假定后，对一般层柱，在其1/2高度处截面弯矩为零，柱的弹性曲线在该处改变凹凸方向，故此处称为反弯点。反弯点距柱底的距离称为反弯点高度。对于首层柱，取其2/3高度处截面弯矩为零。

柱端弯矩可由柱的剪力和反弯点高度的数值确定，边节点梁端弯矩可由节点力矩平衡条件确定，而中间节点两侧梁端弯矩则可按梁的线刚度分配柱端弯矩求得。

假定楼板平面内刚度无限大，楼板将各平面抗侧力结构连接在一起共同承受水平力，当不考虑结构扭转变形时，同一楼层柱端侧移相等。根据同一楼层柱端侧移相等的假定，框架各柱所分配的剪力与其侧向刚度成正比，即第 i 层第 k 根柱所分配的剪力为：

$$V_{ik} = (k_{ik} / \sum_{k=1}^{m} k_{ik}) V_i \quad (k = 1, \cdots, m) \tag{5-17}$$

式中　V_i——第 i 层楼层剪力；

　　　k_{ik}——第 i 层第 k 根柱的侧向刚度，根据柱上下端转角为零的假定可求得：$k_{ik} =$

$12Ek_c/h^2$；

k_c，h——分别为柱的线刚度和高度。

反弯点法适用于层数较少的框架结构，因为这时柱截面尺寸较小，容易满足梁柱线刚度比大于 3 的条件。对于高层框架，由于柱截面加大，梁柱线刚度比值相应减小，反弯点法的误差较大，此时就需采用改进反弯点法——D 值法。

5.3.2.2　改进反弯点法（D 值法）

前述反弯点法只适用于梁柱线刚度比大于 3 的情形。如不满足这个条件，柱的侧向刚度和反弯点位置，都将随框架节点转角大小而改变。这时再采用反弯点法求框架内力，就会产生较大误差。

下面介绍改进的反弯点法。这个方法近似考虑了框架节点转动对柱的侧向刚度和反弯点高度的影响，是目前分析框架内力比较简单而又比较精确的一种近似方法，因此，在工程上广泛采用。改进反弯点法求得柱的侧向刚度，工程上用 D 表示，故改进的反弯点法又称为"D 值法"。用 D 值法计算框架内力的步骤如下。

（1）计算各层柱的侧向刚度 D，即：

$$D = \alpha \frac{12k_c}{h^2} \tag{5-18}$$

式中　k_c，h——分别为柱的线刚度和高度；

　　　　α——节点转动影响系数，是考虑柱上下端节点弹性约束的修正系数，由梁柱线刚度，按表 5-2 取用。

表 5-2　节点转动影响系数 α 的计算公式

楼层	计算简图		$\overline{K}$	α
	边柱	中柱		
一般层	k_1 / k_2	k_1　k_2 / k_3　k_4	$\overline{K} = \dfrac{k_1 + k_2}{2k_c}$ $\overline{K} = \dfrac{k_1 + k_2 + k_3 + k_4}{2k_c}$	$\alpha = \dfrac{\overline{K}}{2 + \overline{K}}$
首层	k_2	k_1　k_2	$\overline{K} = \dfrac{k_2}{k_c}$ $\overline{K} = \dfrac{k_1 + k_2}{k_c}$	$\alpha = \dfrac{0.5 + \overline{K}}{2 + \overline{K}}$

（2）计算各柱所分配的剪力 V_{ik}，按刚度分配，即：

$$V_{ik} = \left(D_{ik} \Big/ \sum_{k=1}^{m} D_{ik}\right) V_i \quad (k = 1, \cdots, m) \tag{5-19}$$

式中　V_{ik}——第 i 层第 k 根柱所分配的剪力；

　　　　D_{ik}——第 i 层第 k 根柱的侧向刚度。

（3）确定反弯点高度 h'。影响柱子反弯点高度的主要因素是柱上下端的约束条件，影响柱两端的约束刚度的主要因素有：结构总层数及该层所在的位置；梁柱的线刚度比；

上层与下层梁刚度比；上、下层层高变化。因此框架柱的反弯点高度按以下公式计算：

$$h' = yh = (y_0 + y_1 + y_2 + y_3)h \tag{5-20}$$

式中　y_0——标准反弯点高度比，取决于框架总层数、该柱所在层及梁柱线刚度比 $\overline{K}$，均布水平荷载下和倒三角形分布荷载下，可分别从表5-3和5-4中查得；

　　　　y_1——某层上、下梁线刚度不同时，该层柱反弯点高度比的修正值，根据比值 i 和梁、柱线刚度比 $\overline{K}$，由表5-5查得；当 $k_1 + k_2 < k_3 + k_4$，$\alpha_1 = (k_1 + k_2)/(k_3 + k_4)$，这时反弯点上移，故 y_1 取正值；当 $k_1 + k_2 > k_3 + k_4$ 时，$\alpha_1 = (k_3 + k_4)/(k_1 + k_2)$，这时反弯点下移，故 y_1 取负值；对于首层不考虑 y_1 值；

　　　　y_2，y_3——上、下层高度与本层高度 h 不同时反弯点高度比的修正值，其值可由表5-6查得；令上层层高和本层层高之比 $h_上/h = \alpha_2$，$\alpha_2 > 1$ 时，y_2 为正值，反弯点向上移；$\alpha_2 < 1$ 时，y_2 为负值，反弯点向下移。同理令下层层高和本层层高之比为 $h_下/h = \alpha_3$，可由表5-6查得修正值 y_3。

（4）计算柱端弯矩 M_c 和梁端弯矩 M_b。由柱剪力 V_{ik} 和反弯点高度 h'，可求出各柱的弯矩 M_c。求出所有柱的弯矩后，考虑各节点的力矩平衡，对每个节点，由梁端弯矩之和等于柱端弯矩之和，可求出梁端弯矩之和 $\sum M_b$。把 $\sum M_b$ 按与该节点相连的梁的线刚度进行分配（即某梁所分配到的弯矩与该梁的线刚度成正比），即可求出该节点各梁的梁端弯矩。

（5）计算梁端剪力 V_b 和柱轴力 N。根据梁的两端弯矩，可计算出梁端剪力 V_b。由梁端剪力进而可计算出柱轴力，边柱轴力为各层梁端剪力按层叠加，中柱轴力为柱两侧梁端剪力之差，即按层叠加。

表5-3　规则框架承受均布水平力作用时标准反弯点的高度比 y_0 值

m	n \ $\overline{K}$	0.1	0.2	0.3	0.4	0.5	0.6	0.7	0.8	0.9	1.0	2.0	3.0	4.0	5.0
1	1	0.80	0.75	0.70	0.65	0.65	0.60	0.60	0.60	0.60	0.55	0.55	0.55	0.55	0.55
2	2	0.45	0.40	0.35	0.35	0.35	0.35	0.40	0.40	0.40	0.40	0.45	0.45	0.45	0.45
	1	0.95	0.80	0.75	0.70	0.65	0.65	0.65	0.60	0.60	0.60	0.55	0.55	0.55	0.50
3	3	0.15	0.20	0.20	0.25	0.30	0.30	0.30	0.35	0.35	0.35	0.40	0.45	0.45	0.45
	2	0.55	0.50	0.45	0.45	0.45	0.45	0.45	0.45	0.45	0.45	0.45	0.50	0.50	0.50
	1	1.00	0.85	0.80	0.75	0.70	0.70	0.65	0.65	0.65	0.60	0.55	0.55	0.55	0.55
4	4	-0.05	0.05	0.15	0.20	0.25	0.30	0.30	0.35	0.35	0.35	0.40	0.45	0.45	0.45
	3	0.25	0.30	0.30	0.35	0.40	0.40	0.40	0.40	0.45	0.45	0.45	0.50	0.50	0.50
	2	0.65	0.55	0.50	0.50	0.45	0.45	0.45	0.45	0.45	0.45	0.50	0.50	0.50	0.50
	1	1.10	0.90	0.80	0.75	0.70	0.70	0.65	0.65	0.65	0.60	0.55	0.55	0.55	0.55
5	5	-0.20	0.00	0.15	0.20	0.25	0.30	0.30	0.30	0.35	0.35	0.40	0.45	0.45	0.45
	4	0.10	0.20	0.25	0.30	0.35	0.35	0.40	0.40	0.40	0.40	0.45	0.45	0.45	0.45
	3	0.40	0.40	0.40	0.40	0.40	0.45	0.45	0.45	0.45	0.45	0.45	0.50	0.50	0.50
	2	0.65	0.55	0.50	0.50	0.50	0.50	0.50	0.50	0.50	0.50	0.50	0.50	0.50	0.50
	1	1.20	0.95	0.80	0.75	0.75	0.70	0.70	0.65	0.65	0.65	0.55	0.55	0.55	0.55

m	n	0.1	0.2	0.3	0.4	0.5	0.6	0.7	0.8	0.9	1.0	2.0	3.0	4.0	5.0
6	6	-0.30	0.00	0.10	0.20	0.25	0.25	0.30	0.30	0.35	0.35	0.40	0.45	0.45	0.45
	5	0.00	0.20	0.25	0.30	0.35	0.35	0.40	0.40	0.40	0.40	0.45	0.45	0.50	0.50
	4	0.20	0.30	0.35	0.35	0.40	0.40	0.40	0.45	0.45	0.45	0.45	0.50	0.50	0.50
	3	0.40	0.40	0.40	0.45	0.45	0.45	0.45	0.45	0.45	0.45	0.50	0.50	0.50	0.50
	2	0.70	0.60	0.55	0.50	0.50	0.50	0.50	0.50	0.50	0.50	0.50	0.50	0.50	0.50
	1	1.20	0.95	0.85	0.80	0.75	0.70	0.70	0.65	0.65	0.65	0.55	0.55	0.55	0.55
7	7	-0.35	-0.05	0.10	0.20	0.20	0.25	0.30	0.30	0.35	0.35	0.40	0.45	0.45	0.45
	6	-0.10	0.15	0.25	0.30	0.35	0.35	0.35	0.40	0.40	0.40	0.45	0.45	0.50	0.50
	5	0.10	0.25	0.30	0.35	0.40	0.40	0.40	0.45	0.45	0.45	0.50	0.50	0.50	0.50
	4	0.30	0.35	0.40	0.40	0.40	0.45	0.45	0.45	0.45	0.45	0.50	0.50	0.50	0.50
	3	0.50	0.45	0.45	0.45	0.45	0.45	0.45	0.45	0.45	0.45	0.50	0.50	0.50	0.50
	2	0.75	0.60	0.55	0.50	0.50	0.50	0.50	0.50	0.50	0.50	0.50	0.50	0.50	0.50
	1	1.20	0.95	0.85	0.80	0.75	0.70	0.70	0.65	0.65	0.65	0.55	0.55	0.55	0.55
8	8	-0.35	-0.15	0.10	0.10	0.25	0.25	0.30	0.30	0.35	0.35	0.40	0.45	0.45	0.45
	7	-0.10	0.15	0.25	0.30	0.35	0.35	0.40	0.40	0.40	0.40	0.45	0.50	0.50	0.50
	6	0.05	0.25	0.30	0.35	0.40	0.40	0.40	0.45	0.45	0.45	0.45	0.50	0.50	0.50
	5	0.20	0.30	0.35	0.40	0.40	0.45	0.45	0.45	0.45	0.45	0.50	0.50	0.50	0.50
	4	0.35	0.40	0.40	0.45	0.45	0.45	0.45	0.45	0.45	0.45	0.50	0.50	0.50	0.50
	3	0.50	0.45	0.45	0.45	0.45	0.45	0.45	0.45	0.50	0.50	0.50	0.50	0.50	0.50
	2	0.75	0.60	0.55	0.55	0.50	0.50	0.50	0.50	0.50	0.50	0.50	0.50	0.50	0.50
	1	1.20	1.00	0.85	0.80	0.75	0.70	0.70	0.65	0.65	0.65	0.55	0.55	0.55	0.55
9	9	-0.40	-0.05	0.10	0.20	0.25	0.25	0.30	0.30	0.35	0.35	0.45	0.45	0.45	0.45
	8	-0.15	0.15	0.25	0.30	0.35	0.35	0.35	0.40	0.40	0.40	0.45	0.45	0.50	0.50
	7	0.05	0.25	0.30	0.35	0.40	0.40	0.40	0.45	0.45	0.45	0.45	0.50	0.50	0.50
	6	0.15	0.30	0.35	0.40	0.45	0.45	0.45	0.45	0.45	0.45	0.50	0.50	0.50	0.50
	5	0.25	0.35	0.40	0.40	0.45	0.45	0.45	0.45	0.45	0.45	0.50	0.50	0.50	0.50
	4	0.40	0.40	0.40	0.45	0.45	0.45	0.45	0.45	0.45	0.45	0.50	0.50	0.50	0.50
	3	0.55	0.45	0.45	0.45	0.45	0.45	0.45	0.45	0.50	0.50	0.50	0.50	0.50	0.50
	2	0.80	0.65	0.55	0.55	0.50	0.50	0.50	0.50	0.50	0.50	0.50	0.50	0.50	0.50
	1	1.20	1.00	0.85	0.80	0.75	0.70	0.70	0.65	0.65	0.65	0.55	0.55	0.55	0.55
10	10	-0.40	-0.05	0.10	0.20	0.25	0.30	0.30	0.30	0.30	0.35	0.40	0.45	0.45	0.45
	9	-0.15	0.15	0.25	0.30	0.35	0.35	0.40	0.40	0.40	0.40	0.45	0.45	0.50	0.50
	8	0.00	0.25	0.30	0.35	0.40	0.40	0.40	0.45	0.45	0.45	0.45	0.50	0.50	0.50
	7	0.10	0.30	0.35	0.40	0.40	0.45	0.45	0.45	0.45	0.45	0.50	0.50	0.50	0.50
	6	0.20	0.35	0.40	0.40	0.45	0.45	0.45	0.45	0.45	0.45	0.50	0.50	0.50	0.50
	5	0.30	0.40	0.40	0.45	0.45	0.45	0.45	0.45	0.45	0.45	0.50	0.50	0.50	0.50
	4	0.40	0.40	0.45	0.45	0.45	0.45	0.45	0.45	0.45	0.45	0.50	0.50	0.50	0.50
	3	0.55	0.50	0.45	0.45	0.45	0.50	0.50	0.50	0.50	0.50	0.50	0.50	0.50	0.50
	2	0.80	0.65	0.55	0.55	0.55	0.50	0.50	0.50	0.50	0.50	0.50	0.50	0.50	0.50
	1	1.30	1.00	0.85	0.80	0.75	0.70	0.70	0.65	0.65	0.65	0.60	0.55	0.55	0.55

续表5-3

m	n	$\overline{K}$ 0.1	0.2	0.3	0.4	0.5	0.6	0.7	0.8	0.9	1.0	2.0	3.0	4.0	5.0
11	11	-0.40	0.05	0.10	0.20	0.25	0.30	0.30	0.30	0.35	0.35	0.40	0.45	0.45	0.45
	10	-0.15	0.15	0.25	0.30	0.35	0.35	0.40	0.40	0.40	0.40	0.45	0.45	0.50	0.50
	9	0.00	0.25	0.30	0.35	0.40	0.40	0.40	0.45	0.45	0.45	0.45	0.50	0.50	0.50
	8	0.10	0.30	0.35	0.40	0.40	0.45	0.45	0.45	0.45	0.45	0.50	0.50	0.50	0.50
	7	0.20	0.35	0.40	0.45	0.45	0.45	0.45	0.45	0.45	0.45	0.50	0.50	0.50	0.50
	6	0.25	0.35	0.40	0.45	0.45	0.45	0.45	0.45	0.45	0.50	0.50	0.50	0.50	0.50
	5	0.35	0.40	0.45	0.45	0.45	0.45	0.45	0.45	0.50	0.50	0.50	0.50	0.50	0.50
	4	0.40	0.45	0.45	0.45	0.45	0.45	0.45	0.50	0.50	0.50	0.50	0.50	0.50	0.50
	3	0.55	0.50	0.50	0.50	0.50	0.50	0.50	0.50	0.50	0.50	0.50	0.50	0.50	0.50
	2	0.80	0.65	0.60	0.55	0.55	0.50	0.50	0.50	0.50	0.50	0.50	0.50	0.50	0.50
	1	1.30	1.00	0.85	0.80	0.75	0.70	0.70	0.65	0.65	0.65	0.60	0.55	0.55	0.55
12 以上	↓上1	-0.40	-0.05	0.10	0.20	0.25	0.30	0.30	0.30	0.35	0.35	0.40	0.45	0.45	0.45
	2	-0.15	0.15	0.25	0.30	0.35	0.35	0.40	0.40	0.40	0.40	0.45	0.45	0.50	0.50
	3	0.00	0.25	0.30	0.35	0.40	0.40	0.40	0.45	0.45	0.45	0.50	0.50	0.50	0.50
	4	0.10	0.30	0.35	0.40	0.40	0.45	0.45	0.45	0.45	0.45	0.50	0.50	0.50	0.50
	5	0.20	0.35	0.40	0.40	0.45	0.45	0.45	0.45	0.45	0.45	0.50	0.50	0.50	0.50
	6	0.25	0.35	0.40	0.45	0.45	0.45	0.45	0.45	0.45	0.45	0.50	0.50	0.50	0.50
	7	0.30	0.40	0.45	0.45	0.45	0.45	0.45	0.50	0.50	0.50	0.50	0.50	0.50	0.50
	8	0.35	0.40	0.45	0.45	0.45	0.45	0.45	0.50	0.50	0.50	0.50	0.50	0.50	0.50
	中间	0.40	0.40	0.45	0.45	0.45	0.45	0.50	0.50	0.50	0.50	0.50	0.50	0.50	0.50
	4	0.45	0.45	0.45	0.45	0.50	0.50	0.50	0.50	0.50	0.50	0.50	0.50	0.50	0.50
	3	0.60	0.50	0.50	0.50	0.50	0.50	0.50	0.50	0.50	0.50	0.50	0.50	0.50	0.50
	2	0.80	0.65	0.60	0.55	0.55	0.50	0.50	0.50	0.50	0.50	0.50	0.50	0.50	0.50
	↑下1	1.30	1.00	0.85	0.80	0.75	0.70	0.70	0.65	0.65	0.55	0.55	0.55	0.55	0.55

表5-4 规则框架承受倒三角形分布水平力作用时标准反弯点的高度比 y_0 值

m	n	$\overline{K}$ 0.1	0.2	0.3	0.4	0.5	0.6	0.7	0.8	0.9	1.0	2.0	3.0	4.0	5.0
1	1	0.80	0.75	0.70	0.65	0.65	0.60	0.60	0.60	0.60	0.55	0.55	0.55	0.55	0.55
2	2	0.50	0.45	0.40	0.40	0.40	0.40	0.40	0.40	0.40	0.45	0.45	0.45	0.45	0.50
	1	1.00	0.85	0.75	0.70	0.65	0.65	0.65	0.65	0.60	0.60	0.55	0.55	0.55	0.55
3	3	0.25	0.25	0.25	0.30	0.30	0.35	0.35	0.35	0.40	0.40	0.45	0.45	0.45	0.50
	2	0.60	0.50	0.50	0.50	0.50	0.45	0.45	0.45	0.45	0.45	0.50	0.50	0.50	0.50
	1	1.15	0.90	0.80	0.75	0.75	0.70	0.70	0.65	0.65	0.65	0.55	0.55	0.55	0.55
4	4	0.10	0.15	0.20	0.25	0.30	0.35	0.35	0.35	0.35	0.40	0.45	0.45	0.45	0.45
	3	0.35	0.35	0.35	0.40	0.40	0.40	0.40	0.45	0.45	0.45	0.50	0.50	0.50	0.50
	2	0.70	0.60	0.55	0.50	0.50	0.50	0.50	0.50	0.50	0.50	0.50	0.50	0.50	0.50
	1	1.20	0.95	0.85	0.80	0.75	0.70	0.70	0.65	0.65	0.65	0.55	0.55	0.55	0.55

m	n	$\overline{K}$ 0.1	0.2	0.3	0.4	0.5	0.6	0.7	0.8	0.9	1.0	2.0	3.0	4.0	5.0
5	5	−0.05	0.01	0.20	0.25	0.30	0.30	0.35	0.35	0.35	0.35	0.40	0.40	0.45	0.45
	4	0.20	0.25	0.35	0.35	0.40	0.40	0.40	0.40	0.45	0.45	0.45	0.50	0.50	0.50
	3	0.45	0.45	0.45	0.45	0.45	0.45	0.45	0.45	0.45	0.45	0.50	0.50	0.50	0.50
	2	0.75	0.60	0.55	0.55	0.55	0.50	0.50	0.50	0.50	0.50	0.50	0.50	0.50	0.50
	1	1.30	1.00	0.85	0.80	0.75	0.70	0.70	0.65	0.65	0.65	0.60	0.55	0.55	0.55
6	6	−0.15	0.05	0.15	0.20	0.25	0.30	0.30	0.35	0.35	0.35	0.40	0.45	0.45	0.45
	5	0.10	0.25	0.30	0.35	0.35	0.40	0.40	0.40	0.45	0.45	0.45	0.45	0.50	0.50
	4	0.30	0.35	0.40	0.40	0.45	0.45	0.45	0.45	0.45	0.45	0.50	0.50	0.50	0.50
	3	0.50	0.45	0.45	0.45	0.45	0.45	0.45	0.45	0.50	0.50	0.50	0.50	0.50	0.50
	2	0.80	0.65	0.55	0.55	0.55	0.55	0.50	0.50	0.50	0.50	0.50	0.50	0.50	0.50
	1	1.30	1.00	0.85	0.80	0.75	0.70	0.70	0.65	0.65	0.65	0.60	0.55	0.55	0.55
7	7	−0.20	0.05	0.15	0.20	0.25	0.30	0.30	0.35	0.35	0.35	0.45	0.45	0.45	0.45
	6	0.05	0.20	0.30	0.35	0.35	0.40	0.40	0.40	0.40	0.45	0.45	0.50	0.50	0.50
	5	0.20	0.30	0.35	0.40	0.40	0.45	0.45	0.45	0.45	0.45	0.50	0.50	0.50	0.50
	4	0.35	0.40	0.40	0.45	0.45	0.45	0.45	0.45	0.45	0.45	0.50	0.50	0.50	0.50
	3	0.55	0.50	0.50	0.50	0.50	0.50	0.50	0.50	0.50	0.50	0.50	0.50	0.50	0.50
	2	0.80	0.65	0.60	0.55	0.55	0.55	0.50	0.50	0.50	0.50	0.50	0.50	0.50	0.50
	1	1.30	1.00	0.90	0.80	0.75	0.70	0.70	0.70	0.65	0.65	0.60	0.55	0.55	0.55
8	8	−0.20	−0.05	0.45	0.20	0.25	0.30	0.30	0.35	0.35	0.35	0.45	0.45	0.45	0.45
	7	0.00	0.20	0.30	0.35	0.35	0.40	0.40	0.40	0.40	0.40	0.45	0.45	0.50	0.50
	6	0.15	0.30	0.35	0.40	0.40	0.45	0.45	0.45	0.45	0.45	0.50	0.50	0.50	0.50
	5	0.30	0.35	0.40	0.45	0.45	0.45	0.45	0.45	0.45	0.45	0.50	0.50	0.50	0.50
	4	0.40	0.45	0.45	0.45	0.45	0.45	0.45	0.45	0.50	0.50	0.50	0.50	0.50	0.50
	3	0.60	0.50	0.50	0.50	0.50	0.50	0.50	0.50	0.50	0.50	0.50	0.50	0.50	0.50
	2	0.85	0.65	0.60	0.55	0.55	0.55	0.50	0.50	0.50	0.50	0.50	0.50	0.50	0.50
	1	1.30	1.00	0.00	0.55	0.75	0.70	0.70	0.70	0.65	0.60	0.60	0.55	0.55	0.55
9	9	−0.25	0.00	0.15	0.20	0.25	0.30	0.30	0.35	0.35	0.40	0.45	0.45	0.45	0.45
	8	−0.00	0.20	0.30	0.35	0.35	0.40	0.40	0.40	0.40	0.45	0.45	0.50	0.50	0.50
	7	0.15	0.30	0.35	0.40	0.40	0.45	0.45	0.45	0.45	0.45	0.50	0.50	0.50	0.50
	6	0.25	0.35	0.40	0.40	0.45	0.45	0.45	0.45	0.45	0.45	0.50	0.50	0.50	0.50
	5	0.35	0.40	0.45	0.45	0.45	0.45	0.45	0.45	0.50	0.50	0.50	0.50	0.50	0.50
	4	0.45	0.45	0.45	0.45	0.45	0.50	0.50	0.50	0.50	0.50	0.50	0.50	0.50	0.50
	3	0.60	0.50	0.50	0.50	0.50	0.50	0.50	0.50	0.50	0.50	0.50	0.50	0.50	0.50
	2	0.85	0.65	0.60	0.55	0.55	0.55	0.50	0.50	0.50	0.50	0.50	0.50	0.50	0.50
	1	1.35	1.00	0.90	0.80	0.75	0.75	0.70	0.70	0.65	0.65	0.60	0.55	0.55	0.55

m	n	$\overline{K}$ 0.1	0.2	0.3	0.4	0.5	0.6	0.7	0.8	0.9	1.0	2.0	3.0	4.0	5.0
10	10	-0.25	0.15	0.20	0.25	0.30	0.30	0.35	0.35	0.40	0.45	0.45	0.45	0.45	0.45
	9	-0.05	0.20	0.30	0.35	0.35	0.40	0.40	0.40	0.40	0.45	0.45	0.50	0.50	0.50
	8	-0.10	0.30	0.35	0.40	0.40	0.40	0.45	0.45	0.45	0.45	0.50	0.50	0.50	0.50
	7	0.20	0.35	0.40	0.40	0.45	0.45	0.45	0.45	0.45	0.50	0.50	0.50	0.50	0.50
	6	0.30	0.40	0.40	0.45	0.45	0.45	0.45	0.45	0.45	0.50	0.50	0.50	0.50	0.50
	5	0.40	0.45	0.45	0.45	0.45	0.45	0.45	0.50	0.50	0.50	0.50	0.50	0.50	0.50
	4	0.50	0.45	0.45	0.45	0.50	0.50	0.50	0.50	0.50	0.50	0.50	0.50	0.50	0.50
	3	0.60	0.50	0.50	0.50	0.50	0.50	0.50	0.50	0.50	0.50	0.50	0.50	0.50	0.50
	2	0.85	0.65	0.60	0.55	0.55	0.55	0.55	0.50	0.50	0.50	0.50	0.50	0.50	0.50
	1	1.35	1.00	0.90	0.80	0.75	0.70	0.70	0.70	0.65	0.65	0.60	0.55	0.55	0.55
11	11	-0.25	0.00	0.15	0.20	0.25	0.30	0.30	0.30	0.35	0.35	0.45	0.45	0.45	0.45
	10	0.05	0.20	0.25	0.30	0.35	0.40	0.40	0.40	0.40	0.45	0.45	0.50	0.50	0.50
	9	0.10	0.30	0.35	0.40	0.40	0.40	0.45	0.45	0.45	0.45	0.50	0.50	0.50	0.50
	8	0.20	0.35	0.40	0.40	0.45	0.45	0.45	0.45	0.45	0.45	0.50	0.50	0.50	0.50
	7	0.25	0.40	0.40	0.45	0.45	0.45	0.45	0.45	0.45	0.50	0.50	0.50	0.50	0.50
	6	0.35	0.40	0.45	0.45	0.45	0.45	0.45	0.50	0.50	0.50	0.50	0.50	0.50	0.50
	5	0.40	0.44	0.45	0.45	0.45	0.50	0.50	0.50	0.50	0.50	0.50	0.50	0.50	0.50
	4	0.50	0.50	0.50	0.50	0.50	0.50	0.50	0.50	0.50	0.50	0.50	0.50	0.50	0.50
	3	0.65	0.55	0.50	0.50	0.50	0.50	0.50	0.50	0.50	0.50	0.50	0.50	0.50	0.50
	2	0.85	0.65	0.60	0.55	0.55	0.50	0.50	0.50	0.50	0.50	0.50	0.50	0.50	0.50
	1	1.35	1.50	0.90	0.80	0.75	0.75	0.70	0.70	0.65	0.65	0.60	0.55	0.55	0.55
12	1	-0.30	0.00	0.15	0.20	0.25	0.30	0.30	0.30	0.35	0.35	0.40	0.45	0.45	0.45
	自2	-0.10	0.20	0.25	0.30	0.35	0.40	0.40	0.40	0.40	0.40	0.45	0.45	0.45	0.50
	上3	0.05	0.25	0.35	0.40	0.40	0.40	0.45	0.45	0.45	0.45	0.45	0.50	0.50	0.50
	4	0.15	0.30	0.40	0.40	0.45	0.45	0.45	0.45	0.45	0.45	0.45	0.50	0.50	0.50
	5	0.25	0.35	0.40	0.45	0.45	0.45	0.45	0.45	0.45	0.45	0.50	0.50	0.50	0.50
	6	0.30	0.40	0.40	0.45	0.45	0.45	0.45	0.45	0.45	0.45	0.50	0.50	0.50	0.50
	7	0.35	0.40	0.40	0.45	0.45	0.45	0.50	0.50	0.50	0.50	0.50	0.50	0.50	0.50
	8	0.35	0.45	0.45	0.45	0.50	0.50	0.50	0.50	0.50	0.50	0.50	0.50	0.50	0.50
	中间	0.45	0.45	0.45	0.45	0.50	0.50	0.50	0.50	0.50	0.50	0.50	0.50	0.50	0.50
	4	0.55	0.50	0.50	0.50	0.50	0.50	0.50	0.50	0.50	0.50	0.50	0.50	0.50	0.50
	自3	0.65	0.55	0.50	0.50	0.50	0.50	0.50	0.50	0.50	0.50	0.50	0.50	0.50	0.50
	下2	0.70	0.70	0.60	0.55	0.55	0.55	0.55	0.50	0.50	0.50	0.50	0.50	0.50	0.50
	1	1.35	1.05	0.90	0.80	0.75	0.70	0.70	0.70	0.65	0.65	0.60	0.55	0.55	0.55

表 5-5　上、下层横梁线刚度比对 y_0 的修正值 y_1

$\overline{K}$ α_1	0.1	0.2	0.3	0.4	0.5	0.6	0.7	0.8	0.9	1.0	2.0	3.0	4.0	5.0
0.4	0.55	0.40	0.30	0.25	0.20	0.20	0.20	0.15	0.15	0.15	0.15	0.05	0.05	0.05
0.5	0.45	0.30	0.20	0.20	0.15	0.15	0.15	0.10	0.10	0.10	0.10	0.05	0.05	0.05
0.6	0.30	0.20	0.15	0.15	0.10	0.10	0.10	0.10	0.05	0.05	0.05	0.05	0	0
0.7	0.20	0.15	0.10	0.10	0.10	0.10	0.10	0.05	0.05	0.05	0.05	0	0	0
0.8	0.15	0.10	0.05	0.05	0.05	0.05	0.05	0.05	0.05	0	0	0	0	0
0.9	0.05	0.05	0.05	0.05	0	0	0	0	0	0	0	0	0	0

表 5-6　上、下层高度变化对 y_0 的修正值 y_2 和 y_3

α_2	α_3	$\overline{K}$ 0.1	0.2	0.3	0.4	0.5	0.6	0.7	0.8	0.9	1.0	2.0	3.0	4.0	5.0
2.0		0.25	0.15	0.15	0.10	0.10	0.10	0.10	0.10	0.05	0.05	0.05	0.05	0.0	0.0
1.8		0.20	0.15	0.10	0.10	0.10	0.05	0.05	0.05	0.05	0.05	0.0	0.0	0.0	0.0
1.6	0.4	0.15	0.10	0.10	0.05	0.05	0.05	0.05	0.05	0.05	0.05	0.0	0.0	0.0	0.0
1.4	0.6	0.10	0.05	0.05	0.05	0.05	0.05	0.0	0.0	0.0	0.0	0.0	0.0	0.0	0.0
1.2	0.8	0.05	0.05	0.05	0.0	0.0	0.0	0.0	0.0	0.0	0.0	0.0	0.0	0.0	0.0
1.0	1.0	0.0	0.0	0.0	0.0	0.0	0.0	0.0	0.0	0.0	0.0	0.0	0.0	0.0	0.0
0.8	1.2	-0.05	-0.05	-0.05	0.0	0.0	0.0	0.0	0.0	0.0	0.0	0.0	0.0	0.0	0.0
0.6	1.4	-0.10	-0.05	-0.05	-0.05	-0.05	-0.05	-0.05	-0.05	0.0	0.0	0.0	0.0	0.0	0.0
0.4	1.6	-0.15	-0.10	-0.10	-0.05	-0.05	-0.05	-0.05	-0.05	-0.05	-0.05	0.0	0.0	0.0	0.0
	1.8	-0.20	-0.15	-0.10	-0.10	-0.10	-0.05	-0.05	-0.05	-0.05	-0.05	0.0	0.0	0.0	0.0
	2.0	-0.25	-0.15	-0.15	-0.10	-0.10	-0.10	-0.10	-0.10	-0.05	-0.05	-0.05	0.0	0.0	0.0

【例题 5-2】　框架结构同例题 5-1，受水平荷载如图 5-15 所示，分别用反弯点法和 D 值法作 M 图。括号内的数字为线刚度相对值。

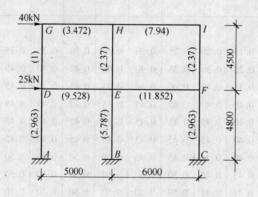

图 5-15　例题 5-2 图

解：（1）反弯点法。

1）求各柱分配的剪力值。

第二层：
$$V_{DG} = \left[1/(1 + 2.37 + 2.37) \right] \times 40 = 6.97\text{kN}$$

$$V_{EH} = V_{FI} = [2.37/(1 + 2.37 + 2.37)] \times 40 = 16.52\text{kN}$$

第一层：$V_{AD} = V_{CF} = [2.963/(2.963 + 2.963 + 5.787)] \times (40 + 25)$

$$= 16.44\text{kN}$$

$$V_{BE} = [5.787/(2.963 + 2.963 + 5.787)] \times (40 + 25) = 32.11\text{kN}$$

2）求各柱柱端弯矩。

第二层：$M_{DG} = M_{GD} = 6.97 \times (4.5/2) = 15.68\text{kN} \cdot \text{m}$

$$M_{EH} = M_{HE} = M_{FI} = M_{IF} = 16.52 \times (4.5/2) = 37.17\text{kN} \cdot \text{m}$$

第一层：$M_{DA} = M_{FC} = 16.44 \times (4.8/3) = 26.30\text{kN} \cdot \text{m}$

$$M_{AD} = M_{CF} = 16.44 \times (4.8 \times 2/3) = 52.61\text{kN} \cdot \text{m}$$

$$M_{EB} = 32.11 \times (4.8/3) = 51.38\text{kN} \cdot \text{m}$$

$$M_{BE} = 32.11 \times (4.8 \times 2/3) = 102.75\text{kN} \cdot \text{m}$$

3）求各横梁梁端弯矩。

第二层：$M_{GH} = M_{GD} = 15.68\text{kN} \cdot \text{m}$，$M_{IH} = M_{IF} = 37.17\text{kN} \cdot \text{m}$

$$M_{HG} = 3.472/(3.472 + 7.94) \times 37.17 = 11.31\text{kN} \cdot \text{m}$$

$$M_{HI} = 7.94/(3.472 + 7.94) \times 37.17 = 25.86\text{kN} \cdot \text{m}$$

第一层：$M_{DE} = M_{DG} + M_{DA} = 15.68 + 26.30 = 41.98\text{kN} \cdot \text{m}$

$$M_{FE} = M_{FI} + M_{FC} = 37.17 + 26.30 = 63.47\text{kN} \cdot \text{m}$$

$$M_{ED} = 9.528/(9.528 + 11.852) \times (37.17 + 51.38) = 39.46\text{kN} \cdot \text{m}$$

$$M_{EF} = 11.852/(9.528 + 11.852) \times (37.17 + 51.38) = 49.09\text{kN} \cdot \text{m}$$

4）绘制弯矩图（图5-16）。

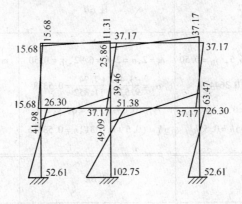

图5-16 反弯点法弯矩图（单位：kN·m）

（2）D值法。

1）根据式(5-18)和表5-2计算各层柱D值，由式(5-19)计算每根柱分配到的剪力。计算过程详见表5-7。

表 5-7   D 值法计算柱剪力

楼 层	柱 号	D 值	ΣD_i	层剪力/kN	柱剪力/kN
2	柱 DG	$\overline{K} = (3.472 + 9.528)/(2 \times 1) = 6.5$ $\alpha = \overline{K}/(2 + \overline{K}) = 0.765$ $D = 0.765 \times 12 \times 1/4.5^2 = 0.453$			7.27
	柱 EH	$\overline{K} = (3.472 + 7.94 + 9.528 + 11.852)/(2 \times 2.37) = 6.92$ $\alpha = \overline{K}/(2 + \overline{K}) = 0.776$ $D = 0.776 \times 12 \times 2.37/4.5^2 = 1.090$	2.492	40	17.50
	柱 FI	$\overline{K} = (7.94 + 11.852)/(2 \times 2.37) = 4.18$ $\alpha = \overline{K}/(2 + \overline{K}) = 0.676$ $D = 0.676 \times 12 \times 2.37/4.5^2 = 0.949$			15.23
1	柱 AD	$\overline{K} = 9.528/2.963 = 3.22$ $\alpha = (0.5 + \overline{K})/(2 + \overline{K}) = 0.713$ $D = 0.713 \times 12 \times 2.963/4.8^2 = 1.1$			15.98
	柱 BE	$\overline{K} = (9.528 + 11.852)/5.787 = 3.69$ $\alpha = (0.5 + \overline{K})/(2 + \overline{K}) = 0.736$ $D = 0.736 \times 12 \times 5.787/4.8^2 = 2.218$	4.475	65	32.22
	柱 CF	$\overline{K} = 11.852/2.963 = 4$ $\alpha = (0.5 + \overline{K})/(2 + \overline{K}) = 0.75$ $D = 0.75 \times 12 \times 2.963/4.8^2 = 1.157$			16.81

2) 根据式(5-20)和表5-4～表5-6计算各柱反弯点高度，计算过程详见表5-8。

表 5-8   D 值法计算柱反弯点高度

楼层 / 柱号	柱 DG	柱 EH	柱 FI
2	$m=2, n=2, \overline{K}=6.5, y_0=0.50$ $\alpha_1 = \dfrac{3.472}{9.528} = 0.3644$ $y_1 = 0.05, y_2 = 0, y_3 = 0$ $yh = (0.5 + 0.05)h = 0.55h$	$m=2, n=2, \overline{K}=6.92, y_0=0.50$ $\alpha_1 = \dfrac{3.472 + 7.94}{9.528 + 11.852} = 0.5338$ $y_1 = 0.0331, y_2 = 0, y_3 = 0$ $yh = (0.5 + 0.0331)h = 0.5331h$	$m=2, n=2, \overline{K}=4.18, y_0=0.459$ $\alpha_1 = \dfrac{7.94}{11.852} = 0.67$ $y_1 = 0, y_2 = 0, y_3 = 0$ $yh = 0.459h$

楼层 / 柱号	柱 AD	柱 BE	柱 CF
1	$m=2, n=1, \overline{K}=3.22, y_0=0.55$ $y_1 = 0, y_2 = 0, y_3 = 0$ $yh = 0.55h$	$m=2, n=1, \overline{K}=3.69, y_0=0.55$ $y_1 = 0, y_2 = 0, y_3 = 0$ $yh = 0.55h$	$m=2, n=1, \overline{K}=4, y_0=0.55$ $y_1 = 0, y_2 = 0, y_3 = 0$ $yh = 0.55h$

3）根据表5-7和表5-8的结果，计算各柱柱端弯矩，计算过程详见表5-9。

表5-9　计算柱端弯矩

楼　层	柱　号	剪　力	反弯点高度	上端弯矩/kN·m	下端弯矩/kN·m
2	柱 DG	7.27	0.55h	$M_{GD}=14.72$	$M_{DG}=17.99$
	柱 EH	17.50	0.5331h	$M_{HE}=36.77$	$M_{EH}=41.98$
	柱 FI	15.23	0.439h	$M_{IF}=37.08$	$M_{FI}=31.46$
1	柱 AD	15.98	0.55h	$M_{DA}=34.52$	$M_{AD}=42.19$
	柱 BE	32.22	0.55h	$M_{EB}=69.60$	$M_{BE}=85.06$
	柱 CF	16.81	0.55h	$M_{FC}=36.31$	$M_{CF}=44.38$

4）根据各横梁线刚度比，计算梁端弯矩。

第二层：$M_{GH}=M_{GD}=14.72\text{kN}\cdot\text{m}$，$M_{IH}=M_{IF}=37.08\text{kN}\cdot\text{m}$

$$M_{HG}=3.472/(3.472+7.94)\times36.77=11.19\text{kN}\cdot\text{m}$$

$$M_{HI}=7.94/(3.472+7.94)\times36.77=25.58\text{kN}\cdot\text{m}$$

第一层：$M_{DE}=M_{DG}+M_{DA}=17.99+34.52=52.51\text{kN}\cdot\text{m}$

$$M_{FE}=M_{FI}+M_{FC}=31.46+36.31=67.77\text{kN}\cdot\text{m}$$

$$M_{ED}=9.528/(9.528+11.852)\times(41.98+69.60)=49.73\text{kN}\cdot\text{m}$$

$$M_{EF}=11.852/(9.528+11.852)\times(41.98+69.60)=61.85\text{kN}\cdot\text{m}$$

5）绘制弯矩图（图5-17）。

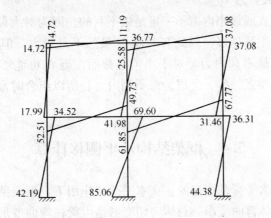

图5-17　D值法弯矩图（单位：kN·m）

5.3.3　内力组合及最不利内力

5.3.3.1　控制截面

对于框架梁，两端支座截面一般是最大负弯矩和最大剪力作用处，跨中截面常常是最大正弯矩作用处。因此，框架梁通常选取梁端支座内边缘处的截面和跨中截面作为控制截面。若考虑了刚域的影响，则梁端控制截面的计算弯矩可以取刚域端截面的弯矩值。

对于框架柱，剪力和轴力值在同一楼层内变化很小，而弯矩最大值在柱的两端，因此，可取各层柱的上、下端截面作为设计控制截面，并且，需取换算到梁上、下边缘处的柱截面内力作为计算内力。

5.3.3.2 最不利内力组合

框架结构上作用的荷载可分水平荷载和竖向荷载。风荷载和地震荷载属于水平荷载，它们的计算应考虑两个方向的作用，如果结构对称，水平荷载为反对称，只需进行一次内力计算，水平荷载反向作用时，内力改变正负号即可，截面内力组合时，二者取其一。内力组合可根据本书 3.2.1 节介绍的方法确定。

最不利内力组合就是在控制截面处对截面配筋起控制作用的内力组合。对于框架梁支座截面，最不利内力是最大负弯矩和最大剪力，及可能出现的正弯矩。框架梁跨中截面，最不利内力是最大正弯矩或可能出现的负弯矩。

对于框架柱的上、下端截面，可能为大偏压情况，也可能为小偏压情况，前者 M 越大越不利，后者 N 越大越不利。同时，弯矩的大小和方向也不相同，但一般柱子都是对称配筋，故只需选择正、负弯矩中绝对值最大的弯矩进行组合。由此可知，框架柱的最不利内力组合可归纳成以下四种：

（1）$|M_{max}|$ 及相应的 N、V；

（2）N_{max} 及相应的 M、V；

（3）N_{min} 及相应的 M、V；

（4）$|M|$ 比较大（不是绝对最大），但 N 比较小或 N 比较大（不是绝对最小或绝对最大）。柱子还要组合最大剪力 V_{max}。

在某些情况下，最大或最小内力不一定是最不利的。因为对大偏心截面而言，偏心距 $e_0 = M/N$ 越大，截面的配筋越多。因此有时候 M 虽然不是最大，但相应的 N 较小，此时偏心距最大，也能成为最不利内力。对于小偏心截面，当 N 可能不是最大，但相应的 M 比较大时，配筋反而需要多一些，会成为最不利内力，所以组合时常需考虑上述的第四种情况。

5.4 框架结构水平侧移计算

框架侧移主要是由水平荷载引起的。在水平荷载作用下，框架结构的变形由两部分组成：总体剪切变形和总体弯曲变形。总体剪切变形是由梁柱弯曲变形引起，而总体弯曲变形是由柱的轴向变形引起，如图 5-18 所示。可以近似认为框架的总体侧移是这两部分侧移的叠加。

$$\Delta = u_M + u_N \tag{5-21}$$

式中 u_M——总体剪切变形，由框架梁柱弯曲变形引起；

         u_N——总体弯曲变形，由框架柱轴向变形引起。

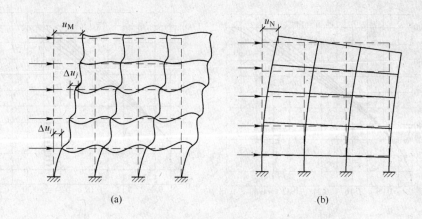

图 5-18　框架结构在水平荷载下的侧向位移

（a）梁柱弯曲变形引起的侧移；（b）柱轴向变形引起的侧移

（1）由框架梁柱弯曲变形引起的侧移 u_M。由图 5-18a 可知：

$$u_M = \Delta u_1 + \Delta u_2 + \cdots + \Delta u_j + \cdots + \Delta u_n \tag{5-22}$$

Δu_j 可依 D 值法按下式计算：

$$\Delta u_j = V_j \Big/ \sum_{i=1}^{n} D_{ji} \tag{5-23}$$

式中　Δu_j——第 j 层层间相对侧移；

　　　V_j——第 j 层层间剪力；

　　　D_{ji}——第 j 层第 i 柱的侧向刚度。

（2）由框架柱轴向变形引起的侧移 u_N。假定在水平荷载作用下仅在边柱中产生轴力及轴向变形，并假定柱截面由底到顶线性变化，则各楼层处由柱轴向变形产生的侧移 u_{Nj}，由下式近似计算：

$$u_{Nj} = \frac{V_0 H^3}{EA_1 B^2} F_n \tag{5-24}$$

式中　V_0——基底剪力；

　H,B——分别为建筑物总高度及结构宽度（即框架边柱之间的距离）；

　E,A_1——分别为混凝土弹性模量及框架底层柱截面面积；

　　　F_n——根据不同荷载形式计算的位移系数，可由图 5-19 的曲线查得，图中系数 n 为框架边柱顶层与底层截面面积之比。

由式（5-24）可见，当房屋高度 H 越高、宽度 B 越小时，由柱轴向变形引起的侧移 u_N 就越大。根据计算，对房屋高度 H 不大于 50m 或房屋高宽比不大于 4 的结构，其 u_N 约为 u_M 的 5% ~ 11%，因此当房屋高度或高宽比小于上述数值时，u_N 可忽略不计。

算得框架结构在风荷载或地震荷载作用下的水平位移后，可按本书 3.2.3 节介绍的方法进行框架结构层间水平位移验算。

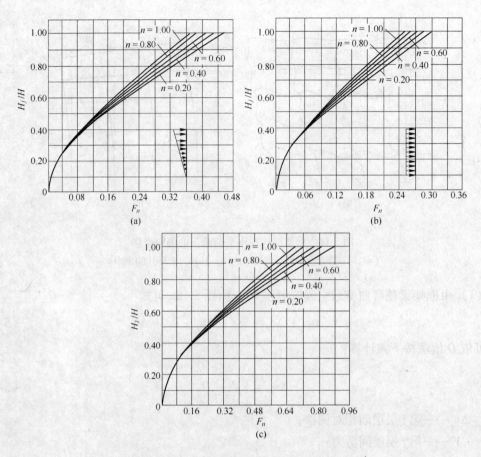

图 5-19 框架柱轴向变形产生的侧移系数 F_n

（a）倒三角形分布荷载；（b）均布荷载；（c）顶点集中力

5.5 框架结构截面设计与构造要求

5.5.1 框架结构抗震设计的一般原则

为了保证当建筑遭受中等烈度的地震影响时，具有良好的耗能能力，以及当建筑遭受高于本地区设防烈度的预估的罕遇地震影响时，不致倒塌或发生危及生命的严重破坏，要求结构具有足够的延性。要保证结构的延性就必须保证构件有足够大的延性，特别是重要构件。构件的延性一般用结构顶点的延性系数 μ 表示：

$$\mu = \Delta u_p / \Delta u_y \tag{5-25}$$

式中 Δu_y，Δu_p——分别为结构顶点屈服位移和结构顶点弹塑性位移限值。

一般认为，在抗震结构中结构顶点延性系数应不小于 3 ~ 4。

框架结构顶点位移是由楼层的层间位移积累产生的，而层间位移又是由结构构件的变形形成的。因此，要求结构具有一定的延性就必须保证框架梁、柱有足够大的延性，使塑性铰首先在框架梁端出现，尽量避免或减少在柱中出现。即按照节点处梁端实际受弯承载力小于柱端实际受弯承载力的思想进行计算，以争取使结构能够形成总体机制，避免结构形成层间机制，见图 5-20。

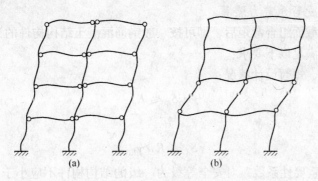

图 5-20 框架结构破坏机制
（a）梁铰机制（总体机制）；（b）柱铰机制（层间机制）

根据震害分析，以及近年来国内外试验研究资料，关于梁、柱塑性铰设计，应遵循下述一些原则：

（1）强柱弱梁。要控制梁、柱的相对强度，使塑性铰首先在梁中出现，尽量避免或减少在柱中出现。因为塑性铰在柱中出现，很容易形成几何可变体系而倒塌。

（2）强剪弱弯。对于梁、柱构件而言，要保证构件出现塑性铰，而不过早地发生剪切破坏。这就要求构件的抗剪承载力大于塑性铰的抗弯承载力。为此，要提高构件的抗剪强度，形成"强剪弱弯"。

（3）强节点、强锚固。为了保证延性结构的要求，在梁的塑性铰充分发挥作用前，框架节点、钢筋的锚固不应过早地破坏。

抗震设计时，为保证结构构件具有良好的抗震性能，应选用合适的结构材料。

混凝土：各类结构用混凝土的强度等级均不宜低于 C20，一级抗震等级框架梁、柱及其节点的混凝土强度等级不应低于 C30；作为上部结构嵌固部位的地下室楼盖的混凝土强度等级不宜低于 C30；现浇非预应力混凝土楼盖结构的混凝土强度等级不宜高于 C40；框架柱的混凝土强度等级，9 度时不宜高于 C60，8 度时不宜高于 C70。

钢筋：按一、二、三级抗震等级设计的框架和斜撑构件，其纵向受力钢筋的抗拉强度实测值与屈服强度实测值的比值不应小于 1.25；纵向受力钢筋的屈服强度实测值与屈服强度标准值的比值不应大于 1.3；钢筋在最大拉力下的总伸长率实测值不应小于 9%。

由于影响地震作用和结构承载力的因素十分复杂，地震破坏机理尚不十分清楚，故结构设计中的地震作用、地震作用效应以及承载力计算是相当近似的。为了从总体上保障工程结构的抗震能力，就必须重视概念设计，充分合理地采取抗震构造措施。对于钢筋混凝土框架结构，其关键在于做好梁、柱及其节点的构造设计。

5.5.2 框架梁设计

5.5.2.1 截面设计

框架梁抗震设计时，应遵循"强剪弱弯"的设计原则。梁的塑性铰应出现在梁端截面，并具有足够的变形能力；应保证框架梁先发生延性的弯曲破坏，避免发生脆性的剪切破坏。

A　梁正截面受弯承载力验算

求出梁的控制截面组合弯矩后，即可按一般钢筋混凝土结构构件的计算方法进行配筋计算，其承载力应满足以下要求：

持久设计状况、短暂设计状况：

$$\gamma_0 S_d \leqslant R_d \tag{5-26}$$

地震设计状况

$$S_d \leqslant R_d / \gamma_{RE} \tag{5-27}$$

式中　γ_0——结构重要性系数，对安全等级为一级的结构构件不应小于 1.1，对安全等级为二级的结构构件不应小于 1.0；

S_d——作用组合的效应设计值；

R_d——构件承载力设计值；

γ_{RE}——构件承载力抗震调整系数。

B　梁斜截面受剪承载力验算

（1）剪压比的限制。梁内平均剪应力与混凝土抗压强度设计值之比，称为梁的剪压比。梁的截面出现斜裂缝之前，构件剪力基本上由混凝土抗剪强度来承受，箍筋因抗剪而引起的拉应力很低。如果构件截面的剪压比过大，混凝土就会过早地发生斜压破坏。因此，必须对剪压比加以限制。实际上，对梁的剪压比的限制，也就是对梁的最小截面的限制。框架梁的截面组合剪力设计值应符合下列要求：

持久、短暂设计状况：

$$V_b \leqslant 0.25\beta_c f_c b h_0 \tag{5-28}$$

地震设计状况：

跨高比大于 2.5 的梁：

$$V_b \leqslant 0.2\beta_c f_c b h_0 / \gamma_{RE} \tag{5-29}$$

跨高比不大于 2.5 的梁：

$$V_b \leqslant 0.15\beta_c f_c b h_0 / \gamma_{RE} \tag{5-30}$$

式中　V_b——梁计算截面的剪力设计值；

f_c——混凝土轴心抗压强度设计值；

β_c——混凝土强度影响系数，当混凝土强度等级不大于 C50 时取 1.0；当混凝土强度等级为 C80 时取 0.8；当混凝土强度等级在 C50 和 C80 之间时可按线性内插取用；

b——矩形截面的宽度，T 形截面、工字形截面的腹板宽度；

h_0——梁截面有效高度。

（2）按"强剪弱弯"的原则调整梁的截面剪力。为了避免梁在弯曲破坏前发生剪切破坏，应按"强剪弱弯"的原则调整框架梁端部截面组合的剪力设计值。一、二、三级框架梁，其梁端截面组合的剪力设计值 V_b 应按下列公式调整；四级框架可直接取考虑地震作用组合的剪力设计值。

1）一级框架结构及 9 度时的框架：

$$V_b = 1.1(M_{bua}^l + M_{bua}^r)/l_n + V_{Gb} \tag{5-31}$$

2）其他情况：

$$V_b = \eta_{vb}(M_b^l + M_b^r)/l_n + V_{Gb} \tag{5-32}$$

式中　M_b^l，M_b^r——分别为梁左、右端逆时针或顺时针方向截面组合的弯矩设计值。当抗震等级为一级且梁两端弯矩均为负弯矩时，绝对值较小一端的弯矩应取零；

　　　　M_{bua}^l，M_{bua}^r——分别为梁左、右端逆时针或顺时针方向实配的正截面抗震受弯承载力所对应的弯矩值，可根据实配钢筋面积（计入受压钢筋，包括有效翼缘宽度范围内的楼板钢筋）和材料强度标准值并考虑承载力抗震调整系数计算；

　　　　l_n——梁的净跨；

　　　　V_{Gb}——梁在重力荷载代表值（9 度时还应包括竖向地震作用标准值）作用下，按简支梁分析的梁端截面剪力设计值；

　　　　η_{vb}——梁剪力增大系数，一、二、三级分别取 1.3、1.2 和 1.1。

（3）斜截面受剪承载力的验算。矩形、T 形和工字形截面一般框架梁，其斜截面抗震承载力仍采用非地震时梁的斜截面受剪承载力公式形式进行验算，但除应除以承载力抗震调整系数外，尚应考虑在反复荷载作用下，钢筋混凝土斜截面强度有所降低，因此，框架梁受剪承载力抗震验算公式为：

$$V_b \leq \frac{1}{\gamma_{RE}}\left(0.6\alpha_{cv}f_t bh_0 + f_{yv}\frac{A_{sv}}{s}h_0\right) \tag{5-33}$$

式中　α_{cv}——截面混凝土受剪承载力系数，对于一般受弯构件取 0.7；对集中荷载作用下（包括作用有多种荷载，其中集中荷载对支座截面或节点边缘所产生的剪力值占总剪力的 75% 以上的情况）的框架梁，取 α_{cv} 为 1.75/(λ+1)；

　　　　λ——计算截面的剪跨比，可取 $\lambda = a/h_0$，a 为集中荷载作用点至支座截面或节点边缘的距离；$\lambda < 1.5$ 时，取为 1.5，$\lambda > 3$ 时取为 3；

　　　　f_{yv}——箍筋抗拉强度设计值；

　　　　A_{sv}——配置在同一截面内箍筋各肢的全部截面面积，即 nA_{sv1}，此处，n 为在同一个截面内箍筋的肢数，A_{sv1} 为单肢箍筋的截面面积；

　　　　s——沿构件长度方向上的箍筋间距。

5.5.2.2　配筋构造要求

A　纵向钢筋

抗震设计时，计入受压钢筋作用的梁端截面混凝土受压区高度和有效高度之比值，一级不应大于 0.25，二、三级不应大于 0.35；梁端截面的底面和顶面纵向钢筋截面面积的比值，除按计算确定外，一级不应小于 0.5；二、三级不应小于 0.3；梁端纵向受拉钢筋的配筋率不宜大于 2.5%，不应大于 2.75%；当梁端受拉钢筋的配筋率大于 2.5% 时，受压钢筋的配筋率不应小于受拉钢筋的一半。纵向受拉钢筋的最小配筋率 ρ_{min}（%），非抗震设计时，不应小于 0.2 和 $45f_t/f_y$ 二者的较大值；抗震设计时，不应小于表 5-10 规定的数值。

表 5-10   梁内纵向受拉钢筋最小配筋百分率 ρ_{min} （%）

抗震等级	梁中位置	
	支座（取较大值）	跨中（取较大值）
一级	0.40 和 $80f_t/f_y$	0.30 和 $65f_t/f_y$
二级	0.30 和 $65f_t/f_y$	0.25 和 $55f_t/f_y$
三、四级	0.25 和 $55f_t/f_y$	0.20 和 $45f_t/f_y$

　　沿梁全长顶面和底面应至少各配置两根纵向配筋，一、二级抗震设计时钢筋直径不应小于 14mm，且分别不小于梁两端顶面和底面纵向配筋中较大截面面积的 1/4，三、四级抗震设计和非抗震设计时钢筋直径不应小于 12mm；一、二、三级抗震等级的框架梁内贯通中柱的每根纵向钢筋的直径，对矩形截面柱，不宜大于柱在该方向截面尺寸的 1/20；对圆形截面柱，不宜大于纵向钢筋所在位置柱截面弦长的 1/20。

　　B　箍筋

　　震害调查和理论分析表明，在地震作用下，梁端部剪力最大，该处极易产生剪切破坏。因此，在梁端部一定长度范围内，箍筋间距应适当加密。一般称这一范围为箍筋加密区。梁端箍筋加密区的长度、箍筋最大间距和最小直径应符合表 5-11 的要求。当梁端纵向受拉钢筋配筋率大于 2% 时，表中箍筋最小直径应增大 2mm；梁端加密区范围内的箍筋肢距，一级不宜大于 200mm 和 20 倍箍筋直径的较大值，二、三级不宜大于 250mm 和 20 倍箍筋直径的较大值，四级不宜大于 300mm。

表 5-11   梁端箍筋加密区的长度、箍筋的最大间距和最小直径

抗震等级	加密区长度（取较大值）/mm	箍筋最大间距（取最小值）/mm	箍筋最小直径/mm
一级	$2h_b$，500	$6d$，$h_b/4$，100	10
二级	$1.5h_b$，500	$8d$，$h_b/4$，100	8
三级	$1.5h_b$，500	$8d$，$h_b/4$，150	8
四级	$1.5h_b$，500	$8d$，$h_b/4$，150	6

注：1. d 为纵向钢筋直径，h_b 为梁截面高度；

　　2. 一、二级抗震等级框架梁，当箍筋直径大于 12mm、肢数不少于 4 肢且肢距不大于 150mm 时，箍筋加密区最大间距应允许适当放松，但不应大于 150mm。

　　抗震设计时，框架梁的箍筋尚应符合下列构造要求：框架梁沿梁全长箍筋的面积配筋率不应小于表 5-12 的规定；箍筋应有 135°弯钩，弯钩端头直段长度不应小于 10 倍的箍筋直径和 75mm 的较大值；在纵向钢筋搭接长度范围内的箍筋间距，钢筋受拉时不应大于搭接钢筋较小直径的 5 倍，且不应大于 100mm；钢筋受压时不应大于搭接钢筋较小直径的 10 倍，且不应大于 200mm；框架梁非加密区箍筋最大间距不宜大于加密区箍筋间距的 2 倍。

表 5-12 框架梁沿梁全长箍筋的面积配筋率 ρ_{sv}

抗震等级	一级	二级	三级	四级
ρ_{sv}	$0.30f_t/f_{yv}$	$0.28f_t/f_{yv}$	$0.26f_t/f_{yv}$	$0.26f_t/f_{yv}$

非抗震设计时，框架梁箍筋配筋构造应符合下列规定：应沿梁全长设置箍筋，第一个箍筋应设置在距支座边缘 50mm 处；截面高度大于 800mm 的梁，其箍筋直径不宜小于8mm；其余截面高度的梁不应小于6mm。在受力钢筋搭接长度范围内，箍筋直径不应小于搭接钢筋最大直径的 0.25 倍。箍筋间距不应大于表 5-13 的规定；在纵向受拉钢筋的搭接长度范围内，箍筋间距尚不应大于搭接钢筋较小直径的 5 倍，且不应大于 100mm；在纵向受压钢筋的搭接长度范围内，箍筋间距尚不应大于搭接钢筋较小直径的 10 倍，且不应大于 200mm。

表 5-13 非抗震设计梁箍筋最大间距　　　　　　　　　　　　　（mm）

梁高 h_b/mm	$V > 0.7f_t bh_0$	$V \leq 0.7f_t bh_0$
$h_b \leq 300$	150	200
$300 < h_b \leq 500$	200	300
$500 < h_b \leq 800$	250	350
$h_b > 800$	300	400

承受弯矩和剪力的梁，当梁的剪力设计值大于 $0.7f_t bh_0$ 时，其箍筋面积配筋率 ρ_{sv} 不应小于 $0.24f_t/f_{yv}$。承受弯矩、剪力和扭矩的梁，其箍筋面积配筋率 ρ_{sv} 不应小于 $0.28f_t/f_{yv}$，其受扭纵向钢筋的面积配筋率 ρ_{tl} 应符合下式规定：

$$\rho_{tl} \geq 0.6\sqrt{\frac{T}{Vb}}f_t/f_y \quad （当 T/Vb 大于 2.0 时，取 2.0） \tag{5-34}$$

式中　T,V——分别为扭矩、剪力设计值；

　　　ρ_{tl},b——分别为受扭纵向钢筋的面积配筋率、梁宽。

当梁中配有计算需要的纵向受压钢筋时，其箍筋配置尚应符合下列要求：箍筋直径不应小于纵向受压钢筋最大直径的 0.25 倍；箍筋应做成封闭式；箍筋间距不应大于15d 且不应大于400mm；当一层内的受压钢筋多于 5 根且直径大于 18mm 时，箍筋间距不应大于10d（d 为纵向受压钢筋的最小直径）；当梁截面宽度大于 400mm 且一层内的纵向受压钢筋多于 3 根时，或当梁截面宽度不大于 400mm 但一层内的纵向受压钢筋多于 4 根时，应设置复合箍筋。

此外，框架梁的纵向钢筋不应与箍筋、拉筋及预埋件等焊接。若框架梁上开洞时，洞口位置宜位于梁跨中 1/3 区段，洞口高度不应大于梁高的 40%；开洞较大时应进行承载力验算。梁上洞口周边应配置附加纵向钢筋和箍筋（图 5-21），并应符合计算及构造要求。

对于不与框架柱（包括框架-剪力墙结构中的柱）相连的次梁，因其不参与抗震，可按非抗震要求进行

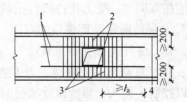

图 5-21　梁上洞口周边配筋构造示意图

1—洞口上、下附加纵向钢筋；

2—洞口上、下附加箍筋；

3—洞口两侧附加箍筋；

4—梁纵向钢筋；

l_a—受拉钢筋的锚固长度

设计。若梁只有一端与框架柱相连，则与框架柱相连端应按抗震设计，另一端按非抗震设计。

5.5.3 框架柱设计

5.5.3.1 截面设计

A 柱正截面承载力验算

与梁一样，按式(5-26)和式(5-27)计算。计算时，截面弯矩设计值应取用经过各项调整后的值。柱端弯矩设计值，根据"强柱弱梁"原则确定。

抗震设计时，除顶层、柱轴压比小于 0.15 者及框支梁柱节点外，框架的梁、柱节点处考虑地震作用组合的柱端弯矩设计值应符合下列要求：

（1）一级框架结构及 9 度时的框架：

$$\Sigma M_c = 1.2\Sigma M_{bua} \tag{5-35}$$

（2）其他情况：

$$\Sigma M_c = \eta_c \Sigma M_b \tag{5-36}$$

式中 ΣM_c——节点上、下柱端截面顺时针或逆时针方向组合的弯矩设计值之和；上、下柱端的弯矩设计值，可按弹性分析的弯矩比例进行分配；

     ΣM_b——节点左、右梁端截面逆时针或顺时针方向组合的弯矩设计值之和；当抗震等级为一级且节点左、右梁端均为负弯矩时，绝对值较小的弯矩应取零；

     ΣM_{bua}——节点左、右梁端逆时针或顺时针方向实配的正截面抗震受弯承载力所对应的弯矩值之和，可根据实配钢筋面积（计入受压钢筋和梁有效翼缘宽度范围内的楼板钢筋）和材料强度标准值并考虑承载力抗震调整系数计算；

     η_c——柱端弯矩增大系数；对框架结构，一、二、三、四级可分别取 1.7、1.5、1.3、1.2；其他结构类型中的框架，一级可取 1.4，二级可取 1.2，三、四级可取 1.1。

当反弯点不在柱的层高范围内时，柱端弯矩设计值可直接乘以柱端弯矩增大系数 η_c。

抗震设计时，一、二、三、四级框架结构的底层柱底截面的弯矩设计值，应分别采用考虑地震作用组合的弯矩值与增大系数 1.7、1.5、1.3 和 1.2 的乘积。底层柱纵向钢筋应按上下端的不利情况配置，此处底层指无地下室的基础以上或地下室以上的首层；框架角柱应按双向偏心受力构件进行正截面承载力设计。一、二、三、四级框架角柱经"强柱弱梁"、"强剪弱弯"调整后的弯矩、剪力设计值应乘以不小于 1.1 的增大系数。

B 柱斜截面受剪承载力验算

（1）柱截面尺寸限制。为了防止因剪压比过大而发生脆性破坏，柱的截面尺寸也必须加以控制。持久、短暂设计状况时，框架柱受剪截面应满足式(5-28)；地震设计状况时，当柱剪跨比大于 2 时，应符合式（5-29）的要求；当柱剪跨比不大于 2 时，应符合式(5-30)的要求。此时，式中的 V_b 应为 V_c，b 为矩形柱的截面宽度或 T 形截面、工字形截面的腹板宽度，h_0 为柱截面计算方向有效高度。

框架柱的剪跨比 λ 应按下式计算：

$$\lambda = M^c / (V^c h_0) \tag{5-37}$$

式中　λ——框架柱的剪跨比；反弯点位于柱高中部的框架柱，可取柱净高与计算方向 2
　　　　　倍柱截面有效高度之比值；

M^c，V^c——分别为柱端截面未经调整的组合弯矩计算值及对应的截面组合剪力计算值，
　　　　　均取上、下端计算结果的较大值。

（2）柱端剪力设计值。抗震设计的框架柱、框支柱端部截面的剪力设计值，一、二、
三、四级时应按下列公式计算：

1）一级框架结构及 9 度时的框架：

$$V_c = 1.2(M_{cua}^t + M_{cua}^b)/H_n \tag{5-38}$$

2）其他情况：

$$V_c = \eta_{vc}(M_c^t + M_c^b)/H_n \tag{5-39}$$

式中　M_c^t，M_c^b——分别为柱的上、下端顺时针或逆时针方向截面组合的弯矩设计值，应
　　　　　　　符合前述对柱端弯矩设计值的要求；

M_{cua}^t，M_{cua}^b——分别为柱的上、下端顺时针或逆时针方向实配的正截面抗震受弯承载
　　　　　　　力所对应的弯矩值，可根据实配钢筋面积、材料强度标准值和重力荷
　　　　　　　载代表值产生的轴向压力设计值并考虑承载力抗震调整系数计算；

η_{vc}——柱端剪力增大系数，对框架结构，一、二、三、四级可分别取 1.5、
　　　　1.3、1.2、1.1；其他结构类型中的框架，一级可取 1.4，二级可取
　　　　1.2，三、四级可取 1.1；

H_n——柱的净高。

（3）斜截面承载力验算。在进行框架柱斜截面承载力抗震验算时，仍采用非地震
时承载力验算的公式形式，但应除以承载力抗震调整系数，同时考虑地震作用对钢筋
混凝土框架柱承载力降低的不利影响，即可得出矩形截面框架柱斜截面抗震承载力验
算公式。

持久、短暂设计状况：

$$V_c \leqslant \frac{1.75}{\lambda + 1}f_t bh_0 + f_{yv}\frac{A_{sv}}{s}h_0 - 0.07N \tag{5-40}$$

地震设计状况：

$$V_c \leqslant \frac{1}{\gamma_{RE}}\left(\frac{1.05}{\lambda + 1}f_t bh_0 + f_{yv}\frac{A_{sv}}{s}h_0 + 0.056N\right) \tag{5-41}$$

式中　λ——框架柱的剪跨比，按式（5-37）计算，当 $\lambda < 1$ 时取为 1，当 $\lambda > 3$ 时取为 3；

N——考虑风荷载或地震作用组合的框架柱轴向压力设计值，当 $N > 0.3f_c A_c$ 时，取
　　　$N = 0.3f_c A_c$。

当矩形截面框架柱出现拉力时，其斜截面受剪承载力应按下列公式计算：

持久、短暂设计状况：

$$V_c \leqslant \frac{1.75}{\lambda + 1}f_t bh_0 + f_{yv}\frac{A_{sv}}{s}h_0 - 0.2N \tag{5-42}$$

地震设计状况：

$$V_c \leqslant \frac{1}{\gamma_{RE}} \left(\frac{1.05}{\lambda + 1} f_t b h_0 + f_{yv} \frac{A_{sv}}{s} h_0 - 0.2N \right) \qquad (5-43)$$

式中　N——与剪力设计值 V 对应的轴向拉力设计值，取绝对值；

　　　　λ——框架柱的剪跨比。

当式（5-42）右端的计算值或式（5-43）右端括号内的计算值小于 $f_{yv} h_0 A_{sv}/s$ 时，应取等于 $f_{yv} h_0 A_{sv}/s$，且 $f_{yv} h_0 A_{sv}/s$ 值不应小于 $0.36 f_t b h_0$。

（4）轴压比的限制。轴压比是指考虑地震作用组合的轴压力设计值 N 与柱全截面面积 bh 和混凝土轴心抗压强度设计值 f_c 乘积之比值，即 $N/(f_c bh)$。轴压比是影响柱延性的重要因素之一。试验研究表明，柱的延性随轴压比的增大急剧下降，尤其在高轴压比的条件下，箍筋对柱的变形能力影响很小。因此，在框架抗震设计中，必须限制轴压比，以保证柱有足够的延性。表 5-14 给出了最大轴压比的限值。Ⅳ类场地上较高的高层建筑，柱轴压比限值应适当减小。一定的有利条件下，柱轴压比的限值可适当提高，但不应大于 1.05。

表 5-14　柱轴压比限值

结 构 类 型	抗 震 等 级			
	一级	二级	三级	四级
框架结构	0.65	0.75	0.85	0.90
板柱-剪力墙、框架-剪力墙、框架-核心筒、筒中筒结构	0.75	0.85	0.90	0.95
部分框支剪力墙结构	0.60	0.7	—	

注：1. 可不进行地震作用计算的结构，取无地震作用组合的轴力设计值计算；

　　2. 表内数值适用于混凝土强度等级不高于 C60 的柱。当混凝土强度等级为 C65～C70 时，轴压比限值应比表中数值降低 0.05；当混凝土强度等级为 C75～C80 时，轴压比限值应比表中数值降低 0.10；

　　3. 表内数值适用于剪跨比大于 2 的柱；剪跨比不大于 2 但不小于 1.5 的柱，其轴压比限值应比表中数值减小 0.05；剪跨比小于 1.5 的柱，其轴压比限值应专门研究并采取特殊构造措施；

　　4. 当沿柱（或框支柱）全高采用井字复合箍，箍筋间距不大于 100mm、肢距不大于 200mm、直径不小于 12mm 时，或当沿柱全高采用复合螺旋箍，箍筋螺距不大于 100mm、肢距不大于 200mm、直径不小于 12mm 时，或当沿柱全高采用连续复合螺旋箍，且螺距不大于 80mm、肢距不大于 200mm、直径不小于 10mm 时，柱轴压比限值均可增加 0.10。以上三种配箍类别的最小配箍特征值均应按增大的轴压比由表 5-17 确定；

　　5. 当柱（或框支柱）截面中部设置由附加纵向钢筋形成的芯柱（图 5-22），且附加纵向钢筋的截面面积不小于柱截面面积的 0.8% 时，柱轴压比限值可增加 0.05。当本项措施与注 4 的措施共同采用时，柱轴压比限值可比表中数值增加 0.15，但箍筋的配箍特征值仍可按轴压比增加 0.10 的要求确定；

　　6. 调整后的柱轴压比限值不应大于 1.05。

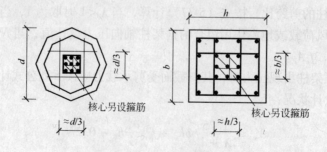

图 5-22　芯柱示意图

5.5.3.2 配筋构造要求

A 纵向钢筋

柱纵向钢筋的最小总配筋率应按表 5-15 采用,且柱截面每一侧纵筋配筋率不应小于 0.2%;抗震设计时,对建造于Ⅳ类场地上较高的高层建筑,表中数值应增加 0.1。

表 5-15 柱纵向受力钢筋最小配筋百分率 (%)

柱类型	抗震等级				非抗震
	一级	二级	三级	四级	
中柱、边柱	0.9(1.0)	0.7(0.8)	0.6(0.7)	0.5(0.6)	0.5
角 柱	1.1	0.9	0.8	0.7	0.5
框支柱	1.1	0.9	—	—	0.7

注:1. 表中括号内数值适用于框架结构;

    2. 采用 335MPa 级、400MPa 级纵向受力钢筋时,应分别按表中数值增加 0.1 和 0.05 采用;

    3. 当混凝土强度等级高于 C60 时,表中数值应增加 0.1 采用。

柱的纵向钢筋配置,尚应满足下列要求:

(1) 抗震设计时,宜采用对称配筋;

(2) 截面尺寸大于 400mm 的柱,一、二、三级抗震设计时其纵向钢筋的间距不宜大于 200mm;抗震等级为四级和非抗震设计时,柱纵向钢筋间距不宜大于 350mm;柱纵向钢筋净距均不应小于 50mm;

(3) 全部纵向钢筋的配筋率,非抗震设计时不宜大于 5%、不应大于 6%,抗震设计时不应大于 5%;

(4) 一级且剪跨比不大于 2 的柱,其单侧纵向受拉钢筋的配筋率不宜大于 1.2%;

(5) 边柱、角柱及剪力墙端柱考虑地震作用组合产生小偏心受拉时,柱内纵筋总截面面积应比计算值增加 25%;

(6) 柱的纵筋不应与箍筋、拉筋及预埋件等焊接。

B 箍筋

柱箍筋的形式应根据截面情况合理选取,一般采用普通箍、复合箍或螺旋箍等 (图 5-23)。柱箍筋的配筋形式,尚应考虑浇筑混凝土的工艺要求,在柱截面中心部位应留出浇筑混凝土所用导管的空间。

抗震设计时,与梁类似,在柱端部也须设置箍筋加密区。柱的箍筋加密范围按下列规定采用:底层柱的上端和其他各层柱的两端,应取矩形截面柱之长边尺寸 (或圆形截面柱之直径)、柱净高之 1/6 和 500mm 三者之最大值范围;底层柱刚性地面上、下各 500mm 的范围;底层柱柱根以上 1/3 柱净高的范围;剪跨比不大于 2 的柱和因填充墙等形成的柱净高与截面高度之比不大于 4 的柱全高范围;一级、二级的框架角柱,取全高;框支柱,取全高;需要提高变形能力的柱,取全高。

一般情况下,加密区箍筋的最大间距和最小直径,按表 5-16 取用。一级框架柱的箍筋直径大于 12mm 且箍筋肢距不大于 150mm 及二级框架柱箍筋直径不小于 10mm 且肢距不大于 200mm 时,除柱根外最大间距应允许采用 150mm;三级框架柱的截面尺寸不大于

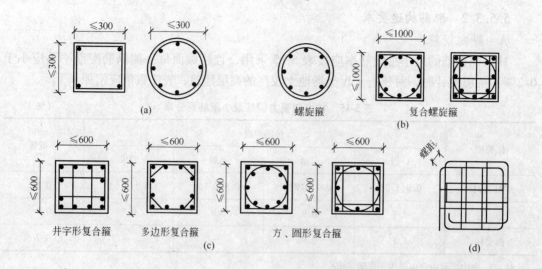

图 5-23　各类箍筋示意图
（a）普通箍；（b）螺旋箍；（c）复合箍；（d）连续复合螺旋箍

400mm 时，箍筋最小直径应允许采用 6mm；四级框架柱的剪跨比不大于 2 或柱中全部纵向钢筋的配筋率大于 3% 时，箍筋直径不应小于 8mm；框支柱和剪跨比不大于 2 的柱，箍筋间距不应大于 100mm，一级时尚不应大于 6 倍的纵向钢筋直径。

表 5-16　柱箍筋加密区的构造要求   （mm）

抗震等级	箍筋最大间距（采用最小值）	箍筋最小直径
一级	$6d$，100	10
二级	$8d$，100	8
三级	$8d$，150（柱根 100）	8
四级	$8d$，150（柱根 100）	6（柱根 8）

注：d 为柱纵筋最小直径；柱根指框架底层柱的嵌固部位。

柱箍筋加密区的体积配箍率，应符合下式要求：

$$\rho_v \geq \lambda_v f_c / f_{yv} \tag{5-44}$$

式中　ρ_v——柱箍筋加密区的体积配箍率，一、二、三、四级分别不应小于 0.8%、0.6%、0.4% 和 0.4%；计算复合箍筋的体积配箍率时，可不扣除重叠部分的箍筋体积；计算复合螺旋箍筋的体积配箍率时，其非螺旋箍筋的体积应乘以换算系数 0.8；

f_c——混凝土轴心抗压强度设计值，强度等级低于 C35 时，应按 C35 计算；

f_{yv}——箍筋或拉筋抗拉强度设计值；

λ_v——柱最小配箍特征值，宜按表 5-17 采用。

表 5-17　柱端箍筋加密区的箍筋最小配箍特征值 λ_v

抗震等级	箍筋形式	柱轴压比								
		≤0.3	0.4	0.5	0.6	0.7	0.8	0.9	1.0	1.05
一级	普通箍、复合箍	0.10	0.11	0.13	0.15	0.17	0.20	0.23	—	—
	螺旋箍、复合或连续复合螺旋箍	0.08	0.09	0.11	0.13	0.15	0.18	0.21	—	—
二级	普通箍、复合箍	0.08	0.09	0.11	0.13	0.15	0.17	0.19	0.22	0.24
	螺旋箍、复合或连续复合螺旋箍	0.06	0.07	0.09	0.11	0.13	0.15	0.17	0.20	0.22
三级	普通箍、复合箍	0.06	0.07	0.09	0.11	0.13	0.15	0.17	0.20	0.22
	螺旋箍、复合或连续复合螺旋箍	0.05	0.06	0.07	0.09	0.11	0.13	0.15	0.18	0.20

注：1. 普通箍指单个矩形箍或单个圆形箍；螺旋箍指单个连续螺旋箍筋；复合箍指由矩形、多边形、圆形箍或拉筋组成的箍筋；复合螺旋箍指由螺旋箍与矩形、多边形、圆形箍或拉筋组成的箍筋；连续复合螺旋箍指全部螺旋箍由同一根钢筋加工而成的箍筋；

2. 框支柱宜采用复合螺旋箍或井字复合箍，其最小配箍特征值应比表内数值增加 0.02，且体积配箍率不应小于 1.5%；

3. 剪跨比不大于 2 的柱宜采用复合螺旋箍或井字复合箍，其体积配箍率不应小于 1.2%，9 度一级时不应小于 1.5%。

抗震设计时，柱箍筋设置尚应符合下列要求：箍筋应为封闭式，其末端应做成 135°弯钩且其末端平直段长度不应小于 10 倍箍筋直径，且不应小于 75mm；加密区箍筋肢距，一级不宜大于 200mm，二、三级不宜大于 250mm 和 20 倍箍筋直径的较大值，四级不宜大于 300mm。每隔一根纵筋宜在两个方向有箍筋约束；采用拉筋组合箍时，拉筋宜紧靠纵筋并勾住封闭箍筋；柱箍筋非加密区的体积配箍率不宜小于加密区的 50%；其箍筋间距，不应大于加密区箍筋间距的 2 倍，且一、二级不应大于 10 倍纵筋直径，三、四级不应大于 15 倍纵筋直径。

非抗震设计时，柱箍筋设置应符合下列规定：周边箍筋应为封闭式；箍筋间距不应大于 400mm，且不应大于构件截面的短边尺寸和最小纵向受力钢筋直径的 15 倍；箍筋直径不应小于最大纵向钢筋直径的 1/4，且不应小于 6mm；当柱中全部纵向受力钢筋的配筋率超过 3%时，箍筋直径不应小于 8mm，箍筋间距不应大于最小纵向钢筋直径的 10 倍，且不应大于 200mm；箍筋末端应做成 135°弯钩且弯钩末端平直段长度不应小于 10 倍箍筋直径；当柱每边纵筋多于 3 根时，应设置复合箍筋（可采用拉筋）；柱内纵向钢筋采用搭接做法时，搭接长度范围内箍筋直径不应小于搭接钢筋较大直径的 0.25 倍；在纵向受拉钢筋的搭接长度范围内的箍筋间距不应大于搭接钢筋较小直径的 5 倍，且不应大于 100mm；在纵向受压钢筋的搭接长度范围内的箍筋间距不应大于搭接钢筋较小直径的 10 倍，且不应大于 200mm。当受压钢筋直径大于 25mm 时，尚应在搭接接头端面外 100mm 的范围内各设置两道箍筋。

5.5.4　框架节点设计和配筋构造

5.5.4.1　节点抗震验算

为实现"强节点、强锚固"的设计要求，一、二、三级框架节点必须进行抗震验算。四级框架节点核心区可不进行抗震验算，但应符合抗震构造措施的要求。

（1）一、二、三级框架梁柱节点核心区组合的剪力设计值，应按下列公式确定：

$$V_{\mathrm{j}} = \frac{\eta_{\mathrm{jb}} \Sigma M_{\mathrm{b}}}{h_{\mathrm{b0}} - a_{\mathrm{s}}'} \left(1 - \frac{h_{\mathrm{b0}} - a_{\mathrm{s}}'}{H_{\mathrm{c}} - h_{\mathrm{b}}} \right) \tag{5-45}$$

一级框架结构和 9 度的一级框架可不按上式确定，但应符合下式：

$$V_{\mathrm{j}} = \frac{1.15 \Sigma M_{\mathrm{bua}}}{h_{\mathrm{b0}} - a_{\mathrm{s}}'} \left(1 - \frac{h_{\mathrm{b0}} - a_{\mathrm{s}}'}{H_{\mathrm{c}} - h_{\mathrm{b}}} \right) \tag{5-46}$$

式中　　V_{j}——梁柱节点核心区组合的剪力设计值；

h_{b0}——梁截面的有效高度，节点两侧梁截面高度不等时可采用平均值；

a_{s}'——梁受压钢筋合力点至受压边缘的距离；

H_{c}——柱的计算高度，可采用节点上、下柱反弯点之间的距离；

h_{b}——梁的截面高度，节点两侧梁截面高度不等时可采用平均值；

η_{jb}——强节点系数，对于框架结构，一级宜取 1.5，二级宜取 1.35，三级宜取 1.2；对于其他结构中的框架，一级宜取 1.35，二级宜取 1.2，三级宜取 1.1；

ΣM_{b}——节点左右梁端反时针或顺时针方向组合弯矩设计值之和，一级时节点左右梁端均为负弯矩，绝对值较小的弯矩应取零；

ΣM_{bua}——节点左右梁端反时针或顺时针方向实配的正截面抗震受弯承载力所对应的弯矩值之和，可根据实配钢筋面积（计入受压筋）和材料强度标准值确定。

同时，节点核心区组合的剪力设计值，应符合下列要求：

$$V_{\mathrm{j}} \leqslant \frac{1}{\gamma_{\mathrm{RE}}} (0.30 \eta_{\mathrm{j}} \beta_{\mathrm{c}} f_{\mathrm{c}} b_{\mathrm{j}} h_{\mathrm{j}}) \tag{5-47}$$

式中　　η_{j}——正交梁的约束影响系数，楼板为现浇，梁柱中线重合，四侧各梁截面宽度不小于该侧柱截面宽度的 1/2，且正交方向梁高度不小于框架梁高度的 3/4 时，可采用 1.5，9 度时宜采用 1.25，其他情况均采用 1.0；

h_{j}——节点核心区的截面高度，可采用验算方向的柱截面高度；

γ_{RE}——承载力抗震调整系数，可采用 0.85；

b_{j}——节点核心区截面有效验算宽度，当验算方向的梁截面宽度不小于该侧柱截面宽度的 1/2 时，可按式(5-48)的第一式计算取值；当小于柱截面宽度的 1/2 时，按式(5-48)的第一、二式计算，取较小值；当梁、柱的中线不重合且偏心距不大于柱宽的 1/4 时，按式(5-48)中的三个式子分别计算，取较小值；

$$\begin{cases} b_{\mathrm{j}} = b_{\mathrm{c}} \\ b_{\mathrm{j}} = b_{\mathrm{b}} + 0.5 h_{\mathrm{c}} \\ b_{\mathrm{j}} = 0.5(b_{\mathrm{b}} + b_{\mathrm{c}}) + 0.25 h_{\mathrm{c}} - e \end{cases} \tag{5-48}$$

b_{c}, h_{c}——验算方向的柱截面宽度、验算方向的柱截面高度；

b_{b}——梁截面宽度；

e——梁与柱中线偏心距。

如不满足式(5-47)，则需加大柱截面或提高混凝土强度等级。节点区的混凝土等级应与柱的混凝土等级相同。若节点区混凝土与梁板混凝土一起浇筑时，须注意节点区混凝土的强度等级不能降低太多，其与柱混凝土等级相差不应超过 5MPa。

（2）节点核心区截面抗震受剪承载力，应采用下列公式验算：

$$V_j \leqslant \frac{1}{\gamma_{RE}}\left(1.1\eta_j f_t b_j h_j + 0.05\eta_j N \frac{b_j}{b_c} + f_{yv} A_{svj} \frac{h_{b0} - a'_s}{s}\right) \tag{5-49}$$

9 度设防烈度的一级抗震等级框架：

$$V_j \leqslant \frac{1}{\gamma_{RE}}\left(0.9\eta_j f_t b_j h_j + f_{yv} A_{svj} \frac{h_{b0} - a'_s}{s}\right) \tag{5-50}$$

式中　N——对应于组合剪力设计值的上柱组合轴向压力较小值，其取值不应大于柱的截面面积和混凝土轴心抗压强度设计值的乘积的 50%，当 N 为拉力，取 $N=0$；

　　　f_{yv}——箍筋的抗拉强度设计值；

　　　f_t——混凝土轴心抗拉强度设计值；

　　　A_{svj}——核心区有效验算宽度范围内同一截面验算方向箍筋的总截面面积；

　　　s——箍筋间距。

5.5.4.2　节点核心区箍筋配置

非抗震设计时，箍筋配置应符合前述柱箍筋的有关规定，但箍筋间距不宜大于 250mm。对四边有梁与之相连的节点，可仅沿节点周边设置矩形箍筋。

抗震框架的节点核心区必须设置足够量的横向箍筋，其箍筋的最大间距和最小直径宜符合前述柱箍筋加密区的有关规定。一、二、三级框架节点核心区配箍特征值分别不宜小于 0.12、0.10 和 0.08，且箍筋体积配箍率分别不宜小于 0.6%、0.5% 和 0.4%。柱剪跨比不大于 2 的框架节点核心区的配箍特征值不宜小于核心区上、下柱端配箍特征值中的较大值。

5.5.4.3　梁、柱钢筋的连接和锚固

A　钢筋锚固和搭接要求

钢筋的接头和锚固，除应符合《混凝土结构设计规范》GB 50010 的有关规定外，尚应符合下列要求：

（1）受力钢筋的连接接头宜设置在构件受力较小部位；抗震设计时，宜避开梁端、柱端箍筋加密区范围。钢筋连接可按不同情况采用机械连接、绑扎搭接或焊接。

1）框架柱。一、二级抗震等级及三级抗震等级的底层，宜采用机械连接接头，也可采用绑扎搭接或焊接接头；三级抗震等级的其他部位和四级抗震等级，可采用绑扎搭接或焊接接头。

2）框支梁、框支柱。宜采用机械连接接头。

3）框架梁。一级宜采用机械连接接头，二、三、四级可采用绑扎搭接或焊接接头。

（2）位于同一连接区段内的受拉钢筋接头面积百分率不宜超过 50%；当接头位置无法避开梁端、柱端箍筋加密区时，应采用满足等强度要求的高质量机械连接接头，且钢筋接头面积百分率不应超过 50%。

（3）当纵向受力钢筋采用搭接做法时，在钢筋搭接长度范围内应配置箍筋，其直径不应小于搭接钢筋较大直径的 1/4。当钢筋受拉时，箍筋间距不应大于搭接钢筋较小直径的 5 倍，且不应大于 100mm；当钢筋受压时，箍筋间距不应大于搭接钢筋较小直径的 10 倍，且不应大于 200mm。当受压钢筋直径大于 25mm 时，尚应在搭接接头两个端面外 100mm

范围内各设置两道箍筋。受拉钢筋直径大于 25mm、受压钢筋直径大于 28mm 时，不宜采用绑扎搭接接头。

（4）框架梁、柱中纵向受拉钢筋的抗震锚固长度 l_{aE}，应按下列公式计算：

一、二级抗震等级 $\qquad\qquad\qquad l_{aE} = 1.15l_a$ （5-51）

三级抗震等级 $\qquad\qquad\qquad l_{aE} = 1.05l_a$ （5-52）

四级抗震等级 $\qquad\qquad\qquad l_{aE} = l_a$ （5-53）

当采用绑扎搭接接头时，纵向受拉钢筋的非抗震搭接长度 l_1 和抗震搭接长度 l_{1E} 应按下列公式计算，且 l_1 不应小于 300mm：

$$l_1(l_{1E}) = \zeta l_a(l_{aE}) \tag{5-54}$$

式中　　l_a，l_{aE}——分别为纵向受拉钢筋的非抗震、抗震锚固长度；

　　　　　ζ——纵向受拉钢筋搭接长度修正系数，同一连接区段内搭接钢筋面积百分率
　　　　　　　　不大于 25%、50%、100% 时，ζ 分别取 1.2、1.4、1.6。

　　B　节点区钢筋锚固要求

非抗震设计时，框架梁、柱的纵向钢筋在框架节点区的锚固和搭接，应符合下列要求（图 5-24）：

（1）顶层中节点柱纵向钢筋和边节点柱内侧纵向钢筋应伸至柱顶；当从梁底边计算的直线锚固长度不小于 l_a 时，可不必水平弯折，否则应向柱内或梁、板内水平弯折，当充分利用柱纵向钢筋的抗拉强度时，其锚固段弯折前的竖直投影长度不应小于 $0.5l_{ab}$，弯折后的水平投影长度不宜小于 12 倍的柱纵筋直径。l_{ab} 为钢筋基本锚固长度，应符合现行国家标准《混凝土结构设计规范》GB 50010 的有关规定。

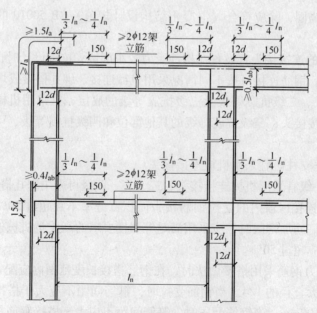

图 5-24　非抗震设计时框架梁、柱纵向钢筋在节点区的锚固要求

（2）顶层端节点处，在梁宽范围以内的柱外侧纵向钢筋可与梁上部纵向钢筋搭接，搭接长度不应小于$1.5l_a$；在梁宽范围以外的柱外侧纵向钢筋可伸入现浇板内，其伸入长度与伸入梁内的相同。当柱外侧纵向钢筋的配筋率大于1.2%时，伸入梁内的柱纵向钢筋宜分两批截断，其截断点之间的距离不宜小于20倍的柱纵向钢筋直径。

（3）梁上部纵向钢筋伸入端节点的锚固长度，直线锚固时不应小于l_a，且伸过柱中心线的长度不宜小于5倍的梁纵向钢筋直径；当柱截面尺寸不足时，梁上部纵向钢筋应伸至节点对边并向下弯折，弯折水平段的投影长度不应小于$0.4l_{ab}$，弯折后竖直投影长度不应小于15倍纵向钢筋直径。

（4）当计算中不利用梁下部纵向钢筋的强度时，其伸入节点内的锚固长度应取不小于12倍的梁纵向钢筋直径。当计算中充分利用梁下部钢筋的抗拉强度时，梁下部纵向钢筋可采用直线方式或向上90°弯折方式锚固于节点内，直线锚固时的锚固长度不应小于l_a；弯折锚固时，锚固段的水平投影长度不应小于$0.4l_{ab}$，弯折后竖直投影长度不应小于15倍纵向钢筋直径。

（5）当采用锚固板锚固措施时，钢筋锚固构造应符合现行国家标准《混凝土结构设计规范》GB 50010 的有关规定。

抗震设计时，框架梁、柱的纵向钢筋在框架节点区的锚固和搭接，应符合下列要求（图5-25）：

（1）顶层中节点柱纵向钢筋和边节点柱内侧纵向钢筋应伸至柱顶；当从梁底边计算的直线锚固长度不小于l_{aE}时，可不必水平弯折，否则应向柱内或梁内、板内水平弯折，锚固段弯折前的竖直投影长度不应小于$0.5l_{abE}$，弯折后的水平投影长度不宜小于12倍的柱纵向钢筋直径。l_{abE}为抗震时钢筋的基本锚固长度，一、二级取$1.15l_{ab}$，三、四级分别取$1.05l_{ab}$和$1.00l_{ab}$。

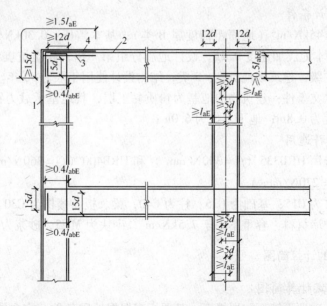

图5-25　抗震设计时框架梁、柱纵向钢筋在节点区的锚固要求

1—柱外侧纵向钢筋；2—梁上部纵向钢筋；3—伸入梁内的外侧纵向钢筋；

4—不能伸入梁内的柱外侧纵向钢筋，可伸入板内

（2）顶层端节点处，柱外侧纵向钢筋可与梁上部纵向钢筋搭接，搭接长度不应小于 $1.5l_{aE}$，且伸入梁内的柱外侧纵向钢筋截面面积不宜小于柱外侧全部纵向钢筋截面面积的 65%；在梁宽范围以外的柱外侧纵向钢筋可伸入现浇板内，其伸入长度与伸入梁内的相同。当柱外侧纵向钢筋的配筋率大于 1.2% 时，伸入梁内的柱纵向钢筋宜分两批截断，其截断点之间的距离不宜小于 20 倍的柱纵向钢筋直径。

（3）梁上部纵向钢筋伸入端节点的锚固长度，直线锚固时不应小于 l_{aE}，且伸过柱中心线的长度不应小于 5 倍的梁纵向钢筋直径；当柱截面尺寸不足时，梁上部纵向钢筋应伸至节点对边并向下弯折，锚固段弯折前的水平投影长度不应小于 $0.4l_{abE}$，弯折后的竖直投影长度应取 15 倍的梁纵向钢筋直径。

（4）梁下部纵向钢筋的锚固与梁上部纵向钢筋相同，但采用 90° 弯折方式锚固时，竖直段应向上弯入节点内。

5.6　设计案例

某五层办公楼，全现浇钢筋混凝土框架结构，丙类建筑。标准层层高 3.3m，首层层高 3.9m，室内外高差 0.3m，建筑物总高度 17.4m，总建筑面积为 4200m²。该办公楼的总长度为 57.6m，虽然超过了《混凝土结构设计规范》GB 50010—2010 第 8.1.1 条伸缩缝的最大间距 55m 的要求，但采用一些构造和施工措施，不设伸缩缝。结构平面布置图见图 5-26。

本例仅进行横向框架的结构计算。

5.6.1　设计资料

5.6.1.1　设计条件

基本风压：0.45kN/m²（地面粗糙度属 B 类）；基本雪压：0.30kN/m²；抗震设防烈度：8 度，设计基本地震加速度 0.2g，设计地震分组第一组；建筑抗震设防类别：丙类；结构抗震等级：二级；建筑场地类别：3 类；结构设计使用年限为 50 年。

工程地质与水文条件：建筑物的地基为粉质黏土层，其地基承载力特征值为 280kPa；场地标准冻结深度为 0.8m；地下水位为 6.0m；

5.6.1.2　材料选用

钢筋：纵筋选用 HRB335（$f_y = 300\text{N/mm}^2$）和 HRB400（$f_y = 360\text{N/mm}^2$）钢筋，箍筋选用 HPB300（$f_y = 270\text{N/mm}^2$）。

混凝土：垫层为 C15；基础为 C35；柱为 C40；梁、板、楼梯为 C30。

填充墙及围护墙材料：容重不大于 7.5kN/m³，砌块为 MU5，砂浆为 M5。

5.6.2　横向框架的计算简图

5.6.2.1　确定计算简图

底层柱高从基础顶面算至二层楼面，基顶标高根据地质条件、室内外高差等因素定为 −0.9m，二楼楼面标高为 3.9m，故底层柱高为 4.8m，其余各层的柱高取层高，即 3.3m。由此可以得到本办公楼⑤轴线横向框架计算单元的计算简图如图 5-27 所示。

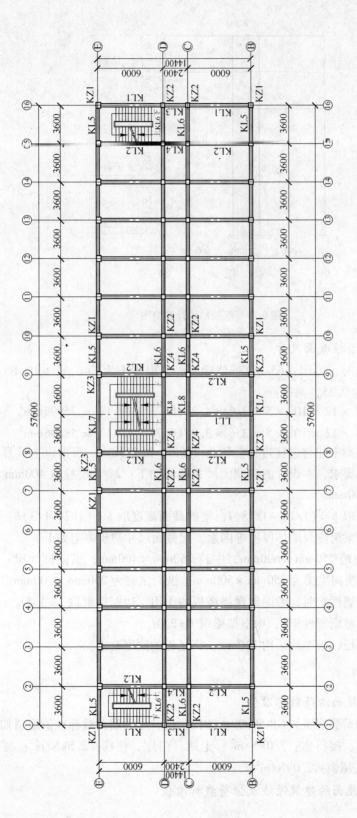

图 5-26 标准层结构平面布置图（1∶100）

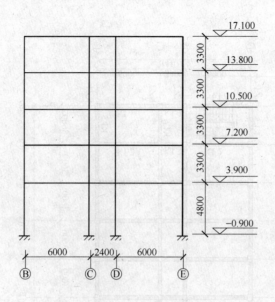

图 5-27　框架结构计算简图

5.6.2.2　确定梁柱截面尺寸

柱截面尺寸初估时，可用式(5-16)近似确定。柱混凝土为 C40，$f_c = 19.1\text{N/mm}^2$，由表 5-14 查得轴压比为 0.75，则有：

中柱　$A_c \geq 1.2 \times 12 \times 10^3 \times 5 \times 3.6 \times 4.2/(0.75 \times 19.1) = 75996\text{mm}^2$

边柱　$A_c \geq 1.3 \times 12 \times 10^3 \times 5 \times 3.6 \times 3.0/(0.75 \times 19.1) = 58806\text{mm}^2$

柱取方形截面，则中柱与边柱边长分别为 276mm 和 243mm。根据以上计算结果并考虑前述框架柱的构造要求，本设计的柱截面尺寸取值如下：2~5 层柱取 400mm×400mm；底层柱取 500mm×500mm。

梁截面高度一般取 $h = (1/10 \sim 1/18)l$，梁的截面高度取 $b = (1/2 \sim 1/3)h$；本例框架为纵横向承重，根据梁跨度及墙体厚度等因素，梁截面尺寸初步确定如下：

横向框架梁：边跨 250mm×600mm，中跨 250mm×400mm；纵向框架梁：250mm×500mm；门厅部分的横向次梁为 250mm×500mm，纵向主梁为 250mm×700mm。根据梁的截面尺寸计算梁截面惯性矩时，考虑到现浇楼板的作用，边框架梁取 $I = 1.5I_0$（I_0 为不考虑楼板翼缘作用的梁截面惯性矩）；中框架梁取 $I = 2.0I_0$。

楼板为现浇双向板，板厚均采用 120mm，满足板的刚度要求。

5.6.3　重力荷载计算

5.6.3.1　楼、屋面活荷载标准值

根据《建筑结构荷载规范》GB 50009—2012，楼、屋面活荷载标准值取值如下：

办公室、会议室、接待室：2.0kN/m^2；走廊、门厅、楼梯：2.5kN/m^2；厕所、盥洗室：2.0kN/m^2；上人屋面：2.0kN/m^2。

5.6.3.2　楼、屋面的建筑做法及恒荷载标准值

（1）屋面。

"二毡三油"上铺小石子防水层 0.35kN/m^2

20mm 厚水泥砂浆找平层 $20 \times 0.02 = 0.40\text{kN/m}^2$

150mm 厚水泥蛭石保温层 $5 \times 0.15 = 0.75\text{kN/m}^2$

120mm 厚钢筋混凝土现浇板 $25 \times 0.12 = 3.00\text{kN/m}^2$

V 形轻钢龙骨吊顶 0.25kN/m^2

合计· 4.75kN/m^2

（2）办公室、会议室、接待室、门厅、走廊。

瓷砖地面（包括水泥粗砂打底） 0.55kN/m^2

120mm 厚钢筋混凝土现浇板 $25 \times 0.12 = 3.00\text{kN/m}^2$

V 形轻钢龙骨吊顶 0.25kN/m^2

合计： 3.80kN/m^2

（3）厕所、盥洗室。

瓷砖地面 0.55kN/m^2

20mm 厚水泥砂浆防水保护层 $20 \times 0.02 = 0.40\text{kN/m}^2$

厕所、盥洗室防水层 0.05kN/m^2

120mm 厚钢筋混凝土现浇板 $25 \times 0.12 = 3.00\text{kN/m}^2$

V 形轻钢龙骨吊顶 0.20kN/m^2

合计： 4.20kN/m^2

（4）楼梯。

贴瓷砖 0.60kN/m^2

楼梯板重（按250mm 厚钢筋混凝土板等效） $25 \times 0.25 = 6.25\text{kN/m}^2$

合计： 6.85kN/m^2

5.6.3.3 梁柱自重（包括梁侧、梁底、柱抹灰的重量）标准值

梁柱的抹灰近似按加大梁宽及柱宽考虑。例 KL_1（250mm × 600mm），长度为5.6m，每根重量为 $0.29 \times 0.6 \times 5.6 \times 25 = 24.36\text{kN}$。其他梁柱自重标准值见表5-18，其中梁长度取净长度；柱长度取层高。

表 5-18   梁柱自重标准值

楼 层	编 号	截面/m²	长度/m	根 数	每根重量/kN
1 ~ 5	KL_1 ~ KL_2	0.25 × 0.6	5.6	32 × 5 = 160	24.36
	KL_3 ~ KL_4	0.25 × 0.4	2.0	16 × 5 = 80	5.80
	KL_5 ~ KL_6	0.25 × 0.5	3.2	56 × 5 = 280	11.60
	KL_7 ~ KL_8	0.25 × 0.7	6.8	4 × 5 = 20	34.51
	LL_1	0.25 × 0.5	5.75	1 × 5 = 5	20.84
2 ~ 5	KZ_1 ~ KZ_4	0.4 × 0.4	3.3	64 × 4 = 256	15.97
1	KZ_1 ~ KZ_4	0.5 × 0.5	4.8	64 × 1 = 64	34.99

5.6.3.4　墙体自重标准值

墙体采用陶粒空心砌块（250mm 厚，$5kN/m^3$），外墙面贴瓷砖（$0.5kN/m^2$），内墙面均为 20mm 厚抹灰，故外墙体单位面积重量为：

$$0.5 + 5 \times 0.25 + 17 \times 0.02 = 2.09kN/m^2$$

内墙体单位面积重量为：

$$5 \times 0.25 + 17 \times 0.02 \times 2 = 1.93kN/m^2$$

木门单位面积重量为 $0.2kN/m^2$；铝合金窗单位面积重量为 $0.4kN/m^2$。因此，有门窗的内外墙折算重量为：

（1）有窗的外墙体。

2 ~ 5 层：$2.09 - (2.0 \times 1.8) \times (2.09 - 0.4)/(3.2 \times 2.8) = 1.41kN/m^2$

1 层：　　$2.09 - (2.0 \times 2.0) \times (2.09 - 0.4)/(3.1 \times 4.3) = 1.58kN/m^2$

（2）有门的内墙体。

2 ~ 5 层：$1.93 - (1.0 \times 2.5) \times (1.93 - 0.2)/(3.2 \times 2.8) = 1.45kN/m^2$

1 层：　　$1.93 - (1.0 \times 2.5) \times (1.93 - 0.2)/(3.1 \times 4.3) = 1.61kN/m^2$

墙体自重标准值计算见表 5-19。

表 5-19　墙体自重标准值

楼　层	墙　体	每片面积/m^2	单位面积重量/$kN \cdot m^{-2}$	片　数	重量/kN
2 ~ 5	外纵墙	3.2×2.8	1.41	$32 \times 4 = 128$	1617
	内纵墙	3.2×2.8	1.45	$32 \times 4 = 128$	1663
	外横墙	13.2×2.7	2.09	$2 \times 4 = 8$	596
	内横墙	5.6×2.7	1.93	$26 \times 4 = 104$	3035
1	外纵墙	3.1×4.3	1.58	$32 \times 1 = 32$	674
	内纵墙	3.1×4.3	1.61	$32 \times 1 = 32$	687
	外横墙	12.9×4.2	2.09	$2 \times 1 = 2$	226
	内横墙	5.5×4.2	1.93	$23 \times 1 = 23$	1025

5.6.3.5　屋面女儿墙自重标准值

女儿墙采用 200mm 厚钢筋混凝土，其高度为 1.2m，外贴瓷砖（$0.5kN/m^2$），故墙体的自重标准值为：

$$0.2 \times 1.2 \times (57.6 \times 2 + 14.4 \times 2) \times 25 + 1.2 \times (57.6 + 14.4) \times 2 \times 0.5 = 950.40kN$$

5.6.3.6　各层重力荷载代表值

顶层重力荷载代表值包括：屋面及女儿墙自重、50% 屋面雪荷载、纵横梁自重、半层柱自重、半层墙体自重；其他层重力荷载代表值包括：楼面恒载，50% 楼面均布活荷载，纵横梁自重，楼面上、下各半层的柱及墙体自重。各层重力荷载代表值分别计算如下：

第 5 层：

$$G_5 = 950.40 + (57.6 \times 14.4) \times (4.75 + 50\% \times 0.30) +$$

$$(32 \times 24.36 + 16 \times 5.80 + 56 \times 11.60 + 4 \times 34.51 + 1 \times 20.84) +$$

$$(64 \times 15.97) \times 0.5 + (1617 + 1663 + 596 + 3035)/4 \times 0.5$$

$$= 8070 \text{kN}$$

第 4～2 层：

$$G_{4\sim2} = (57.6 \times 8.4 + 6.0 \times 3.6 \times 8) \times 3.80 + (6.0 \times 3.6 \times 27 \times 4.20) +$$

$$(6.0 \times 3.6 \times 6) \times 6.85 + (57.6 \times 6.0 + 6.0 \times 3.6 \times 10) \times (50\% \times 2.0) +$$

$$(57.6 \times 2.4 + 6.0 \times 3.6 \times 6) \times (50\% \times 2.5) + (32 \times 24.36 + 16 \times 5.80 +$$

$$56 \times 11.60 + 4 \times 34.51 + 1 \times 20.84) + (64 \times 15.97) +$$

$$(1617 + 1663 + 596 + 3035)/4$$

$$= 8891 \text{kN}$$

第 1 层：

$$G_1 = 8891 - (64 \times 15.97) \times 0.5 - (1617 + 1663 + 596 + 3035)/4 \times 0.5 +$$

$$(64 \times 34.99) \times 0.5 + (674 + 687 + 226 + 1025) \times 0.5$$

$$= 9942 \text{kN}$$

建筑物总重力荷载代表值为：

$$\sum_{i=1}^{5} G_i = 8070 + 3 \times 8891 + 9942 = 44685 \text{kN}$$

各质点的重力荷载代表值及质点高度如图 5-28 所示。

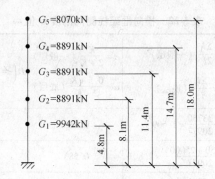

图 5-28　各质点重力荷载代表值

5.6.4　框架横向侧向刚度计算

（1）梁的线刚度计算。梁的线刚度计算见表 5-20，混凝土强度等级为 C30。

表 5-20　梁的线刚度

梁编号	截面面积 /m²	跨度 /m	惯性矩 $I_0 \left(= \dfrac{bh^3}{12} \right) / \text{m}^4$	边框架梁 $I_b(= 1.5 I_0) / \text{m}^4$	边框架梁 $i_b \left(= \dfrac{E_c I_b}{l} \right) / \text{kN} \cdot \text{m}$	中框架梁 $I_b(= 2.0 I_0) / \text{m}^4$	中框架梁 $i_b \left(= \dfrac{E_c I_b}{l} \right) / \text{kN} \cdot \text{m}$
KL_1	0.25×0.6	6.0	4.5×10^{-3}	6.75×10^{-3}	33750		

梁编号	截面面积 /m²	跨度 /m	惯性矩 $I_0\left(=\dfrac{bh^3}{12}\right)$/m⁴	边框架梁 $I_b(=1.5I_0)$/m⁴	边框架梁 $i_b\left(=\dfrac{E_cI_b}{l}\right)$/kN·m	中框架梁 $I_b(=2.0I_0)$/m⁴	中框架梁 $i_b\left(=\dfrac{E_cI_b}{l}\right)$/kN·m
KL₂	0.25×0.6	6.0	$4.5×10^{-3}$			$9.00×10^{-3}$	45000
KL₃	0.25×0.4	2.4	$1.33×10^{-3}$	$2.00×10^{-3}$	25000		
KL₄	0.25×0.4	2.4	$1.33×10^{-3}$			$2.66×10^{-3}$	33250
KL₅	0.25×0.5	3.6	$2.60×10^{-3}$	$3.90×10^{-3}$	32500		
KL₆	0.25×0.5	3.6	$2.60×10^{-3}$			$5.20×10^{-3}$	43333
KL₇	0.25×0.7	7.2	$7.15×10^{-3}$	$10.73×10^{-3}$	44708		
KL₈	0.25×0.7	7.2	$7.15×10^{-3}$			$14.30×10^{-3}$	59583

（2）柱线刚度计算。柱的线刚度计算见表 5-21，混凝土强度等级为 C40。

表 5-21 柱的线刚度

楼层	截面面积/m²	高度/m	E_c/kN·m⁻²	$I_c(=bh^3/12)$/m⁴	$i_c(=E_cI_c/h)$/kN·m
2~5	0.4×0.4	3.3	$32.5×10^6$	$2.13×10^{-3}$	20977
1	0.5×0.5	4.8	$32.5×10^6$	$5.21×10^{-3}$	35276

（3）横向框架柱侧向刚度。横向框架柱侧向刚度 D 值计算见表 5-22。

表 5-22 横向框架柱侧向刚度 D 值

楼层	位置	$K=\dfrac{\sum i_b}{2i_c}$（一般层） $K=\dfrac{\sum i_b}{i_c}$（底层）	$\alpha=\dfrac{K}{2+K}$（一般层） $\alpha=\dfrac{0.5+K}{2+K}$（底层）	$D\left(=\alpha i_c\dfrac{12}{h^2}\right)$/kN·m⁻¹	柱根数
2~5	边框架边柱	$\dfrac{2×33750}{2×20977}=1.609$	0.446	10309	4
	边框架中柱	$\dfrac{2×(33750+25000)}{2×20977}=2.801$	0.583	13476	4
	中框架边柱	$\dfrac{2×45000}{2×20977}=2.145$	0.517	11951	28
	中框架中柱	$\dfrac{2×(45000+33250)}{2×20977}=3.730$	0.651	15048	28
	$\sum D_i$			851112	
1	边框架边柱	$\dfrac{33750}{35276}=0.957$	0.493	9058	4
	边框架中柱	$\dfrac{33750+25000}{35276}=1.665$	0.591	10858	4
	中框架边柱	$\dfrac{45000}{35276}=1.276$	0.542	9958	28
	中框架中柱	$\dfrac{45000+33250}{35276}=2.218$	0.644	11832	28
	$\sum D_i$			689784	

由表 5-22 可见，$\Sigma D_1/\Sigma D_2 = 689784/851112 = 0.81 > 0.7$，故该框架为规则框架。

5.6.5 水平地震作用下横向框架的位移和内力计算

5.6.5.1 横向框架自振周期计算

由于本框架质量和刚度沿高度比较均匀，故可由下式计算其自振周期：

$$T_1 = 1.7\psi_T \sqrt{u_T}$$

式中　u_T——计算结构基本自振周期用的结构顶点假想位移，m；

ψ_T——结构基本自振周期考虑非承重砖墙影响的折减系数，框架结构取 $0.6 \sim 0.7$，该框架取 0.7。

横向框架结构顶点假想位移计算见表 5-23。

表 5-23　横向框架结构顶点假想位移

楼　层	G_i/kN	V_{Gi}/kN	ΣD_i/kN·m^{-1}	$\Delta u_i(= V_{Gi}/\Sigma D_i)$/m	u_i/m
5	8070	8070	851112	0.00948	0.1654
4	8891	16961	851112	0.01993	0.1559
3	8891	25852	851112	0.03037	0.1360
2	8891	34743	851112	0.04082	0.1056
1	9942	44685	689784	0.0648	0.0648

根据上述公式得，横向框架自振周期为：

$$T_1 = 1.7\psi_T \sqrt{u_T} = 1.7 \times 0.7 \times \sqrt{0.1654} = 0.48\text{s}$$

5.6.5.2 横向水平地震作用计算

本框架结构的高度不超过 40m，质量和刚度沿高度分布比较均匀，变形以剪切变形为主，故可采用底部剪力法计算水平地震作用。

在多遇的地震作用下，由地震设防烈度为 8 度，设计基本地震加速度为 $0.2g$，设计地震分组为第一组；建筑场地土类别为Ⅲ类，查表可得：$\alpha_{max} = 0.16$，$T_g = 0.45\text{s}$。

因为 $T_1 = 0.48 < 1.4T_g = 1.4 \times 0.45 = 0.63\text{s}$，则顶部附加地震作用系数 δ_n 可以不考虑，而且 $T_g = 0.45\text{s} < T_1 = 0.48\text{s} < 5T_g = 5 \times 0.45 = 2.25\text{s}$，所以横向地震影响系数为：

$$\alpha_1 = (T_g/T_1)^{0.9}\alpha_{max} = (0.45/0.48)^{0.9} \times 0.16 = 0.151$$

对于多质点体系：$G_{eq} = 0.85\Sigma G_i = 0.85 \times 44685 = 37982\text{kN}$

结构底部总横向水平地震作用标准值为：

$$F_{Ek} = \alpha_1 G_{eq} = 0.151 \times 37982 = 5735\text{kN}$$

各层质点上横向水平地震作用标准值计算见表 5-24。

表 5-24　各质点横向水平地震作用及楼层地震剪力

楼　层	H_i/m	G_i/kN	$G_i H_i$/kN·m	$G_i H_i/\Sigma G_j H_j$	F_i/kN	V_i/kN
5	18.0	8070	145260.0	0.2922	1675.8	1675.8
4	14.7	8891	130697.7	0.2629	1507.7	3183.5

续表 5-24

楼　层	H_i/m	G_i/kN	$G_i H_i/kN \cdot m$	$G_i H_i/\Sigma G_j H_j$	F_i/kN	V_i/kN
3	11.4	8891	101357.4	0.2039	1169.4	4352.9
2	8.1	8891	72017.1	0.1449	831.0	5183.9
1	4.8	9942	47721.6	0.0961	551.1	5735.0

横向框架各层水平地震作用及地震剪力见图 5-29。

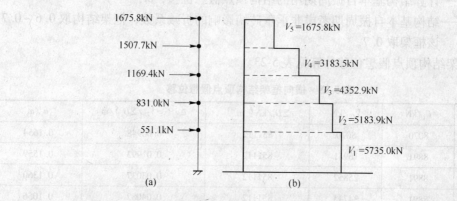

图 5-29　横向框架各层水平地震作用及地震剪力

(a) 水平地震作用分布；(b) 层间地震剪力分布

5.6.5.3　多遇地震作用下的弹性层间位移验算

水平地震作用下横向框架结构的层间位移 Δu_i 和顶点位移 u_i 计算见表 5-25。

表 5-25　横向水平地震作用下的位移验算

楼　层	V_i/kN	$\Sigma D_i/kN \cdot m^{-1}$	$\Delta u_i(=V_i/\Sigma D_i)/m$	u_i/m	h_i/m	$\theta_e = \Delta u_i/h_i$
5	1675.8	851112	0.00197	0.0252	3.3	1/1675
4	3183.5	851112	0.00374	0.0233	3.3	1/882
3	4352.9	851112	0.00511	0.0195	3.3	1/646
2	5183.9	851112	0.00609	0.0144	3.3	1/542
1	5735.0	689784	0.00831	0.0083	4.8	1/578

由表 5-25 可见，最大层间弹性位移角发生在第 2 层，其值为 1/542，虽然大于《建筑抗震设计规范》规定的位移角限值 1/550，但其相差不超过 5%，可以认为满足要求。

5.6.5.4　水平地震作用下横向框架结构内力计算

采用 D 值法，参照本章 5.3.2 节的内容，并利用表 5-22、表 5-24 的计算结果，对图 5-26 中第⑤轴横向框架进行水平地震作用下的框架内力计算。具体计算过程及结果见表 5-26。

表 5-26　横向水平地震作用下框架柱剪力和柱弯矩标准值

柱	楼层	h_i/m	V_i/kN	ΣD_i /kN·m^{-1}	D /kN·m^{-1}	$\dfrac{D}{\Sigma D_i}$	V_{ik}/kN	K	y_i	$M_下$ /kN·m	$M_上$ /kN·m
边柱	5	3.3	1675.8	851112	11951	0.0140	23.46	2.145	0.41	31.74	45.68
	4	3.3	3183.5	851112	11951	0.0140	44.57	2.145	0.46	67.66	79.42
	3	3.3	4352.9	851112	11951	0.0140	60.94	2.145	0.50	100.55	100.55
	2	3.3	5183.9	851112	11951	0.0140	72.57	2.145	0.50	119.74	119.74
	1	4.8	5735.0	689784	9958	0.0144	82.58	1.276	0.65	257.65	138.73
中柱	5	3.3	1675.8	851112	15048	0.0177	29.66	3.730	0.45	44.05	53.83
	4	3.3	3183.5	851112	15048	0.0177	56.35	3.730	0.50	92.98	92.98
	3	3.3	4352.9	851112	15048	0.0177	77.05	3.730	0.50	127.13	127.13
	2	3.3	5183.9	851112	15048	0.0177	91.76	3.730	0.50	151.40	151.40
	1	4.8	5735.0	689784	11832	0.0172	98.64	2.218	0.63	298.29	175.18

梁端弯矩、剪力及柱轴力的计算过程见表 5-27，其中梁线刚度取自表 5-20。表 5-27 中柱轴力负号表示拉力，当左震作用时，左侧两根柱为拉力，对应的右侧两根柱为压力。

表 5-27　地震力作用下框架梁端弯矩、剪力及柱轴力计算

楼层	边 梁				走道梁				柱轴力	
	l/m	$M_左$ /kN·m	$M_右$ /kN·m	V_b/kN	l/m	$M_左$ /kN·m	$M_右$ /kN·m	V_b/kN	边柱 N /kN	中柱 N /kN
5	6.0	45.68	30.96	12.77	2.4	22.87	22.87	19.06	−12.77	−6.29
4	6.0	111.16	78.81	31.66	2.4	58.22	58.22	48.52	−44.43	−23.15
3	6.0	168.21	126.59	49.13	2.4	93.52	93.52	77.94	−93.56	−51.96
2	6.0	220.29	160.18	63.41	2.4	118.35	118.35	98.63	−156.97	−87.18
1	6.0	258.47	187.82	74.38	2.4	138.76	138.76	115.63	−231.35	−128.43

水平地震作用下横向框架的弯矩图、梁端剪力图以及柱轴力图如图 5-30 和图 5-31 所示。

5.6.6　风荷载作用下横向框架结构的位移和内力计算

5.6.6.1　风荷载标准值计算

风荷载的标准值 w_k 按下式计算：

$$w_k = \beta_z \mu_s \mu_z w_0$$

式中　β_z——高度 z 处的风振系数；

μ_s——风荷载体型系数；

μ_z——风压高度变化系数；

w_0——基本风压，kN/m^2。

本办公楼高度小于 30m 且高宽比也小于 1.5，所以不考虑风振系数。风压高度变化系数 μ_z，可以根据建筑物高度和地面粗糙度类别，由《建筑结构荷载规范》查得。

风荷载计算取⑤轴线横向框架，其负荷宽度为 3.6m，将风荷载换算成作用于框架每

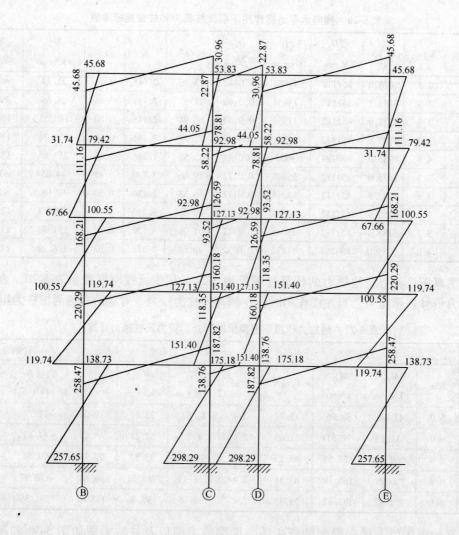

图 5-30　水平地震作用下框架弯矩图（kN·m）

层节点上的集中荷载，计算过程见表 5-28。表中 z 为框架节点至室外地面的高度，A 为一榀框架各层节点的受风荷载面积。

表 5-28　风荷载标准值计算

楼　层	β_z	μ_s	Z/m	μ_z	$w_0/\mathrm{kN\cdot m^{-2}}$	$A/\mathrm{m^2}$	P_w/kN
5	1.0	1.3	17.4	1.19	0.45	10.26	7.14
4	1.0	1.3	14.1	1.12	0.45	11.88	7.78
3	1.0	1.3	10.8	1.02	0.45	11.88	7.09
2	1.0	1.3	7.5	1.00	0.45	11.88	6.95
1	1.0	1.3	4.2	1.00	0.45	13.50	7.90

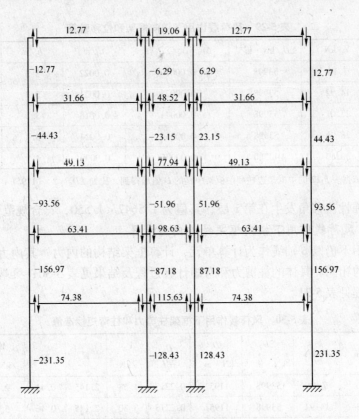

图 5-31 水平地震作用下框架梁端剪力及柱轴力（kN）

横向框架结构分析时，各层节点上的集中荷载，如图 5-32 所示。

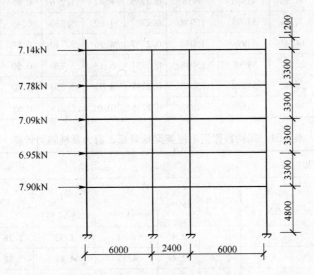

图 5-32 风荷载作用下的结构计算简图

5.6.6.2 风荷载作用下的水平位移验算

风荷载作用下横向框架结构的层间位移 Δu_i 和顶点位移 u_i 计算见表 5-29。

表 5-29 风荷载作用下横向框架和位移验算

层 次	V_i/kN	$\Sigma D_i/kN \cdot m^{-1}$	$\Delta u_i = V_i/\Sigma D_i/m$	u_i/m	h_i/m	$\theta_e = \Delta u_i/h_i$
5	7.14	53998	0.00013	0.0022	3.3	1/25385
4	14.92	53998	0.00028	0.0021	3.3	1/11786
3	22.01	53998	0.00041	0.0018	3.3	1/8049
2	28.96	53998	0.00054	0.0014	3.3	1/6111
1	36.86	43580	0.00085	0.0009	4.8	1/5647

注：表中 ΣD_i 依据表 5-22 的中框架边柱和中框架中柱的 D 值而得到，比如 $\Sigma D_5 = 2 \times (11951 + 15048) = 53998$。

最大层间弹性位移角发生在第 1 层，其值为 1/5647 < 1/550，符合规范要求。

5.6.6.3 风荷载作用下横向框架结构内力计算

风荷载作用下仍以⑤轴线作为计算单元，计算框架结构的内力。其内力计算过程与水平地震作用下的相同。具体的柱剪力和弯矩计算过程及结果见表 5-30；梁端弯矩、剪力及柱轴力计算过程见表 5-31。

表 5-30 风荷载作用下框架柱剪力和柱弯矩标准值

柱	楼层	h/m	V_i/kN	ΣD_i /kN·m^{-1}	D /kN·m^{-1}	$\dfrac{D}{\Sigma D}$	V_{ik} /kN	K	y_i	$M_\text{下}$ /kN·m	$M_\text{上}$ /kN·m
边柱	5	3.3	7.14	53998	11951	0.2213	1.58	2.145	0.41	2.14	3.08
	4	3.3	14.92	53998	11951	0.2213	3.30	2.145	0.46	5.01	5.88
	3	3.3	22.01	53998	11951	0.2213	4.87	2.145	0.50	8.04	8.04
	2	3.3	28.96	53998	11951	0.2213	6.41	2.145	0.50	10.58	10.58
	1	4.8	36.86	43580	9958	0.2285	8.42	1.276	0.65	26.27	14.15
中柱	5	3.3	7.14	53998	15048	0.2787	1.99	3.730	0.45	2.96	3.61
	4	3.3	14.92	53998	15048	0.2787	4.16	3.730	0.50	6.86	6.86
	3	3.3	22.01	53998	15048	0.2787	6.13	3.730	0.50	10.11	10.11
	2	3.3	28.96	53998	15048	0.2787	8.07	3.730	0.50	13.32	13.32
	1	4.8	36.86	43580	11832	0.2715	10.01	2.218	0.63	30.27	17.78

表 5-31 风荷载作用下框架梁端弯矩、剪力及柱轴力计算

楼层	边 梁			走道梁				柱轴力	
	l/m	$M_\text{左}$ /kN·m	$M_\text{右}$ /kN·m	V_b/kN	l/m	$M_\text{左}$ /kN·m	$M_\text{右}$ /kN·m	V_b/kN	边柱 N /kN	中柱 N /kN
---	---	---	---	---	---	---	---	---	---	---
5	6.0	3.08	2.08	0.86	2.4	1.53	1.53	1.28	-0.86	-0.42
4	6.0	8.02	5.65	2.28	2.4	4.17	4.17	3.48	-3.14	-1.62
3	6.0	13.05	9.76	3.80	2.4	7.21	7.21	6.01	-6.94	-3.83
2	6.0	18.62	13.47	5.35	2.4	9.96	9.96	8.30	-12.29	-6.78

风荷载作用下横向框架的弯矩图、梁端剪力图以及柱轴力图如图 5-33 和图 5-34 所示。

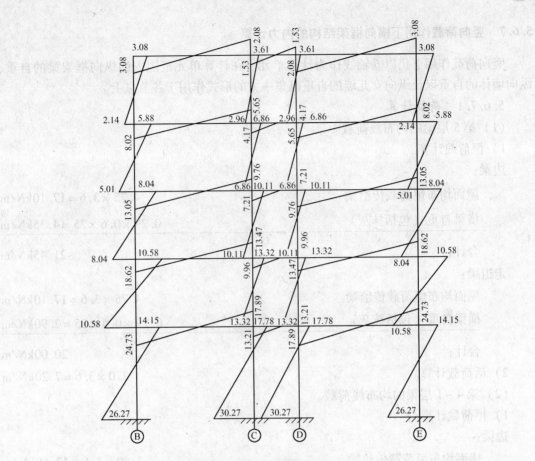

图 5-33　风荷载作用下框架弯矩图（kN·m）

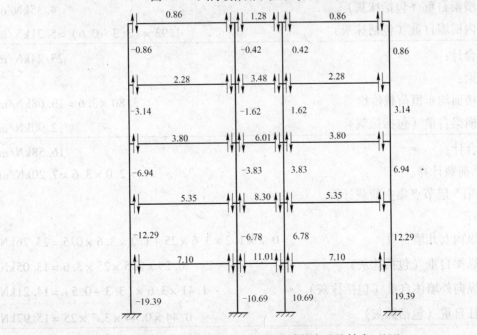

图 5-34　风荷载作用下框架梁端剪力及柱轴力（kN）

5.6.7 竖向荷载作用下横向框架结构的内力计算

竖向荷载作用下仍以⑤轴线作为计算单元。在计算单元范围内的纵向框架梁的自重、纵向墙体的自重以及纵向女儿墙的自重以集中力的形式作用于各节点上。

5.6.7.1 荷载计算

（1）第5层梁的均布线荷载。

1）恒荷载计算。

边梁：

屋面均布恒荷载传给梁	$4.75 \times 3.6 = 17.10 \text{kN/m}$
横梁自重（包括抹灰）	$0.29 \times 0.6 \times 25 = 4.35 \text{kN/m}$
合计：	21.45kN/m

走道梁：

屋面均布恒荷载传给梁	$4.75 \times 3.6 = 17.10 \text{kN/m}$
横梁自重（包括抹灰）	$0.29 \times 0.4 \times 25 = 2.90 \text{kN/m}$
合计：	20.00kN/m

2）活荷载计算。 $2.0 \times 3.6 = 7.20 \text{kN/m}$

（2）第4~1层梁的均布线荷载。

1）恒荷载计算。

边梁：

楼面均布恒荷载传给梁	$3.80 \times 3.6 = 13.68 \text{kN/m}$
横梁自重（包括抹灰）	4.35kN/m
内横墙自重（包括抹灰）	$1.93 \times (3.3 - 0.6) = 5.21 \text{kN/m}$
合计：	23.24kN/m

走道梁：

楼面均布恒荷载传给梁	$3.80 \times 3.6 = 13.68 \text{kN/m}$
横梁自重（包括抹灰）	2.90kN/m
合计：	16.58kN/m

2）活荷载计算。 $2.0 \times 3.6 = 7.20 \text{kN/m}$

（3）第5层节点集中荷载计算。

边柱：

纵向女儿墙自重	$0.2 \times 1.2 \times 3.6 \times 25 + 1.2 \times 3.6 \times 0.5 = 23.76 \text{kN}$
纵梁自重（包括抹灰）	$0.29 \times 0.5 \times 25 \times 3.6 = 13.05 \text{kN}$
纵向外墙体自重（包括抹灰）	$1.41 \times 3.6 \times (3.3 - 0.5) = 14.21 \text{kN}$
柱自重（包括抹灰）	$0.44 \times 0.44 \times 3.3 \times 25 = 15.97 \text{kN}$
合计：	66.99kN

中柱：

纵梁自重（包括抹灰）	13.05kN
纵向内墙体自重（包括抹灰）	$1.45 \times 3.6 \times (3.3 - 0.5) = 14.62$kN
柱自重（包括抹灰）	15.97kN
合计：	43.64kN

（4）第 4～2 层节点集中荷载计算。

边柱：

纵梁自重（包括抹灰）	13.05kN
纵向外墙体自重（包括抹灰）	14.21kN
柱自重（包括抹灰）	15.97kN
合计：	43.23kN

中柱：

纵梁自重（包括抹灰）	13.05kN
纵向内墙体自重（包括抹灰）	14.62kN
柱自重（包括抹灰）	15.97kN
合计：	43.64kN

（5）第 1 层节点集中荷载计算。

边柱：

纵梁自重（包括抹灰）	13.05kN
纵向外墙体自重（包括抹灰）	$1.58 \times 3.6 \times (4.8 - 0.5) = 24.46$kN
柱自重（包括抹灰）	$0.54 \times 0.54 \times 4.8 \times 25 = 24.99$kN
合计：	72.50kN

中柱：

纵梁自重（包括抹灰）	13.05kN
纵向内墙体自重（包括抹灰）	$1.61 \times 3.6 \times (4.8 - 0.5) = 24.92$kN
柱自重（包括抹灰）	34.99kN
合计：	72.96kN

第⑤轴线横向框架的恒荷载及活荷载分布如图 5-35 所示。

5.6.7.2 横向框架内力计算

竖向荷载作用下框架的内力采用弯矩二次分配法计算。除了活荷载较大的工业厂房外，一般的工业与民用建筑可以不考虑活荷载的不利布置，这样求得的框架内力，梁跨中弯矩较考虑活荷载不利布置法求得的弯矩偏小。如果像工业厂房活荷载占总荷载比例较大，可在截面配筋时，将跨中弯矩乘以 1.1～1.2 的放大系数予以调整。

由于该横向框架结构和荷载均对称，故计算时可用半框架。梁端和柱端弯矩计算之后，梁端剪力可根据梁上竖向荷载引起的剪力和梁端弯矩引起的剪力相叠加而得到；柱轴力可由梁端剪力和节点集中荷载叠加得到。

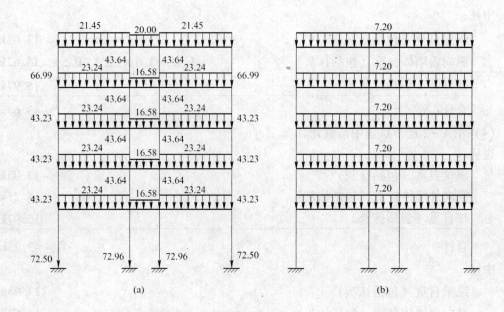

图 5-35   横向框架竖向荷载分布作用

（a）恒荷载示意图（kN/m，kN）；（b）活荷载示意图（kN/m）

（1）固端弯矩计算。将框架梁视为两端固定梁计算固端弯矩，其计算结果见表 5-32。

表 5-32   框架梁固端弯矩计算

边　　跨			中　间　跨		
均布荷载/kN·m⁻¹	l/m	$M(=ql^2/12)$/kN·m	均布荷载/kN·m⁻¹	l/m	$M(=ql^2/12)$/kN·m
21.45	6.0	64.35	20.00	2.4	9.60
23.24	6.0	69.72	16.58	2.4	7.96
7.20	6.0	21.60	7.20	2.4	3.46

（2）分配系数计算。由于取半框架计算内力，切断的横梁线刚度为原来的一倍，分配系数按与节点连接的各杆的转动刚度比值计算。半框架的梁柱线刚度如图 5-36 所示。

比如边柱顶层节点的分配系数为：

$$\mu_{下柱} = \frac{4i_c}{4i_c + 4i_b} = \frac{4 \times 20977}{4 \times 20977 + 4 \times 45000} = 0.318$$

$$\mu_{梁} = \frac{4i_b}{4i_c + 4i_b} = \frac{4 \times 45000}{4 \times 20977 + 4 \times 45000} = 0.682$$

其他节点的分配系数见图 5-37 和图 5-38。

（3）传递系数。远端固定，传递系数为 1/2；远端滑动铰支，传递系数为 -1。

（4）弯矩分配计算。恒荷载作用下，框架的弯矩分配计算见图 5-37，框架的弯矩图见图 5-39；活荷载作用下，框架的弯矩分配计算见图 5-38，框架的弯矩图见图 5-40。

在竖向荷载作用下，考虑框架梁端的塑性内力重分布，取弯矩调幅系数为 0.8。调幅后，恒荷载及活荷载弯矩图见图 5-39 和图 5-40 中括号内数值。

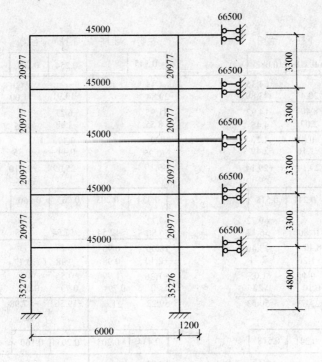

图 5-36 半框架梁柱线刚度示意图（kN/m）

（5）梁端剪力及柱轴力计算。

梁端剪力：
$$V = V_q + V_m$$

柱轴力：
$$N = V + P$$

式中　V_q——梁上均布荷载引起的剪力，$V_q = 0.5ql$；

　　　V_m——梁端弯矩引起的剪力，$V_m = (M_左 - M_{右})/l$；

　　　V——梁端剪力；

　　　P——节点集中力及柱自重。

以边跨顶上两层在恒荷载作用下，梁端剪力及柱轴力为例说明其计算过程。

由图 5-35 查得梁上均布荷载和节点集中力为：

5 层：
$$q = 21.45\text{kN/m}, \quad P = 66.99\text{kN}$$

4 层：
$$q = 23.24\text{kN/m}, \quad P = 43.23\text{kN}$$

由图 5-39 查得梁端弯矩为（括号内为调幅后的弯矩值）：

5 层：
$$M_左 = 29.14\text{kN·m}(23.31\text{kN·m})$$

$$M_{右} = 49.19\text{kN·m}(39.35\text{kN·m})$$

4 层：
$$M_左 = 50.53\text{kN·m}(40.42\text{kN·m})$$

$$M_{右} = 59.22\text{kN·m}(47.38\text{kN·m})$$

5 层：
$$V_{q左} = V_{q右} = \frac{1}{2}ql = \frac{1}{2} \times 21.45 \times 6 = 64.35\text{kN}$$

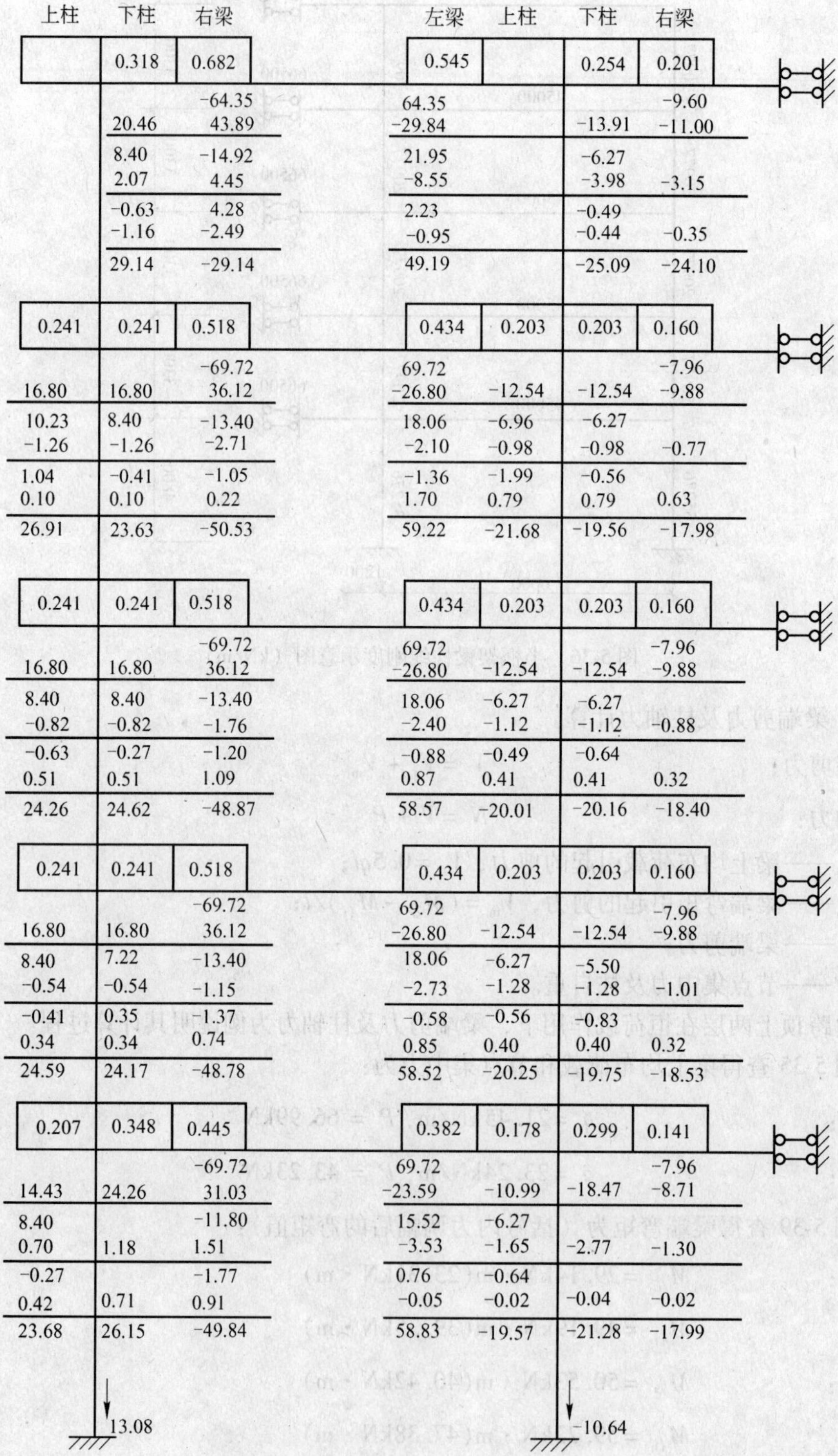

上柱	下柱	右梁		左梁	上柱	下柱	右梁
	0.318	0.682		0.545		0.254	0.201
		-64.35		64.35			-9.60
	20.46	43.89		-29.84		-13.91	-11.00
	8.40	-14.92		21.95		-6.27	
	2.07	4.45		-8.55		-3.98	-3.15
	-0.63	4.28		2.23		-0.49	
	-1.16	-2.49		-0.95		-0.44	-0.35
	29.14	-29.14		49.19		-25.09	-24.10
0.241	0.241	0.518		0.434	0.203	0.203	0.160
		-69.72		69.72			-7.96
16.80	16.80	36.12		-26.80	-12.54	-12.54	-9.88
10.23	8.40	-13.40		18.06	-6.96	-6.27	
-1.26	-1.26	-2.71		-2.10	-0.98	-0.98	-0.77
1.04	-0.41	-1.05		-1.36	-1.99	-0.56	
0.10	0.10	0.22		1.70	0.79	0.79	0.63
26.91	23.63	-50.53		59.22	-21.68	-19.56	-17.98
0.241	0.241	0.518		0.434	0.203	0.203	0.160
		-69.72		69.72			-7.96
16.80	16.80	36.12		-26.80	-12.54	-12.54	-9.88
8.40	8.40	-13.40		18.06	-6.27	-6.27	
-0.82	-0.82	-1.76		-2.40	-1.12	-1.12	-0.88
-0.63	-0.27	-1.20		-0.88	-0.49	-0.64	
0.51	0.51	1.09		0.87	0.41	0.41	0.32
24.26	24.62	-48.87		58.57	-20.01	-20.16	-18.40
0.241	0.241	0.518		0.434	0.203	0.203	0.160
		-69.72		69.72			-7.96
16.80	16.80	36.12		-26.80	-12.54	-12.54	-9.88
8.40	7.22	-13.40		18.06	-6.27	-5.50	
-0.54	-0.54	-1.15		-2.73	-1.28	-1.28	-1.01
-0.41	0.35	-1.37		-0.58	-0.56	-0.83	
0.34	0.34	0.74		0.85	0.40	0.40	0.32
24.59	24.17	-48.78		58.52	-20.25	-19.75	-18.53
0.207	0.348	0.445		0.382	0.178	0.299	0.141
		-69.72		69.72			-7.96
14.43	24.26	31.03		-23.59	-10.99	-18.47	-8.71
8.40		-11.80		15.52	-6.27		
0.70	1.18	1.51		-3.53	-1.65	-2.77	-1.30
-0.27		-1.77		0.76	-0.64		
0.42	0.71	0.91		-0.05	-0.02	-0.04	-0.02
23.68	26.15	-49.84		58.83	-19.57	-21.28	-17.99
	13.08					-10.64	

图 5-37　恒荷载弯矩分配图（kN·m）

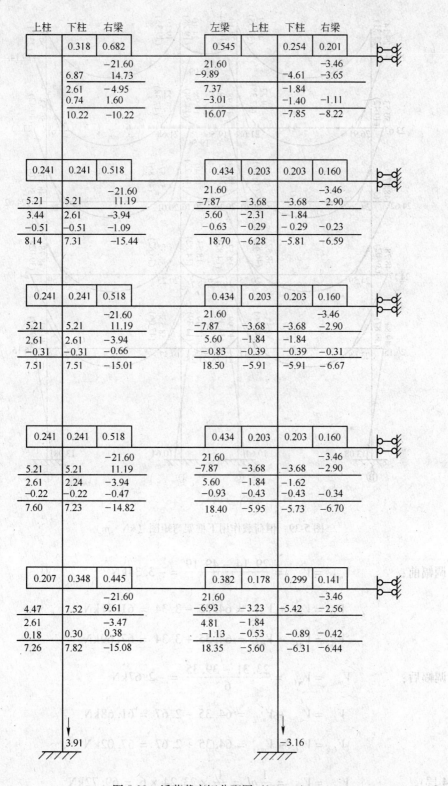

图 5-38　活荷载弯矩分配图（kN·m）

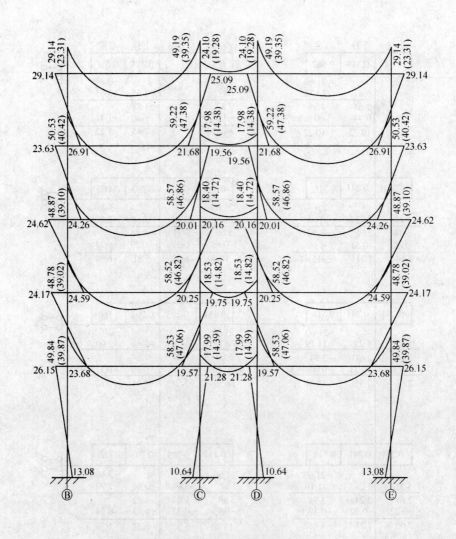

图 5-39　恒荷载作用下框架弯矩图（kN·m）

调幅前：　　$V_{m左} = V_{m右i} = \dfrac{29.14 - 49.19}{6} = -3.34\text{kN}$

$V_{左} = V_{q左} + V_{m左} = 64.35 - 3.34 = 61.01\text{kN}$

$V_{右i} = V_{q右i} - V_{m右i} = 64.35 + 3.34 = 67.69\text{kN}$

调幅后：　　$V_{m左} = V_{m右i} = \dfrac{23.31 - 39.35}{6} = -2.67\text{kN}$

$V_{左} = V_{q左} + V_{m左} = 64.35 - 2.67 = 61.68\text{kN}$

$V_{右i} = V_{q右i} - V_{m右i} = 64.35 + 2.67 = 67.02\text{kN}$

4 层：　　$V_{q左} = V_{q右i} = \dfrac{1}{2}ql = \dfrac{1}{2} \times 23.24 \times 6 = 69.72\text{kN}$

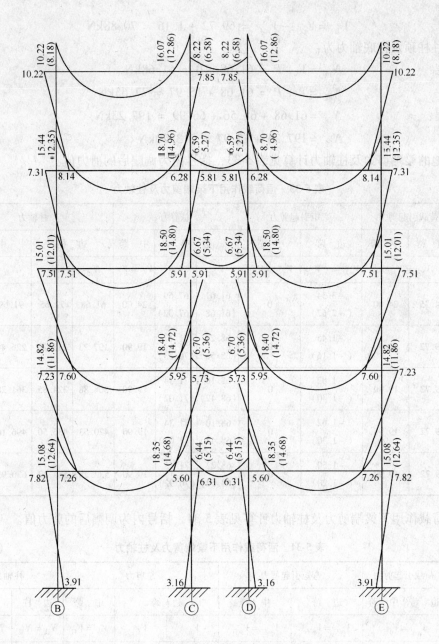

图 5-40　活荷载作用下框架弯矩图（kN·m）

调幅前：
$$V_{m左} = V_{m右} = \frac{50.53 - 59.22}{6} = -1.45kN$$

$$V_{左} = V_{q左} + V_{m左} = 69.72 - 1.45 = 68.27kN$$

$$V_{右} = V_{q右} - V_{m右} = 69.72 + 1.45 = 71.17kN$$

调幅后：
$$V_{m左} = V_{m右} = \frac{40.42 - 47.38}{6} = -1.16kN$$

$$V_{左} = V_{q左} + V_{m左} = 69.72 - 1.16 = 68.56kN$$

$$V_{右} = V_{q右} - V_{m右} = 69.72 + 1.16 = 70.88 \text{kN}$$

边柱柱顶及柱底轴力为：

5 层：

$$N_{顶} = V + P = 61.68 + 0 = 61.68 \text{kN}$$

$$N_{底} = V + P = 61.68 + 15.97 = 77.65 \text{kN}$$

4 层：

$$N_{顶} = 61.68 + 68.56 + 66.99 = 197.23 \text{kN}$$

$$N_{底} = 197.23 + 15.97 = 213.20 \text{kN}$$

其他的梁端剪力及柱轴力计算见表 5-33，括号内为调幅后的剪力值。

表 5-33　恒荷载作用下梁端剪力及柱轴力　　　　　（kN）

楼层	荷载引起剪力		弯矩引起剪力		总剪力			柱轴力			
	边 跨	中 跨	边 跨	中 跨	边 跨		中 跨	边 柱		中 柱	
	$V_{q左}=V_{q右}$	$V_{q左}=V_{q右}$	$V_{m左}=-V_{m右}$	$V_{m左}=V_{m右}$	$V_{左}$	$V_{右}$	$V_{左}=V_{右}$	$N_{顶}$	$N_{底}$	$N_{顶}$	$N_{底}$
5	64.35	24.00	-3.34 (-2.67)	0	61.01 (61.68)	67.69 (67.02)	24.00	61.68	77.65	91.69	107.66
4	69.72	19.90	-1.45 (-1.16)	0	68.27 (68.56)	71.17 (70.88)	19.90	197.23	213.20	226.40	242.37
3	69.72	19.90	-1.62 (-1.30)	0	68.10 (68.42)	71.34 (71.02)	19.90	308.88	324.85	361.28	377.25
2	69.72	19.90	-1.62 (-1.30)	0	68.10 (68.42)	71.34 (71.02)	19.90	420.53	436.50	496.16	512.13
1	69.72	19.90	-1.50 (-1.20)	0	68.22 (68.52)	71.22 (70.92)	19.90	532.28	567.27	630.92	665.91

活荷载作用下梁端剪力及柱轴力计算见表 5-34，括号内为调幅后的剪力值。

表 5-34　活荷载作用下梁端剪力及柱轴力　　　　　（kN）

楼层	荷载引起剪力		弯矩引起剪力		总剪力			柱轴力	
	边 跨	中 跨	边 跨	中 跨	边 跨		中 跨	边 柱	中 柱
	$V_{q左}=V_{q右}$	$V_{q左}=V_{q右}$	$V_{m左}=V_{m右}$	$V_{m左}=V_{m右}$	$V_{左}$	$V_{右}$	$V_{左}=V_{右}$	$N_{顶}=N_{底}$	$N_{顶}=N_{底}$
5	21.60	8.64	-0.98 (-0.78)	0	20.62 (20.82)	22.58 (22.38)	8.64	20.82	31.22
4	21.60	8.64	-0.54 (-0.43)	0	21.06 (21.17)	22.14 (22.03)	8.64	41.99	62.00
3	21.60	8.64	-0.58 (-0.47)	0	21.02 (21.13)	22.18 (22.07)	8.64	63.12	92.82
2	21.60	8.64	-0.60 (-0.48)	0	21.00 (21.12)	22.20 (22.08)	8.64	84.24	123.66
1	21.60	8.64	-0.55 (-0.44)	0	21.05 (21.16)	22.15 (22.04)	8.64	105.40	154.45

5.6.8 横向框架内力组合

5.6.8.1 结构抗震等级

结构的抗震等级可根据结构类型、地震设防烈度、房屋高度等因素，由表 3-11 可知，该框架结构的抗震等级为二级。

5.6.8.2 框架梁内力组合

本工程考虑了三种内力组合，即：

非抗震：① 1.2 恒 +1.4 活；

② 1.2 恒 +0.9×1.4（活 +风）；

抗震： ③ 1.2×（恒 +0.5 活）+1.3 地震

此外，对于本设计，"1.2 恒 +1.4 活"这种内力组合与考虑地震作用的组合相比一般都很小，对结构设计不起控制作用，故不予考虑。下面以第一层边跨梁考虑地震作用的组合为例，说明各内力的组合方法。

在恒荷载和活荷载竖向荷载组合时，跨间 M_{max} 可近似取跨中的弯矩代替，即

$$M_{max} \approx ql^2/8 - (M_{左} + M_{右})/2$$

式中　$M_{左}$，$M_{右}$——梁左、右端弯矩，见图 5-37、图 5-38 括号内的数值。若跨中弯矩小于 $ql^2/16$，则应取 $M = ql^2/16$。

对于竖向荷载与地震作用组合时，跨间最大弯矩 M_{GE} 采用数解法计算，如图 5-41 所示。

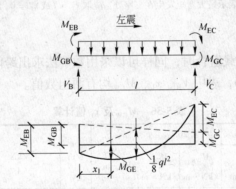

图 5-41　框架梁内力组合图

M_{GB}，M_{GC}—重力荷载作用下梁端的弯矩；M_{EB}，M_{EC}—水平地震作用下梁端的弯矩；

V_C，V_C—竖向荷载与地震作用下梁端反力

对 V_C 作用点取矩得：

$$V_B = \frac{ql}{2} - \frac{1}{l}(M_{GC} - M_{GB} + M_{EB} + M_{EC})$$

x 处截面弯矩为：　　$M = V_B x - \frac{qx^2}{2} - M_{GB} + M_{EB}$

由 $dM/dx = 0$，可得跨间 M_{max} 的位置为：$x_1 = V_B/q$。将 x_1 代入任一截面处的弯矩表达

式，就可得跨间最大弯矩为：

$$M_{max} = M_{GE} = \frac{V_B^2}{2q} - M_{GB} + M_{EB} = \frac{qx^2}{2} - M_{GB} + M_{EB}$$

当右震时，公式中 M_{EB}、M_{EC} 反号，M_{GE} 及 x_1 的具体数值见表 5-35，表中 V_B、x_1、M_{GE} 均有两组数值。

表 5-35 M_{GE} 及 x_1 值计算

位置	楼层	1.2(S_{Gk}+0.5S_{Qk})		1.3S_{Ek}		q /kN·m^{-1}	l/m	V_B/kN	x_1/m	M_{GE} /kN·m
		M_{GB} /kN·m	M_{GC} /kN·m	M_{EB} /kN·m	M_{EC} /kN·m					
边跨 (BC)	5	32.88	54.94	59.38	40.25	30.06	6.0	69.90/103.11	2.33/3.43	108.10/84.57
	4	55.91	65.83	144.51	102.45	32.21	6.0	53.82/136.14	1.67/4.23	133.52/87.75
	3	54.13	65.11	218.67	164.57	32.21	6.0	30.93/158.67	0.96/4.93	179.38/118.63
	2	53.94	65.02	286.38	208.23	32.21	6.0	12.35/177.22	0.38/5.50	234.77/146.86
	1	55.43	65.28	336.01	244.17	32.21	6.0	−1.71/191.69	−0.05/5.95	280.58/178.72
中间跨 (CD)	5	27.08	27.08	29.73	29.73	28.32	2.4	9.21/58.76	0.33/2.07	4.19/3.86
	4	20.42	20.42	75.69	75.69	24.22	2.4	−34.01/92.14	−1.40/3.80	55.27/55.27
	3	20.87	20.87	121.58	121.58	24.22	2.4	−72.25/130.38	−2.98/5.38	100.71/100.71
	2	21.00	21.00	153.86	153.86	24.22	2.4	−99.15/157.28	−4.09/6.49	132.86/132.86
	1	20.36	20.36	180.39	180.39	24.22	2.4	−121.26/179.39	−5.01/7.41	160.03/160.03

注：当 $x_1 > l$ 或 $x_1 < 0$ 时，表示最大弯矩发生在支座处。应取 $x_1 = l$ 或 $x_1 = 0$，用 $M = V_B x - \dfrac{qx^2}{2} - M_{GB} \mp M_{EB}$ 计算 M_{GE}。

对于竖向荷载与风荷载组合时，同样可以采用数解法求出跨间最大弯矩 M_{GW}，具体的 M_{GW} 及 x_1 的数值见表 5-36，表中 V_B、x_1、M_{GW} 均有两组数值。

表 5-36 M_{GW} 及 x_1 值计算

位置	楼层	1.2S_{Gk}+1.26S_{Qk}		1.26S_{Wk}		q /kN·m^{-1}	l/m	V_B/kN	x_1/m	M_{GW} /kN·m
		M_{GB} /kN·m	M_{GC} /kN·m	M_{WB} /kN·m	M_{WC} /kN·m					
边跨 (BC)	5	38.28	63.42	3.88	2.62	34.81	6.0	99.16/101.32	2.85/2.91	106.97/105.23
	4	64.07	75.71	10.11	7.12	36.96	6.0	106.07/111.81	2.87/3.03	98.26/95.48
	3	62.05	74.88	16.44	12.30	36.96	6.0	103.95/113.53	2.81/3.07	100.31/95.68
	2	61.77	74.73	23.46	16.97	36.96	6.0	101.98/115.46	2.76/3.12	102.46/94.66
	1	63.77	74.97	31.16	22.54	36.96	6.0	100.06/117.96	2.71/3.19	103.11/93.12
中间跨 (CD)	5	31.43	31.43	1.93	1.93	33.07	2.4	38.08/41.29	1.15/1.25	−7.63/−7.52
	4	23.90	23.90	5.25	5.25	28.97	2.4	30.39/39.14	1.05/1.35	−2.68/−2.75
	3	24.39	24.39	9.08	9.08	28.97	2.4	27.20/42.33	0.94/1.46	−2.51/−2.59
	2	24.54	24.54	12.55	12.55	28.97	2.4	24.31/45.22	0.84/1.56	−1.77/−1.84
	1	23.76	23.76	16.64	16.64	28.97	2.4	20.90/48.63	0.72/1.68	0.39/0.48

由上述方法可得梁内力组合见表 5-37。表中恒荷载和活荷载的组合，梁端弯矩取调幅后的数值（图 5-39 和图 5-40 括号内的数值），剪力取调幅前后的较大值，如图 5-42 所示。

表 5-37 横向框架梁内力组合表

楼层	截面位置	内力	S_{Gk}	S_{Qk}	S_{Wk}	S_{Ek}	$1.2S_{Gk}+1.4S_{Qk}$	$1.2S_{Gk}+1.26(S_{Qk}+S_{Wk})$ →	←	$1.2(S_{Gk}+0.5S_{Qk})+1.3S_{Ek}$ →	←
5层	$B_{右}$	M	−23.31	−8.18	±3.08	±45.68	−39.42	−34.40	−42.16	26.50	−92.26
		V	61.68	20.82	0.86	12.77	103.16		101.33		103.11
	$C_{左}$	M	−39.35	−12.86	∓2.08	∓30.96	−65.22	−66.04	−60.80	−95.18	−14.69
		V	67.69	22.58	0.86	12.77	112.84	110.76		111.38	
	$C_{右}$	M	−19.28	−6.58	±1.53	±22.87	−32.35	−29.50	−33.35	2.65	−56.87
		V	24.00	8.64	1.28	19.06	40.90		41.30		58.76
	跨中	M_{BC}	65.20	21.88			108.87	106.97	105.23	108.10	84.57
		M_{CD}	−4.88/7.20	−1.40/2.59			−7.82/12.21	−7.63	−7.52	4.19	3.86
3层	$B_{右}$	M	−39.10	−12.01	±13.05	±168.21	−63.73	−45.61	−78.50	164.55	−272.80
		V	68.42	21.13	3.80	49.13	111.69		113.52		158.65
	$C_{左}$	M	−46.86	−14.80	∓9.76	∓126.59	−76.95	−87.18	−62.58	−229.68	99.46
		V	71.34	22.18	3.80	49.13	116.66	118.34		162.79	
	$C_{右}$	M	−14.72	−5.34	±7.21	±93.52	−25.14	−15.31	−33.48	100.71	−142.44
		V	19.90	8.64	6.01	77.94	35.98		42.34		130.39
	跨中	M_{BC}	61.60	19.00			100.52	100.31	95.68	179.38	118.63
		M_{CD}	−2.78/7.20	−0.16/2.59			−3.56/12.27	−2.51	−2.59	—	—
1层	$B_{右}$	M	−39.87	−12.64	±24.73	±258.47	−65.54	−32.61	−94.93	280.58	−391.44
		V	68.52	21.16	7.10	74.38	111.85		117.83		191.61
	$C_{左}$	M	−47.06	−14.68	∓17.89	∓187.82	−77.02	−97.51	−52.43	−309.45	178.89
		V	71.22	22.15	7.10	74.38	116.47	122.32		195.45	
	$C_{右}$	M	−14.39	−5.15	±13.21	±138.76	−24.48	−7.11	−40.40	160.03	−200.75
		V	19.90	8.64	11.01	115.63	35.98		48.64		179.38
	跨中	M_{BC}	61.12	18.74			99.58	103.11	93.12	280.58	178.72
		M_{CD}	−2.45/7.20	2.59			−2.94/12.27	0.39	0.48	—	—

注：1. 表中弯矩单位为 kN·m；剪力单位为 kN。

2. 表中跨中组合弯矩中，填斜线处均为跨间最大弯矩发生在支座处，其值与支座正弯矩组合值相同。

剪力值由图 5-42 可知，应取 $V_{左}$ 和 $V'_{右}$，具体数值见表 5-33 和表 5-34。

5.6.8.3 框架柱内力组合

框架柱取每层柱顶和柱底两个控制截面。组合时考虑活荷载按楼层的折减系数。框架柱内力组合结果见表 5-38 ~ 表 5-41。

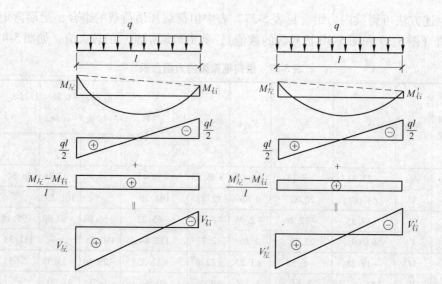

图 5-42　调幅前后剪力值变化

$M_左$，$M_右$—调幅前弯矩值；$M'_左$，$M'_右$—调幅后弯矩值

表 5-38　横向框架边柱弯矩和轴力组合表

楼层	截面位置	内力	S_{Gk}	S_{Qk}	S_{Wk}	S_{Ek}	$1.2S_{Gk}$ $+1.4S_{Qk}$	$1.2S_{Gk}+1.26$ $(S_{Qk}+S_{Wk})$		$1.2(S_{Gk}+0.5S_{Qk})$ $+1.3S_{Ek}$	
								→	←	→	←
5	柱顶	M	29.14	10.22	∓3.08	∓45.68	49.28	43.96	51.73	−18.28	100.48
		N	61.68	20.82	∓0.86	∓12.77	103.16	99.17	101.33	69.91	103.11
	柱底	M	−26.91	−8.14	±2.14	±31.74	−43.69	−39.85	−45.24	4.09	−78.44
		N	77.65	20.82	∓0.86	∓12.77	122.33	118.33	120.50	89.07	122.27
4	柱顶	M	23.62	7.31	∓5.88	∓79.42	38.58	30.15	44.96	−70.25	135.98
		N	197.23	41.99	∓3.14	∓44.43	295.46	285.63	293.54	204.11	319.63
	柱底	M	−24.26	−7.51	±5.01	±67.66	−39.63	−32.26	−44.89	54.34	−121.58
		N	213.20	41.99	∓3.14	∓44.43	314.63	304.79	312.70	223.28	338.79
3	柱顶	M	24.26	7.51	∓8.04	∓100.55	39.63	28.44	48.71	−97.10	164.33
		N	308.88	63.12	∓6.94	∓93.56	445.77	441.44	458.93	286.90	530.16
	柱底	M	−24.59	−7.60	±8.04	±100.55	−40.15	−28.95	−49.21	96.65	−164.78
		N	324.85	63.12	∓6.94	∓93.56	464.93	460.61	478.10	306.06	549.32
2	柱顶	M	24.17	7.23	∓10.58	∓119.74	39.13	24.78	51.44	−112.32	189.00
		N	420.53	84.24	∓12.29	∓156.97	604.88	595.29	626.26	351.12	759.24
	柱底	M	−23.68	−7.26	±10.58	±119.74	−38.58	−24.23	−50.89	122.89	−188.43
		N	436.50	84.24	∓12.29	∓156.97	624.05	614.46	645.43	370.28	778.41
1	柱顶	M	26.15	7.82	∓14.15	∓138.73	42.33	23.40	59.06	−144.28	216.42
		N	532.28	105.40	∓19.39	∓231.35	742.03	747.11	795.97	401.22	1002.73
	柱底	M	−13.08	−3.91	∓26.27	±257.65	−21.17	12.48	−53.72	316.90	−352.99
		N	567.27	105.40	∓19.39	∓231.35	784.02	789.10	837.96	443.21	1044.72

表 5-39　横向框架边柱剪力组合表

楼层	S_{Gk}	S_{Qk}	S_{Wk}	S_{Ek}	$1.2S_{Gk}$ $+1.4S_{Qk}$	$1.2S_{Gk}+1.26(S_{Qk}+S_{Wk})$		$1.2(S_{Gk}+0.5S_{Qk})+1.3S_{Ek}$	
						→	←	→	←
5	-16.98	-5.56	±1.58	±23.46	-28.16	-25.39	-29.37	6.79	-54.21
4	-14.51	-4.49	±3.30	±44.57	-23.70	-18.91	-27.23	37.84	-78.05
3	-14.91	-4.58	±4.87	±60.94	-24.30	-17.53	-29.80	58.58	-99.86
2	-14.50	-4.39	±6.41	±72.57	-23.55	-14.85	-31.01	74.31	-114.38
1	-8.17	-2.44	±8.42	±82.58	-13.22	-2.27	-23.49	96.09	-118.62

注：表中 V 以绕柱端顺时针为正，单位为 kN。表中 S_{Gk}、S_{Qk} 分别由图 5-39 和图 5-40 的柱上下端弯矩之和除以柱高度得到。

表 5-40　横向框架中柱弯矩和轴力组合表

楼层	截面位置	内力	S_{Gk}	S_{Qk}	S_{Wk}	S_{Ek}	$1.2S_{Gk}$ $+1.4S_{Qk}$	$1.2S_{Gk}+1.26$ $(S_{Qk}+S_{Wk})$		$1.2(S_{Gk}+0.5S_{Qk})$ $+1.3S_{Ek}$	
								→	←	→	←
5	柱顶	M	-25.09	-7.85	∓3.61	∓53.83	-41.10	-44.55	-35.45	-104.80	35.16
		N	91.69	31.22	∓0.42	∓6.29	153.74	148.84	149.89	120.58	136.94
	柱底	M	21.68	6.28	±2.96	±44.05	34.81	37.66	30.20	87.05	-27.48
		N	107.66	31.22	∓0.42	∓6.29	172.90	168.00	169.06	139.75	156.10
4	柱顶	M	-19.56	-5.81	∓6.86	∓92.98	-31.61	-39.44	-22.15	-147.83	93.92
		N	226.40	62.00	∓1.62	∓23.15	358.48	347.76	351.84	278.79	338.98
	柱底	M	20.01	5.91	±6.86	±92.98	32.29	40.10	22.82	148.43	-93.32
		N	242.37	62.00	∓1.62	∓23.15	377.64	366.92	371.01	297.95	358.14
3	柱顶	M	-20.16	-5.91	∓10.11	∓127.13	-32.47	-44.38	-18.90	-193.01	137.53
		N	361.28	92.82	∓3.83	∓51.96	543.99	545.66	555.32	421.68	556.78
	柱底	M	20.25	5.95	±10.11	±127.13	32.63	44.54	19.06	193.14	-137.40
		N	377.25	92.82	∓3.83	∓51.96	563.16	564.83	574.48	440.84	575.94
2	柱顶	M	-19.75	-5.73	∓13.32	∓151.40	-31.72	-47.70	-14.14	-223.96	169.68
		N	496.16	123.66	∓6.78	∓87.18	742.55	742.66	759.75	556.25	782.92
	柱底	M	19.57	5.60	±13.32	±151.40	31.32	47.32	13.76	223.66	-169.98
		N	512.13	123.66	∓6.78	∓87.18	761.71	761.82	778.91	575.42	802.09
1	柱顶	M	-21.28	-6.31	∓17.78	∓175.18	-34.37	-55.89	-11.08	-257.06	198.41
		N	630.92	154.45	∓10.69	∓128.43	908.47	938.24	965.18	682.82	1016.73
	柱底	M	10.64	3.16	±30.27	±298.29	17.19	54.89	-21.39	402.44	-373.11
		N	665.91	154.45	∓10.69	∓128.43	950.45	980.23	1007.17	724.80	1058.72

注：表中 M 以左侧受拉为正，单位为 kN·m；N 以受压为正，单位为 kN。

表 5-41　横向框架中柱剪力组合表

楼层	S_{Gk}	S_{Qk}	S_{Wk}	S_{Ek}	$1.2S_{Gk}$ $+1.4S_{Qk}$	$1.2S_{Gk}+1.26(S_{Qk}+S_{Wk})$		$1.2(S_{Gk}+0.5S_{Qk})+1.3S_{Ek}$	
						→	←	→	←
5	14.17	4.28	±1.99	±29.66	23.00	24.90	19.89	58.13	-18.99
4	11.99	3.55	±4.16	±56.35	19.36	24.10	13.62	89.77	-56.74
3	12.25	3.59	±6.13	±77.05	19.73	26.95	11.50	117.02	-83.31
2	11.92	3.43	±8.07	±91.76	19.11	28.79	8.46	135.65	-102.93
1	6.65	1.97	±10.01	±98.64	10.74	23.07	-2.15	137.39	-119.07

注：表中 V 以绕柱端顺时针为正，单位为 kN。表中 S_{Gk}、S_{Qk} 分别由图 5-39 和图 5-40 的柱上下端弯矩之和除以柱高度得到。

5.6.9　框架梁、柱截面配筋计算

根据内力组合结果，即可按照本章 5.3.3 节的介绍，选择各截面最不利内力进行截面配筋计算，计算过程从略。最后，考虑抗震及非抗震构造要求，即可确定框架梁、柱截面配筋并绘制其施工图。⑤轴框架结构施工图参见图 5-43。

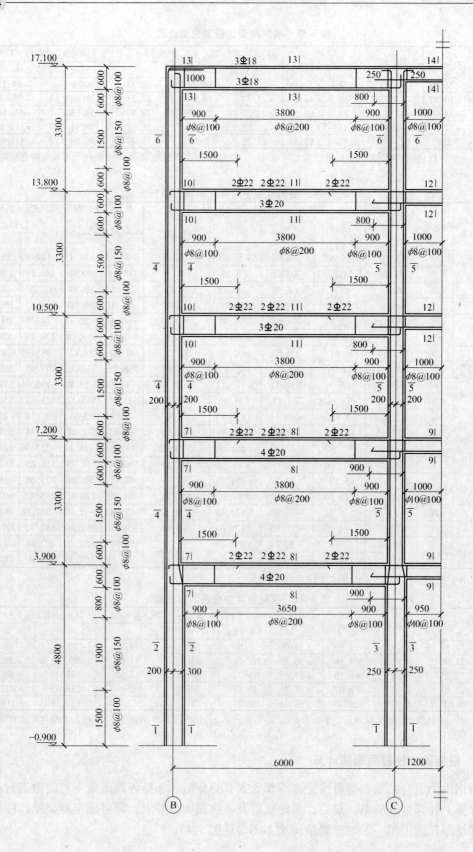

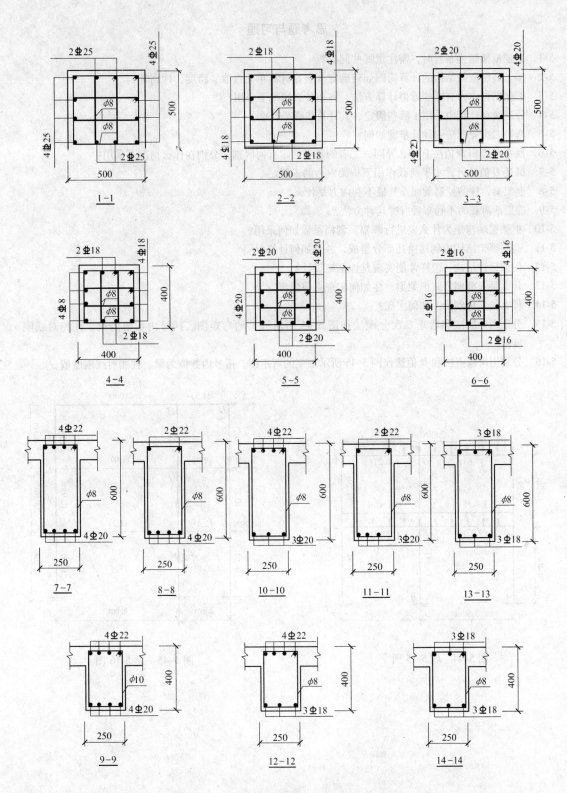

图 5-43　第⑤轴线横向框架配筋图（1∶100）

思考题与习题

5-1　高层框架结构布置时，需注意哪些问题？

5-2　多、高层框架结构的计算简图如何确定（包括计算单元选取、跨度、柱高等）？

5-3　框架结构内力有哪些近似计算方法，各在什么情况下采用？

5-4　分层法在计算中采用了哪些假定，其计算步骤是什么？

5-5　弯矩二次分配法的计算步骤如何？

5-6　反弯点法和 D 值法有什么异同，二者的基本假定有何区别，分别在什么情况下采用？

5-7　试述 D 值法计算水平荷载作用下框架内力的步骤。

5-8　框架梁、柱的控制截面及其最不利内力是什么？

5-9　确定活荷载的不利布置有哪几种方法？

5-10　框架梁端弯矩为什么要进行调幅，调幅系数如何采用？

5-11　高层框架结构的侧移由几部分组成，各自如何计算？

5-12　何谓延性结构，怎样才能实现延性框架设计？

5-13　什么是强剪弱弯，框架梁、柱如何实现强剪弱弯？

5-14　什么是强柱弱梁，如何实现？

5-15　分别用分层法和弯矩二次分配法作图 5-44 所示框架的弯矩图。括号内数值为梁、柱相对线刚度值。

5-16　分别用反弯点法和 D 值法作图 5-45 所示框架的弯矩图。括号内数值为梁、柱相对线刚度值。

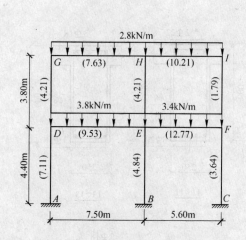

图 5-44　题 5-15 图

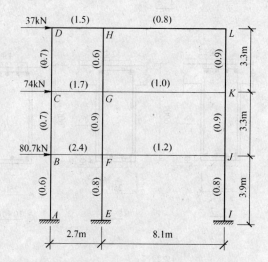

图 5-45　题 5-16 图

6 钢筋混凝土剪力墙结构设计与案例

6.1 剪力墙结构体系与布置

剪力墙结构是由一系列的竖向纵、横墙和平面楼板所组成的空间结构体系。它具有刚度大、位移小、抗震性能好的特点，是高层建筑中常用的结构体系。

6.1.1 剪力墙结构体系

6.1.1.1 剪力墙的分类

根据剪力墙墙肢截面的高宽比 h_w/b_w 值，剪力墙分为一般剪力墙、短肢剪力墙、小墙肢、框架柱。

一般剪力墙：$h_w/b_w > 8$ 的墙

短肢剪力墙：$h_w/b_w = 4 \sim 8$ 的墙

小墙肢：$3 < h_w/b_w < 4$

框架柱：$h_w/b_w \leqslant 4$

除此之外，还有翼墙、端柱等。

翼墙：$l_f/b_f \geqslant 3$

端柱：$3b_f > l_f \geqslant 0.5b_w$

式中，l_f 和 b_f 是翼墙的一边伸出长度及其厚度（图 6-1）；b_w 是剪力墙的厚度。也即，作为端柱，其截面边长不小于墙厚的 2 倍。

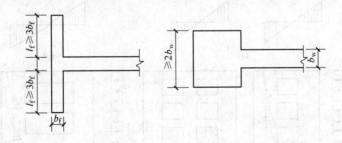

图 6-1 翼墙及端柱

设计中应尽量避免出现小墙肢，因为在这种情况下即使加强配筋，在反复荷载作用下，小墙肢也比大墙肢早开裂早破坏。当 $h_w/b_w \leqslant 4$ 时，宜按框架柱进行截面设计，且 h_w 应满足 $h_w \geqslant 500mm$。

6.1.1.2 剪力墙按整体性的分类

由于剪力墙上洞口大小、位置及数量的不同，在水平荷载作用下其受力特点也不同，主要表现在两个方面：一是各墙肢截面上正应力的分布；二是沿墙肢高度方向上弯矩的变化规律。因此，根据剪力墙墙体开洞的大小，剪力墙可以分为如下几种类型：

（1）整体剪力墙。不开洞或开洞面积小于墙面面积 15% 的墙称为整体剪力墙，当孔洞间净距及孔洞至墙边净距大于孔洞长边时，可以忽略洞口的影响。整体剪力墙如同竖向悬臂梁，截面上正应力呈直线分布，沿墙的高度上弯矩既不发生突变也不出现反弯点，如图 6-2a 所示，变形曲线以弯曲型为主。

（2）整体小开口剪力墙。洞口面积比整体剪力墙的稍大，超过墙面面积的 15%，小于或等于 25% 时，连梁刚度很大，墙肢的刚度相对较小，此时连梁的约束作用很强，墙的整体性很好。水平荷载作用产生的弯矩主要由墙肢的轴力承担，墙肢自身弯矩很小，不超过墙体整体弯矩的 15%。弯矩图有突变，但基本上无反弯点，截面上正应力接近直线分布，如图 6-2b 所示。变形曲线仍以弯曲型为主。

（3）联肢墙。洞口较大（开洞率达到 25%~50% 之间），剪力墙的整体性已破坏，剪力墙成为由一系列连梁约束的墙肢所组成。联肢墙墙肢弯矩图有突变，并有反弯点（仅在一些楼层），墙肢局部弯矩较大，截面上正应力不再呈直线分布，如图 6-2c 所示。变形已由弯曲型逐渐向剪切型过渡。

（4）壁式框架。洞口尺寸很大（开洞率大于 50%），墙肢宽度较小，连梁的线刚度接近墙肢的线刚度，墙肢弯矩与框架柱相似，其弯矩图不仅在楼层处有突变，而且在大多数楼层中都出现反弯点，如图 6-2d 所示。剪力墙的受力性能接近于框架，变形曲线以剪切

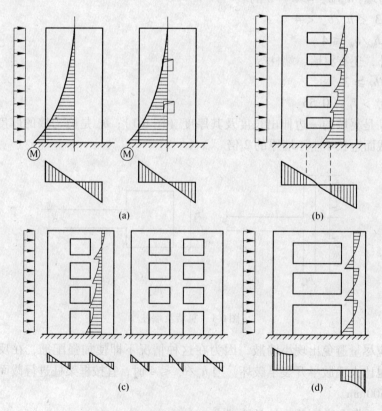

图 6-2 剪力墙的类型

（a）整体剪力墙；（b）小开口整体剪力墙；（c）双肢墙及多肢墙；（d）壁式框架

型为主。

6.1.2 剪力墙的布置

6.1.2.1 剪力墙的平面布置

（1）剪力墙是承受竖向荷载、水平地震作用和风荷载的主要受力构件，因此，剪力墙应沿结构的主要轴线布置：

当平面为矩形、T形、L形时，沿纵横两个方向布置；

当平面为三角形时，剪力墙沿三向布置；

当平面为多边形、圆形和弧形平面时，可沿环向和径向布置。

（2）剪力墙应尽量布置得比较规则，拉通、对直，当稍有错开或转折时，可作为一道墙来进行考虑，如图6-3所示。

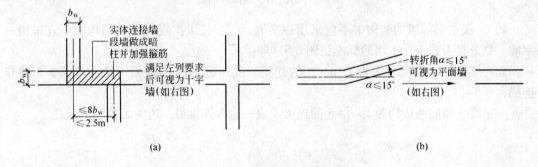

图6-3 内外墙错开或转折

（3）高层建筑结构不应采用全部为短肢剪力墙（墙肢截面高宽比为5~8的剪力墙）的剪力墙结构，短肢剪力墙较多时，应布置筒体（或一般剪力墙），形成筒体（或一般剪力墙）共同抵抗水平力的剪力墙结构，其最大适用高度应适当降低，且7度和8度抗震设计时分别不应大于100m和60m，短肢剪力墙截面宽度不应小于200mm。

（4）控制剪力墙结构抗侧刚度。剪力墙结构中，如果墙体的数量太多，会使结构的抗侧刚度和重量都太大，不仅材料用量大，减小可利用空间，而且地震反应增大，使上部结构和基础设计困难。

为了使剪力墙既有安全的承载力又有必要的抗侧刚度，除了承载力和变形计算以外，还应使其具有合适的抗侧刚度。一般在方案或初步设计阶段和施工图设计阶段都应采取设计措施。

1）一般地，采用墙距6~8m的大开间剪力墙体系比小开间剪力墙（间距3~3.9m）的效果更好。

2）同一轴线上的连续剪力墙过长时，应用楼板（不设连梁）或弱连梁（l_n/h宜大于6）将其划分为若干个墙段（图6-4），每一个墙段可以是单片整截面墙、小开口墙和多肢墙，这样的结构措施将使该轴线上的剪力墙侧向刚度明显降低，提高延性，防止剪切破坏。

3）剪力墙的每一墙段的高宽比不小于3，以防止剪切破坏，每一墙肢的长度不大于8m，否则需留施工洞，用砖填塞。

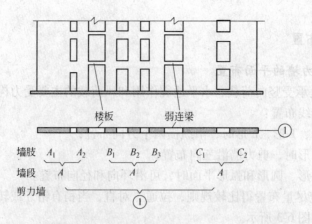

图 6-4　剪力墙、墙段和墙肢

4）一级抗震等级的结构中不应采用一字墙，二、三级抗震等级的结构中不宜采用一字墙。划分是否属于一字墙的标准见图 6-5，即：

非一字墙：墙肢两边均为 $l_n/h < 5$ 的连梁，或一边为此连梁另一边为 $l_n/h \geqslant 5$ 的非连梁；

一字墙：墙肢两边均为 $l_n/h \geqslant 5$ 的连梁，或一边为连梁另一边为无翼墙或端柱。

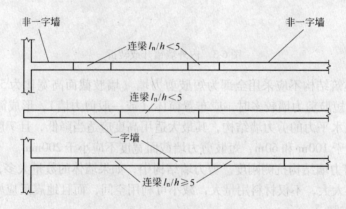

图 6-5　一字墙与非一字墙

5）判断剪力墙结构的合理刚度可通过控制结构的基本自振周期来考虑，宜使剪力墙结构的基本自振周期控制在 $(0.04 \sim 0.05)n$（n 为建筑结构层数）。当周期过短，地震力过大时，可以采用适当降低剪力墙墙厚及混凝土等级，降低连梁高度，或增加洞口宽度或用施工洞减小墙肢长度等方法。

6.1.2.2　剪力墙结构竖向布置

剪力墙结构竖向刚度突变，外挑、内收等都会使结构的变形过分集中在某些楼层，水平荷载作用下将出现严重的破坏甚至倒塌。《高规》规定：抗震设计的高层建筑结构，其楼层的侧向刚度不宜小于相邻上部楼层侧向刚度的 70%，或其上相邻三层侧向刚度平均值的 80%。因此，对剪力墙结构竖向布置应采取以下一些合理的措施：

（1）墙厚和混凝土等级沿竖向改变时，二者不宜在同一层改变；混凝土强度等级一般一层降一级，墙厚每层可减少 50 ~ 100mm。

（2）为减小上、下剪力墙结构的偏心，一般墙厚宜两侧同时内收。外墙为了平整，电梯井为了使用可以单面内收。

（3）剪力墙应沿竖向贯通建筑物的全高，不宜突然取消或中断。

顶部取消部分剪力墙形成大空间时，延伸到顶的剪力墙应予以加强；

多层大空间剪力墙结构的底层应设落地剪力墙或筒体，落地剪力墙数目抗震设防时不宜小于 50%。

底层取消部分剪力墙时应设置转换楼层；底层落地剪力墙和筒体应加厚，并可提高混凝土强度等级以补偿底层的刚度。

（4）不宜采用上宽下窄的刀把形剪力墙，否则应进行专门的平面有限元分析，并加强配筋构造。

（5）合理布置剪力墙的洞口。

1）剪力墙的门窗洞口宜上下对齐、成列布置，形成明确的墙肢和连梁，且一个墙段内各墙肢刚度不宜相差悬殊，避免出现薄弱的小墙肢，宜避免设置使墙肢刚度相差悬殊的洞口。

2）抗震设计时，一、二、三级抗震等级剪力墙底部加强部位不宜采用错洞墙，且任何部位均不宜采用叠合错洞墙。当无法避免时，应采取相应的措施，如图 6-6 所示。

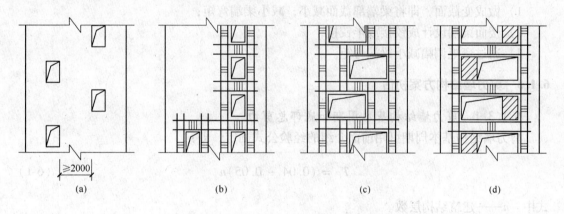

图 6-6　剪力墙洞口不对齐时的构造措施

（a）一般错洞墙；（b）底部局部错洞墙；（c）叠合错洞墙构造之一；（d）叠合错洞墙构造之二

3）剪力墙相邻洞口之间以及洞口与墙边缘之间要避免小墙肢。墙肢宽度不宜小于 $3b_w$（b_w 为墙厚），且不应小于 500mm。

4）无论哪一种洞口，其位置距墙边需保持一定距离：内部正交墙处，≥150mm，并避免出现十字短墙；外墙 T 形截面处，≥300mm；外墙转角处，≥600mm。

5）B 级高度的高层建筑不应在角部剪力墙上开设转角窗。抗震设计时 8 度及 8 度以上设防区的高层建筑，不宜在角部剪力墙上开设转角窗，否则应进行专门研究，并采取更严格的措施。

（6）控制剪力墙平面外弯矩。剪力墙在自身平面内刚度及承载力大，而在平面外刚度及承载力都相对很小。当剪力墙墙肢与其平面外方向的楼面梁连接时，会造成墙肢平面外弯曲，一般情况下并不进行墙的平面外刚度及承载力验算。但是当梁高大于 2 倍墙厚时，梁端弯矩对墙平面外的安全不利，此时应至少采取以下措施（图 6-7）中的一个措施，减小梁端部弯矩对墙的不利影响：

1）沿梁轴线方向设置与梁相连的剪力墙，抵抗该墙肢平面外弯矩。

2）当不能设置与梁轴线方向相连的剪力墙时，宜在墙与梁相交处设置扶壁柱。扶壁柱宜按计算确定截面及配筋。

3）当不能设置扶壁柱时，应在墙与梁相交处设置暗柱，并宜按计算确定配筋。

4）必要时，剪力墙内可设置型钢。

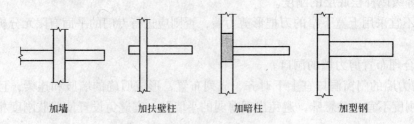

|加墙|加扶壁柱|加暗柱|加型钢|

图 6-7　梁墙相交时的措施

此外，还可以采用下列减小梁端部截面弯矩的措施，减小剪力墙平面外的弯曲：

1）做成变截面，即将梁端部截面减小，减小梁端弯矩；

2）楼面梁端设计成铰接或半铰接；

3）通过弯矩调幅减小梁端弯矩。

6.1.3　剪力墙结构方案初估

6.1.3.1　剪力墙结构基本周期和底部总剪力

剪力墙结构基本周期可用前面介绍的经验公式确定，即：

$$T_1 = (0.04 \sim 0.05)n \tag{6-1}$$

式中　n——建筑结构层数。

可以近似估算建筑物底部总剪力 V_{0E}（取阻尼比 $\zeta = 0.05$）：

$$V_{0E} = \left(\frac{T_g}{T_1}\right)^{0.9} \alpha_{max} G_{eq} \tag{6-2}$$

式中　G_{eq}——结构等效总重力荷载，$G_{eq} = 0.85G_E$；

　　　　G_E——建筑物总重力荷载代表值，$G_E = WS$，W 为单位面积重力荷载（取 14 ~ 18kN/m²），S 为建筑面积。

风荷载产生的底部总剪力 V_{0w} 为

$$V_{0w} = 1.2BH\beta_z \mu_s \mu_z w_0 \tag{6-3}$$

式中　w_0——基本风压值，kN/m²；

μ_s——风荷载体型系数，可取为1.4；

μ_z——风压高度变化系数，可取为1.5；

β_z——Z高度处的风振系数，可取为1.3；

B——迎风面建筑宽度；

H——建筑物高度。

6.1.3.2 剪力墙用量

根据经验，30层以下底层部分剪力墙截面总面积A_w与楼面面积A_f之比，大约在以下范围：

小开间(3 ~ 4m)： $A_\mathrm{w}/A_\mathrm{f} =7\% ~ 9\%$

大开间(7 ~ 8m)： $A_\mathrm{w}/A_\mathrm{f} =4.5\% ~ 5.5\%$

一般宜优先采用大开间剪力墙结构。

6.1.3.3 剪力墙的厚度

《高规》规定：剪力墙的截面尺寸应满足下列要求：

（1）应符合《高规》规定的墙体稳定验算要求；

（2）按一、二级抗震等级设计的剪力墙的截面厚度，底部加强部位不应小于200mm；其他部位不应小于160mm。当为无端柱或翼墙的一字形独立剪力墙时，其底部加强部位截面厚度尚不应小于220mm；其他部位不应小于180mm；

（3）按三、四级抗震等级设计的剪力墙的截面厚度，不应小于160mm；一字形独立剪力墙的底部加强部位不应小于180mm；

（4）非抗震设计的剪力墙，不应小于160mm；

（5）剪力墙井筒中，分隔电梯井或管道井的墙肢截面厚度可适当减小，但不宜小于160mm。

对于住宅类剪力墙结构，墙厚可按表6-1估算。

表6-1　剪力墙住宅的墙厚　　　　　　　　　　　　（mm）

层　数	小开间（3~4m）	大开间（7~8m）
20 ~ 24	200	220 ~ 240
16 ~ 20	180	200 ~ 220
8 ~ 15	160	180

注：对于一、二级抗震等级设计的剪力墙，表中数字应增加：40mm（底部加强部位），20mm（无端柱或翼墙的其他部位）。

6.1.3.4 剪力墙材料选择

剪力墙结构混凝土强度等级不应低于C20，不宜超过C60。带有筒体和短肢剪力墙的剪力墙结构的混凝土强度等级不应低于C25。

6.1.3.5 剪重比限制

剪重比，即建筑物底部地震剪力V_0E与总重力荷载代表值G_E之比，宜控制在表6-2的范围内。

表6-2　剪重比限值　　　　　　　（%）

设防烈度 场　　地	7度	8度	9度
Ⅰ级	2～3	4～5	8～10
Ⅱ级	3～4	5～7	9～14

注：表中数值适用于15～20层建筑，当建筑物高度更高时，比值会适当降低。

6.1.4　剪力墙设计计算流程图

剪力墙设计计算流程图见图6-8。

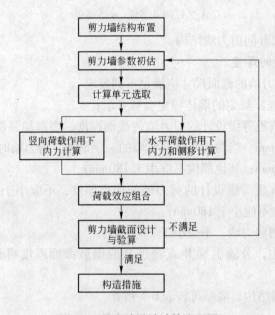

图6-8　剪力墙设计计算流程图

6.2　剪力墙的内力及位移计算

6.2.1　剪力墙计算方法

6.2.1.1　竖向荷载作用下剪力墙的分析方法

剪力墙所承受的竖向荷载，一般是结构自重和楼面荷载，竖向荷载通过楼板传递到墙上，各片墙的竖向荷载可按照它的受荷面积计算。每片剪力墙的内力分别计算；每片剪力墙作为竖向悬臂构件，按材料力学的方法计算内力。

剪力墙在竖向荷载作用下计算截面只有弯矩和轴力。通常竖向荷载多为均匀、对称的，在各墙肢内产生的主要是轴力，故计算时常忽略较小的弯矩的影响，按轴心受压构件计算墙肢轴力。计算各墙肢的荷载时，以门洞中线作为荷载范围分界线，墙肢自重扣除门洞部分。

连梁按两端固定（两端与梁相连）或一端固定、一端铰接（与柱相连）的梁计算弯矩和轴力。求出连梁梁端弯矩后再按上、下层墙肢的刚度分配到剪力墙上。

将各荷载等效地化为作用于剪力墙形心轴处的弯矩 M 和轴力 N。对于整体剪力墙，此轴力 N 即为该片墙的轴力；对于小开口整体墙和联肢墙，可将轴力 N 按各墙肢截面面积进行分配；由于弯矩 M 一般较小，近似计算时常忽略其影响。当需要考虑弯矩 M 的影响时，对于整体剪力墙，此弯矩即为该片墙的弯矩；对于小开口整体墙，各墙肢弯矩按下式计算：

$$M_j = 0.85\frac{I_j}{I}M + 0.15\frac{I_j}{\Sigma I_j}M \tag{6-4}$$

式中　I_j——第 j 墙肢的截面惯性矩；

　　　I——小开口整体墙组合截面惯性矩；

　　　M——墙体所受到的总弯矩。

对于壁式框架，竖向荷载作用下的内力计算可采用分层法或弯矩二次分配法，计算原理和步骤与普通框架相同。

6.2.1.2　水平荷载作用下剪力墙的分析方法

（1）材料力学分析法。对于整体墙，在水平力作用下，其类似于一悬臂构件，截面仍保持平面，法向应力呈线性分布，可采用材料力学中有关公式计算内力及变形；对于小开口剪力墙，其截面变形后基本保持平面，正应力大体呈线性分布，为计算方便，仍采用材料力学中有关公式计算并进行局部弯曲修正。一般将总力矩的85%按材料力学方法计算墙肢弯矩及轴力，将总力矩的15%按墙肢的刚度进行分配。

（2）连续化方法。该法是对结构进行简化后得到的比较简单的解析法。计算双肢墙和多肢墙的连续杆法就属于这一类。连续杆法就是将每一楼层的连梁假想为在层高内均布的一系列连续连杆，由连杆的位移协调条件建立墙的内力微分方程，从中求解出外力。

（3）壁式框架法。将开有较大洞口的剪力墙视为带刚域的框架，用 D 值法进行求解，也可用杆件有限元及矩阵位移法借助计算机进行求解。

（4）有限元法和有限条分法。有限元法是剪力墙应力分析中一种比较精确的方法，而且对各种复杂几何形状的墙体都适用。

有限条分法计算结构也是一种简单有效而且精度较高的分析方法，它将剪力墙结构进行等效连续化处理后，取条带进行计算。

6.2.1.3　计算采用的基本假定

（1）楼板在其自身平面内刚度无限大；

（2）剪力墙在其自身平面内刚度很大，在其平面外的刚度极小，可忽略不计。

由假设（1），楼板在自身平面内没有相对位移，只作刚体运动——平动和转动，这样，被楼板连在一起的各片剪力墙水平位移相等，剪力墙结构承受的水平荷载作用可按各片剪力墙的等效抗弯刚度分配给各片剪力墙，然后分别进行内力和位移计算；由假设（2），每个方向的水平荷载只由该方向的各片剪力墙承受，垂直于该荷载作用方向的各片剪力墙不参与工作，如图6-9所示，图（a）的剪力墙可根据荷载的特点分别按图（b）和图（c）考虑。这样就可以将纵、横两个方向的剪力墙分开，使空间剪力墙结构简化为平

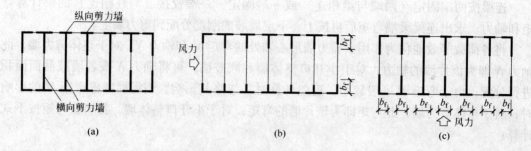

图 6-9 剪力墙结构计算截面

面结构。

当简化为平面结构计算时，在计算剪力墙结构的内力和位移时，可以把它与正交的另一方向墙作为翼缘来考虑纵、横墙的共同工作特点，即纵墙的一部分可以作为横墙的有效翼缘，横墙的一部分也可以作为纵墙的有效翼缘（图 6-10）。现浇剪力墙有效翼缘计算宽度 b_f，可按表 6-3 所列各项最小值取值。

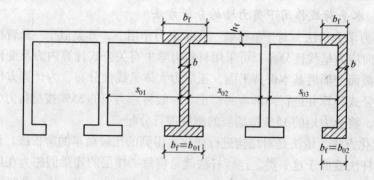

图 6-10 剪力墙翼缘计算宽度 b_f

表 6-3 剪力墙有效翼缘计算宽度 b_f

考虑方式	截面形式	
	T 形或工字形	L 形或 [形
按剪力墙间距	$b + \dfrac{s_{01}}{2} + \dfrac{s_{02}}{2}$	$b + \dfrac{s_{03}}{2}$
按翼缘厚度	$b + 12h_f$	$b + 6h_f$
按剪力墙总高度	$\dfrac{H}{20}$	$\dfrac{H}{20}$
按门窗洞口	b_{01}	b_{02}

6.2.2 剪力墙类型的判别

剪力墙上门窗洞口的大小及洞口配置方式，将影响墙肢的整体性及其内力分布。不同类型的剪力墙计算方法不同，因此，在进行剪力墙内力分析之前必须进行剪力墙类型的判别。剪力墙类型的判别主要根据墙肢惯性矩比值 I_n/I 和整体系数 α 确定。

6.2.2.1 墙肢惯性矩比值 I_n/I

对于开大洞的剪力墙（图6-11），设墙肢 i 的截面面积为 A_i，对自身形心轴的惯性矩为 I_i，距墙肢组合截面形心轴的距离为 y_i，连梁数为 k，则墙肢组合截面的惯性矩 I 可表示为：

$$I = \sum_{i=1}^{k+1} (I_i + A_i y_i^2) = \sum_{i=1}^{k+1} I_i + \sum_{i=1}^{k+1} A_i y_i^2 \tag{6-5}$$

惯性矩增量
$$I_n = I - \sum_{i=1}^{k+1} I_i = \sum_{i=1}^{k+1} A_i y_i^2 \tag{6-6}$$

因此
$$\frac{I_n}{I} = \frac{I - \sum_{i=1}^{k+1} I_i}{I} = 1 - \frac{\sum_{i=1}^{k+1} I_i}{I} \tag{6-7}$$

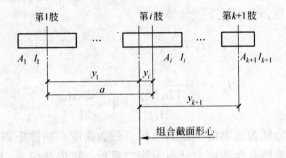

图 6-11　墙肢组合截面

当剪力墙的开口宽度或墙肢净距增大时，惯性矩比值 I_n/I 增大，这意味着墙肢轴向变形增大，整体弯曲变形也随之增大。因此，墙肢惯性矩比值又被称为墙肢轴向变形影响系数，以 τ 表示，并有下列关系：

$$\tau = \frac{I_n}{I} \tag{6-8}$$

对于双肢剪力墙，$\tau = \dfrac{I_n}{I} = \dfrac{Sa}{I_1 + I_2 + Sa}$，$S = \dfrac{aA_1A_2}{A_1 + A_2}$，$a$ 为两墙肢中心线之间的距离，A_1、A_2 分别为两个墙肢的面积。

对于多肢剪力墙，$\tau = I_n/I$ 的表达式很复杂，实际应用中可以从表6-4查取。

表6-4　多肢墙轴向变形影响系数 τ

墙肢数目	3~4	5~7	8肢以上
τ	0.80	0.85	0.9

由于墙肢惯性矩比值 I_n/I 主要是反映大开洞墙中墙肢净距增大的影响，当连梁高度增大或洞口净高变化太多时，要同时采用剪力墙整体系数 α 判别。

6.2.2.2 整体系数 α

剪力墙的墙体整体系数 α 按下式定义：

多肢剪力墙

$$\alpha^2 = \frac{6H^2}{\tau h \cdot \sum\limits_{i=1}^{k+1} I_i} \cdot \sum_{i=1}^{k} D_i \qquad (6-9)$$

双肢剪力墙

$$\alpha^2 = \frac{6H^2}{h} \cdot \frac{I}{I_n} \cdot \frac{D}{I_1 + I_2} \qquad (6-10)$$

式中 h, H——剪力墙层高和总高;

I——墙肢组合截面的惯性矩;

I_i——第 i 墙肢截面对自身形心轴的惯性矩,共计 $k+1$ 肢,k 为连梁数;

D——一根连梁的刚度特征,$D = \dfrac{2I_b a^2}{l^3}$;

l, a, I_b——分别为连梁的计算跨度、轴线跨度和考虑剪切变形影响的折算惯性矩,分别按下式计算:

$$l = l_0 + \frac{h_b}{2}$$

$$I_b = \frac{I_{b0}}{1 + \dfrac{12\mu E I_{b0}}{G A_b l^2}} \approx \frac{I_{b0}}{1 + \dfrac{28\mu I_{b0}}{A_b l^2}}$$

A_b, h_b, I_{b0}, l_0——分别为连梁的横截面面积、截面高度、惯性矩和净跨度;

μ——墙肢截面剪应力分布不均匀系数,矩形截面 $\mu = 1.2$,工字形截面 $\mu =$ 全截面/腹板毛截面面积;T形截面按表 6-5 取值。

当 $G = 0.4E$ 时,上式中的 28 改为 30。

表 6-5   T 形截面剪力不均匀系数 μ

h_w/t \ b_f/t	2	4	6	8	10	12
2	1.383	1.496	1.521	1.511	1.483	1.445
4	1.441	1.876	2.287	2.682	3.061	3.424
6	1.362	1.697	2.033	2.367	2.698	3.026
8	1.313	1.572	1.838	2.106	2.374	2.641
10	1.283	1.489	1.707	1.927	2.148	2.370
12	1.264	1.432	1.614	1.800	1.988	1.178
15	1.245	1.674	1.519	1.669	1.820	1.973
20	1.228	1.317	1.422	1.531	1.648	1.763
30	1.214	1.264	1.328	1.399	1.473	1.549
40	1.208	1.240	1.284	1.334	1.387	1.442

注:b_f 为翼缘有效宽度,h_w 为截面高度,t 为腹板厚度。

6.2.2.3 剪力墙类型判别

剪力墙的类别可根据下列指标判别：

(1) 当 $\alpha < 1$ 时，忽略连梁对墙肢的约束作用，各墙肢按独立墙肢分别计算；

(2) 当 $1 \leqslant \alpha < 10$，且 $I_n/I \leqslant \zeta$ 时，可按联肢墙计算；

(3) 当 $\alpha \geqslant 10$，且 $I_n/I \leqslant \zeta$ 时，可按整体小开口墙计算；

(4) 当 $\alpha \geqslant 10$，且 $I_n/I > \zeta$ 时，可按壁式框架计算；

(5) 当无洞口或有洞口而洞口面积小于墙总立面的 15% 时，并且洞口之间的距离及洞口至墙边的距离均大于洞口的长边尺寸时，按整体墙计算。

系数 ζ 由整体系数 α 及层数按表 6-6 取用。

表 6-6 系数 ζ 的取值

层数 n / α	8	10	12	16	30	$\geqslant 30$
10	0.886	0.948	0.975	1.000	1.000	1.000
12	0.886	0.824	0.950	0.994	1.000	1.000
14	0.853	0.908	0.934	0.978	1.000	1.000
16	0.844	0.896	0.923	0.964	0.988	1.000
18	0.836	0.888	0.914	0.952	0.978	1.000
20	0.831	0.880	0.906	0.945	0.970	1.000
22	0.827	0.875	0.901	0.940	0.965	1.000
24	0.824	0.871	0.897	0.936	0.960	0.989
26	0.822	0.867	0.894	0.932	0.955	0.986
28	0.820	0.864	0.890	0.929	0.952	0.982
$\geqslant 30$	0.818	0.861	0.887	0.926	0.950	0.979

6.2.3 整体剪力墙在水平荷载作用下内力及位移的计算

6.2.3.1 整体剪力墙的内力计算

在水平荷载作用下，整体剪力墙可视为一上端自由、下端固定的整截面悬臂梁（图6-12），用材料力学中悬臂梁的内力和变形的有关公式进行计算。

当剪力墙孔洞面积与墙面面积之比小于15%且孔洞净距及孔洞至墙边距离大于孔洞长边时，可作为整截面悬臂构件按平截面假定计算截面应力：

$$\sigma = \frac{My}{I} \tag{6-11}$$

$$\tau = \frac{VS}{Ib} \tag{6-12}$$

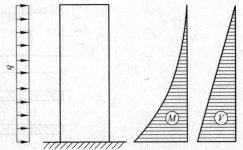

图 6-12 整体剪力墙在水平荷载作用下的内力

式中 σ——截面的正应力；

       τ——截面的剪应力；

       M——截面的弯矩；

       V——截面的剪力；

       I——截面的惯性矩；

       S——截面的静矩；

       b——截面宽度；

       y——截面重心到所求正应力点的距离。

6.2.3.2   整体剪力墙的位移计算

位移计算中，要考虑洞口对截面面积及刚度的削弱影响，因此计算中要用到折算面积和折算惯性矩。

（1）剪力墙水平截面的折算面积 A_w。A_w 按下式计算：

$$A_w = \gamma_0 A \qquad\qquad (6\text{-}13)$$

式中 A_w——无洞口剪力墙的截面面积；小洞口整截面墙取折算截面面积；

      A——剪力墙截面毛面积；

      $\gamma_0 = 1 - 1.25 \sqrt{A_{op}/A_f}$；

      A_f——剪力墙立面总墙面面积；

      A_{op}——剪力墙洞口总面积（立面）。

（2）剪力墙水平截面折算惯性矩 I_w。折算惯性矩 I_w 取有洞口截面与无洞口截面惯性矩沿竖向的加权平均值，即：

$$I_w = \frac{\sum\limits_{i=1}^{n} I_{wi} h_i}{\sum\limits_{i=1}^{n} h_i} \qquad\qquad (6\text{-}14)$$

式中 I_{wi}——剪力墙沿竖向各段的截面惯性矩，无洞口段与有洞口段分别计算，见图6-13；

      h_i——各段相应高度，$\sum h_i = H$，H 为剪力墙总高度，见图6-13。

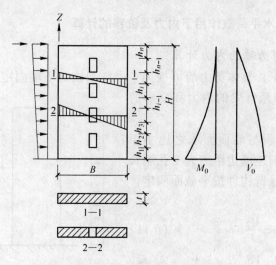

图6-13   有洞口剪力墙尺寸示意图

（3）位移计算。计算位移时，由于剪力墙的截面高度较大，除弯曲变形外，应考虑剪切变形的影响。在三种常用水平荷载下，悬臂杆顶点位移计算公式（括弧中后一项为剪切变形影响）如下：

$$u = \frac{11}{60} \frac{V_0 H^3}{EI_w} \left(1 + \frac{3.64\mu EI_w}{H^2 GA_w} \right) = \frac{11}{60} \frac{V_0 H^3}{EI_{eq}} \qquad \text{（倒三角形分布荷载）}$$

$$u = \frac{1}{8} \frac{V_0 H^3}{EI_w} \left(1 + \frac{4\mu EI_w}{H^2 GA_w} \right) = \frac{1}{8} \frac{V_0 H^3}{EI_{eq}} \qquad \text{（均布荷载）} \qquad (6\text{-}15)$$

$$u = \frac{1}{3} \frac{V_0 H^3}{EI_w} \left(1 + \frac{3\mu EI_w}{H^2 GA_w} \right) = \frac{1}{3} \frac{V_0 H^3}{EI_{eq}} \qquad \text{（顶部集中荷载）}$$

式中　V_0——底部截面剪力；

　　μ——剪力不均匀系数，矩形截面取 $\mu = 1.2$，工形截面取 $\mu = $ 全面积/腹板面积；

　EI_{eq}——等效刚度，为计算方便，把剪切变形与弯曲变形综合成弯曲变形的形式表达，三种水平荷载作用下剪力墙的等效刚度如下：

$$EI_{eq} = EI_w \Big/ \left(1 + \frac{3.64\mu EI_w}{H^2 GA_w} \right) \qquad \text{（倒三角形分布荷载）}$$

$$EI_{eq} = EI_w \Big/ \left(1 + \frac{4\mu EI_w}{H^2 GA_w} \right) \qquad \text{（均布荷载）} \qquad (6\text{-}16)$$

$$EI_{eq} = EI_w \Big/ \left(1 + \frac{3\mu EI_w}{H^2 GA_w} \right) \qquad \text{（顶部集中荷载）}$$

　　G——混凝土的剪切模量，可取 $G = 0.42E_c$；

　　E_c——混凝土的弹性模量，$E = E_c$。

进一步简化，将三个等效刚度统一，将 $G = 0.42E_c$ 代入上式，系数取比平均值稍大的整数，上面三式可归并为一个统一的计算式：

$$EI_{eq} = EI_w \Big/ \left(1 + \frac{9\mu I_w}{H^2 A_w} \right) \qquad (6\text{-}17)$$

6.2.4　整体小开口墙在水平荷载作用下内力及位移的计算

整体小开口剪力墙在水平荷载作用下，既要绕组合截面的形心轴产生整体弯曲变形，各墙肢还要绕各自截面的形心轴产生局部弯曲变形，并在各墙肢产生相应的整体弯曲应力和局部弯曲应力。

整体弯曲变形是主要的，而局部弯曲变形是次要的，不超过整体弯曲变形的15%，见图6-14。

6.2.4.1　墙肢弯矩计算

设在 z 高度处剪力墙截面所受到的总弯矩和总剪力分别为 M_{pz} 和 V_{pz}（图6-15），将总

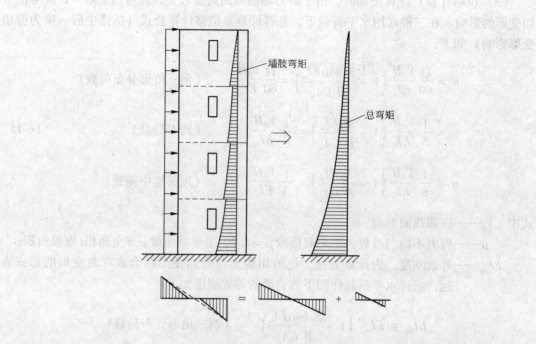

图 6-14　整体小开口剪力墙受力图

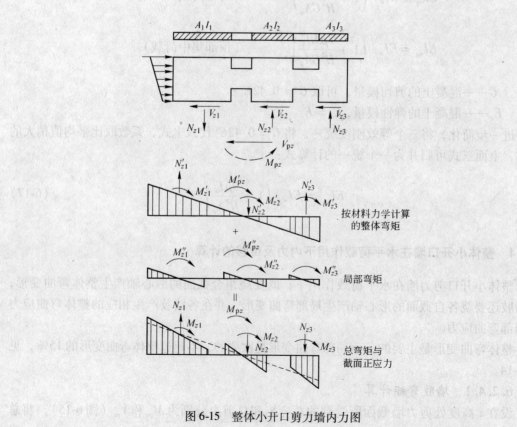

图 6-15　整体小开口剪力墙内力图

弯矩 M_{pz} 分为两部分，其一为整体弯矩 M'_{pz}，另一为局部弯矩 M''_{pz}，即：

$$M_{pz} = M'_{pz} + M''_{pz} \tag{6-18}$$

式中　M'_{pz}——整体弯矩，$M'_{pz} = kM_{pz}$；

M''_{pz}——局部弯矩，$M''_{pz} = (1-k)M_{pz}$；

k——整体弯矩系数，取 $k = 0.85$。

第 i 墙肢在 z 高度处的总弯矩为：

$$M_{zi} = M'_{zi} + M''_{zi} \tag{6-19}$$

第 i 墙肢受到的整体弯曲的弯矩为：

$$M'_{zi} = M'_{pz}\frac{I_i}{I} = kM_{pz}\frac{I_i}{I} = 0.85M_{pz}\frac{I_i}{I} \tag{6-20}$$

式中　I_i——墙肢 i 的惯性矩（对自身形心轴）；

I——剪力墙对组合截面形心轴的惯性矩。

第 i 墙肢受到的局部弯曲的弯矩为：

$$M''_{zi} = M''_{pz}\frac{I_i}{\sum I_i} = (1-k)M_{pz}\frac{I_i}{\sum I_i} = 0.15M_{pz}\frac{I_i}{\sum I_i} \tag{6-21}$$

因此，第 i 墙肢受到的全部弯矩为：

$$M_{zi} = M'_{zi} + M''_{zi} = 0.85M_{pz}\frac{I_i}{I} + 0.15M_{pz}\frac{I_i}{\sum I_i} \tag{6-22}$$

6.2.4.2　墙肢剪力计算

墙肢剪力按面积和惯性矩比例的平均值分配，即第 i 墙肢分配到的剪力 V_{zi} 可近似地表示为：

非底层：

$$V_{zi} = \frac{1}{2}\left[\frac{A_i}{\sum A_i} + \frac{I_i}{\sum I_i}\right]V_{pz} \tag{6-23}$$

式中　A_i——第 i 个墙肢截面的面积。

底层按墙肢截面面积分配，即：

$$V_{zi} = \frac{A_i}{\sum A_i}V_0 \tag{6-24}$$

式中　V_0——底层总剪力，即全部水平荷载的总和。

6.2.4.3　墙肢轴力计算

各墙肢横截面上的轴向力由整体弯曲正应力来合成，局部弯曲在墙肢中不产生轴向力，因此，墙肢轴力为：

$$N_{zi} = N'_{zi} = \sigma_i A_i = 0.85\frac{M_{pz}}{I}y_i A_i \tag{6-25}$$

式中　y_i——第 i 个墙肢截面形心到组合截面形心之间的距离。

6.2.4.4　连梁剪力计算

连梁剪力由上、下墙肢的轴力差计算。

6.2.4.5　位移计算

整体小开口墙的侧移可按材料力学公式计算，但由于洞口的存在使墙的整体抗弯刚度减弱，因此，规程将计算出的侧移增大20%，即：

$$\begin{cases} u = 1.2 \times \dfrac{11}{60} \dfrac{V_0 H^3}{EI_{eq}} & \text{（倒三角形分布荷载）} \\[3mm] u = 1.2 \times \dfrac{1}{8} \dfrac{V_0 H^3}{EI_{eq}} & \text{（均布荷载）} \\[3mm] u = 1.2 \times \dfrac{1}{3} \dfrac{V_0 H^3}{EI_{eq}} & \text{（顶部集中荷载）} \end{cases} \quad (6\text{-}26)$$

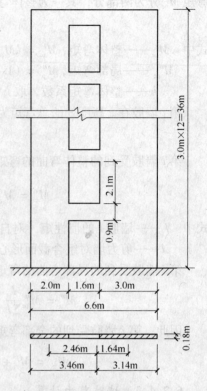

图 6-16　整体小开口剪力墙

【例题 6-1】　高层剪力墙结构的某片剪力墙，共12层，总高度36m，墙面开洞情况如图6-16所示，墙为C30级混凝土现浇墙，墙体厚度180mm，试计算在倒三角形分布荷载作用引起墙底弯矩 $M_w = 4000\text{kN} \cdot \text{m}$，剪力 $V_w = 500\text{kN}$ 时的顶点位移。

解：（1）判断剪力墙类型。

窗洞口面积：$A_{op} = 12 \times 1.6 \times 2.1 = 40.32\text{m}^2$

墙面总面积：$A_f = 36 \times 6.6 = 237.6\text{m}^2$

$$\frac{A_{op}}{A_f} = \frac{40.32}{237.6} = 0.1697$$

$$\gamma_0 = 1 - 1.25 \sqrt{A_{op}/A_f} = 0.485$$

$$A_w = 0.485 \times 0.18 \times 6.6 = 0.576\text{m}^2$$

连梁截面尺寸：180mm × 900mm

$$I_{b0} = \frac{b_w h_w^3}{12} = \frac{0.18 \times 0.9^3}{12} = 0.010935\text{m}^4$$

连梁的折算惯性矩：

$$I_b = \frac{I_{b0}}{1 + \dfrac{30\mu I_{b0}}{A_b l_b^2}} = \frac{0.010935}{1 + \dfrac{30 \times 1.2 \times 0.010935}{0.18 \times 0.9 \times 2.05^2}} = 0.00693\text{m}^4$$

$$l_b = l_0 + \frac{h_b}{2} = 1.6 + \frac{0.9}{2} = 2.05\text{m}$$

无洞口墙：

$$I_{wi} = \frac{b_w h_w^3}{12} = \frac{0.18 \times 6.6^3}{12} = 4.31\text{m}^4$$

墙肢：

$$A_1 = 0.18 \times 2 = 0.36\text{m}^2 \qquad I_1 = \frac{b_w h_w^3}{12} = \frac{0.18 \times 2^3}{12} = 0.12\text{m}^4$$

$$A_2 = 0.18 \times 3 = 0.54\text{m}^2 \qquad I_2 = \frac{b_w h_w^3}{12} = \frac{0.18 \times 3^3}{12} = 0.405\text{m}^4$$

剪力墙对组合截面形心的惯性矩：

$$y_0 = \frac{0.18 \times 2 \times 1 + 0.18 \times 3.0 \times 5.1}{0.18 \times (2.0 + 3.0)} = 3.46\text{m}$$

墙肢 1 距离形心 $y_1 = 2.46\text{m}$，墙肢 2 距离形心 $y_2 = 1.64\text{m}$，

$$I = I_1 + A_1 y_1^2 + I_2 + A_2 y_2^2$$

$$= 0.12 + 0.36 \times 2.46^2 + 0.405 + 0.54 \times 1.64^2$$

$$= 4.16\text{m}^4$$

$$I_n = I - I_1 - I_2 = 4.16 - 0.12 - 0.405 = 3.635\text{m}^4$$

因此，

$$I_w = \frac{\sum_{i=1}^{n} I_{wi} h_i}{\sum h_i} = \frac{4.31 \times 0.9 \times 12 + 4.16 \times 2.1 \times 12}{36} = 4.205\text{m}^4$$

剪力墙整体系数 α 计算：

墙肢 1 与墙肢 2 形心之间距离 $a = y_1 + y_2 = 4.1\text{m}$

$$\alpha = H\sqrt{\frac{12 I_b a^2}{h(I_1 + I_2) l_b^3}\frac{I}{I_n}}$$

$$= 36\sqrt{\frac{12 \times 0.0069 \times 4.1^2}{3.0 \times (0.2 + 0.405) \times 2.05^3} \times \frac{4.16}{3.635}} = 12.34 > 10$$

$$\frac{I_n}{I} = \frac{3.635}{4.16} = 0.874 < \xi = 0.947(\text{属于整体小开口剪力墙})$$

（2）计算底层墙肢内力。

已知墙底弯矩 $M_w = 4000\text{kN} \cdot \text{m}$，剪力 $V_w = 500\text{kN}$

墙肢 1：

弯矩：

$$M_1 = 0.85 M_w \frac{I_1}{I} + 0.15 M_w \frac{I_1}{I_1 + I_2}$$

$$= 0.85 \times 4000 \times \frac{0.12}{4.16} + 0.15 \times 4000 \times \frac{0.12}{0.12 + 0.405}$$

$$= 98.08 + 137.14$$

$$= 235.22\text{kN} \cdot \text{m}$$

轴力：

$$N_1 = 0.85 M_w \frac{A_1 y_1}{I} = 0.85 \times 4000 \times \frac{0.36 \times 2.46}{4.16} = 723.81\text{kN}$$

剪力：

$$V_1 = \frac{V_w}{2}\left(\frac{A_1}{A_1 + A_2} + \frac{I_1}{I_1 + I_2}\right)$$

$$= \frac{500}{2} \times \left(\frac{0.36}{0.36 + 0.54} + \frac{0.12}{0.12 + 0.405} \right)$$

$$= 250 \times (0.4 + 0.229)$$

$$= 157.25 \text{kN}$$

墙肢2：

弯矩：

$$M_2 = 0.85 M_w \frac{I_2}{I} + 0.15 M_w \frac{I_2}{I_1 + I_2}$$

$$= 0.85 \times 4000 \times \frac{0.405}{4.16} + 0.15 \times 4000 \times \frac{0.405}{0.12 + 0.405}$$

$$= 331.01 + 462.86$$

$$= 793.87 \text{kN} \cdot \text{m}$$

轴力：$N_2 = 0.85 M_w \frac{A_2 y_2}{I} = 0.85 \times 4000 \times \frac{0.54 \times 1.64}{4.16} = 723.81 \text{kN}$

剪力：

$$V_2 = \frac{V_w}{2} \left(\frac{A_2}{A_1 + A_2} + \frac{I_2}{I_1 + I_2} \right)$$

$$= \frac{500}{2} \times \left(\frac{0.54}{0.36 + 0.54} + \frac{0.405}{0.12 + 0.405} \right)$$

$$= 250 \times (0.6 + 0.771)$$

$$= 342.75 \text{kN}$$

（3）顶点位移计算。

已知 $E_c = 3.0 \times 10^7 \text{kN/m}^2$，$\mu = 1.2$

$$EI_{eq} = EI_w \Big/ \left(1 + \frac{9 \mu I_w}{H^2 A_w} \right) = \frac{3.0 \times 10^7 \times 4.205}{1 + \frac{9 \times 1.2 \times 4.205}{0.576 \times 36^2}} = 12.06 \times 10^7 \text{kN} \cdot \text{m}^2$$

$$u = 1.2 \times \frac{11}{60} \frac{V_0 H^3}{EI_{eq}} = 1.2 \times \frac{11}{60} \times \frac{500 \times 36^3}{12.06 \times 10^7} = 0.0426 \text{m}$$

6.2.5　联肢剪力墙在水平荷载作用下内力及位移的计算

当墙上的门窗洞口尺寸较大，门窗洞口在剪力墙中排列比较均匀和整齐时，剪力墙可划分为许多墙肢和连梁，本节先讨论开有一排洞口的双肢墙，然后推导开有多排洞口的联肢墙的计算方法。

6.2.5.1 双肢墙的计算

A 基本假定

（1）墙肢刚度比连梁刚度大得多，连梁的反弯点在跨中，连梁的作用可以用沿高度均匀分布的连续弹性薄片代替；

（2）忽略连梁轴向变形，假定各墙肢在同一标高处的水平位移相等，即各墙肢的变形曲线相似；

（3）连梁和墙肢考虑弯曲和剪切变形，墙肢还应考虑轴向变形的影响；

（4）各个墙肢、连梁的截面尺寸、材料等级及层高沿剪力墙高度方向均为常数，否则取各楼层的平均值参加计算。

B 双肢墙计算简图

根据以上假定，可得双肢墙的计算简图如图 6-17 所示，将连续化后的连系梁沿中线切开（图 6-17c），由于假设跨中为反弯点，故切开后截面上只有剪力集度 $\tau(x)$ 及轴力集度 $\sigma(x)$。

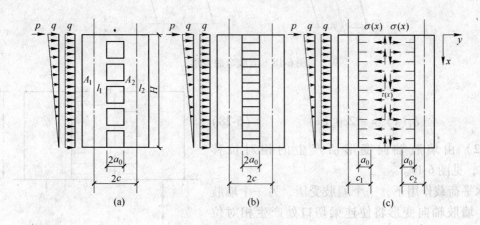

图 6-17 双肢墙计算简图

(a) 结构尺寸；(b) 连续化假设；(c) 基本体系

C 位移微分方程

沿连梁切口处未知力 $\tau(x)$ 方向上各因素将使其产生相对位移，但总的相对位移为零。连梁轴力、墙肢剪切变形不会引起连梁中点剪切处竖向相对位移，但墙肢弯曲变形、墙肢轴向变形、连梁弯曲变形和剪切变形将引起连梁中点切口处竖向相对位移，因此，切开处沿 $\tau(x)$ 方向的变形连续条件可用下式表示：

$$\delta_1(x) + \delta_2(x) + \delta_3(x) = 0 \tag{6-27}$$

式中　$\delta_1(x)$——由墙肢弯曲变形所产生的位移；

　　　$\delta_2(x)$——由墙肢轴向变形所产生的相对位移；

　　　$\delta_3(x)$——由连梁弯曲和剪切变形所产生的相对位移。

（1）由墙肢弯曲变形产生的位移 $\delta_1(x)$，见图 6-18。

由基本假定：

$$\theta_{1m} = \theta_{2m} = \theta_m$$

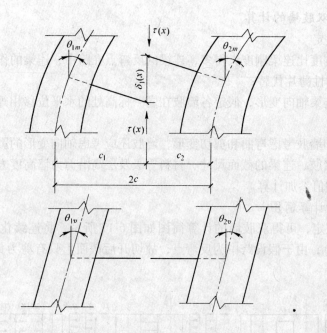

图 6-18 墙肢弯曲变形

因此,

$$\delta_1(x) = -2c\theta_m(x) \qquad (6-28)$$

（2）由墙肢轴向变形所产生的相对位移 $\delta_2(x)$，见图 6-19。

水平荷载作用下，一个墙肢受压，另一个墙肢受拉，墙肢轴向变形将使连梁切口处产生相对位移；两墙肢轴向力方向相反，大小相等，由隔离体平衡条件可得墙肢截面上的轴力 $N(x)$ 如下：

$$N(x) = \int_0^x \tau(x)\,\mathrm{d}x \qquad (6-29)$$

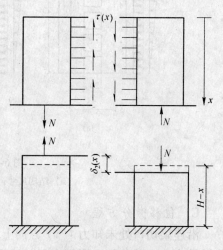

图 6-19 墙肢轴向变形

在坐标 x 处，相对位移为：

$$\delta_2(x) = \int_x^H \frac{N(x)}{EA_1}\mathrm{d}x + \int_x^H \frac{N(x)}{EA_2}\mathrm{d}x = \frac{1}{E}\left(\frac{1}{A_1} + \frac{1}{A_2}\right)\int_x^H N(x)\,\mathrm{d}x$$

$$= \frac{1}{E}\left(\frac{1}{A_1} + \frac{1}{A_2}\right)\iint_{x\,0}^{H\,x} \tau(x)\,\mathrm{d}x\mathrm{d}x \qquad (6-30)$$

（3）由连梁弯曲和剪切变形所产生的相对位移 $\delta_3(x)$，见图 6-20。

把连梁看成端部作用力为 $\tau(x)\mathrm{d}x$ 的悬臂梁，由悬臂梁变形公式可得两根梁之间的相对位移为：

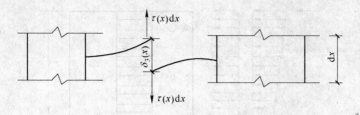

图 6-20　连梁弯曲和剪切变形

$$\delta_3(x) = \delta_{3m} + \delta_{3v} = 2\frac{\tau(x)ha^3}{3EI_b} + 2\frac{\mu\tau(x)ha}{A_bG}$$

$$= \frac{2\tau(x)ha^3}{3EI_b}\left(1 + \frac{3\mu EI_b}{A_bGa^2}\right) = \frac{2\tau(x)ha^3}{3EI_b^0} \tag{6-31}$$

式中　μ——剪力不均匀系数；

　　　G——剪切模量；

　　　I_b——连梁的惯性矩，$I_b = \frac{1}{12}bh_b^3$；

　　　b——剪力墙的厚度；

　　　h_b——连梁截面高度；

　　　a——轴线跨度之半，$a = \frac{h_b}{4} + a_0$；

　　　a_0——连梁净距之半；

　　　I_b^0——连梁的折算惯性矩，以弯曲剪切变形形式表达，考虑了弯曲和剪切变形效果，

$$I_b^0 = \frac{I_b}{1 + \frac{3\mu EI_b}{A_bGa^2}} 。$$

D　双肢墙的基本方程

将 $\delta_1(x)$、$\delta_2(x)$、$\delta_3(x)$ 代入连梁切口处的位移方程式（6-27），并对 x 求导两次，得：

$$-2c\theta_m'' - \frac{1}{E}\left(\frac{1}{A_1} + \frac{1}{A_2}\right)\tau(x) + \frac{2ha^3}{3EI_b^0}\tau''(x) = 0 \tag{6-32}$$

在 x 处作截面截断双肢墙（图 6-21），由平衡条件有：

$$M_1(x) + M_2(x) = M_p(x) - N(x)\cdot 2c = M_p(x) - 2c\int_0^x \tau(x)\mathrm{d}x \tag{6-33}$$

由梁的弯曲理论有：

$$EI_1\frac{\mathrm{d}^2 y_{1m}}{\mathrm{d}x^2} = M_1(x)$$

$$EI_2\frac{\mathrm{d}^2 y_{2m}}{\mathrm{d}x^2} = M_2(x) \tag{6-34}$$

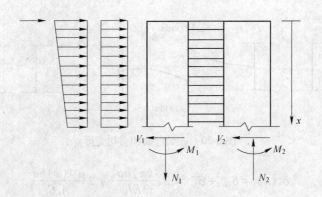

图 6-21   双肢墙的受力图

由假设可知：

$$y_{1m} = y_{2m} = y_m$$

$$\theta_{1m} = \theta_{2m} = \theta = \frac{\mathrm{d}y_m}{\mathrm{d}x} \tag{6-35}$$

将上述两式代入式（6-33），整理得：

$$\theta''_m = -\frac{1}{E(I_1 + I_2)}[V_p(x) - 2c\,\tau(x)] \tag{6-36}$$

式中，对于常用的 3 种荷载，有：

$$\begin{cases} V_p(x) = V_0 \dfrac{x}{H} & （倒三角形分布荷载） \\[2mm] V_p(x) = V_0\Big[1 - \Big(1 - \dfrac{x}{H}\Big)^2\Big] & （均布荷载） \\[2mm] V_p(x) = V_0 & （顶部集中荷载） \end{cases} \tag{6-37}$$

式中 V_0——$x = H$ 处的底部剪力。

将式（6-36）代入式（6-32），整理得双肢墙的基本方程式为：

$$m''(x) - \frac{\alpha^2}{H^2}m(x) = \begin{cases} -\dfrac{\alpha_1^2}{H^2}V_0\Big[1 - \Big(1 - \dfrac{x}{H}\Big)^2\Big] & （倒三角形分布荷载） \\[3mm] -\dfrac{\alpha_1^2}{H^2}V_0\dfrac{x}{H} & （均布荷载） \\[3mm] -\dfrac{\alpha_1^2}{H^2}V_0 & （顶部集中荷载） \end{cases} \tag{6-38}$$

式中 $m(x)$——连梁对墙肢的约束弯矩，$m(x) = 2c\,\tau(x)$；

       α_1——连梁、墙肢刚度比，未考虑墙肢轴向变形的整体系数，$\alpha_1^2 = \dfrac{6H^2}{h(I_1 + I_2)}D$；

       D——连梁刚度系数，$D = \dfrac{I_b^0 c^2}{a^3}$；

α——考虑墙肢轴向变形的整体系数，$\alpha^2 = \alpha_1^2 + \dfrac{6H^2}{2hsc}D$；

s——双肢墙组合截面形心轴的面积矩，$s = \dfrac{2cA_1A_2}{A_1 + A_2}$。

$$\frac{\alpha_1^2}{\alpha^2} = \frac{\dfrac{6H^2D}{h(I_1 + I_2)}}{\dfrac{6H^2D}{h(I_1 + I_2)} + \dfrac{6H^2}{2hsc}D} = \frac{2sc}{2sc + I_1 + I_2} = \tau，可见，\tau 值反映了墙肢轴向变形对整体性$$

的影响，所以被称为墙肢轴向变形影响系数。

这就是双肢墙的基本方程式，是 $m(x)$ 的二阶线性非齐次常微分方程。

E 双肢墙的基本方程的解

为使基本方程表达式进一步简化并便于制成图表，将参数无量纲化，令：

$$\begin{cases} \xi = \dfrac{x}{H} \\[3mm] m(x) = \varphi(x)V_0\dfrac{\alpha_1^2}{\alpha^2} \end{cases} \tag{6-39}$$

则基本方程式（6-38）可化为：

$$\varphi''(x) - \alpha^2\varphi(x) = \begin{cases} -\alpha_0^2[1 - (1 - \xi)^2] & （倒三角形分布荷载） \\ -\alpha^2\xi & （均布荷载） \\ -\alpha^2 & （顶部集中荷载） \end{cases} \tag{6-40}$$

方程的解可由通解和特解组成：

$$\varphi(\xi) = C_1\mathrm{ch}(\alpha\xi) + C_2\mathrm{sh}(\alpha\xi) + \begin{cases} 1 - (1 - \xi)^2 - \dfrac{2}{\alpha^2} \\[3mm] \xi \\[2mm] 1 \end{cases} \tag{6-41}$$

式中 C_1，C_2——待定系数，由边界条件确定。

根据边界条件，

$$\begin{cases} 当 \xi = 0 时，墙顶弯矩为 0，因而 \theta'_m = -\dfrac{\mathrm{d}^2 y_m}{\mathrm{d}\xi^2} = 0 \\[3mm] 当 \xi = 1 时，墙底弯曲转角为 0，因而 \theta_m = 0 \end{cases}$$

可求出 C_1 和 C_2，因此可得出 3 种典型水平荷载下 $\varphi(\xi)$ 的具体表达式如下：

$$\begin{cases} \varphi(\xi) = 1 - (1 - \xi)^2 - \dfrac{2}{\alpha^2} + \left(\dfrac{2\mathrm{sh}\alpha}{\alpha} - 1 + \dfrac{2}{\alpha^2}\right)\dfrac{\mathrm{ch}(\alpha\xi)}{\mathrm{ch}\alpha} - \dfrac{2}{\alpha}\mathrm{sh}(\alpha\xi) & （倒三角形分布荷载） \\[4mm] \varphi(\xi) = \xi + \left(\dfrac{\mathrm{sh}\alpha}{\alpha} - 1\right)\dfrac{\mathrm{ch}(\alpha\xi)}{\mathrm{ch}\alpha} - \dfrac{\mathrm{sh}(\alpha\xi)}{\alpha} & （均布荷载） \\[4mm] \varphi(\xi) = 1 - \dfrac{\mathrm{ch}(\alpha\xi)}{\mathrm{ch}\alpha} & （顶部集中荷载） \end{cases}$$

$$\tag{6-42}$$

3 种典型荷载下的 $\varphi(\xi)$ 都是相对坐标 ξ 及整体系数 α 的函数，可制成表格（表6-7 ~ 表6-9），由 (ξ, α) 对应的值就是 $\varphi(\xi)$ 值。

表6-7　倒三角形分布荷载下的 $\varphi(\xi)$ 值

ξ \ α	1.0	1.5	2.0	2.5	3.0	3.5	4.0	4.5	5.0	5.5	6.0	6.5	7.0	7.5	8.0	8.5	9.0	9.5	10.0	10.5
0.00	0.171	0.270	0.331	0.358	0.363	0.356	0.342	0.325	0.307	0.289	0.273	0.257	0.243	0.230	0.218	0.207	0.197	0.188	0.179	0.172
0.05	0.171	0.271	0.332	0.360	0.367	0.361	0.348	0.332	0.316	0.299	0.283	0.269	0.256	0.243	0.233	0.223	0.214	0.205	0.198	0.191
0.10	0.171	0.273	0.336	0.367	0.377	0.374	0.365	0.352	0.338	0.324	0.311	0.299	0.288	0.278	0.270	0.262	0.255	0.248	0.243	0.238
0.15	0.171	0.275	0.341	0.377	0.391	0.393	0.388	0.380	0.370	0.360	0.350	0.341	0.333	0.326	0.320	0.314	0.309	0.305	0.301	0.298
0.20	0.171	0.277	0.347	0.388	0.408	0.415	0.416	0.412	0.407	0.402	0.396	0.390	0.385	0.381	0.377	0.373	0.371	0.368	0.366	0.364
0.25	0.171	0.278	0.353	0.399	0.425	0.439	0.446	0.448	0.448	0.447	0.445	0.443	0.440	0.439	0.437	0.436	0.434	0.433	0.433	0.432
0.30	0.170	0.279	0.358	0.410	0.443	0.463	0.476	0.484	0.489	0.492	0.494	0.496	0.496	0.497	0.497	0.497	0.498	0.498	0.498	0.499
0.35	0.168	0.279	0.362	0.419	0.459	0.486	0.506	0.519	0.530	0.537	0.543	0.547	0.550	0.553	0.555	0.557	0.559	0.560	0.561	0.562
0.40	0.165	0.276	0.363	0.426	0.472	0.506	0.532	0.552	0.567	0.579	0.588	0.596	0.601	0.606	0.610	0.614	0.616	0.619	0.621	0.622
0.45	0.161	0.272	0.362	0.430	0.482	0.522	0.554	0.579	0.599	0.616	0.629	0.639	0.645	0.655	0.661	0.665	0.669	0.672	0.675	0.677
0.50	0.156	0.266	0.357	0.429	0.487	0.533	0.570	0.601	0.626	0.647	0.663	0.677	0.688	0.697	0.705	0.711	0.716	0.721	0.724	0.727
0.55	0.149	0.256	0.348	0.423	0.485	0.537	0.579	0.615	0.645	0.670	0.690	0.707	0.721	0.733	0.742	0.750	0.757	0.762	0.767	0.771
0.60	0.140	0.244	0.335	0.412	0.477	0.533	0.580	0.620	0.654	0.683	0.707	0.728	0.745	0.759	0.771	0.781	0.789	0.796	0.802	0.807
0.65	0.130	0.228	0.317	0.394	0.461	0.519	0.570	0.614	0.652	0.685	0.712	0.736	0.756	0.774	0.788	0.801	0.811	0.820	0.828	0.834
0.70	0.118	0.209	0.293	0.368	0.435	0.495	0.548	0.594	0.636	0.671	0.703	0.730	0.753	0.774	0.791	0.807	0.820	0.831	0.841	0.849
0.75	0.103	0.185	0.263	0.334	0.399	0.458	0.511	0.559	0.602	0.640	0.674	0.704	0.731	0.755	0.775	0.794	0.810	0.824	0.837	0.848
0.80	0.087	0.158	0.226	0.290	0.350	0.406	0.457	0.504	0.547	0.587	0.622	0.654	0.683	0.709	0.733	0.754	0.774	0.791	0.807	0.821
0.85	0.069	0.126	0.182	0.236	0.288	0.337	0.383	0.426	0.467	0.504	0.539	0.571	0.601	0.629	0.654	0.678	0.700	0.720	0.738	0.756
0.90	0.048	0.089	0.130	0.171	0.210	0.248	0.285	0.321	0.354	0.386	0.417	0.446	0.473	0.499	0.523	0.546	0.568	0.588	0.609	0.628
0.95	0.025	0.047	0.069	0.092	0.115	0.137	0.159	0.181	0.202	0.222	0.242	0.262	0.280	0.299	0.316	0.334	0.351	0.367	0.383	0.398
1.00	0.000	0.000	0.000	0.000	0.000	0.000	0.000	0.000	0.000	0.000	0.000	0.000	0.000	0.000	0.000	0.000	0.000	0.000	0.000	0.000

续表 6-7

ξ \ α	11.0	11.5	12.0	12.5	13.0	13.5	14.0	14.5	15.0	15.5	16.0	16.5	17.0	17.5	18.0	18.5	19.0	19.5	20.0	20.5
0.00	0.165	0.158	0.152	0.147	0.142	0.137	0.132	0.128	0.124	0.120	0.117	0.113	0.110	0.107	0.104	0.102	0.099	0.097	0.095	0.092
0.05	0.185	0.180	0.174	0.170	0.165	0.161	0.158	0.154	0.151	0.148	0.145	0.143	0.140	0.138	0.136	0.134	0.132	0.130	0.129	0.127
0.10	0.233	0.229	0.226	0.222	0.219	0.217	0.214	0.212	0.210	0.208	0.207	0.205	0.204	0.203	0.201	0.200	0.199	0.199	0.198	0.197
0.15	0.295	0.293	0.290	0.288	0.287	0.285	0.284	0.283	0.282	0.281	0.280	0.280	0.279	0.278	0.278	0.278	0.277	0.277	0.277	0.276
0.20	0.363	0.361	0.360	0.360	0.358	0.358	0.358	0.357	0.357	0.357	0.357	0.356	0.356	0.356	0.356	0.356	0.356	0.356	0.356	0.356
0.25	0.432	0.431	0.431	0.431	0.431	0.431	0.431	0.431	0.431	0.431	0.431	0.431	0.432	0.432	0.432	0.432	0.432	0.432	0.432	0.433
0.30	0.499	0.498	0.500	0.500	0.500	0.501	0.501	0.502	0.502	0.502	0.503	0.503	0.503	0.503	0.504	0.504	0.504	0.504	0.505	0.505
0.35	0.563	0.564	0.565	0.566	0.566	0.567	0.568	0.568	0.569	0.568	0.568	0.570	0.570	0.571	0.571	0.571	0.571	0.572	0.572	0.572
0.40	0.624	0.625	0.626	0.627	0.628	0.628	0.629	0.630	0.631	0.631	0.632	0.632	0.633	0.633	0.633	0.634	0.634	0.634	0.634	0.635
0.45	0.679	0.681	0.682	0.684	0.685	0.686	0.686	0.687	0.688	0.688	0.688	0.688	0.690	0.690	0.691	0.691	0.691	0.692	0.692	0.692
0.50	0.730	0.732	0.733	0.735	0.736	0.737	0.738	0.738	0.740	0.741	0.741	0.742	0.742	0.743	0.743	0.743	0.744	0.744	0.744	0.745
0.55	0.774	0.777	0.778	0.781	0.782	0.784	0.785	0.786	0.787	0.788	0.788	0.789	0.790	0.790	0.790	0.791	0.791	0.792	0.792	0.792
0.60	0.811	0.815	0.818	0.820	0.822	0.824	0.826	0.827	0.828	0.829	0.830	0.831	0.831	0.832	0.833	0.833	0.833	0.834	0.834	0.834
0.65	0.840	0.844	0.848	0.852	0.855	0.857	0.859	0.861	0.863	0.864	0.865	0.867	0.867	0.868	0.869	0.870	0.870	0.871	0.871	0.871
0.70	0.857	0.863	0.868	0.873	0.878	0.881	0.884	0.887	0.890	0.892	0.893	0.895	0.896	0.898	0.899	0.900	0.901	0.901	0.902	0.903
0.75	0.858	0.866	0.874	0.881	0.887	0.892	0.897	0.901	0.903	0.908	0.911	0.914	0.916	0.918	0.920	0.921	0.923	0.924	0.925	0.926
0.80	0.834	0.846	0.856	0.866	0.874	0.882	0.889	0.896	0.901	0.907	0.911	0.916	0.919	0.923	0.926	0.929	0.932	0.934	0.936	0.938
0.85	0.772	0.786	0.800	0.813	0.825	0.836	0.846	0.855	0.864	0.872	0.879	0.886	0.893	0.899	0.904	0.909	0.914	0.918	0.922	0.926
0.90	0.646	0.663	0.679	0.694	0.708	0.722	0.735	0.748	0.760	0.771	0.781	0.792	0.801	0.810	0.819	0.827	0.835	0.843	0.850	0.857
0.95	0.413	0.428	0.442	0.456	0.469	0.483	0.495	0.508	0.520	0.532	0.543	0.555	0.566	0.576	0.587	0.597	0.607	0.617	0.626	0.635
1.00	0.000	0.000	0.000	0.000	0.000	0.000	0.000	0.000	0.000	0.000	0.000	0.000	0.000	0.000	0.000	0.000	0.000	0.000	0.000	0.000

表 6-8　均布荷载下的 $\varphi(\xi)$ 值

ξ ＼ α	1.0	1.5	2.0	2.5	3.0	3.5	4.0	4.5	5.0	5.5	6.0	6.5	7.0	7.5	8.0	8.5	9.0	9.5	10.0	10.5
0.00	0.113	0.178	0.216	0.231	0.232	0.224	0.213	0.199	0.186	0.173	0.161	0.150	0.141	0.132	0.124	0.117	0.110	0.105	0.099	0.095
0.05	0.113	0.178	0.217	0.233	0.234	0.228	0.217	0.204	0.191	0.179	0.168	0.157	0.148	0.140	0.133	0.126	0.120	0.115	0.110	0.106
0.10	0.113	0.179	0.219	0.237	0.241	0.236	0.227	0.217	0.206	0.195	0.185	0.176	0.168	0.161	0.155	0.149	0.144	0.140	0.136	0.133
0.15	0.114	0.181	0.223	0.244	0.251	0.249	0.243	0.235	0.226	0.218	0.210	0.203	0.196	0.191	0.186	0.181	0.178	0.174	0.171	0.168
0.20	0.114	0.183	0.228	0.252	0.263	0.265	0.263	0.258	0.252	0.246	0.241	0.235	0.231	0.227	0.223	0.220	0.217	0.215	0.213	0.211
0.25	0.114	0.185	0.233	0.261	0.276	0.283	0.285	0.284	0.281	0.278	0.275	0.272	0.269	0.266	0.264	0.262	0.260	0.258	0.257	0.258
0.30	0.114	0.186	0.237	0.270	0.290	0.302	0.308	0.311	0.312	0.312	0.312	0.310	0.309	0.308	0.307	0.306	0.305	0.304	0.303	0.303
0.35	0.113	0.187	0.242	0.279	0.304	0.321	0.332	0.339	0.344	0.347	0.349	0.350	0.351	0.351	0.351	0.351	0.351	0.351	0.351	0.351
0.40	0.111	0.186	0.245	0.287	0.317	0.339	0.355	0.367	0.376	0.382	0.387	0.390	0.393	0.398	0.396	0.397	0.398	0.398	0.399	0.399
0.45	0.109	0.185	0.246	0.293	0.328	0.355	0.376	0.393	0.406	0.416	0.424	0.430	0.434	0.438	0.441	0.443	0.444	0.445	0.446	0.447
0.50	0.106	0.182	0.246	0.296	0.336	0.369	0.395	0.416	0.433	0.447	0.458	0.467	0.474	0.479	0.483	0.487	0.489	0.492	0.493	0.495
0.55	0.103	0.178	0.242	0.296	0.341	0.378	0.409	0.435	0.456	0.474	0.488	0.500	0.510	0.517	0.524	0.529	0.533	0.536	0.539	0.541
0.60	0.097	0.171	0.236	0.293	0.341	0.382	0.418	0.448	0.474	0.495	0.513	0.528	0.541	0.551	0.560	0.567	0.573	0.577	0.581	0.585
0.65	0.091	0.162	0.226	0.284	0.335	0.380	0.419	0.453	0.483	0.508	0.530	0.549	0.565	0.578	0.589	0.599	0.607	0.614	0.619	0.624
0.70	0.083	0.150	0.212	0.270	0.322	0.369	0.411	0.449	0.482	0.511	0.537	0.559	0.578	0.595	0.609	0.622	0.632	0.642	0.650	0.657
0.75	0.074	0.135	0.194	0.249	0.300	0.348	0.392	0.431	0.467	0.499	0.528	0.554	0.576	0.597	0.614	0.630	0.644	0.657	0.667	0.677
0.80	0.063	0.116	0.169	0.220	0.269	0.315	0.358	0.398	0.435	0.469	0.500	0.528	0.553	0.577	0.598	0.617	0.634	0.650	0.664	0.677
0.85	0.050	0.094	0.138	0.182	0.225	0.266	0.306	0.344	0.379	0.413	0.444	0.473	0.500	0.525	0.548	0.570	0.590	0.609	0.626	0.643
0.90	0.036	0.067	0.100	0.134	0.167	0.200	0.233	0.264	0.294	0.323	0.351	0.378	0.403	0.427	0.450	0.472	0.493	0.513	0.532	0.550
0.95	0.019	0.036	0.054	0.074	0.093	0.113	0.133	0.152	0.171	0.190	0.209	0.227	0.245	0.262	0.279	0.296	0.312	0.328	0.343	0.358
1.00	0.000	0.000	0.000	0.000	0.000	0.000	0.000	0.000	0.000	0.000	0.000	0.000	0.000	0.000	0.000	0.000	0.000	0.000	0.000	0.000

续表 6-8

ξ \ α	11.0	11.5	12.0	12.5	13.0	13.5	14.0	14.5	15.0	15.5	16.0	16.5	17.0	17.5	18.0	18.5	19.0	19.5	20.0	20.5
0.00	0.090	0.086	0.083	0.079	0.076	0.074	0.071	0.068	0.066	0.064	0.062	0.060	0.058	0.057	0.055	0.054	0.052	0.051	0.050	0.048
0.05	0.102	0.098	0.095	0.092	0.090	0.087	0.085	0.083	0.081	0.179	0.077	0.076	0.075	0.073	0.072	0.071	0.070	0.069	0.068	0.067
0.10	0.130	0.127	0.124	0.122	0.120	0.119	0.117	0.116	0.114	0.113	0.112	0.111	0.110	0.109	0.109	0.108	0.107	0.107	0.106	0.106
0.15	0.167	0.165	0.163	0.162	0.160	0.159	0.158	0.157	0.156	0.156	0.155	0.154	0.154	0.153	0.153	0.153	0.152	0.152	0.152	0.152
0.20	0.209	0.208	0.207	0.206	0.205	0.204	0.204	0.203	0.203	0.202	0.202	0.202	0.201	0.201	0.201	0.201	0.201	0.200	0.200	0.200
0.25	0.255	0.254	0.253	0.253	0.252	0.252	0.251	0.251	0.251	0.251	0.250	0.250	0.250	0.250	0.250	0.250	0.250	0.250	0.250	0.250
0.30	0.302	0.302	0.301	0.301	0.301	0.301	0.300	0.300	0.300	0.300	0.300	0.300	0.300	0.300	0.300	0.300	0.300	0.300	0.299	0.288
0.35	0.351	0.350	0.350	0.350	0.350	0.350	0.350	0.350	0.350	0.350	0.350	0.350	0.350	0.349	0.349	0.349	0.349	0.349	0.349	0.349
0.40	0.399	0.399	0.399	0.399	0.399	0.399	0.399	0.399	0.399	0.399	0.399	0.399	0.399	0.399	0.399	0.399	0.399	0.399	0.399	0.399
0.45	0.448	0.448	0.448	0.448	0.448	0.449	0.449	0.449	0.449	0.449	0.449	0.449	0.449	0.449	0.449	0.449	0.449	0.449	0.449	0.449
0.50	0.496	0.496	0.497	0.498	0.498	0.498	0.499	0.499	0.499	0.499	0.499	0.499	0.499	0.499	0.499	0.499	0.499	0.499	0.499	0.499
0.55	0.543	0.544	0.545	0.546	0.547	0.547	0.548	0.548	0.548	0.548	0.549	0.549	0.549	0.549	0.549	0.549	0.549	0.549	0.549	0.549
0.60	0.587	0.589	0.591	0.593	0.594	0.595	0.596	0.596	0.597	0.597	0.598	0.598	0.598	0.599	0.599	0.599	0.599	0.599	0.599	0.599
0.65	0.620	0.632	0.634	0.637	0.639	0.641	0.642	0.643	0.644	0.645	0.646	0.646	0.647	0.647	0.648	0.648	0.648	0.648	0.649	0.649
0.70	0.663	0.668	0.672	0.676	0.679	0.682	0.684	0.687	0.688	0.690	0.691	0.692	0.693	0.694	0.695	0.696	0.696	0.697	0.697	0.697
0.75	0.686	0.693	0.709	0.706	0.711	0.715	0.719	0.723	0.726	0.729	0.731	0.733	0.735	0.737	0.738	0.740	0.741	0.742	0.743	0.744
0.80	0.689	0.699	0.709	0.717	0.725	0.732	0.739	0.744	0.750	0.754	0.759	0.763	0.766	0.768	0.772	0.775	0.777	0.779	0.781	0.783
0.85	0.657	0.671	0.684	0.696	0.707	0.718	0.727	0.736	0.744	0.752	0.759	0.765	0.771	0.777	0.782	0.787	0.792	0.796	0.800	0.803
0.90	0.567	0.583	0.598	0.613	0.627	0.640	0.653	0.665	0.676	0.687	0.698	0.707	0.717	0.726	0.734	0.742	0.750	0.757	0.764	0.771
0.95	0.373	0.387	0.401	0.414	0.428	0.440	0.453	0.465	0.477	0.489	0.500	0.511	0.522	0.533	0.543	0.553	0.563	0.572	0.582	0.591
1.00	0.000	0.000	0.000	0.000	0.000	0.000	0.000	0.000	0.000	0.000	0.000	0.000	0.000	0.000	0.000	0.000	0.000	0.000	0.000	0.000

表6-9 顶部集中荷载作用下的 $\varphi(\xi)$ 值

ξ＼α	1.0	1.5	2.0	2.5	3.0	3.5	4.0	4.5	5.0	5.5	6.0	6.5	7.0	7.5	8.0	8.5	9.0	9.5	10.0	10.5
0.00	0.351	0.574	0.734	0.836	0.900	0.939	0.963	0.977	0.986	0.991	0.995	0.996	0.998	0.998	0.999	0.999	0.999	0.999	0.999	0.999
0.05	0.351	0.573	0.732	0.835	0.899	0.938	0.962	0.977	0.986	0.991	0.994	0.996	0.998	0.998	0.999	0.999	0.999	0.999	0.999	0.999
0.10	0.348	0.570	0.728	0.831	0.896	0.935	0.960	0.975	0.984	0.990	0.994	0.996	0.997	0.998	0.999	0.999	0.999	0.999	0.999	0.999
0.15	0.344	0.564	0.722	0.825	0.890	0.931	0.956	0.972	0.982	0.988	0.992	0.995	0.997	0.998	0.998	0.999	0.999	0.999	0.999	0.999
0.20	0.338	0.555	0.712	0.816	0.882	0.924	0.951	0.968	0.979	0.986	0.991	0.994	0.996	0.997	0.998	0.998	0.999	0.999	0.999	0.999
0.25	0.331	0.544	0.700	0.804	0.871	0.915	0.943	0.962	0.974	0.982	0.988	0.992	0.994	0.996	0.997	0.998	0.998	0.999	0.999	0.999
0.30	0.322	0.531	0.684	0.788	0.857	0.903	0.933	0.954	0.968	0.977	0.984	0.989	0.992	0.994	0.996	0.997	0.998	0.998	0.999	0.999
0.35	0.311	0.515	0.666	0.770	0.840	0.888	0.921	0.944	0.960	0.971	0.979	0.985	0.989	0.992	0.994	0.996	0.997	0.997	0.998	0.998
0.40	0.299	0.496	0.644	0.748	0.820	0.870	0.905	0.931	0.949	0.962	0.972	0.979	0.984	0.988	0.991	0.993	0.995	0.996	0.997	0.998
0.45	0.285	0.474	0.619	0.722	0.795	0.848	0.886	0.914	0.935	0.951	0.962	0.971	0.978	0.983	0.987	0.990	0.992	0.994	0.995	0.996
0.50	0.269	0.449	0.589	0.692	0.766	0.821	0.862	0.893	0.917	0.935	0.950	0.961	0.969	0.976	0.981	0.985	0.988	0.991	0.993	0.994
0.55	0.251	0.421	0.556	0.656	0.731	0.788	0.832	0.867	0.893	0.915	0.932	0.946	0.957	0.965	0.972	0.978	0.982	0.986	0.988	0.991
0.60	0.231	0.390	0.518	0.616	0.691	0.760	0.796	0.834	0.864	0.889	0.909	0.925	0.939	0.950	0.959	0.966	0.972	0.977	0.981	0.985
0.65	0.210	0.356	0.476	0.569	0.643	0.703	0.752	0.792	0.826	0.854	0.877	0.897	0.913	0.927	0.939	0.948	0.957	0.964	0.969	0.974
0.70	0.186	0.318	0.428	0.516	0.588	0.647	0.697	0.740	0.776	0.807	0.834	0.857	0.877	0.894	0.909	0.921	0.932	0.942	0.950	0.957
0.75	0.161	0.276	0.374	0.455	0.523	0.581	0.631	0.675	0.713	0.747	0.776	0.803	0.826	0.846	0.864	0.880	0.894	0.907	0.917	0.927
0.80	0.133	0.230	0.314	0.386	0.448	0.502	0.550	0.593	0.632	0.667	0.698	0.727	0.753	0.776	0.798	0.817	0.834	0.850	0.864	0.877
0.85	0.103	0.179	0.248	0.307	0.360	0.407	0.450	0.490	0.527	0.561	0.593	0.622	0.650	0.675	0.698	0.720	0.740	0.759	0.776	0.793
0.90	0.071	0.125	0.174	0.217	0.257	0.294	0.329	0.362	0.393	0.423	0.451	0.478	0.503	0.527	0.550	0.572	0.593	0.613	0.632	0.650
0.95	0.036	0.065	0.091	0.115	0.138	0.160	0.181	0.201	0.221	0.240	0.259	0.277	0.295	0.312	0.329	0.346	0.362	0.378	0.393	0.408
1.00	0.000	0.000	0.000	0.000	0.000	0.000	0.000	0.000	0.000	0.000	0.000	0.000	0.000	0.000	0.000	0.000	0.000	0.000	0.000	0.000

续表 6-9

ξ ＼ α	11.0	11.5	12.0	12.5	13.0	13.5	14.0	14.5	15.0	15.5	16.0	16.5	17.0	17.5	18.0	18.5	19.0	19.5	20.0	20.5
0.00	0.999	0.999	0.999	0.999	0.999	0.999	1.000	1.000	1.000	1.000	1.000	1.000	1.000	1.000	1.000	1.000	1.000	1.000	1.000	1.000
0.05	0.999	0.999	0.999	0.999	0.999	0.999	0.999	1.000	1.000	1.000	1.000	1.000	1.000	1.000	1.000	1.000	1.000	1.000	1.000	1.000
0.10	0.999	0.999	0.999	0.999	0.999	0.999	0.999	0.999	0.999	1.000	1.000	1.000	1.000	1.000	1.000	1.000	1.000	1.000	1.000	1.000
0.15	0.999	0.999	0.999	0.999	0.999	0.999	0.999	0.999	0.999	0.999	1.000	1.000	1.000	1.000	1.000	1.000	1.000	1.000	1.000	1.000
0.20	0.999	0.999	0.999	0.999	0.999	0.999	0.999	0.999	0.999	0.999	0.999	0.999	0.999	1.000	1.000	1.000	1.000	1.000	1.000	1.000
0.25	0.999	0.999	0.999	0.999	0.999	0.999	0.999	0.999	0.999	0.999	0.999	0.999	0.999	0.999	0.999	1.000	1.000	1.000	1.000	1.000
0.30	0.999	0.999	0.999	0.999	0.999	0.999	0.999	0.999	0.999	0.999	0.999	0.999	0.999	0.999	0.999	0.999	1.000	1.000	1.000	1.000
0.35	0.999	0.999	0.999	0.999	0.999	0.999	0.999	0.999	0.999	0.999	0.999	0.999	0.999	0.999	0.999	0.999	0.999	0.999	0.999	0.999
0.40	0.998	0.998	0.999	0.999	0.999	0.999	0.999	0.999	0.999	0.999	0.999	0.999	0.999	0.999	0.999	0.999	0.999	0.999	0.999	0.999
0.45	0.997	0.998	0.998	0.998	0.999	0.999	0.999	0.999	0.999	0.999	0.999	0.999	0.999	0.999	0.999	0.999	0.999	0.999	0.999	0.999
0.50	0.995	0.996	0.997	0.998	0.998	0.998	0.999	0.999	0.999	0.999	0.999	0.999	0.999	0.999	0.999	0.999	0.999	0.999	0.999	0.999
0.55	0.992	0.994	0.995	0.996	0.997	0.997	0.998	0.998	0.998	0.999	0.998	0.999	0.999	0.999	0.999	0.999	0.999	0.999	0.999	0.999
0.60	0.987	0.989	0.991	0.993	0.994	0.995	0.996	0.996	0.997	0.997	0.998	0.998	0.998	0.998	0.999	0.999	0.999	0.999	0.999	0.999
0.65	0.978	0.982	0.985	0.987	0.989	0.991	0.992	0.993	0.994	0.995	0.996	0.996	0.997	0.997	0.998	0.998	0.998	0.998	0.999	0.999
0.70	0.963	0.969	0.972	0.976	0.979	0.982	0.985	0.987	0.988	0.990	0.991	0.992	0.993	0.994	0.995	0.996	0.996	0.997	0.997	0.997
0.75	0.936	0.943	0.950	0.956	0.961	0.965	0.969	0.973	0.976	0.979	0.981	0.983	0.985	0.987	0.988	0.990	0.991	0.992	0.993	0.994
0.80	0.889	0.899	0.909	0.917	0.925	0.932	0.939	0.945	0.950	0.954	0.959	0.963	0.966	0.968	0.972	0.975	0.977	0.979	0.981	0.983
0.85	0.808	0.821	0.834	0.846	0.857	0.868	0.877	0.886	0.894	0.902	0.909	0.915	0.921	0.927	0.932	0.937	0.942	0.946	0.950	0.953
0.90	0.667	0.683	0.698	0.713	0.727	0.740	0.753	0.765	0.776	0.787	0.798	0.808	0.817	0.926	0.834	0.842	0.850	0.857	0.864	0.871
0.95	0.423	0.437	0.451	0.464	0.478	0.490	0.503	0.515	0.527	0.538	0.550	0.561	0.572	0.583	0.593	0.603	0.513	0.622	0.632	0.641
1.00	0.000	0.000	0.000	0.000	0.000	0.000	0.000	0.000	0.000	0.000	0.000	0.000	0.000	0.000	0.000	0.000	0.000	0.000	0.000	0.000

F 双肢墙的内力计算

由式(6-39)得连杆的约束弯矩为:

$$m(\xi) = \varphi(\xi)V_0\frac{\alpha_1^2}{\alpha^2}\qquad(6\text{-}43)$$

$m(\xi)$ 是沿高度变化的连续函数,连梁的近似约束弯矩可由连梁中心坐标处的 $m(\xi)$ 值与层高 h 的乘积求得,并进而求出连梁的剪力和弯矩。

第 i 层连梁约束弯矩:

$$m_i = m(\xi_i)h\qquad(6\text{-}44)$$

第 i 层连梁剪力:

$$V_{bi} = \frac{m(\xi_i)h}{2c}\qquad(6\text{-}45)$$

第 i 层连梁端部弯矩:

$$M_{bi} = V_{bi}\cdot a_0\qquad(6\text{-}46)$$

连梁剪力求出之后,墙肢轴力可由竖直方向力的平衡条件求出,某截面处墙肢轴力为该截面以上所有连梁剪力之和,两个墙肢轴力大小相等,方向相反。

第 i 层墙肢轴力:

$$N_i = \sum_{j=i}^{n}V_{bj}\qquad(6\text{-}47)$$

墙肢弯矩按刚度分配,由弯矩平衡条件可得:

第 i 层墙肢弯矩:

$$\begin{cases}M_{i1} = \dfrac{I_1}{I_1+I_2}\left(M_{pi}-\displaystyle\sum_{j=i}^{n}m_j\right)\\[4mm] M_{i2} = \dfrac{I_2}{I_1+I_2}\left(M_{pi}-\displaystyle\sum_{j=i}^{n}m_j\right)\end{cases}\qquad(6\text{-}48)$$

式中 M_{pi}——水平荷载在第 i 层截面处的倾覆力矩;

M_{i1}——第 i 层截面处墙肢1的弯矩;

M_{i2}——第 i 层截面处墙肢2的弯矩。

第 i 层墙肢剪力,按考虑弯曲和剪切变形后的抗剪刚度进行分配:

$$\begin{cases}V_{1i} = \dfrac{I_1^0}{I_1^0+I_2^0}V_{pi}\\[4mm] V_{2i} = \dfrac{I_2^0}{I_1^0+I_2^0}V_{pi}\end{cases}\qquad(6\text{-}49)$$

式中 I_i^0——考虑剪切变形后的墙肢折算惯性矩,$I_i^0 = \dfrac{I_i}{1+\dfrac{12\mu EI_i}{GA_ih^2}}(i=1,2)$;

V_{pi}——水平荷载在第 i 层截面处的总剪力。

墙肢内力见图 6-21。

G 双肢剪力墙位移计算

双肢剪力墙的侧向位移由墙肢的弯曲变形及剪切变形侧移叠加，即：

$$y = y_m + y_v = \iint\limits_{1}^{\xi}\int\limits_{1}^{\xi} \frac{\mathrm{d}^2 y_m}{\mathrm{d}\xi^2}\mathrm{d}\xi\mathrm{d}\xi + \int\limits_{1}^{\xi} \frac{\mathrm{d}y_v}{\mathrm{d}\xi}\mathrm{d}\xi \tag{6-50}$$

式中，

$$\frac{\mathrm{d}^2 y_m}{\mathrm{d}\xi^2} = \frac{1}{E(I_1 + I_2)}\Big[M_p(\xi) - \int\limits_0^{\xi} m(\xi)\mathrm{d}\xi \Big]$$

$$\frac{\mathrm{d}y_v}{\mathrm{d}\xi} = \frac{\mu V_p(\xi)}{G(A_1 + A_2)}$$

分别将 3 种荷载作用下的 $m(\xi)$、$M_p(\xi)$、$V_p(\xi)$ 代入，考虑边界条件后整理得顶点位移：

$$\begin{cases} u = \dfrac{11V_0H^3}{60E\Sigma I_i}(1 + 3.64\gamma^2 - \tau + \psi_\alpha\tau) = \dfrac{11V_0H^3}{60EI_{\mathrm{eq}}} & \text{（倒三角形分布荷载）} \\[3mm] u = \dfrac{V_0H^3}{8E\Sigma I_i}(1 + 4\gamma^2 - \tau + \psi_\alpha\tau) = \dfrac{V_0H^3}{8EI_{\mathrm{eq}}} & \text{（均布荷载）} \\[3mm] u = \dfrac{V_0H^3}{3E\Sigma I_i}(1 + 3\gamma^2 - \tau + \psi_\alpha\tau) = \dfrac{V_0H^3}{3EI_{\mathrm{eq}}} & \text{（顶部集中荷载）} \end{cases} \tag{6-51}$$

式中　τ——墙肢轴向变形影响系数，$\tau = \dfrac{\alpha_1^2}{\alpha^2} = \dfrac{2cs}{2cs + I_1 + I_2}$；

γ^2——剪切变形影响系数，$\gamma^2 = \dfrac{E\Sigma I_i}{H^2 G\Sigma A_i/\mu_i}$；

EI_{eq}——双肢墙等效抗弯刚度，即将墙的弯曲、剪切和轴向变形之后的顶点位移，按顶点位移相等的原则，折算成一个只考虑弯曲变形的等效竖向悬臂杆的刚度。3 种荷载的等效抗弯刚度分别为：

$$\begin{cases} EI_{\mathrm{eq}} = \dfrac{E\Sigma I_i}{1 + 3.64\gamma_1^2 - \tau + \psi_\alpha\tau} & \text{（倒三角形分布荷载）} \\[3mm] EI_{\mathrm{eq}} = \dfrac{E\Sigma I_i}{1 + 4\gamma_1^2 - \tau + \psi_\alpha\tau} & \text{（均布荷载）} \\[3mm] EI_{\mathrm{eq}} = \dfrac{E\Sigma I_i}{1 + 3\gamma_1^2 - \tau + \psi_\alpha\tau} & \text{（顶部集中荷载）} \end{cases}$$

ψ_α——整体性对墙肢刚度的影响系数，3 种荷载下的 ψ_α 分别为：

$$\begin{cases} \psi_\alpha = \dfrac{60}{11}\dfrac{1}{\alpha^2}\left(\dfrac{2}{3} + \dfrac{2\mathrm{sh}\alpha}{\alpha^3\mathrm{ch}\alpha} - \dfrac{2}{\alpha^2\mathrm{ch}\alpha} - \dfrac{\mathrm{sh}\alpha}{\alpha\mathrm{ch}\alpha}\right) & （倒三角形分布荷载） \\[3mm] \psi_\alpha = \dfrac{8}{\alpha^2}\left(\dfrac{1}{2} + \dfrac{1}{\alpha^2} - \dfrac{2}{\alpha^2\mathrm{ch}\alpha} - \dfrac{\mathrm{sh}\alpha}{\alpha\mathrm{ch}\alpha}\right) & （均布荷载） \\[3mm] \psi_\alpha = \dfrac{3}{\alpha^2}\left(1 - \dfrac{\mathrm{sh}\alpha}{\alpha\mathrm{ch}\alpha}\right) & （顶部集中荷载） \end{cases}$$

由此可以看出，ψ_α 只是剪力墙整体系数 α 的函数，设计中可直接从表6-10查取。

表6-10 ψ_α 值表

α	倒三角形荷载	均布荷载	顶部集中力	α	倒三角形荷载	均布荷载	顶部集中力
1.000	0.720	0.722	0.715	11.000	0.026	0.027	0.022
1.500	0.537	0.540	0.523	11.500	0.023	0.025	0.020
2.000	0.399	0.403	0.388	12.000	0.022	0.023	0.019
2.500	0.302	0.306	0.290	12.500	0.020	0.021	0.017
3.000	0.234	0.238	0.222	13.000	0.019	0.020	0.016
3.500	0.186	0.190	0.175	13.500	0.017	0.018	0.015
4.000	0.151	0.155	0.140	14.000	0.016	0.017	0.014
4.500	0.125	0.128	0.115	14.500	0.015	0.016	0.013
5.000	0.105	0.108	0.096	15.000	0.014	0.015	0.012
5.500	0.089	0.092	0.081	15.500	0.013	0.014	0.011
6.000	0.077	0.080	0.069	16.000	0.012	0.013	0.010
6.500	0.067	0.070	0.060	16.500	0.012	0.013	0.010
7.000	0.058	0.061	0.052	17.000	0.011	0.012	0.009
7.500	0.052	0.054	0.046	17.500	0.010	0.011	0.009
8.000	0.046	0.048	0.041	18.000	0.010	0.011	0.008
8.500	0.041	0.043	0.036	18.500	0.009	0.010	0.008
9.000	0.037	0.039	0.032	19.000	0.009	0.009	0.007
9.500	0.034	0.035	0.029	19.500	0.008	0.009	0.007
10.000	0.031	0.032	0.027	20.000	0.008	0.009	0.007
10.500	0.028	0.030	0.024	20.500	0.008	0.008	0.006

6.2.5.2 多肢墙的计算

A 多肢墙计算方法

具有多于一列排列整齐的洞口，且不符合整体小开口剪力墙的判别条件时，就成为多肢剪力墙，又称为联肢墙，它的几何尺寸及几何参数见图6-22。

多肢墙计算也采用连续杆法求解，基本假定和基本体系的取法和双肢墙类似。它的基本体系和未知力见图6-23。

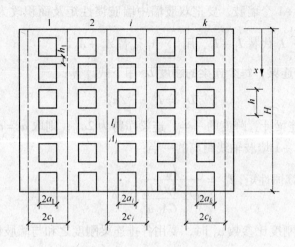

图 6-22 多肢墙几何参数示意图

$2a_i$—第 i 跨连梁计算跨度；$2c_i$—第 i 跨墙肢轴线间距

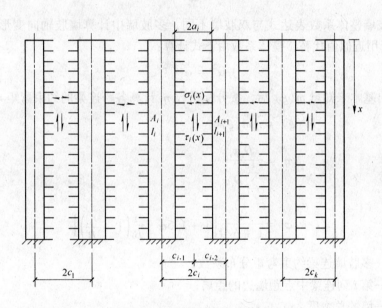

图 6-23 多肢墙计算基本体系

与双肢墙不同的是，在建立第 i 个切口处协调方程时，除了第 i 跨连梁的内力外，还要考虑第 $i-1$ 跨连梁内力对第 i 个墙肢和第 $i+1$ 跨连梁内力对第 $i+1$ 个墙肢的影响；为便于求解微分方程，将 k 个微分方程叠加，设各排连梁切开口处未知量之和：

$$\sum_{i=1}^{k} m_i(x) = m(x) \tag{6-52}$$

为未知量，在求出 $m(x)$ 后再按一定的比例拆开，分配到各排连杆，再分别求各连梁的剪力、弯矩和各墙肢弯矩、轴力等内力。

经过叠加，可建立与双肢墙完全相同的微分方程，获得完全相同的微分方程解。因此，双肢墙的公式和图表都可以应用，但是在如下几个方面应注意区别：

（1）多肢墙有 $k+1$ 个墙肢，要把双肢墙中墙肢惯性矩及面积改为多肢墙惯性矩之和及面积之和，即用 $\sum_{i=1}^{k+1} I_i$ 代替 $I_1 + I_2$，用 $\sum_{i=1}^{k+1} A_i$ 代替 $A_1 + A_2$。

（2）墙中有 k 个连梁，每个连梁的刚度 D_i 用下式计算：

$$D_i = I_{bi}^0 \cdot c_i^2 / a_i^3$$

式中　a_i——第 i 列连梁计算跨度的一半，连梁净跨为 $2a_{i0}$，则取 $a_i = a_{i0} + h_{bi}/4$；

　　　　c_i——第 i 和 $i+1$ 墙肢轴线距离的一半；

　　　　I_{bi}^0——连梁折算惯性矩，$I_{bi}^0 = \dfrac{I_{bi}}{1 + \dfrac{3\mu E I_{bi}}{G A_{bi} a_i^2}}$。

计算连梁与墙肢刚度比参数 α_1 时，要用各排连梁刚度之和与墙肢惯性矩之和，即：

$$\alpha_1^2 = \frac{6H^2}{h \cdot \sum_{i=1}^{k+1} I_i} \cdot \sum_{i=1}^{k} D_i$$

（3）多肢墙整体系数表达式与双肢墙不同，多肢墙中计算墙肢轴向变形影响比较困难，因此 τ 值用近似值代替，整体系数由下式计算：

$$\alpha^2 = \alpha_1^2 / \tau$$

（4）解出基本未知量 $m(\xi)$ 后，按分配系数 η_i 计算各跨连梁的约束弯矩 $m_i(\xi)$，

$$m_i(\xi) = \eta_i m(\xi)$$

$$\eta_i = \frac{D_i \varphi_i}{\sum_{i=1}^{k} D_i \varphi_i}$$

$$\varphi_i = \frac{1}{1 + \alpha/4}\left[1 + 1.5\alpha \cdot \frac{r_i}{B}\left(1 - \frac{r_i}{B}\right)\right]$$

式中　φ_i——多肢墙连梁约束弯矩分布系数；

　　　　r_i——第 i 列连梁中点距墙边的距离；

　　　　B——墙的总宽度。

联肢墙的内力与位移计算步骤

（1）计算几何参数。包括：

1）计算各墙肢截面 A_i、I_i 及连梁截面的 A_{bi}、I_{bi} 以及连梁折算惯性矩 I_{bi}^0：

$$I_{bi}^0 = \frac{I_{bi}}{1 + \dfrac{3\mu E I_{bi}}{G A_{bi} a_i^2}} \tag{6-53}$$

2）连梁刚度：

$$D_i = I_{bi}^0 \cdot c_i^2 / a_i^3 \tag{6-54}$$

3）梁墙刚度比参数：

$$\alpha_1^2 = \frac{6H^2}{h \cdot \sum_{i=1}^{k+1} I_i} \cdot \sum_{i=1}^{k} D_i \tag{6-55}$$

4）墙肢轴向变形影响系数：$\tau = \dfrac{2cs}{2cs + I_1 + I_2}$（双肢），多肢墙（查表6-4）。

5）整体系数：

$$\alpha^2 = \frac{\alpha_1^2}{\tau} \tag{6-56}$$

6）剪切影响系数：

$$\gamma^2 = \frac{E \sum_{i=1}^{k+1} I_i}{H^2 G \sum_{i=1}^{k+1} A_i / \mu_i} \tag{6-57}$$

式中　μ_i——第i墙肢截面剪力不均匀系数，矩形截面取$\mu_i = 1.2$；工形截面取$\mu_i = $全面积/腹板面积。

当墙的$H/B \geqslant 4$时，可取$\gamma = 0$。

（2）连梁内力计算。包括：

1）连梁约束弯矩分配系数：

$$\eta_i = \frac{D_i \varphi_i}{\sum_{i=1}^{k} D_i \varphi_i}$$

$$\varphi_i = \frac{1}{1 + \alpha/4}\Big[1 + 1.5\alpha \cdot \frac{r_i}{B}\Big(1 - \frac{r_i}{B}\Big)\Big] \tag{6-58}$$

2）i层连梁总约束弯矩：

$$m_i = \tau h V_0 \varphi(\xi_i) \tag{6-59}$$

3）i层第j个连梁剪力为：

$$V_{bij} = \frac{m_i \eta_j}{2c_j} \tag{6-60}$$

4）i层第j个连梁弯矩为：

$$m_{bij} = V_{bij} \cdot a_{i0} \tag{6-61}$$

（3）墙肢轴力计算。

i层第1肢墙：

$$N_{i1} = \sum_{l=i}^{n} V_{bl1} \tag{6-62}$$

i层第j肢墙：

$$N_{ij} = \sum_{l=i}^{n} (V_{blj} - V_{blj-1}) \tag{6-63}$$

i层第$k+1$肢墙：

$$N_{i,k+1} = \sum_{l=i}^{n} V_{blk} \qquad (6\text{-}64)$$

（4）墙肢弯矩与剪力。

i 层第 j 肢墙分担的弯矩为：

$$M_{ij} = \frac{I_j}{\sum_{l=i}^{k+1} I_l}\left(M_{pi} - \sum_{l=i}^{n} m_l\right) \qquad (6\text{-}65)$$

i 层第 j 肢墙分担的剪力（按各墙肢的折算刚度分配）为：

$$V_{ij} = \frac{I_j^0}{\sum_{j=1}^{k+1} I_j^0} V_{pi} \qquad (6\text{-}66)$$

式中，$I_j^0 = \dfrac{I_j}{1 + \dfrac{12\mu E I_j}{G A_j h^2}}$　$(j = 1, 2, \cdots, k+1)$。

（5）顶点位移计算。3 种常见荷载下多肢墙的顶点侧移公式与双肢墙相同，即

$$\begin{cases} u = \dfrac{11 V_0 H^3}{60 E I_{eq}} & （倒三角形分布荷载） \\[3mm] u = \dfrac{V_0 H^3}{8 E I_{eq}} & （均布荷载） \\[3mm] u = \dfrac{V_0 H^3}{3 E I_{eq}} & （顶部集中荷载） \end{cases} \qquad (6\text{-}67)$$

【例题 6-2】　计算图 6-24 所示的 12 层剪力墙结构的内力及位移。已知墙体厚度为 180mm，混凝土为 C30，$E = 3.0 \times 10^7 \text{kN/m}^2$，顶部受集中荷载 $V_p = 250\text{kN}$。其他尺寸及参数如图 6-24 所示。

解：（1）判断剪力墙类型

连梁截面尺寸：180mm × 600mm

$$I_{b0} = \frac{b_w h_w^3}{12} = \frac{0.18 \times 0.6^3}{12} = 0.00324 \text{m}^4$$

连梁的折算惯性矩：

$$I_b^0 = \frac{I_{b0}}{1 + \dfrac{30\mu I_{b0}}{A_b l_b^2}}$$

$$= \frac{0.00324}{1 + \dfrac{30 \times 1.2 \times 0.00324}{0.18 \times 0.9 \times 1.9^2}} = 0.00249 \text{m}^4$$

$$l_b = l_0 + \frac{h_b}{2} = 1.6 + \frac{0.6}{2} = 1.9\text{m}$$

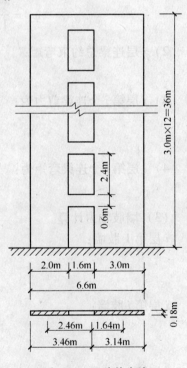

图 6-24　双肢剪力墙

无洞口墙:

$$I_{wi} = \frac{b_w h_w^3}{12} = \frac{0.18 \times 6.6^3}{12} = 4.31 m^4$$

墙肢:

$$A_1 = 0.18 \times 2 = 0.36 m^2$$

$$I_1 = \frac{b_w h_w^3}{12} = \frac{0.18 \times 2^3}{12} = 0.12 m^4$$

$$A_2 = 0.18 \times 3 = 0.54 m^2$$

$$I_2 = \frac{b_w h_w^3}{12} = \frac{0.18 \times 3^3}{12} = 0.405 m^4$$

墙肢折算惯性矩:

$$I_1^0 = \frac{I_1}{1 + \frac{30\mu I_1}{A_1 h^2}} = \frac{0.12}{1 + \frac{30 \times 1.2 \times 0.12}{0.18 \times 2 \times 3.0^2}} = 0.051 m^4$$

$$I_2^0 = \frac{I_2}{1 + \frac{30\mu I_2}{A_2 h^2}} = \frac{0.405}{1 + \frac{30 \times 1.2 \times 0.405}{0.18 \times 3 \times 3.0^2}} = 0.101 m^4$$

剪力墙对组合截面形心的惯性矩:

$$y_0 = \frac{0.18 \times 2 \times 1 + 0.18 \times 3.0 \times 5.1}{0.18 \times (2.0 + 3.0)} = 3.46 m$$

墙肢 1 距离形心 $y_1 = 2.46 m$,墙肢 2 距离形心 $y_2 = 1.64 m$,

墙肢 1 与墙肢 2 形心之间的距离 $2c = 6.6 - 2.5 = 4.1 m$,$a = a_0 + \frac{h_b}{4} = 0.8 +$

$\frac{0.6}{4} = 0.95 m$。

$$I = I_1 + A_1 y_1^2 + I_2 + A_2 y_2^2$$
$$= 0.12 + 0.36 \times 2.46^2 + 0.405 + 0.54 \times 1.64^2$$
$$= 4.16 m^4$$
$$I_n = I - I_1 - I_2 = 4.16 - 0.12 - 0.405 = 3.635 m^4$$

因此,

$$I_w = \frac{\sum_{i=1}^{n} I_{wi} h_i}{\sum h_i} = \frac{4.31 \times 0.6 \times 12 + 4.16 \times 2.4 \times 12}{36} = 4.19 m^4$$

连梁刚度 $\quad D = \frac{I_b^0 c^2}{a^3} = \frac{0.00249 \times 2.05^2}{(0.95)^3} = 0.0122$

连梁与墙肢刚度比 $\quad \alpha_1^2 = \frac{6H^2 D}{h(I_1 + I_2)} = \frac{6 \times 36^2 \times 0.0122}{3.0 \times (0.12 + 0.405)} = 60.233$

剪力墙整体性系数 $\alpha^2 = \dfrac{\alpha_1^2}{\tau} = \alpha_1^2 \Big/ \left(\dfrac{I_n}{I}\right) = 60.233 \Big/ \left(\dfrac{3.635}{4.16}\right) = 68.93 \Rightarrow \alpha = 8.30$

$$\frac{I_n}{I} = \frac{3.635}{4.16} = 0.874 < \xi = 0.975 \,(属于双肢墙)$$

（2）连梁内力计算

第 i 层连梁总约束弯矩：

$$m_i = m(\xi) \cdot h = \frac{\alpha_1^2}{\alpha^2} \cdot V_0 \cdot h \cdot \varphi(\xi)$$

$$= 0.8743 \times 250 \times 3.0 \times \varphi(\xi) = 655.75\varphi(\xi)$$

顶层及基底处（$\xi = 0$ 和 $\xi = 1$）求 m_i 时应乘以层高的一半：

$$m_i = m(\xi) \cdot h/2$$

第 i 层连梁剪力：

$$V_{bi} = \frac{m_i}{2c} = \frac{655.75\varphi(\xi)}{4.1} = 159.94\varphi(\xi)$$

第 i 层连梁端部弯矩：

$$M_{bi} = V_{bi} \cdot a_0 = 159.94\varphi(\xi) \times 0.8 = 127.95\varphi(\xi)$$

连梁内力计算见表 6-11。

表 6-11   连梁内力计算

楼 层	ξ	$\varphi(\xi)$	m_i	$\sum m_i$	V_{bi}	M_{bi}
12	0	0.999	327.5472	327.5472	159.7801	127.8221
11	0.0833	0.999	655.0943	982.6415	159.7801	127.8221
10	0.1667	0.9978	654.3074	1636.949	159.5881	127.6685
9	0.25	0.9976	654.1762	2291.125	159.5561	127.6429
8	0.3333	0.9957	652.9303	2944.055	159.2523	127.3998
7	0.4167	0.991	649.8483	3593.904	158.5005	126.7985
6	0.5	0.984	645.258	4239.162	157.381	125.9028
5	0.5833	0.968	634.766	4873.928	154.8219	123.8556
4	0.6667	0.932	611.159	5485.087	149.0641	119.2494
3	0.75	0.873	572.4698	6057.556	139.6276	111.7004
2	0.8333	0.75	491.8125	6549.369	119.955	95.9625
1	0.9167	0.573	375.7448	6925.114	91.64562	73.31535
0	1	0	0	6925.114	0	0

（3）剪力墙内力计算

外荷载对 i 截面产生的总弯矩及总剪力：

$$M_{pi} = V_0 \cdot \xi H = 250 \times 36 \times \xi = 9000\xi$$

$$V_{pi} = V_0 = 250 \text{kN}$$

第 i 层墙肢弯矩：

$$
\begin{cases}
M_{i1} = \dfrac{I_1}{I_1 + I_2}(M_{pi} - \sum\limits_{j=i}^{n} m_j) = \dfrac{0.12}{0.12 + 0.405}(M_{pi} - \sum\limits_{j=i}^{n} m_j) \\[3mm]
M_{i2} = \dfrac{I_2}{I_1 + I_2}(M_{pi} - \sum\limits_{j=i}^{n} m_j) = \dfrac{0.405}{0.12 + 0.405}(M_{pi} - \sum\limits_{j=i}^{n} m_j)
\end{cases}
$$

第 i 层墙肢剪力，按考虑弯曲和剪切变形后的抗剪刚度进行分配：

$$
\begin{cases}
V_{1i} = \dfrac{I_1^0}{I_1^0 + I_2^0}V_{pi} = \dfrac{0.051}{0.051 + 0.101} \times 250 = 83.88\text{kN} \\[3mm]
V_{2i} = \dfrac{I_2^0}{I_1^0 + I_2^0}V_{pi} = \dfrac{0.101}{0.051 + 0.101} \times 250 = 166.12\text{kN}
\end{cases}
$$

第 i 层墙肢轴力：$N_{i1} = N_{i2} = \sum\limits_{j=i}^{n} V_{bj}$

墙肢内力计算结果见表6-12。

表6-12 墙肢内力计算

楼 层	ξ	M_{pi}	$M_{pi} - \Sigma m_i$	M_1	M_2	V_1	V_2	$N_1 = N_2$
12	0.0000	0.0	-327.547	-74.8679	-252.679	83.88	166.12	79.8901
11	0.0833	749.7	-232.942	-53.2438	-179.698	83.88	166.12	239.6702
10	0.1667	1500.3	-136.649	-31.234	-105.415	83.88	166.12	399.2583
9	0.2500	2250.0	-41.1251	-9.40002	-31.7251	83.88	166.12	558.8144
8	0.3333	2999.7	55.6446	12.71877	42.92583	83.88	166.12	718.0667
7	0.4167	3750.3	156.3963	35.74773	120.6486	83.88	166.12	876.5672
6	0.5000	4500.0	260.8383	59.62018	201.2181	83.88	166.12	1033.948
5	0.5833	5249.7	375.7723	85.89081	289.8815	83.88	166.12	1188.770
4	0.6667	6000.3	515.2133	117.763	397.4503	83.88	166.12	1337.834
3	0.7500	6750.0	692.4435	158.2728	534.1707	83.88	166.12	1477.462
2	0.8333	7499.7	950.331	217.2185	733.1125	83.88	166.12	1597.417
1	0.9167	8250.3	1325.186	302.8997	1022.286	83.88	166.12	1689.062
0	1.0000	9000.0	2074.886	474.2597	1600.626	83.88	166.12	1689.062

（4）顶点位移计算

由 $\alpha = 8.3$ 查表6-10得到 $\psi_\alpha = 0.038$，剪切变形系数为：

$$
\gamma^2 = \frac{\mu E(I_1 + I_2)}{H^2 G(A_1 + A_2)} = \frac{2.5 \times 1.2 \times (0.12 + 0.405)}{36^2 \times 0.9} = 0.00135
$$

$$
EI_{eq} = E\Sigma I_j \Big/ \left[1 + \frac{I_n}{I}(\psi_\alpha - 1) + 3\gamma^2\right]
$$

$$
= \frac{3.0 \times 10^7 \times (0.12 + 0.405)}{1 + 0.874(0.0038 - 1) + 3 \times 0.00135} = 1.181 \times 10^8 \text{kN} \cdot \text{m}^2
$$

$$
u = \frac{1}{3} \frac{V_0 H^3}{EI_{eq}} = \frac{1}{3} \times \frac{250 \times 36^3}{1.181 \times 10^8} = 0.033\text{m}
$$

6.2.6 壁式框架在水平荷载作用下内力及位移的计算

当剪力墙的洞口尺寸较大，而连梁的线刚度又大于或接近墙肢的线刚度时，剪力墙的受力性能接近于框架，墙肢和连梁形成框架梁柱，但是，由于墙肢宽度与连梁高度较大，它与一般框架又有区别，它们的相交部分不再能看作一个节点，而形成有较大尺寸的节点区，梁柱进入节点区之后，形成弯曲刚度无限大的刚域，因此，这种剪力墙称为壁式框架（图 6-25）。

壁式框架的梁、柱轴线取连梁及墙肢截面的形心线。

刚域的计算长度（图 6-26）可按下式取用：

梁刚域长度：
$$\begin{cases} l_{b1} = a_1 - \dfrac{1}{4}h_b \\[2mm] l_{b2} = a_2 - \dfrac{1}{4}h_b \end{cases} \tag{6-68}$$

柱刚域长度：
$$\begin{cases} l_{c1} = c_1 - \dfrac{1}{4}b_c \\[2mm] l_{c2} = c_2 - \dfrac{1}{4}b_c \end{cases} \tag{6-69}$$

注：当算得的刚域长度 l 小于 0 时，取为零，即不考虑刚域的影响。

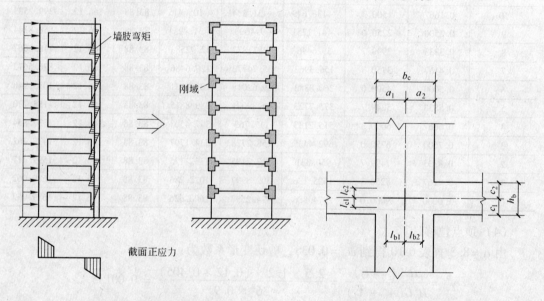

图 6-25　壁式框架特点　　　　　　　图 6-26　壁式框架计算简图

壁式框架在水平荷载作用下的内力分析采用 D 值法进行，计算时应注意：

（1）在梁、柱节点处有刚域存在；

（2）由于壁梁和壁柱截面都比较宽，剪切变形的影响不可忽略，所以应对 D 值进行修正。

6.2.6.1　带刚域杆件考虑剪切变形后的刚度系数和 D 值的修正

图 6-27 所示为一具有刚域长度 al 和 bl 的杆件，当两端有单位转角 $\theta = 1$ 时，在 1′点和 2′点除有单位转角外，由于刚域作刚体转动而产生线位移 al 和 bl，使在 1′点和 2′点产生旋

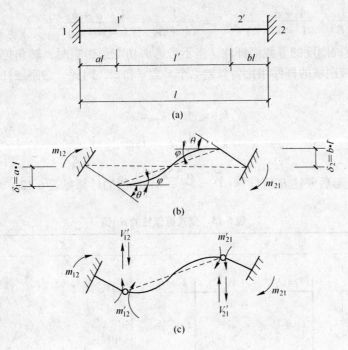

图 6-27 带刚域杆件计算

转角 φ，有：

$$\varphi = \frac{al + bl}{l'} = \frac{(a+b)l}{(1-a-b)l} = \frac{a+b}{1-a-b} \tag{6-70}$$

此时，$1'$—$2'$杆件为两端转动了 $1 + \varphi$ 角的等截面杆。为了求出 m_{12} 和 m_{21}，可先假定 $1'$ 和 $2'$ 为铰接，然后在 $1'$、$2'$ 点处加上弯矩 m'_{12} 与 m'_{21}，由结构力学得出：

$$m'_{12} = m'_{21} = \frac{6EI}{(1+\beta)l'}(1+\varphi) = \frac{6EI}{(1+\beta)l} \cdot \frac{1}{(1-a-b)^2} \tag{6-71}$$

式中 β——考虑剪切变形影响的附加系数，$\beta = \dfrac{12\mu EI}{GAl'^2}$。

令杆件线刚度 $i = \dfrac{EI}{l}$，则：

$$m'_{12} = m'_{21} = \frac{6i}{(1+\beta)} \cdot \frac{1}{(1-a-b)^2} \tag{6-72}$$

相应的杆端剪力为：

$$V'_{12} = V'_{21} = \frac{m'_{12} + m'_{21}}{l'} = \frac{12i}{(1+\beta)(1-a-b)^3 l} \tag{6-73}$$

因此，固端弯矩 m_{12} 和 m_{21}，可由平衡条件求出：

$$m_{12} = m'_{12} + V'_{12} \cdot al = \frac{6i}{(1+\beta)} \cdot \frac{(1+a-b)}{(1-a-b)^3} = 6ic \tag{6-74}$$

$$m_{21} = m'_{21} + V'_{21} \cdot bl = \frac{6i}{(1+\beta)} \cdot \frac{(1-a+b)}{(1-a-b)^3} = 6ic' \tag{6-75}$$

式中, $c = \dfrac{1}{(1+\beta)} \cdot \dfrac{1+a-b}{(1-a-b)^3}$; $c' = \dfrac{1}{(1+\beta)} \cdot \dfrac{1-a+b}{(1-a-b)^3}$。

对于同跨度同刚度的等截面杆件,当不考虑剪切变形影响时,转角位移方程为 $m_{12} = 6i$, $m_{21} = 6i$ 与带刚域的杆件相比,只差一个系数 c 和 c',因此,带刚域杆件的刚度可按下式计算:

壁梁线刚度: $k_1 = c'i_1$, $k_2 = ci_2$

壁柱线刚度: $k_c = \dfrac{1}{2}(c+c')i_c$

考虑剪切变形后壁柱 D 值计算: $D = \dfrac{\alpha_c 12 k_c}{h^2}$, α_c 值的计算见表 6-13。

表 6-13   壁式框架柱的 α_c 值

楼 层	简 图		K	α_c
一般层	**边柱** $k_2 = ci_2$ $k_c = \dfrac{c+c'}{2}i_c$ $k_4 = ci_4$	**中柱** $k_1 = c'i_1$ $k_2 = ci_2$ $k_c = \dfrac{c+c'}{2}i_c$ $k_3 = c'i_3$ $k_4 = ci_4$	边柱: $K = \dfrac{k_2 + k_4}{2k_c}$ 中柱: $K = \dfrac{k_1 + k_2 + k_3 + k_4}{2k_c}$	$\alpha_c = \dfrac{K}{2+K}$
底 层	**边柱** $k_2 = ci_2$ $k_c = \dfrac{c+c'}{2}i_c$	**中柱** $k_1 = c'i_1$ $k_2 = ci_2$ $k_c = \dfrac{c+c'}{2}i_c$	边柱: $K = \dfrac{k_2}{k_c}$ 中柱: $K = \dfrac{k_1 + k_2}{k_c}$	$\alpha_c = \dfrac{0.5 + K}{2+K}$

6.2.6.2 考虑剪切变形后对壁柱反弯点的修正

壁柱反弯点的修正与普通框架柱的反弯点修正方法一样,反弯点高度系数(图 6-28)按下式取值:

$$y = a + sy_0 + y_1 + y_2 + y_3 \qquad (6-76)$$

式中 a——壁柱下端刚域的相对长度;

      s——h'/h;

      y_0——标准反弯点高度比,查表 5-3;

      y_1——壁柱上、下壁梁线刚度变化时对反弯点高度的修正值,查表 5-5;

      y_2——上层层高变化对反弯点高度的修正值,查表 5-6;

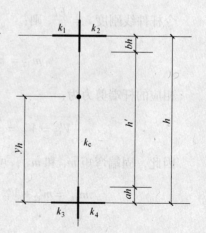

图 6-28   带刚域杆反弯点计算

y_3——下层层高变化对反弯点高度的修正值，查表 5-6。

6.2.6.3　内力计算

已知壁式框架的 D 值和反弯点高度比，各杆的内力计算可以按与普通框架相同的计算方法进行计算，即将各层剪力按各壁柱 D 值的比例分配给各壁柱，再计算柱端及梁端弯矩，具体的计算步骤与普通框架的计算步骤相同。

6.2.6.4　位移计算

壁式框架的水平位移包括：梁杆弯曲变形产生的位移及柱轴向变形产生的侧移，但轴向变形产生的侧移在框架中很小，可以略去不计。

梁柱弯曲变形产生的侧移：

层间位移：
$$u_i = \frac{V_i}{\sum D} \tag{6-77}$$

顶点位移：
$$u_M = \sum u_i = \sum \frac{V_i}{\sum D} \tag{6-78}$$

6.3　剪力墙结构设计与构造要求

6.3.1　剪力墙的配筋形式

悬臂剪力墙可能出现弯曲破坏、剪切破坏和滑移破坏三种情况。图 6-29 所示为剪力墙常见的配筋形式。在剪力墙内，竖向钢筋抵抗弯矩和轴力，墙段中部的竖向钢筋一般不屈服；水平钢筋抗剪，所以剪力墙必须进行正截面承载力和斜截面抗剪承载力计算。

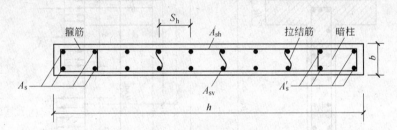

图 6-29　剪力墙的配筋形式

A_s，A_s'—抵御偏心受拉或偏心受压的纵向受力钢筋，一般根据正截面的承载力
来确定；A_{sh}，A_{sv}—抵抗剪力的水平分布钢筋和竖向分布钢筋，水平分布
钢筋 A_{sh} 的配置一般根据斜截面的承载力来确定，竖向分布钢筋
A_{sv}、箍筋和拉结筋的配置一般根据构造要求来确定

在正常使用及风荷载作用下，剪力墙应处于弹性工作阶段，不出现裂缝或仅有微小裂缝，故采用弹性方法计算剪力墙的内力和位移，限制结构变形并选择控制截面进行抗弯和抗剪承载力计算，满足截面尺寸的最小要求及配筋构造要求，就可以保证剪力墙的安全；在地震作用下，剪力墙应具有延性和耗能能力，因此应当按照地震等级进行剪力墙构造及截面验算，以满足延性剪力墙要求。

剪力墙依赖各层楼板作为支撑，保持平面外的稳定，墙体在楼层之间也要保持局部稳定，必要时尚应验算其平面外的强度。

6.3.2　墙肢正截面承载力及轴压比限值

6.3.2.1　偏心受压承载力计算

由平截面变形假设，在轴力及弯矩共同作用下，墙截面应变呈线性分布，由此可得界限配筋时，名义受压区高度与横截面有效高度的比值为：

$$\xi_b = \frac{\beta_c}{1 + f_y/0.0033E_s} \tag{6-79}$$

式中，β_c 为混凝土强度影响系数，当混凝土强度不大于 C50 时，取 1.0；当为 C80 时，取 0.8；当混凝土强度等级在 C50 和 C80 之间时可按线性内插取用。

由 ξ_b 先判断截面属于大偏心受压，还是小偏心受压破坏状态，然后进行配筋计算。

A　大偏心受压情况（$\xi \leqslant \xi_b$）

在极限状态下，界面受压区高度比 $\xi = x/h_{w0} \leqslant \xi_b$ 时，为大偏心受压破坏情况。破坏时远离中和轴的受拉、受压钢筋都可以达到屈服强度 f_y，压区混凝土达到极限强度 $\alpha_1 f_c$，但靠近中和轴处的竖向分布筋不能达到屈服强度。为了简化计算，假定只在 $1.5x$ 范围以外的受拉竖向分布钢筋达到屈服极限 f_{yw} 并参加受力，$1.5x$ 范围内的钢筋未达到屈服或受压，均不参与受力计算。因此，极限状态下截面应力图形采用等效矩形应力分布图，如图 6-30 所示，根据 $\Sigma N = 0$ 和 $\Sigma M = 0$ 两个平衡条件就可以建立方程式。

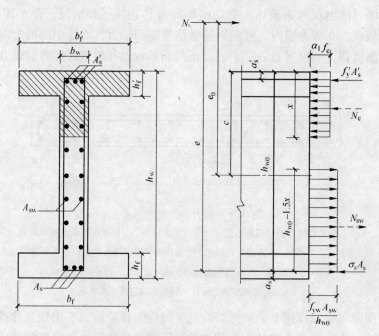

图 6-30　剪力墙正截面承载力计算简图

矩形、T 形、工字形偏心受压剪力墙的正截面受压承载力可统一按以下简化方法计算。

无地震作用组合时：

$$\begin{cases} N = A'_s f'_y - A_s \sigma_s - N_{sw} + N_c \\ M = N\left(e_0 + h_{w0} - \dfrac{h_w}{2}\right) = A'_s f'(h_{w0} - a'_s) - M_{sw} + M_c \end{cases} \quad (6\text{-}80)$$

式中，下标 c、sw 表示受压区混凝土和参与计算的竖向分布钢筋。

当 $x > h'_f$ 时，中和轴在腹板内，基本公式中 N_c、M_c 由下式计算：

$$\begin{cases} N_c = \alpha_1 f_c b_w x + \alpha_1 f_c (b'_f - b_w) h'_f \\ M_c = \alpha_1 f_c b_w x\left(h_{w0} - \dfrac{x}{2}\right) + \alpha_1 f_c (b'_f - b_w) h'_f\left(h_{w0} - \dfrac{h'_f}{2}\right) \end{cases} \quad (6\text{-}81)$$

当 $x \leqslant h'_f$ 时，中和轴在翼缘内，基本公式中 N_c、M_c 由下式计算：

$$\begin{cases} N_c = \alpha_1 f_c b'_f x \\ M_c = \alpha_1 f_c b'_f x\left(h_{w0} - \dfrac{x}{2}\right) \end{cases} \quad (6\text{-}82)$$

当 $x \leqslant \xi_b h_{w0}$ 时，为大偏心受压，受拉、受压端部钢筋都达到屈服，基本公式中 σ_s、N_{sw}、M_{sw} 由下式计算：

$$\begin{cases} \sigma_s = f_y \\ N_{sw} = \dfrac{f_{yw} A_{sw}}{h_{w0}}(h_{w0} - 1.5x) = f_{yw} b_w \rho_w (h_{w0} - 1.5x) \\ M_{sw} = N_{sw}\dfrac{1}{2}(h_{w0} - 1.5x) = \dfrac{1}{2} f_{yw} b_w \rho_w (h_{w0} - 1.5x)^2 \end{cases} \quad (6\text{-}83)$$

当 $x > \xi_b h_{w0}$ 时，为小偏心受压，端部受压钢筋屈服，而受拉分布钢筋及端部钢筋均未屈服，基本公式中 σ_s、N_{sw}、M_{sw} 由下式计算：

$$\begin{cases} \sigma_s = \dfrac{f_y}{\xi_b - 0.8}\left(\dfrac{x}{h_{w0}} - \beta_1\right) \\ N_{sw} = 0 \\ M_{sw} = 0 \\ \xi_b = \dfrac{\beta_c}{1 + \dfrac{f_y}{E_s \varepsilon_{cu}}} \end{cases} \quad (6\text{-}84)$$

上述式中　a'_s——剪力墙受压区端部钢筋合力点到受压区边缘的距离；

　　　　　b'_f——T 形或工字形截面受压区翼缘宽度；

　　　　　e_0——偏心距，$e_0 = M/N$；

　　f_y，f'_y——分别为剪力墙端部受拉、受压钢筋强度设计值；

　　　　　f_{yw}——剪力墙墙体竖向分布钢筋强度设计值；

　　　　　f_c——混凝土轴心抗压强度设计值；

　　　　　h'_f——T 形或工字形截面受压区翼缘的高度；

　　　　　h_{w0}——剪力墙截面有效高度，$h_{w0} = h_w - a'_s$；

ρ_w——剪力墙竖向分布钢筋配筋率；

ξ_b——界限相对受压区高度；

α_1——受压区混凝土矩形应力图的应力与混凝土轴心抗压强度设计值的比值，当混凝土强度等级不超过 C50 时取 1.0；当混凝土强度等级为 C80 时取 0.94；当混凝土强度等级在 C50 和 C80 之间时，可按线性内插取值；

β_c——混凝土强度影响系数。当混凝土强度等级不超过 C50 时取 1.0，当混凝土强度等级为 C80 时取 0.8；当混凝土强度等级在 C50 和 C80 之间时，可按线性内插取值；

ε_{cu}——混凝土极限压应变，应按现行国家标准《混凝土结构设计规范》GB 50010 的有关规定采用。

有地震作用组合时，式(6-80)右端均应除以承载力抗震调整系数 γ_{RE}，γ_{RE} 取 0.85。

在对称配筋的情况下，由于 $A_s = A'_s$，$f_y = f'_y$，则计算步骤为：

（1）计算名义受压区高度 x。通常先给定竖向分布筋的面积 A_{sw} 或配筋率 ρ_w，受压区高度 x 按下列情况计算：

当 $x \leqslant h'_f$ 时，

$$x = \frac{\gamma_{RE}N + f_{yw}A_{sw}}{\alpha_1 f_c b'_f + 1.5A_{sw}f_{yw}/h_{w0}} \tag{6-85}$$

当 $x > h'_f$ 时，

$$x = \frac{\gamma_{RE}N + f_{yw}A_{sw} - \alpha_1 f_c(b'_f - b_w)h'_f}{\alpha_1 f_c b_w + 1.5A_{sw}f_{yw}/h_{w0}} \tag{6-86}$$

对于矩形截面，上两式中的 b'_f 应改为 b_w，即仅考虑式 (6-85)。

（2）判别大、小偏心受压。

当 $x \leqslant \xi_b h_{w0}$ 时，为大偏心受压；

当 $x > \xi_b h_{w0}$ 时，为小偏心受压。

（3）计算大偏心受压剪力墙端部受拉和受压钢筋，即：

$$A_s = A'_s = \frac{\gamma_{RE}Ne + M_{sw} - M_c}{f'_y(h_{w0} - a'_s)} \tag{6-87}$$

式中，M_{sw} 和 M_c 应分别按大或小偏心受压计算，无论在哪一种情况下，均应符合 $x \geqslant 2a'_s$ 的条件，否则按 $x = 2a'_s$ 进行计算。

B   小偏心受压情况 $(\xi > \xi_b)$

剪力墙截面小偏压破坏和小偏压柱相同，截面上大部分受压或全部受压，在受压较大一侧的混凝土达到极限抗压强度而丧失承载能力。靠近受压较大边的端部钢筋及分布钢筋达到屈服极限，但计算中不考虑分布钢筋的作用；在受拉区应力较小，未达到屈服极限，因而受拉区分布钢筋作用也不考虑。因此，假定截面极限状态应力分布与小偏压柱完全相同，配筋计算方法也完全相同。

以小偏心受压矩形截面为例（图6-31），此时基本方程为：

$$N = \alpha_1 f_c b_w x + f_y A'_s - \sigma_s A_s \tag{6-88}$$

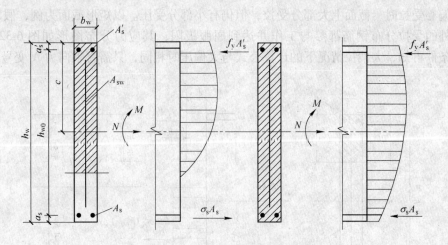

图6-31　墙肢小偏压截面应力计算简图

$$Ne = \alpha_1 f_c b_w x \left(h_{w0} - \frac{x}{2} \right) + f_y A_s' (h_{w0} - a_s') \tag{6-89}$$

式中，

$$e = e_0 + h_w/2 - a_s$$

$$\sigma_s = \frac{\xi - \beta_c}{\xi_b - \beta_c} f_y$$

对称配筋情况下，对于常用的 I 、II 级钢筋，ξ 的值可用以下公式计算：

$$\xi = \frac{N - \xi_b \alpha_1 f_c b_w h_{w0}}{\dfrac{Ne - 0.43 \alpha_1 f_c b_w h_{w0}^2}{(\beta_c - \xi_b)(h_{w0} - a_s')} + \alpha_1 f_c b_w h_{w0}} + \xi_b$$

将 ξ 的值代入式（6-89），得：

$$A_s = A_s' = \frac{Ne - \xi(1 - 0.5\xi) \alpha_1 f_c b_w h_{w0}^2}{f_y (h_{w0} - a_s')} \tag{6-90}$$

在非对称配筋时，可先按端部配筋构造要求给定 A_s，然后求解 ξ、A_s'。

如果 $\xi \geqslant h/h_{w0}$，即全截面受压，此时 A_s' 可由下式求出：

$$A_s' = \frac{Ne - \alpha_1 f_c b_w h_{w0} (h_{w0} - h_w/2)}{f_y (h_{w0} - a_s')} \tag{6-91}$$

对于抗震设计，上述各式中的 N、M 都均应乘以承载力抗震调整系数 γ_{RE}。

竖向分布筋则按构造要求设置。

在小偏心受压时，还要验算墙体平面外的稳定，可按轴心受压构件计算。

6.3.2.2　偏心受拉

当墙肢截面承受拉力时，与偏心受压一样，剪力墙偏心受拉承载力计算也有两种方法。由偏心距大小判别其属于大偏拉还是小偏拉：当 $e_0 = \dfrac{M}{N} > \dfrac{h}{2} - a_s$ 时，为大偏心受拉；

当 $e_0 = \dfrac{M}{N} < \dfrac{h}{2} - a_s$ 时，为小偏心受拉。

大偏心受拉时，截面上大部分受拉，但仍有小部分受压。以矩形截面为例，假定 $1.5x$ 范围以外的受拉分布钢筋都参与工作并达到屈服极限，其应力分布图形如图 6-32 所示。由平衡条件可知，大偏拉情况下的计算公式与大偏压时相同，只需将轴向力 N 变号。

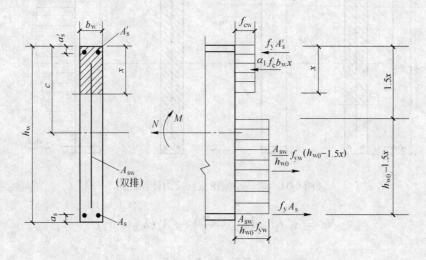

图 6-32　大偏心受拉截面应力分布

对称配筋时，名义受压区高度 x 可由下式确定：

$$x = \frac{f_{yw}A_{sw} - N}{\alpha_1 f_c b_w + 1.5A_{sw}f_{yw}/h_{w0}} \tag{6-92}$$

与大偏心受压公式类似，可推得竖向分布钢筋抵抗弯矩：

$$M_{sw} = \frac{f_{yw}A_{sw}}{2}h_{w0}\left(1 - \frac{x}{h_{w0}}\right)\left(1 - \frac{N}{f_{yw}A_{sw}}\right) \tag{6-93}$$

端部钢筋抵抗弯矩：

$$M_0 = f_y A_s(h_{w0} - a'_s) \tag{6-94}$$

与大偏心受压一样，应先给定分布钢筋面积 A_{sw}：当截面上拉力较大时，为保证截面上有受压区，要求 $x > 0$，由式（6-92）可知，分布钢筋面积应当满足如下条件：

$$A_{sw} > N/f_{yw} \tag{6-95}$$

在分布钢筋的构造要求和式（6-95）中取大值，则端部钢筋面积可由下式求出：

$$A_s \geq \frac{M - M_{sw}}{f_y(h_{w0} - a'_s)} \tag{6-96}$$

小偏拉时，混凝土开裂将贯通整个截面，一般不允许在剪力墙中出现这种情况。

矩形截面偏心受拉剪力墙的正截面承载力也可根据现行国家标准《混凝土结构设计规范》GB 50010 按下列近似公式计算：

永久、短暂设计状况：

$$N \leq \frac{1}{\dfrac{1}{N_{0u}} + \dfrac{e_0}{M_{wu}}} \tag{6-97}$$

地震设计状况：

$$N \leqslant \frac{1}{\gamma_{RE}} \left(\frac{1}{\dfrac{1}{N_{0u}} + \dfrac{e_0}{M_{wu}}} \right) \tag{6-98}$$

式中，N_{0u} 和 M_{wu} 可按下列公式计算：

$$N_{0u} = 2A_s f_y + A_{sw} f_{yw}$$

$$M_{wu} = A_s f_y (h_{w0} - a'_s) + A_{sw} f_{yw} \frac{h_{w0} - a'_s}{2}$$

式中 A_{sw}——剪力墙腹板竖向分布钢筋的全部截面面积。

6.3.2.3 剪力墙轴压比限值

试验表明，当偏心受压剪力墙轴力增大时，混凝土受压区高度随之增大，其延性随之下降。因此，《高规》规定，重力荷载代表值作用下，一、二、三级抗震等级的剪力墙墙肢的轴压比不宜超过表 6-14 中的限值。

表 6-14 剪力墙轴压比限值

轴压比	一级（9度）	一级（6、7、8度）	二 级
$N/(A f_c)$	0.4	0.5	0.6

注：N 为重力荷载代表值作用下剪力墙墙肢的轴向压力设计值，不考虑地震作用组合，但需乘以重力荷载分项系数；A 为剪力墙墙肢全截面面积；f_c 为混凝土轴心抗压强度设计值。

6.3.3 墙肢斜截面抗剪承载力计算

6.3.3.1 斜截面抗剪承载力验算

墙肢中，混凝土和水平钢筋共同抗剪，在斜裂缝出现以后，穿过斜裂缝的水平钢筋受拉，可以阻止斜裂缝展开，维持混凝土抗剪的面积，从而改善沿斜裂缝的剪切破坏脆性性质。剪力墙设计时，为了防止发生剪拉破坏或斜压破坏主要通过构造措施来保证。

偏心受压及偏拉斜截面抗剪承载力计算公式如下（偏拉时公式中与 N 有关的项取"−"）：

永久、短暂设计状况：

$$V \leqslant \frac{1}{\lambda - 0.5} \left(0.5 f_t b_w h_{w0} + 0.13N \frac{A_w}{A} \right) + f_{yh} \frac{A_{sh}}{s} h_{w0} \tag{6-99}$$

地震设计状况：

$$V \leqslant \frac{1}{\gamma_{RE}} \left[\frac{1}{\lambda - 0.5} \left(0.4 f_t b_w h_{w0} + 0.1N \frac{A_w}{A} \right) + 0.8 f_{yh} \frac{A_{sh}}{s} h_{w0} \right] \tag{6-100}$$

式中 N——剪力墙的轴向压力设计值，当 $N > 0.2 f_c b_w h_w$ 时，取 $N = 0.2 f_c b_w h_w$，抗震设计时，应考虑地震作用组合；

A——剪力墙截面全面积；

A_w——工字形或 T 形截面中腹板的面积，矩形截面 $A_w = A$；

f_{yh}——水平钢筋抗拉设计强度；

A_{sh}——配置在同一截面内水平钢筋各肢面积总和；

S——水平钢筋间距；

λ——截面处的剪跨比，$\lambda = \dfrac{M}{Vh_{w0}}$，当 $\lambda < 1.5$ 时，取 1.5；当 $\lambda > 2.2$ 时，取 2.2。M 为与 V 相应的弯矩值，当计算截面与墙底之间的距离小于 $0.5h_{w0}$ 时，λ 应按墙底 $0.5h_{w0}$ 处的 M 与 V 计算。

6.3.3.2　剪力墙底部加强部位墙肢截面的剪力设计值调整

一、二、三级抗震等级时剪力墙肢底部加强部位截面的剪力设计值应按下式调整，四级抗震等级及无地震作用组合时可不调整：

$$V = \eta_{VW} V_{W} \tag{6-101}$$

式中　η_{VW}——剪力增大系数，一级为 1.6，二级为 1.4，三级为 1.2；

V_{W}——考虑地震作用组合的剪力墙肢底部加强部位截面的剪力计算值。

当设防烈度为 9 度时，剪力墙底部加强部位仍然要求用实际配筋计算的抗弯承载力计算其剪力增大系数，即 9 度抗震设计时尚应符合：

$$V = 1.1 \frac{M_{WUa}}{M_{W}} V_{W} \tag{6-102}$$

式中　V——考虑地震作用组合的剪力墙肢底部加强部位截面的剪力设计值；

M_{WUa}——考虑承载力抗震调整系数 r_{RE} 后的剪力墙墙肢正截面抗弯承载力，应按实际配筋面积、材料强度标准值和轴向力设计值确定，有翼墙时应考虑两侧各一倍翼墙厚度范围内的纵向钢筋。

6.3.3.3　施工缝抗滑移能力验算

按一级抗震等级设计的剪力墙，其水平施工缝的抗滑移能力宜符合下列要求：

$$V_{wj} \leqslant \frac{1}{\gamma_{RE}} (0.6 f_y A_s + 0.8N) \tag{6-103}$$

式中　V_{wj}——水平施工缝处考虑地震作用组合的剪力设计值；

A_s——水平施工缝处剪力墙腹板内竖向分布钢筋、竖向插筋和边缘构件（不包括两侧翼墙）纵向钢筋的总截面面积；

f_y——竖向钢筋抗拉强度设计值；

N——水平施工缝处考虑地震作用组合的不利轴向力设计值，压力取正值，拉力取负值。

6.3.3.4　平面外轴心受压承载力验算方法

剪力墙平面外轴心受压承载力应按如下公式验算：

$$N \leqslant 0.9\varphi (f_c A + f'_y A'_s) \tag{6-104}$$

式中　A'_s——取全部竖向钢筋的截面面积；

φ——稳定系数，在确定稳定系数 φ 时，平面外计算长度可按层高取；

N——取计算截面最大轴压力设计值。

剪力墙的特点是平面内刚度及承载力大，而平面外刚度及承载力相对很小。当剪力墙与平面外方向的梁连接时，会造成墙肢平面外弯曲，而一般情况下并不验算墙的平面外的刚度及承载力。设计中防止剪力墙平面外变形过大和承载力不足的措施有：

（1）控制剪力墙平面外弯矩；

（2）采取加强剪力墙平面外刚度和承载力的措施，如沿梁轴线方向设置与梁相连的剪力墙、设置扶壁柱、暗柱，必要时在剪力墙内设置型钢等。

6.3.3.5 剪力墙墙体的稳定计算

剪力墙的截面尺寸要求目的就是为了保证剪力墙平面的刚度和整体稳定。如果不能满足剪力墙最小厚度要求，又不能减小沿剪力墙长度方向平面外的无支长度，则应计算剪力墙墙体的稳定。剪力墙墙体稳定计算按《高规》附录 D 给出的方法进行。

6.3.4 剪力墙构造要求

6.3.4.1 剪力墙的截面尺寸要求

剪力墙的截面尺寸应满足下列要求：

（1）应满足本书 6.1.3 节剪力墙的厚度要求；

（2）满足剪压比限制。

剪力墙截面尺寸太小，截面剪应力过高时，即使水平钢筋多，斜裂缝也将很早出现，混凝土在高剪力及压力下被挤碎，钢筋的作用得不到发挥。因此要求：

永久、短暂设计状态，剪力设计值应满足：

$$V \leqslant 0.25 f_c b_w h_{w0} \beta_c \tag{6-105}$$

有地震作用时，

$$\begin{cases} \text{剪跨比 } \lambda > 2.5 \text{ 时} & V \leqslant \dfrac{1}{\gamma_{RE}}(0.2\beta_c f_c b_w h_{w0}) \\[3mm] \text{剪跨比 } \lambda \leqslant 2.5 \text{ 时} & V \leqslant \dfrac{1}{\gamma_{RE}}(0.15\beta_c f_c b_w h_{w0}) \end{cases} \tag{6-106}$$

6.3.4.2 混凝土等级

剪力墙结构混凝土强度等级不应低于 C20，采用强度等级 400MPa 及以上的钢筋时，混凝土强度等级不应低于 C25。

6.3.4.3 水平和竖向分布钢筋的配筋构造要求

水平和竖向分布钢筋的配筋构造要求见表 6-15。

表 6-15 剪力墙分布钢筋配筋构造要求

项目 抗震等级		最小配筋率/%		最大间距/mm		最小直径 /mm
		一般部位	加强部位	一般部位	加强部位	
非抗震设计		0.20	0.20	横向 300 竖向 300	200	$\phi8$ $\phi8$
抗震设计	一 级	0.25	0.25	300	200	$\phi8$
	二 级	0.25	0.25	300	200	$\phi8$
	三 级	0.25	0.25	300	200	$\phi8$
	四 级	0.20	0.25	300	200	$\phi8$

注：剪力墙水平钢筋及竖向分布钢筋的配筋率 ρ_{sw} 可按 $\rho_{sw} = \dfrac{A_{sw}}{b_w s}$ 计算。

6.3.4.4 配筋加强部位

在应力情况比较复杂，温度收缩应力较大而易出现裂缝的部位，以及地震作用下塑性铰可能出现的部位，最小配筋率应提高，以保证安全。这些加强的部位为：

（1）剪力墙的顶层和底层；

（2）现浇山墙、楼电梯间横墙；

（3）内纵墙的端开间；

（4）地震作用下可能出现塑性铰的部位。

6.3.4.5 剪力墙边缘构件

剪力墙边缘构件分为约束边缘构件（暗柱、端柱和翼墙）与构造边缘构件。对延性要求比较高的剪力墙，在可能出现塑性铰的部位应设置约束边缘构件，其他部位可设置构造边缘构件。约束边缘构件的截面尺寸及配筋都比构造边缘构件要求高，其长度及箍筋配置量都需要通过计算确定，两种边缘构件的应用范围和要求如下：

（1）一、二、三级抗震设计的剪力墙底层墙肢底截面的轴压比大于表 6-16 的规定值时，以及部分框支剪力墙结构的剪力墙，应在底部加强部位及相邻上一层按如下要求设置约束边缘构件（图 6-33）。

表 6-16　剪力墙可不设约束边缘构件的最大轴压比

等级或烈度	一级（9度）	一级（6、7、8度）	二、三级
轴压比	0.1	0.2	0.3

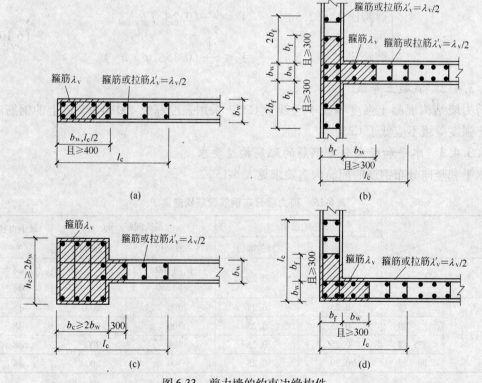

图 6-33　剪力墙的约束边缘构件

（a）暗柱；（b）有翼墙；（c）有端柱；（d）转角墙（L形墙）

1）约束边缘构件沿墙肢方向的长度 l_c 和箍筋配箍特征值 λ_v 宜符合表6-17的要求。约束边缘构件内箍筋或拉筋沿竖向的间距，一级不宜大于100mm，二、三级不宜大于150mm；箍筋、拉筋沿水平方向的肢距不宜大于300mm，不应大于竖向钢筋间距的2倍。

箍筋的配筋范围如图6-33中的阴影面积所示，其体积配箍率 ρ_v 应按下式计算：

$$\rho_v = \lambda_v \frac{f_c}{f_{yv}} \tag{6-107}$$

式中　ρ_v——箍筋体积配箍率，可计入箍筋、拉筋以及符合构造要求的水平分布钢筋，计入的水平分布钢筋的体积配箍率不应大于总体积配箍率的30%；

λ_v——约束边缘构件配箍特征值；

f_c——混凝土轴心抗压强度设计值；混凝土强度等级低于C35时，应取C35的混凝土轴心抗压强度设计值；

f_{yv}——箍筋或拉筋的抗拉强度设计值，超过360MPa时，应按360MPa计算。

表6-17　约束边缘构件沿墙肢的长度 l_c 及其配箍特征值 λ_v

项　目	一级（9度）		一级（6、7、8度）		二、三级	
	$\mu_N \leqslant 0.2$	$\mu_N > 0.2$	$\mu_N \leqslant 0.3$	$\mu_N > 0.3$	$\mu_N \leqslant 0.4$	$\mu_N > 0.4$
λ_v	0.12	0.20	0.12	0.20	0.12	0.20
l_c（暗柱）	$0.20h_w$	$0.25h_w$	$0.15h_w$	$0.20h_w$	$0.15h_w$	$0.20h_w$
l_c（翼墙或端柱）	$0.15h_w$	$0.20h_w$	$0.10h_w$	$0.15h_w$	$0.10h_w$	$0.15h_w$

注：1. μ_N 为墙肢在重力荷载代表值作用下的轴压比，h_w 为剪力墙墙肢长度；

　　2. 剪力墙的翼墙长度小于其厚度3倍或端柱截面边长小于墙厚的2倍时，按无翼墙、无端柱查表；

　　3. 约束边缘构件沿墙肢方向的长度 l_c，对暗柱不应小于墙厚和400mm的较大值；有翼墙或端柱时，l_c 尚不应小于翼墙或端柱沿墙肢方向截面高度加300mm。

2）约束边缘构件纵向钢筋的配筋范围不应小于图6-33中阴影面积，除应满足正截面受压（受拉）承载力计算要求外，其配筋率一、二、三级抗震设计时分别不应小于1.2%、1.0%和1.0%并分别不应小于8φ16、6φ16和6φ14。

（2）除（1）以外的部位，剪力墙墙肢端部均应设置构造边缘构件。剪力墙构造边缘构件的设计宜符合下列要求：

1）构造边缘构件的范围和计算纵向钢筋用量的截面面积 A_c 宜取图6-34中的阴影部分。

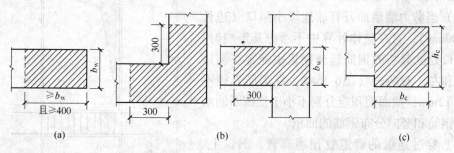

图6-34　剪力墙的构造边缘构件

(a) 暗柱；(b) 翼柱；(c) 端柱

2）构造边缘构件的纵向钢筋应满足正截面受压（受拉）承载力的要求。

3）当端柱承受集中荷载时，其竖向钢筋、箍筋直径和间距应满足框架柱的相应要求。

4）构造边缘构件的最小配筋应符合表6-18的规定，箍筋、拉筋沿水平方向的肢距不宜大于300mm，且不应大于竖向钢筋间距的2倍。

表6-18　剪力墙构造边缘构件的配筋要求

抗震等级	底部加强区			其他部位		
	竖向钢筋最小量（取大值）	箍筋		竖向钢筋最小量（取大值）	箍筋	
		最小直径/mm	沿竖向最大间距/mm		最小直径/mm	沿竖向最大间距/mm
一　级	$0.010A_c$，$6\phi16$	8	100	$0.008A_c$，$6\phi14$	8	150
二　级	$0.008A_c$，$6\phi14$	8	150	$0.006A_c$，$6\phi12$	8	200
三　级	$0.006A_c$，$6\phi12$	6	150	$0.005A_c$，$4\phi12$	6	200
四　级	$0.005A_c$，$4\phi12$	6	200	$0.004A_c$，$4\phi12$	6	250

注：1. A_c为构造边缘构件的截面面积，即图6-34中剪力墙截面的阴影部分；

2. 其他部位的转角处宜采用箍筋。

5）抗震设计时，对于复杂高层建筑结构、混合结构、框架-剪力墙结构、筒体结构以及B级高度的剪力墙结构中的剪力墙（筒体），其构造边缘构件的最小配筋应符合下列要求：

①竖向钢筋最小量应比表6-18中的数值提高$0.001A_c$采用；

②箍筋的配筋范围宜取图6-34中的阴影部分，其配箍特征值λ_v不宜小于0.1。

6）非抗震设计时，剪力墙端部应按构造配置不少于$4\phi12mm$的纵向钢筋，沿纵向钢筋应配置不少于直径为6mm、间距为250mm的拉筋。

6.3.4.6　洞口配筋

（1）在墙上开门窗洞口时，洞口周边钢筋必须按连梁及墙肢等构件截面计算结果配筋；当计算不需要时，应在洞口每侧设置两根面积不小于$0.6A_{sw}$（被洞口截断的竖向分布钢筋的面积）和$0.6A_{sh}$（被洞口截断的水平分布钢筋的面积）的竖向和水平构造筋，构造筋直径不宜小于12mm，钢筋伸过洞口边至少600mm或l_a，抗震时取l_{aE}，见图6-35。

（2）当剪力墙墙面开有非连续小洞口（边长小于800mm），且在整体计算中不考虑其影响时，应将洞口处被截断的钢筋量分别集中配置在洞口上、下和左、右两边（图6-36a），且钢筋直径不宜小于12mm，截面面积应分别不小于被截断的水平分布钢筋和竖向分布钢筋的面积。

（3）穿过连梁的管道宜预埋套管，洞口上、下的有效高度不宜小于梁高的1/3，且不宜小于200mm，洞口处宜配置补强纵向钢筋和箍筋（图

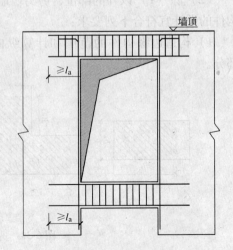

图6-35　门窗洞口配筋

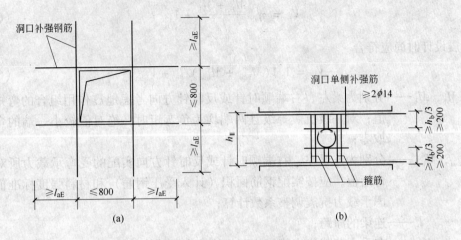

图 6-36　洞口补强配筋示意图
（a）剪力墙洞口补强；（b）连梁洞口补强

6-36b)，补强纵向钢筋的直径不应小于 12mm。被洞口削弱的截面应进行承载力验算。

6.3.5　连梁设计计算与构造要求

剪力墙中的连梁受弯矩、剪力、轴力的共同作用，但由于轴力较小，常常忽略而按受弯构件进行设计。《高规》规定，跨高比不小于 5 的连梁宜按框架梁设计，跨高比小于 5 的连梁应按如下要求设计。

6.3.5.1　连梁抗弯承载力计算

当连梁跨高比大于 2.5 时，可按普通受弯构件的抗弯承载力公式进行计算。连梁通常采用对称配筋（$A_s = A_s'$），因此可以采用如下简化公式计算：

$$M \leqslant f_y A_s (h_{w0} - a_s') \tag{6-108}$$

式中　A_s——纵向受力钢筋面积；

$h_{w0} - a_s'$——上、下受力钢筋重心之间的距离。

有地震作用时，上式右边应除以 γ_{RE}。

6.3.5.2　连梁抗剪承载力计算

大多数连梁的跨高比都较小，剪力墙中跨高比小的连梁的受力性能与一般竖向荷载下的深梁不同，在水平荷载作用下，梁两端作用着符号相反的弯矩，剪切变形大，容易出现剪切斜裂缝。特别是在反复荷载作用下，斜裂缝很快扩展到全对角线上，导致剪切破坏。因此，有地震作用时，连梁抗震承载力降低，其中，跨高比小于 2.5 的连梁抗剪承载力更低。因此必须进行连梁抗剪承载力验算。

（1）连梁的剪力设计值 V_b。连梁的剪力设计值 V_b 的计算与框架梁相同，必须满足强剪弱弯的设计原则。

1）非抗震设计以及四级抗震剪力墙的连梁，应分别取考虑水平风荷载、水平地震作用组合的剪力设计值；

2）一、二、三级抗震等级时，连梁的剪力设计值应按下式进行调整：

$$V_b = \eta_{vb} \frac{M_b^l + M_b^r}{l_n} + V_{Gb} \tag{6-109}$$

9 度抗震设计时尚应符合

$$V_b = 1.1(M_{bua}^l + M_{bua}^r)/l_n + V_{Gb} \tag{6-110}$$

式中 M_b^l，M_b^r——分别为梁左、右端顺时针或反时针方向考虑地震作用组合的弯矩设计值；对一级抗震等级且两端均为负弯矩时，绝对值较小一端的弯矩应取零；

    M_{bua}^l，M_{bua}^r——分别为连梁左、右端顺时针或反时针方向实配的受弯承载力所对应的弯矩值，应按实配钢筋面积（计入受压钢筋）和材料强度标准值并考虑承载力抗震调整系数计算；

        l_n——连梁的净跨；

      V_{Gb}——在重力荷载代表值作用下，按简支梁计算的梁端截面剪力设计值；

      η_{vb}——连梁剪力增大系数，一级取 1.3，二级取 1.2，三级取 1.1。

（2）连梁的斜截面受剪承载力的验算。连梁的斜截面受剪承载力的验算应按以下公式计算：

1）永久、短暂设计状况：

$$V_b \leqslant 0.7 f_t b_b h_{b0} + f_{yv} \frac{A_{sv}}{s} h_{b0} \tag{6-111}$$

2）地震设计状况：

跨高比大于 2.5 的连梁

$$V_b \leqslant \frac{1}{\gamma_{RE}} \left(0.42 f_t b_b h_{b0} + f_{yv} \frac{A_{sv}}{s} h_{b0} \right) \tag{6-112}$$

跨高比不大于 2.5 的连梁

$$V_b \leqslant \frac{1}{\gamma_{RE}} \left(0.38 f_t b_b h_{b0} + 0.9 f_{yv} \frac{A_{sv}}{s} h_{b0} \right) \tag{6-113}$$

6.3.5.3 剪力墙连梁的截面尺寸要求

剪力墙连梁的截面尺寸应符合下列要求：

（1）永久、短暂设计状况：

$$V_b \leqslant 0.25 \beta_c f_c b_b h_{b0} \tag{6-114}$$

（2）地震设计状况：

跨高比大于 2.5 的连梁

$$V_b \leqslant \frac{1}{\gamma_{RE}} (0.20 \beta_c f_c b_b h_{b0}) \tag{6-115}$$

跨高比不大于 2.5 的连梁

$$V_b \leqslant \frac{1}{\gamma_{RE}} (0.15 \beta_c f_c b_b h_{b0}) \tag{6-116}$$

式中 V_b——进行调整后的连梁截面剪力设计值；

b_b——连梁截面宽度；

h_{b0}——连梁截面有效高度；

β_c——混凝土强度影响系数，当混凝土强度等级不大于 C50 时取 1.0；当混凝土强度等级为 C80 时取 0.8；当混凝土强度等级在 C50 和 C80 之间时可按线性内插取用。

6.3.5.4　连梁的构造要求

一般地，连梁的跨高比都较小，容易出现剪切斜裂缝，为防止斜裂缝出现后的脆性破坏，除了采取减小其名义剪应力、加大其箍筋配置的措施外，还应在构造上采取一些特殊要求，如钢筋锚固、箍筋加密区范围、腰筋配置等，连梁配筋构造见图 6-37。

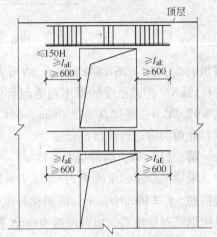

图 6-37　连梁配筋构造示意图
（非抗震设计时图中 l_{aE} 应取 l_a）

（1）连梁顶面、底面纵向受力钢筋伸入墙内的锚固长度，抗震设计时不应小于 l_{aE}，非抗震设计时不应小于 l_a，且不应小于 600mm；

（2）抗震设计时，沿连梁全长箍筋的构造应按框架梁梁端加密区箍筋的构造要求采用；非抗震设计时，沿连梁全长的箍筋直径不应小于 6mm，间距不应大于 150mm；

（3）顶层连梁纵向钢筋伸入墙体的长度范围内，应配置间距不大于 150mm 的构造箍筋，箍筋直径应与该连梁的箍筋直径相同；

（4）墙体水平分布钢筋应作为连梁的腰筋在连梁范围内拉通连续配置；当连梁截面高度大于 700mm 时，其两侧面沿梁高范围设置的纵向构造钢筋（腰筋）的直径不应小于 8mm，间距不应大于 200mm；对跨高比不大于 2.5 的连梁，梁两侧的纵向构造钢筋（腰筋）的总面积配筋率不应小于 0.3%。

除了对连梁的最小配筋率有要求外，非抗震设计时，顶面及底面单侧纵向钢筋的最大配筋率不宜大于 2.5%；抗震设计时，顶面及底面单侧纵向钢筋的最大配筋率宜符合表 6-19 的要求。如不满足，则应按实配钢筋进行连梁强剪弱弯的验算。

表 6-19　连梁纵向钢筋的最大配筋率 （%）

跨高比	最大配筋率
$l/h_b \leq 1.0$	0.6
$1.0 < l/h_b \leq 2.0$	1.2
$2.0 < l/h_b \leq 2.5$	1.5

6.3.6　剪力墙截面设计案例

【例题 6-3】　已知某剪力墙结构的底层有一双肢剪力墙，抗震等级为二级。其截面尺寸如图 6-38 所示，承受的最不利的组合内力设计值为：左墙肢地震组合时，$M = 5370.11$kN·m，$N = 3414.22$kN（右震），$N = 472.44$kN（左震），$V = 551.82$kN。右墙肢地

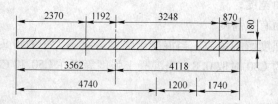

图 6-38　剪力墙截面尺寸图

震组合时，$M = 264.84\text{kN} \cdot \text{m}$，$N = 2135.82\text{kN}$（右震），$N = -805.96\text{kN}$（左震），$V = 121.12\text{kN}$。连梁承受的最不利的组合内力设计值为地震组合，其值为 $M_b = 70.41\text{kN} \cdot \text{m}$，$V_b = 97.11\text{kN}$；连梁高为 500mm，洞口高为 2100mm，洞口宽 1200mm；墙高为 4900mm。试对此剪力墙进行截面设计。

解：（1）剪力墙的基本参数

采用混凝土强度等级为 C25，$f_c = 11.9\text{N/mm}^2$，采用双排配筋，端部纵筋采用 HRB400 级钢筋，$f_y = 360\text{kN/mm}^2$；箍筋和分布钢筋采用 HPB300 级钢筋，$f_y = 270\text{kN/mm}^2$，且端部纵向钢筋对称配置，墙肢两端 400mm 范围内配置纵向钢筋。

1）左肢墙

① 验算墙体截面尺寸

$$h_{w0} = h_w - a_s = 4740 - 180 = 4560\text{mm}$$

由底层墙端截面组合的弯矩设计值 M、对应的截面组合剪力设计值 V，可求得计算截面处的剪跨比为：

$$\lambda = \frac{M}{Vh_{w0}} = \frac{5730.11 \times 10^3}{551.82 \times 4560} = 2.13 < 2.5$$

此外，对剪力墙底部加强区范围的剪力设计值尚需进行调整，由于抗震等级为二级，因此墙肢底部加强部位截面的剪力计算值需乘以 1.4 的剪力增大系数，即：

$$V_w = 1.4V = 1.4 \times 551.82 = 772.55\text{kN}$$

$$\frac{1}{\gamma_{RE}}(0.15\beta_c f_c b_w h_{w0}) = \frac{1}{0.85} \times (0.15 \times 1.0 \times 11.9 \times 180 \times 4560)$$

$$= 1723.68 \times 10^3\text{N} = 1723.68\text{kN}$$

$\frac{1}{\gamma_{RE}}(0.15\beta_c f_c b_w h_{w0}) > V_w = 772.55\text{kN}$，满足要求。

② 轴压比验算

$\frac{N}{f_c A} = \frac{3414.22 \times 10^3}{11.9 \times 4740 \times 180} = 0.336 < 0.6$（抗震等级为二级时的轴压比），满足要求。

③ 偏心受压正截面承载力计算

墙体竖向分布钢筋选取双排 $2\phi8@200$，竖向分布钢筋的配筋率为：

$$\rho_w = \frac{50.3 \times 2}{180 \times 200} = 0.28\% > \rho_{min} = 0.25\%$$

竖向分布钢筋沿截面高度可布置 $2 \times 24 = 48$ 根，则：

$$A_{sw} = 50.3 \times 48 = 2414.4 \text{mm}^2$$

HRB400 级钢筋的相对界限受压区高度为：

$$\xi_b = \frac{0.8}{1 + \dfrac{360}{0.0033 \times 2.0 \times 10^5}} = 0.518$$

先按 $M = 5370.11 \text{kN} \cdot \text{m}$，$N = 3414.22 \text{kN}$ 进行计算。

假定 $\sigma_s = f_y$，则：

$$x = \frac{\gamma_{RE} N + f_{yw} A_{sw}}{\alpha_1 f_c b_w + 1.5 \dfrac{f_{yw} A_{sw}}{h_{w0}}}$$

$$= \frac{0.85 \times 3414.22 \times 10^3 + 270 \times 2414.4}{1.0 \times 11.9 \times 180 + 1.5 \times \dfrac{270 \times 2414.4}{4560}}$$

$$= 1508.20 \text{mm}$$

$$x < \xi_b h_{w0} = 0.518 \times 4560 = 2362.08 \text{mm}$$

属于大偏心受压。

再取 $M = 5370.11 \text{kN} \cdot \text{m}$，$N = 472.44 \text{kN}$ 计算：

假定 $\sigma_s = f_y$，则：

$$x = \frac{\gamma_{RE} N + f_{yw} A_{sw}}{\alpha_1 f_c b_w + 1.5 \dfrac{f_{yw} A_{sw}}{h_{w0}}}$$

$$= \frac{0.85 \times 472.44 \times 10^3 + 270 \times 2414.4}{1.0 \times 11.9 \times 180 + 1.5 \times \dfrac{270 \times 2414.4}{4560}}$$

$$= 447.06 \text{mm}$$

$$x < \xi_b h_{w0} = 0.518 \times 4560 = 2362.08 \text{mm}$$

属于大偏心受压。以下按此组内力进行计算：

$$M_c = \alpha_1 f_c b_w x \left(h_{w0} - \frac{x}{2} \right)$$

$$= 1.0 \times 11.9 \times 180 \times 393.54 \times \left(4560 - \frac{393.54}{2} \right)$$

$$= 3678.04 \times 10^6 \text{N} \cdot \text{mm}$$

$$M_{sw} = \frac{1}{2} (h_{w0} - 1.5x)^2 b_w f_{yw} \rho_w$$

$$= \frac{1}{2} \times (4560 - 1.5 \times 393.54)^2 \times 180 \times 270 \times 0.0028$$

$$= 1072.20 \times 10^6 \text{N} \cdot \text{mm}$$

$$e_0 = \frac{M}{N} = \frac{5370.11 \times 10^6}{472.44 \times 10^3} = 11366.76\text{mm}$$

$$e_a = \frac{4740}{30} = 158\text{mm}$$

$$e_i = e_0 + e_a = 11366.76 + 158 = 11524.76\text{mm}$$

$$A_s = A_s' = \frac{\gamma_{RE} N \left(e_i + h_{w0} - \dfrac{h_w}{2} \right) + M_{sw} - M_c}{f_y (h_{w0} - \alpha_s')}$$

$$= \frac{0.85 \times 472.44 \times 10^3 \times \left(11524.76 + 4560 - \dfrac{4740}{2} \right) + 1072.20 \times 10^6 - 3678.04 \times 10^6}{360 \times (4560 - 180)}$$

$$= 1840.21\text{mm}^2$$

当按构造要求配筋时，取 $0.008A_c = 0.008 \times 180 \times 400 = 576\text{mm}^2$ 和 6⚇14（$A_s =$ 923mm²）较大值，但比计算值小，因此应按计算配筋，选取 6⚇20（$A_s = 1885.2\text{mm}^2$），箍筋为 $\phi8@150$。

④斜截面受剪承载力计算

因剪跨比 $\lambda = 2.13$，又因为：

$$N = 472.44 \times 10^3 \text{N} < 0.15 f_c b_w h_w = 0.15 \times 11.9 \times 180 \times 4740 = 1522.96 \times 10^3 \text{N}$$

故取 $N = 472.44 \times 10^3 \text{N}$ 计算，同时选取水平分布钢筋为双排 $2\phi8@200$，则：

$$\frac{1}{\gamma_{RE}} \left[\frac{1}{\lambda - 0.5} \left(0.4 f_t b_w h_{w0} + 0.1 N \frac{A_w}{A} \right) + 0.8 f_{yh} \frac{A_{sh}}{s} h_{w0} \right]$$

$$= \frac{1}{0.85} \times \frac{1}{2.13 - 0.5} \times \left(0.4 \times 1.27 \times 180 \times 4560 + 0.1 \times 472.44 \times 10^3 \times \frac{180 \times 4740}{180 \times 4740} \right) +$$

$$\frac{1}{0.85} \times 0.8 \times 270 \times \frac{2 \times 50.3}{200} \times 4560$$

$$= 917.92 \times 10^3 \text{N} = 917.92\text{kN}$$

$V_w = 772.55\text{kN} < 917.92\text{kN}$，满足要求。

2）右肢墙

①验算墙体截面尺寸

$$h_{w0} = h_w - a_s = 1740 - 180 = 1560\text{mm}$$

由底层墙端截面组合的弯矩设计值 M、对应的截面组合剪力设计值 V，可求得计算截面处的剪跨比为：

$$\lambda = \frac{M}{V h_{w0}} = \frac{264.84 \times 10^3}{121.12 \times 1560} = 1.40 < 2.5$$

此外，对剪力墙底部加强区范围的剪力设计值尚需进行调整，即：

$$V_w = 1.4V = 1.4 \times 121.12 = 169.57\text{kN}$$

$$\frac{1}{\gamma_{RE}}(0.15\beta_c f_c b_w h_{w0}) = \frac{1}{0.85} \times (0.15 \times 1.0 \times 11.9 \times 180 \times 1560)$$

$$= 589.68 \times 10^3 N = 589.68kN$$

$\dfrac{1}{\gamma_{RE}}(0.15\beta_c f_c b_w h_{w0}) > V_w = 169.57kN$，满足要求。

②轴压比计算

$$\frac{N}{f_c A} = \frac{2135.82 \times 10^3}{11.9 \times 1740 \times 180} = 0.57 < 0.6，满足要求$$

③偏心受压正截面承载力计算

墙体竖向分布钢筋选取双排 $2\phi10@200$，竖向分布钢筋的配筋率为：

$$\rho_w = \frac{78.5 \times 2}{180 \times 200} = 0.436\% > \rho_{min} = 0.25\%$$

竖向分布钢筋沿截面高度可布置 $2 \times 10 = 20$ 根，则：

$$A_w = 78.5 \times 20 = 1570mm^2$$

HRB400 级钢筋的相对界限受压区高度为：

$$\xi_b = \frac{0.8}{1 + \dfrac{360}{0.0033 \times 2.0 \times 10^5}} = 0.518$$

先按 $M = 264.84kN \cdot m$，$N = 2135.82kN$ 进行计算。

假定 $\sigma_s = f_y$，则：

$$x = \frac{\gamma_{RE} N + f_{yw} A_{sw}}{\alpha_1 f_c b_w + 1.5\dfrac{f_{yw} A_{sw}}{h_{w0}}}$$

$$= \frac{0.85 \times 2135.82 \times 10^3 + 270 \times 1570}{1.0 \times 11.9 \times 180 + 1.5 \times \dfrac{270 \times 1570}{1560}}$$

$$= 878.31mm$$

$$x > \xi_b h_{w0} = 0.518 \times 1560 = 808.08mm$$

属于小偏心受压。

$$e_0 = \frac{M}{N} = \frac{264.84 \times 10^6}{2135.82 \times 10^3} = 124mm$$

$$e_a = \frac{1740}{30} = 58mm$$

$$e_i = e_0 + e_a = 124 + 58 = 182mm$$

$$e = e_i + \frac{h_w}{2} - a_s = 182 + \frac{1740}{2} - 180 = 872mm$$

$$\xi = \frac{\gamma_{RE}N - \xi_b \alpha_1 f_c b_w h_{w0}}{\dfrac{\gamma_{RE}Ne - 0.43\alpha_1 f_c b_w h_{w0}^2}{(\beta_1 - \xi_b)(h_{w0} - a_s')} + \alpha_1 f_c b_w h_{w0}} + \xi_b$$

$$= \frac{0.85 \times 2135.82 \times 10^3 - 0.518 \times 1.0 \times 11.9 \times 180 \times 1560}{\dfrac{0.85 \times 2135.82 \times 10^3 \times 872 - 0.43 \times 1.0 \times 11.9 \times 180 \times 1560^2}{(0.8 - 0.518) \times (1560 - 180)} + 1.0 \times 11.9 \times 180 \times 1560} +$$

$$0.518 = 0.569$$

$$A_s = A_s' = \frac{\gamma_{RE}Ne - \xi(1 - 0.5\xi)\alpha_1 f_c b_w h_{w0}^2}{f_y(h_{w0} - a_s')}$$

$$= \frac{0.85 \times 2135.82 \times 10^3 \times 872 - 0.569 \times (1 - 0.5 \times 0.569) \times 1.0 \times 11.9 \times 180 \times 1560^2}{360 \times (1560 - 180)}$$

$$= -1085.2 \text{mm}^2$$

因此按构造配筋。取 $0.008A_c = 0.008 \times 180 \times 400 = 576\text{mm}^2$ 和 6$\underline{\Phi}$14 较大值，考虑到该墙肢在左震作用下为偏心受拉，故剪力墙端部截面选取纵筋为 6$\underline{\Phi}$16 的钢筋（$A_s = 1206\text{mm}^2$），箍筋为 $\phi8@150$。

再取 $M = 264.84\text{kN} \cdot \text{m}$，$N = -805.96\text{kN}$ 进行计算，由于在这组内力作用下属于偏心受拉，取 $A_s = 1206\text{mm}^2$，则：

$$N_{ou} = 2A_s f_y + A_{sw} f_{yw}$$
$$= 2 \times 1206 \times 360 + 1570 \times 270$$
$$= 1292.22 \times 10^3 \text{N}$$

$$M_{wu} = A_s f_y(h_{w0} - a_s') + A_{sw} f_{yw} \frac{h_{w0} - a_s'}{2}$$
$$= 1206 \times 360 \times (1560 - 180) + 1570 \times 270 \times \frac{1560 - 180}{2}$$
$$= 891.63 \times 10^6 \text{N} \cdot \text{mm}$$

$$e_0 = \frac{M}{N} = \frac{264.84 \times 10^6}{805.96 \times 10^3} = 328.6\text{mm}$$

$$\frac{1}{\gamma_{RE}}\left(\frac{1}{\dfrac{1}{N_{ou}} + \dfrac{e_0}{M_{wu}}}\right) = \frac{1}{0.85} \times \left(\frac{1}{\dfrac{1}{1292.22} + \dfrac{328.6}{891.63 \times 10^3}}\right) = 1029.82\text{kN} > N = 805.96\text{kN}$$

满足要求。

④斜截面受剪承载力计算

斜截面受剪承载力计算时，剪跨比 $\lambda = 1.40$，轴向拉力 $N = -805.96 \times 10^3 \text{N}$，同时选取水平分布钢筋为双排 $2\phi8@200$，则：

$$\frac{1}{\gamma_{RE}}\left[\frac{1}{\lambda - 0.5}\left(0.4f_t b_w h_{w0} - 0.1N\frac{A_w}{A}\right) + 0.8f_{yh}\frac{A_{sh}}{s}h_{w0}\right]$$

$$= \frac{1}{0.85} \times \frac{1}{1.40 - 0.5} \times \left(0.4 \times 1.27 \times 180 \times 1560 - 0.1 \times 805.96 \times 10^3 \times \frac{180 \times 1740}{180 \times 1740} \right) +$$

$$\frac{1}{0.85} \times 0.8 \times 270 \times \frac{2 \times 50.3}{200} \times 1560$$

$$= 280.51 \times 10^3 \text{N} = 280.51 \text{kN}$$

$V_w = 169.57 \text{kN} < 280.51 \text{kN}$，满足要求。

（2）连梁设计

1）截面尺寸验算

该剪力墙的抗震等级为二级，忽略连梁上的重力荷载代表值的作用，连梁的剪力设计值应进行调整，即：

$$V_b = 1.2 \times 97.11 = 116.53 \text{kN}$$

$$h_{b0} = h_b - a_s = 500 - 35 = 465 \text{mm}$$

由于 $\dfrac{l_0}{h_b} = \dfrac{1200}{500} = 2.4 < 2.5$，则：

$$\frac{1}{\gamma_{RE}} (0.15\beta_c f_c b_b h_{b0}) = \frac{1}{0.85} \times (0.15 \times 1.0 \times 11.9 \times 180 \times 465)$$

$$= 175.77 \times 10^3 \text{N} = 175.77 \text{kN}$$

$\dfrac{1}{\gamma_{RE}} (0.15\beta_c f_c b_b h_{b0}) > V_b = 116.53 \text{kN}$，故截面满足要求。

2）截面受弯承载力计算

$$A_s = \frac{\gamma_{RE} M}{f_y (h_{b0} - a'_s)} = \frac{0.85 \times 70.41 \times 10^6}{360 \times (465 - 35)} = 386.62 \text{mm}^2$$

故选取纵筋为 2Φ16（402.2mm²）

3）斜截面受剪承载力验算

根据构造要求选取箍筋为双肢 2φ8@100，则：

$$\frac{1}{\gamma_{RE}} \left(0.38 f_t b_b h_{b0} + 0.9 f_{yv} \frac{A_{sv}}{s} h_{b0} \right)$$

$$= \frac{1}{0.85} \times \left(0.38 \times 1.27 \times 180 \times 465 + 0.9 \times 270 \times \frac{2 \times 50.3}{100} \times 465 \right)$$

$$= 158.52 \text{kN}$$

$V_b = 116.53 \text{kN} < 158.52 \text{kN}$，满足要求。

此双肢剪力墙配筋计算结果如表 6-20 所示。

表 6-20 剪力墙配筋计算结果

左 肢 墙		右 肢 墙		连 梁	
水平、竖向分布筋	端柱配筋	水平、竖向分布筋	端柱配筋	纵 筋	箍 筋
φ8@200 双排	箍筋 φ8@150 纵筋 6Φ20	φ8@200 双排	箍筋 φ8@150 纵筋 6Φ16	2Φ16	2φ8@100

思考题与习题

6-1　剪力墙结构在水平荷载作用下内力及变形特点是什么?

6-2　剪力墙结构如何布置?

6-3　如何进行剪力墙类型的判别?

6-4　竖向荷载在剪力墙内是如何分布和传递的?

6-5　什么是剪力墙整体工作系数 α?

6-6　整体墙在水平荷载下的内力和位移如何计算?

6-7　小开口墙在水平荷载下的内力和位移如何计算?

6-8　采用连续连杆法进行联肢墙内力分析的基本假定是什么?

6-9　联肢墙在水平荷载作用下的内力和位移如何计算?

6-10　壁式框架在水平荷载下的内力和位移如何计算?

6-11　试述对称配筋大偏心受压和小偏心受压剪力墙正截面承载力计算步骤。

6-12　剪力墙斜截面受剪承载力如何计算?

6-13　水平施工缝处受剪承载力如何验算?

6-14　剪力墙应满足哪些构造要求?

6-15　约束边缘构件与构造边缘构件各适用什么范围?

6-16　连梁配筋有哪些要求?

6-17　剪力墙一般小洞口配筋构造要求是什么?

6-18　某 10 层开有一列洞口的剪力墙如图 6-39 所示。已知: $I = 9.53\text{m}^4$, $I_1 = 0.36\text{m}^4$, $I_2 = 1.67\text{m}^4$, $I_{b0} = 0.0147\text{m}^4$, $y_1 = 1875\text{mm}$, $y_2 = 1875\text{mm}$, 层高 $h = 3.5\text{m}$, $\gamma_{RE} = 1.0$。$a_s = a_s' = 80\text{mm}$, 混凝土为 C35, 纵向主筋采用 HRB335 级钢筋, 纵向分布筋采用 HPB300 级钢筋, 分布筋配筋率 $\rho_w = 0.2\%$。试进行下列计算:

（1）判断该剪力墙类别;

（2）计算底层墙肢 2 的轴力 N_2 及弯矩 M_2;

（3）计算底层墙肢 2 的正截面配筋（对称配筋）。

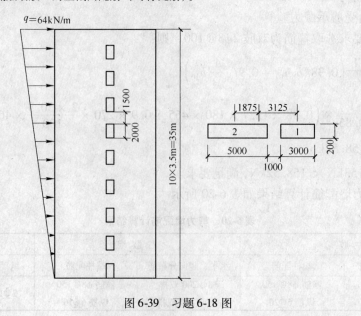

图 6-39　习题 6-18 图

6-19 某 10 层钢筋混凝土剪力墙如图 6-40 所示，其层高为 3000mm，墙厚为 200mm，墙长为 3000mm，洞口尺寸 1800mm×2500mm。混凝土强度等级为 C25，$E = 2.8 \times 10^3 kN/m^2$，受有一均布水平荷载 $q = 10kN/m$。试求：

（1）判别剪力墙类型；

（2）用相应公式计算连梁和剪力墙内力；

（3）计算顶点位移；

（4）绘制连梁和剪力墙内力分布图。

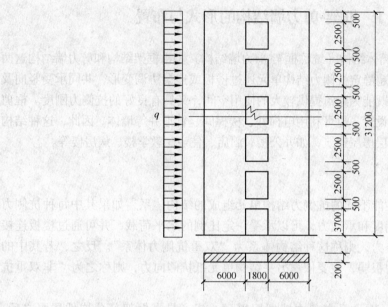

图 6-40 习题 6-19 图

7　钢筋混凝土框架-剪力墙结构设计与案例

7.1　框架-剪力墙结构的形式与布置

框架-剪力墙或框架-筒体结构（统称框架-剪力墙结构）是由框架结构和剪力墙结构这两种受力、变形性能不同的超静定抗侧力结构单元通过楼板或连梁协调变形，共同承受竖向及水平荷载的结构体系。它既能为建筑提供较大的使用空间，又具有良好的抗侧力刚度。框剪结构中的剪力墙可以单独设置，也可利用电梯井、楼梯间、管道井等墙体。因此，这种结构已被广泛应用于各类多高层房屋建筑，如办公楼、酒店、住宅、教学楼、病房楼等。

7.1.1　结构体系和形式

由两种受力和变形性能不同的抗侧力结构单元组成的结构体系，如果其中每种抗侧力结构单元都具备足够的刚度和承载力，可以承受一定比例的水平荷载，并可通过楼板连接而协同工作，共同抵抗外力，则称这种结构体系为"双重抗侧力体系"。反之，若其中的某一结构单元抗侧力能力很弱，主要依靠另一结构单元抵抗侧向力，则称之为"非双重抗侧力体系"。

框架-剪力墙结构中，无论是在剪力墙屈服以后，或者是在框架部分构件屈服之后，另一部分抗侧力结构还能够继续发挥较大的抗侧力作用，两部分之间会发生内力重分布，它们仍然可以共同抵抗水平荷载，从而形成多道设防。因此，框架-剪力墙结构在抗震设计时应为双重抗侧力体系。

板柱-剪力墙结构是由无梁楼板与柱组成的板柱框架和剪力墙共同承受竖向和水平作用的结构。其受力特点与框架-剪力墙结构类似。但由于板柱框架属于弱框架，抗侧力的能力很弱，主要依靠剪力墙抵抗侧向荷载，特别是板柱连结点是非常薄弱的环节，对抗震尤为不利。因此板柱-剪力墙结构虽然也是由两类结构单元组成，但它是典型的"非双重抗侧力体系"。抗震设计时，高层建筑不能单独使用板柱结构，而必须设置剪力墙（或剪力墙组成的筒体）来承担水平力。

框架-剪力墙结构的组成形式灵活，其常用的组成形式一般有以下几种：
（1）框架与剪力墙（单片墙、联肢墙或较小井筒）分开布置；
（2）在框架结构的若干跨内嵌入剪力墙（带边框剪力墙）；
（3）在单片抗侧力结构内连续分别布置框架和剪力墙；
（4）上述两种或三种形式的混合。

7.1.2　框架-剪力墙结构的变形及受力特点

对于纯框架结构，由于柱轴向变形所引起倾覆状的变形影响是次要的，由 D 值法可知，框架结构的层间位移与层间总剪力成正比，自下而上，层间剪力越来越小，因此层间的相对位移，也是自下而上越来越小。这种形式的变形与悬臂梁的剪切变形相一致，故称为剪切型变形。当剪力墙单独承受侧向荷载时，则剪力墙在各层楼面处的弯矩，等于该楼面标高处的倾覆力矩，该力矩与剪力墙纵向变形的曲率成正比，其变形曲线将凸向原始位置。由于这种变形与悬臂梁的弯曲变形相一致，故称为弯曲型变形，如图7-1所示。框架-剪力墙结构是由变形特点不同的框架和剪力墙组成的，由于它们之间通过平面内刚度无限大的楼板连接在一起，它们不能自由变形，结构的位移曲线就成了一条反S曲线，其变形性质称为弯剪型。

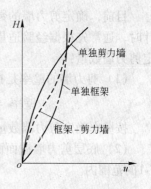

图7-1 变形曲线对比

在下部楼层，剪力墙位移较小，它拉着框架按弯曲型曲线变形，剪力墙承担大部分剪力；在上部楼层则相反，剪力墙位移越来越大，有外倾的趋势，而框架则呈内收趋势，框架拉着剪力墙按剪切型曲线变形，框架承担水平力以外，还将额外承担把剪力墙拉回来的附加水平力。剪力墙因为给框架一个附加水平力而承受负剪力。由此可见，上部框架结构承受的剪力较大（图7-2），与最大剪力在结构底部的纯框架结构不同，其剪力控制部位是在房屋高度的中部甚至是上部。因此对实际布置有剪力墙（如电梯井墙等）的框架结构，不应简单按纯框架计算，必须按框剪结构协同工作进行分析，否则将无法保证框架部分上部楼层的安全。

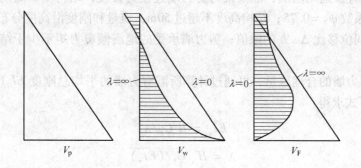

图7-2 水平力在框架与剪力墙之间的分配

由图7-2可知，框架-剪力墙结构在水平力作用下，框架与剪力墙分担的水平剪力 V_F、V_w 与结构刚度特征值 λ 直接相关，并沿结构高度发生变化，但总有 $V_p = V_F + V_w$。在结构的底部，由外荷载产生的水平剪力全部由剪力墙承担，框架所承受的总剪力 V_F 总等于零；在结构的顶部，总剪力总等于零，但 V_w 和 V_F 均不为零，两者大小相等，方向相反。

7.1.3 结构设计与布置

7.1.3.1 剪力墙的合理数量

框架-剪力墙结构中，剪力墙配置较少，结构的侧移将会增大，还会影响结构的安全。但剪力墙配置过多，既影响正常使用，也会使结构刚度和自重增大，加大地震效应，从而提高工程造价。可见，确定剪力墙的合理数量是框架-剪力墙结构初步设计的关键。

目前，确定剪力墙的数量，是以满足《高规》关于结构水平位移限值为依据。实际设计时，通常先根据经验适量布置，然后再通过验算逐步修正。一般可按照以下方法初步确定剪力墙数量：

（1）剪力墙的壁率是指单位楼面面积上一个方向的剪力墙长度，即：

$$壁率 = 某一方向剪力墙水平截面总长 / 建筑面积$$

按壁率确定剪力墙数量时，上述比值在 $50 \sim 150\text{mm/m}^2$ 较为合适。

（2）底层剪力墙截面面积 A_w、柱截面面积 A_c 与底层楼面面积 A_f 之间的关系应在表7-1的范围内。

表7-1　底层剪力墙、柱截面面积与底层楼面面积百分比

设计条件	$(A_w + A_c)/A_f$	A_w/A_f
7度、Ⅱ类场地	3% ~5%	1.5% ~2.55%
8度、Ⅱ类场地	4% ~6%	2.5% ~3%

（3）用结构自振周期校核，由设计经验可知，截面尺寸、结构布置、剪力墙数量合理的框架-剪力墙结构基本自振周期（s）大约在下式的范围内：

$$T_1 = (0.06 \sim 0.08)N \tag{7-1}$$

（4）在水平地震作用下，为满足侧向位移限值的要求，所需剪力墙的合理数量也可按以下的简化方法确定。

1）假定条件及适用范围：框架梁与剪力墙连接为铰接；结构基本周期考虑非结构墙体影响的折减系数 $\psi_T = 0.75$；结构高度不超过50m，质量和刚度沿高度分布比较均匀；满足弹性阶段层间位移比 $\Delta u/h$ 的限值；剪力墙承受的地震倾覆力矩不少于结构总地震倾覆力矩的50%。

2）所需剪力墙的合理数量，可通过计算所需剪力墙的平均总刚度 $EI_w(\text{kN} \cdot \text{m}^2)$ 来确定，EI_w 可由下式求得：

$$EI_w = H^2 C_F/\lambda^2 \tag{7-2}$$

$$\lambda = H\sqrt{C_F/(EI_w)} \tag{7-3}$$

式中　C_F——框架平均总刚度，kN，$C_F = \overline{D}\overline{h}$；

$\quad\quad \overline{D}$——各层框架柱平均抗推刚度 D 值，可取结构中部楼层的 D 值作为 $\overline{D}$ 值；

$\quad\quad \overline{h}$——平均层高，m，$\overline{h} = H/n$，n 为层数；H 为建筑物总高度；

$\quad\quad \lambda$——框剪结构刚度特征值，亦可根据式（7-4）算得的参数 β 值由表7-2查得；

$$\beta = \psi H^{0.45}(C_F/G_E)^{0.55} \tag{7-4}$$

$\quad\quad G_E$——总重力荷载代表值，kN；

$\quad\quad \psi$——参数，可根据已知条件由表7-3查得。

框架-剪力墙结构中，剪力墙应当承担大部分水平力。若要使剪力墙承受的地震倾覆力矩不小于结构总地震倾覆力矩的50%，结构刚度特征值 λ 应不大于2.4。为了使框架充分发挥作用，宜考虑框架承担整个基底总剪力的20%~40%，剪力墙刚度也不宜过大，应使 λ 值不小于1.15。

表 7-2 λ 值和 β 值

λ	β	λ	β	λ	β
1.00	2.454	1.50	3.258	2.00	3.788
1.05	2.549	1.55	3.321	2.05	3.829
1.10	2.640	1.60	3.383	2.10	3.873
1.15	2.730	1.65	3.440	2.15	3.911
1.20	2.815	1.70	3.497	2.20	3.948
1.25	2.897	1.75	3.550	2.25	3.985
1.30	2.977	1.80	3.602	2.30	4.020
1.35	3.050	1.85	3.651	2.35	4.055
1.40	3.122	1.90	3.699	2.40	4.085
1.45	3.192	1.95	3.746		

表 7-3 ψ 值

设防烈度	Δu/h	α_{max}	设计地震分组	场地类别			
				I	II	III	IV
7 度	1/800	0.08	第一组	0.341	0.252	0.201	0.144
			第二组	0.290	0.224	0.168	0.127
			第三组	0.252	0.201	0.144	0.108
		0.12	第一组	0.228	0.168	0.134	0.096
			第二组	0.193	0.149	0.112	0.085
			第三组	0.168	0.134	0.096	0.072
8 度	1/800	0.16	第一组	0.171	0.126	0.101	0.072
			第二组	0.145	0.112	0.084	0.063
			第三组	0.126	0.101	0.072	0.054
		0.24	第一组	0.114	0.084	0.067	0.048
			第二组	0.097	0.075	0.056	0.042
			第三组	0.084	0.067	0.048	0.036
9 度	1/800	0.32	第一组	0.085	0.063	0.050	
			第二组	0.072	0.056	0.042	
			第三组	0.063	0.050	0.036	

7.1.3.2 设计方法

A 框架-剪力墙结构

在结构中同时设置剪力墙与框架两种不同的抗侧力结构，计算模型及结构分析应按框架与剪力墙协同工作进行实际输入和计算分析。但由于剪力墙和框架在结构中所占比例不尽相同，结构抗震性能有较大差异。抗震设计时，应根据在规定的水平力作用下结构底层框架部分承受的地震倾覆力矩与结构总地震倾覆力矩的比值，确定相应的适用高度和构造措施。

（1）当框架部分承受的地震倾覆力矩不大于结构总地震倾覆力矩的10%时，结构中框架承担的地震作用较小，绝大部分均由剪力墙承担，其工作性能接近于纯剪力墙结构，应按剪力墙结构进行设计。此时结构中的剪力墙抗震等级可按剪力墙结构的规定执行，框架部分应按框架-剪力墙结构的框架进行设计；其最大适用高度按框架-剪力墙结构的要求执行，侧向位移控制指标按剪力墙结构采用。

（2）当框架部分承受的地震倾覆力矩大于结构总地震倾覆力矩的10%但不大于50%时，为典型的框架-剪力墙结构，应按框架-剪力墙结构进行设计。

（3）当框架部分承受的地震倾覆力矩大于结构总地震倾覆力矩的50%但不大于80%时，按框架-剪力墙结构进行设计。但此时结构中剪力墙的数量偏少，框架承担较大的地震作用，框架部分的抗震等级和轴压比宜按框架结构的规定执行，剪力墙部分的抗震等级和轴压比按框架-剪力墙结构的规定采用；其最大适用高度不宜再按框架-剪力墙结构的要求执行，但可比框架结构的要求适当提高，提高的幅度可视剪力墙承担的地震倾覆力矩来确定。为避免剪力墙过早开裂或破坏，侧向位移相关控制指标按框架-剪力墙结构的规定采用。

（4）当框架部分承受的地震倾覆力矩大于结构总地震倾覆力矩的80%时，按框架-剪力墙结构进行设计。此时结构中剪力墙的数量极少，框架部分的抗震等级和轴压比应按框架结构的规定执行，剪力墙部分的抗震等级和轴压比按框架-剪力墙结构的规定采用；其最大适用高度宜按框架结构采用。侧向位移相关控制指标应按框架-剪力墙结构的规定采用，当结构的层间位移角不满足框架-剪力墙结构的限值要求时，可按有关规定进行结构抗震性能分析和论证。

对于这种少墙框剪结构，由于其抗震性能较差，不主张采用，以避免剪力墙受力过大、过早破坏。当不可避免时，宜采取将此种剪力墙减薄、开竖缝、开结构洞、配置少量单排钢筋等措施，减小剪力墙的作用，并宜增加与剪力墙相连的柱子的配筋。

B　板柱-剪力墙结构

板柱框架为弱框架，其抗侧力能力很弱，板柱-剪力墙结构主要依靠剪力墙抵抗水平力。因此，抗震设计时，当房屋高度大于12m，剪力墙应承担结构的全部地震作用；房屋高度不大于12m，剪力墙宜承担结构的全部地震作用。同时，按多道设防的原则，各层板柱和框架部分除应符合计算要求外，尚应能承担不少于20%的相应方向该层承担的地震剪力，且应符合有关抗震构造措施。抗风设计时，板柱-剪力墙结构中各层筒体或剪力墙应能承担不小于80%相应方向该层承担的风荷载作用下的剪力。

抗震设计时，板柱结构宜采用连续体有限元空间模型进行结构分析。规则的板柱结构可采用等代框架法进行近似结构分析，其等代梁的宽度宜采用垂直于等代平面框架方向两侧柱距各1/4。

7.1.3.3　剪力墙的布置

框架-剪力墙结构体系的结构布置除应符合框架和剪力墙各自的相关规则外，还应满足下列要求：

（1）框架-剪力墙结构中，剪力墙是主要的抗侧力构件。为抵抗纵横两个方向的地震作用，抗震设计时，结构两主轴方向均应布置剪力墙，并应设计成双向刚接抗侧力体系，除个别节点外不应采用铰接；尽可能使结构各主轴方向的抗侧力刚度接近；非抗震设计时，允许只在受风面大的方向布置剪力墙，受风面小的方向只要能满足风荷载作用下的变形控制条件即可不设剪力墙；

（2）框架-剪力墙结构中剪力墙的布置一般按照"均匀、对称、分散、周边"的原则，布置在建筑物的周边附近、楼梯间、电梯间、平面形状变化及恒载较大的部位，使结构的刚心和质心尽量接近；纵、横剪力墙宜组成 L 形、T 形和〔形等形式，以增大剪力墙的刚度和抗扭能力；梁与柱或柱与剪力墙的中线宜重合；框架梁、柱中心线之间有偏离时，应符合本书 5.2.1 节的有关规定；

（3）在伸缩缝、沉降缝、防震缝两侧不宜同时设置剪力墙；平面形状凹凸较大，是结构的薄弱部位，宜在凸出部分的端部附近布置剪力墙；纵向剪力墙宜布置在结构单元的中间区段内，不宜集中在两端布置纵向剪力墙，否则在平面中适当部位应设置施工后浇带以减少混凝土硬化过程中的收缩应力影响，同时应加强屋面保温以减少温度变化产生的影响；

（4）剪力墙布置时，如因建筑使用需要，纵向或横向一个方向无法设置剪力墙时，该方向可采用壁式框架或支撑等抗侧力构件，但两方向在水平力作用下的位移值应接近。壁式框架的抗震等级应按剪力墙的抗震等级考虑；

（5）单片墙的刚度宜接近，长度较长的剪力墙宜设置洞口和连梁形成双肢墙或多肢墙，单肢墙或多肢墙的墙肢长度不宜大于 8m；单片剪力墙底部承担的水平剪力不宜超过结构底部总水平剪力的 30%；

（6）剪力墙宜贯通建筑物全高，沿高度墙的厚度宜逐渐减薄，避免刚度突变；当剪力墙不能全部贯通时，相邻楼层刚度的减弱不宜大于 30%，在刚度突变的楼层板应按转换层楼板的要求加强构造措施；剪力墙开洞时，洞口宜上下对齐，洞边距端柱不宜小于300mm；楼、电梯间等竖井的设置，宜尽量与其附近的抗侧力构件的布置相结合，使之形成连续、完整的抗侧力结构，不宜孤立地布置在单片抗侧力结构或柱网以外的中间部分。

7.1.3.4 剪力墙的间距

框架-剪力墙结构依靠楼盖传递水平荷载给剪力墙，楼板在平面内必须有足够的刚度，才能保证框架与剪力墙协同工作。因此必须限制剪力墙的间距。当建筑平面为长矩形或平面有一部分长宽比较大时，剪力墙沿长向的间距不宜小于表 7-4 的要求，当这些剪力墙之间的楼盖有较大开洞时，剪力墙的间距应适当减小。长矩形平面中的纵向剪力墙不宜集中布置在房屋的两尽端。当房屋端部未布置剪力墙时，第一片剪力墙与房屋端部的距离，不宜大于表中剪力墙间距的 1/2。

表 7-4　剪力墙间距　　　　　　　　　　　　（m）

楼盖形式	非抗震设计（取较小值）	抗震设防烈度		
		6 度、7 度（取较小值）	8 度（取较小值）	9 度（取较小值）
现　浇	5.0B，60	4.0B，50	3.0B，40	2.0B，30
装配整体	3.5B，50	3.0B，40	2.5B，30	—

注：1. 表中 B 为剪力墙之间的楼面宽度，单位为 m；
　　2. 装配整体式楼盖的现浇层应符合本书 2.5 节的有关规定；
　　3. 现浇层厚度大于 60mm 的叠合楼板可作为现浇板考虑；
　　4. 当房屋端部未布置剪力墙时，第一片剪力墙与房屋端部的距离，不宜大于表中剪力墙间距的 1/2。

7.1.3.5　板柱-剪力墙结构的设计和构造

（1）应同时布置筒体或两主轴方向的剪力墙以形成双向抗侧力体系，并应避免结构刚度偏心，其中剪力墙或筒体应分别符合各自的相关要求，且宜在对应剪力墙或筒体的各楼层处设置暗梁。剪力墙厚度不应小于180mm，且不宜小于层高或无支长度的1/20；房屋高度大于12m时，墙厚不应小于200mm。

（2）抗震设计时，房屋的周边应设置边梁形成周边框架，楼盖周边不应设置外挑板，房屋的顶层及地下室顶板宜采用梁板结构。

（3）有楼、电梯间等较大开洞时，洞口周围宜设置框架梁或边梁。

（4）无梁板可根据承载力和变形要求采用无柱帽（柱托）板或有柱帽（柱托）板形式。柱托板的长度和厚度应按计算确定，且每方向长度不宜小于板跨度的1/6，其厚度不宜小于板厚度的1/4。7度时宜采用有柱托板，8度时应采用有柱托板，此时托板每方向长度尚不宜小于同方向柱截面宽度和4倍板厚之和，托板总厚度尚不应小于柱纵向钢筋直径的16倍。当无柱托板且无梁板受冲切承载力不足时，可采用型钢剪力架（键），此时板的厚度不应小于200mm。

（5）剪力墙之间无大洞口的楼、屋盖长宽比，6、7度不宜大于3，8度不宜大于2。

（6）双向无梁板厚度与长跨之比，不宜小于表7-5的规定。

表7-5　双向无梁板厚度与长跨的最小比值

非预应力楼板		预应力楼板	
无 柱 托 板	有 柱 托 板	无 柱 托 板	有 柱 托 板
1/30	1/35	1/40	1/45

（7）楼板在柱周边临界截面的冲切应力，不宜超过$0.7f_t$，超过时应配置抗冲切钢筋或抗剪栓钉，当地震作用导致柱上板带支座弯矩反号时还应对反向作复核。板柱节点冲切承载力可按现行国家标准《混凝土结构设计规范》GB 50010的相关规定进行验算。板柱节点进行冲切承载力的抗震验算时，应计入不平衡弯矩引起的冲切，节点处地震作用组合的不平衡弯矩引起的冲切反力设计值应乘以增大系数，一、二、三级板柱的增大系数可分别取1.7、1.5、1.3。

（8）楼板跨度在8m以内时，可采用钢筋混凝土平板。跨度较大而采用预应力楼板且抗震设计时，楼板的纵向受力钢筋应以非预应力低碳钢筋为主，部分预应力钢筋主要用作提高楼板刚度和加强板的抗裂能力。

（9）为防止无柱托板板柱结构的楼板在柱边开裂后坠落，沿两个主轴方向均应布置通过柱截面的板底连续钢筋，且钢筋的总截面面积应符合下式要求：

$$A_s \geqslant N_G / f_y \tag{7-5}$$

式中　A_s——通过柱截面的板底连续钢筋的总截面面积；

　　　N_G——在该层楼面重力荷载代表值作用下的柱轴向压力设计值，8度时尚宜计入竖向地震影响；

　　　f_y——通过柱截面的板底连续钢筋的抗拉强度设计值。

（10）板柱-剪力墙结构中，板的构造设计应符合下列规定：

1）抗震设计时，应在柱上板带中设置构造暗梁，暗梁宽度取柱宽及两侧各1.5倍板厚之和，暗梁支座上部钢筋截面积不宜小于柱上板带钢筋截面积的50%，并应全跨拉通，暗梁下部钢筋应不小于上部钢筋的1/2。暗梁箍筋的布置，当计算不需要时，直径不应小于8mm，间距不宜大于3/4倍板厚，肢距不宜大于2倍板厚，支座处暗梁箍筋加密区长度不应小于3倍板厚，其箍筋间距不应大于100mm，肢距不宜大于250mm；当计算需要时应按计算确定，且直径不应小于10mm，间距不宜大于1/2倍板厚，肢距不宜大于1.5倍板厚。

2）设置柱托板时，非抗震设计时托板底部宜布置构造钢筋；抗震设计时托板底部钢筋应按计算确定，并应满足抗震锚固要求。计算柱上板带的支座钢筋时，可考虑托板厚度的有利影响。

3）无梁楼板开局部洞口时，应验算承载力及刚度要求。当未作专门分析时，在板的不同部位开单个洞的大小应符合图7-3的要求。若在同一部位开多个洞时，则在同一截面上各个洞宽之和不应大于该部位单个洞的允许宽度。所有洞边均应设置补强钢筋。

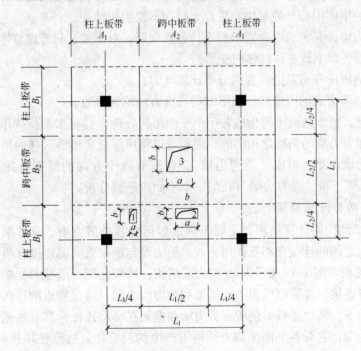

图7-3　无梁楼板开洞位置要求

洞1：$a \leqslant a_c/4$ 且 $a \leqslant t/2$，$b \leqslant b_c/4$ 且 $b \leqslant t/2$，其中，a 为洞口短边尺寸，b 为洞口长边尺寸，

a_c 为相应于洞口短边方向的柱宽，b_c 为相应于洞口长边方向的柱宽，t 为板厚；

洞2：$a \leqslant A_2/4$ 且 $b \leqslant B_1/4$；洞3：$a \leqslant A_2/4$ 且 $b \leqslant B_2/4$

7.2　框架-剪力墙结构内力和位移计算

框架-剪力墙结构是由框架和剪力墙组成的结构体系。在竖向荷载作用下，框架和剪力墙分别承受各自传递范围内的楼面荷载。在水平地震作用下，框架和剪力墙由于各层楼板及连梁的连接作用而在水平方向上协调变形，共同工作。它们各承受水平荷载的多少，主要取决于剪力墙与框架侧向刚度之比，但由于二者是受力性能不同的两种结构形式，不能直接按照每榀结构的抗侧刚度分配总水平剪力。因而在水平荷载作用下，就存在框架与剪力墙之间协同工作的问题。

　　框架-剪力墙结构协同工作的计算方法很多，但主要的计算方法分为两大类：用矩阵位移法由电子计算机求解；用微分方程法进行近似的简化计算。以下将介绍微分方程法。

7.2.1　微分方程法协同分析的基本原理

7.2.1.1　基本假定

用微分方程法进行近似计算时，一般采用下面的基本假定：

　　（1）每榀框架或每片剪力墙只考虑本身平面内的刚度，而在平面外的刚度很小，可以忽略；

　　（2）楼板结构在其自身平面内的刚度为无穷大，平面外的刚度忽略不计；

　　（3）结构的刚度中心与质量中心重合，结构不发生扭转；

　　（4）对剪力墙，只考虑弯曲变形而不计剪切变形；对框架，只考虑整体剪切变形而不计整体弯曲变形（即不计杆件的轴向变形）；

　　（5）结构的刚度和质量沿高度的分布比较均匀；

　　（6）框架与剪力墙的刚度特征值沿结构高度方向均为常数。

　　由以上假定，整个结构可简化成若干个平面结构分析，且在水平荷载作用下，同一楼层处各榀框架和剪力墙的侧移是相同的。因此可以将房屋或变形缝区段内所有与地震作用方向平行的剪力墙合并，组成"总剪力墙"，将所有这个方向的框架合并，组成"总框架"。将"总框架"和"总剪力墙"在同一个平面内进行分析。

7.2.1.2　两种计算简图

　　框架-剪力墙结构的计算简图，主要是确定如何合并总剪力墙、总框架，以及确定总剪力墙与总框架之间的连接和相互作用方式。剪力墙与框架之间的连接有两类。

　　（1）通过楼板。图7-4a所示框架-剪力墙结构，墙肢之间、墙肢与框架柱之间或者没有连梁，或者有连梁但连梁刚度很小，框架和剪力墙之间仅通过楼板的连接作用而协同工作。水平力作用下，刚性楼板可使所有剪力墙和框架在每层楼板标高处的侧移相等。但楼板平面外刚度为零，它对各平面抗侧力结构不产生约束弯矩。故刚性楼板可用图7-4b所

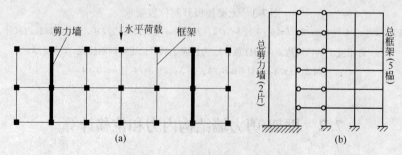

图7-4　框架-剪力墙铰接体系
（a）结构平面图；（b）计算简图

示的两端铰接的刚性连杆来表示。图中总剪力墙包含 2 片剪力墙，总框架包含了 5 榀框架。这种连接方式或计算简图称为框架-剪力墙铰接体系。

（2）通过楼板和连梁。框架-剪力墙结构（图 7-5a），横向抗侧力结构有 2 片双肢墙和 5 榀框架（图 7-5b），双肢墙的连梁对墙肢会产生约束弯矩。将连梁与楼盖的作用综合为总连杆（图 7-5c）。剪力墙与总连杆间用刚接，表示剪力墙平面内的连梁对墙有转动约束；框架与总连杆间用铰接，表示楼盖连杆的作用。被连接的总剪力墙包含 4 片墙，总框架包含 5 榀框架；总连杆中包含 2 根连梁，每梁有两端与墙相连，即两根连梁的 4 个刚接端对墙肢有约束弯矩作用。这种连接方式或计算简图称为框架-剪力墙刚接体系。

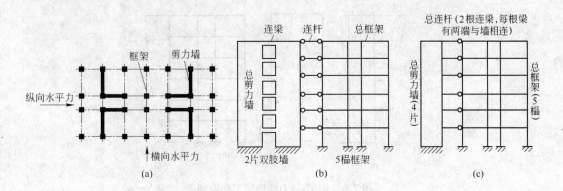

图 7-5 框架-剪力墙刚接体系
（a）结构平面图；（b）双肢墙与框架；（c）计算简图

计算纵向地震作用时，中间两片抗侧力结构中，包含 8 根一端与墙相连、另一端与柱（即框架）相连的连梁，该梁对墙和柱都会产生转动约束作用。但该梁对柱的约束作用已反映在柱的 D 值中，该梁对墙的约束作用仍以刚接的形式反映，故图 7-5a 所示结构纵向地震作用的计算简图仍可表示为图 7-5c 中一端刚接、一端铰接的形式。总剪力墙包含 4 片墙，总框架包含 2 片框架和 6 根柱子（也起框架作用），总连杆中包含 8 根一端刚接、一端铰接的连梁，即 8 个刚接端对墙肢有约束弯矩作用。

计算地震力对结构的影响时，纵、横两个方向均需考虑。计算横向地震力时，考虑沿横向布置的剪力墙和横向框架；计算纵向地震力时，考虑沿纵向布置的剪力墙和纵向框架。取墙截面时，另一方向的墙可作为翼缘，取一部分有效宽度，取法见第 6 章。

7.2.1.3 协同工作的基本原理

以图 7-6a 所示的框架-剪力墙铰接体系为例，在水平荷载作用下，由框架和剪力墙共同承受外荷。将连杆切断后，在楼层标高处，剪力墙与框架间有相互作用的集中力 P_{Fi}。剪力墙上除了作用有外荷载，还有框架给墙的集中反作用 P_{Fi}。为了计算方便，可以把集中力简化为连续的分布力 $P_F(x)$。与此相应，原来只是在每一楼层标高处剪力墙与框架变形相同的变形连续条件也简化为沿整个建筑高度范围内剪力墙与框架变形都相同的变形连续条件。当楼层数目较多时，这一由集中变为连续的简化不会带来很大误差。这样，剪力墙可视作下端固定、上端自由，承受外荷载与框架弹性反力的一个"弹性地基梁"；框架就是梁的弹性地基。由此二者共同承受水平荷载，这就是协同工作的基本原理。

协同工作方法计算的主要目的是计算总水平荷载作用下的总框架层剪力、总剪力墙的

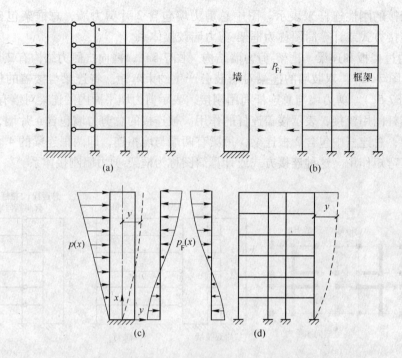

图 7-6   框架-剪力墙协同工作原理

总层剪力和总弯矩、总连梁的梁端弯矩，然后按照各自的规律分配总内力，从而得到每一根杆件截面设计需要的内力。

7.2.2   铰接体系协同工作计算

7.2.2.1   总剪力墙和总框架刚度的计算

总剪力墙抗弯刚度 EI_w 是每片墙抗弯刚度之和，即 $EI_w = \Sigma EI_{eq}$。EI_{eq} 为每片墙的等效抗弯刚度，可用第 6 章中介绍的方法计算。

总框架是所有梁、柱单元的总和，总框架的抗剪刚度是所有框架柱抗剪刚度的总和。框架的抗剪刚度（或剪切刚度，有时简称为框架的刚度）定义：产生单位层间变形所需要的剪力 C_F。C_F 可以由框架柱的 D 值求出。如图 7-7 所示，总框架的抗剪刚度为：

$$C_F = h\Sigma D_j \tag{7-6}$$

式中，求和号表示同层中所有柱 D 值之和。

在连续化的协同工作计算法中，假定总剪力墙各层抗弯刚度相等，为 EI_w；总框架各层抗剪刚度也相等，为 C_F。实际工程中，各层的 EI_w 或 C_F 值可能不同。如果各层刚度变

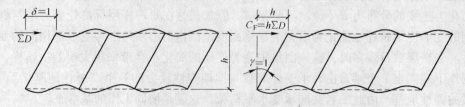

图 7-7   框架的抗剪刚度

化太大，则本方法不适用。如果相差不大，则可用沿高度加权平均方法得到平均的 EI_w 和 C_F 值：

$$\begin{cases} EI_w = \Sigma E_j I_{wj} h_j / \Sigma h_j \\ C_F = \Sigma C_{Fj} h_j / \Sigma h_j \end{cases} \tag{7-7}$$

式中　$E_j I_{wj}$——剪力墙沿竖向各段的抗弯刚度；

　　　C_{Fj}——框架沿竖向各段的抗剪刚度；

　　　h_j——各段相应的高度。

当框架的高度大于50m或大于其宽度的4倍时，应考虑柱轴向变形对框架-剪力墙体系的内力和位移的影响。这时，可采用修正的抗剪刚度，以减小误差。修正抗剪刚度为：

$$C_{F0} = \frac{u_M}{u_M + u_N} C_F \tag{7-8}$$

式中　u_M——仅考虑梁、柱弯曲变形时框架的顶点位移；

　　　u_N——考虑柱轴向变形时框架的顶点位移。

u_M 和 u_N 可用本书第5章中的方法计算。计算时可以任意给定荷载，但必须使用相同的荷载计算 u_M 和 u_N。

7.2.2.2　计算公式

框架-剪力墙铰接体系的协同工作计算，可归结为计算图 7-6c 所示悬臂墙和图 7-6d 所示框架的协同工作。

图 7-6c 所示的悬臂墙，除承受分布荷载 $p(x)$ 外，还可承受框架给它的弹性反力 $p_F(x)$。弯曲变形、内力和荷载间有如下的关系（图 7-8）：

$$\begin{cases} M_w = EI_w \dfrac{\mathrm{d}^2 y}{\mathrm{d}x^2} \\[2mm] V_w = \dfrac{\mathrm{d}M_w}{\mathrm{d}x} = -EI_w \dfrac{\mathrm{d}^3 y}{\mathrm{d}x^3} \\[2mm] p_w = p(x) - p_F = EI_w \dfrac{\mathrm{d}^4 y}{\mathrm{d}x} \end{cases} \tag{7-9}$$

对于框架（图 7-9），当变形为 $\theta(\theta = \mathrm{d}y/\mathrm{d}x)$ 时，框架所受的剪力为：

$$V_F = C_F \theta = C_F \frac{\mathrm{d}y}{\mathrm{d}x} \tag{7-10}$$

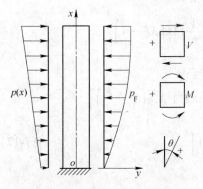

图 7-8　墙的内力和荷载图

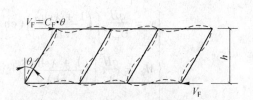

图 7-9　框架受力与变形

微分一次得：

$$\frac{\mathrm{d}V_F}{\mathrm{d}x} = C_F \frac{\mathrm{d}^2 y}{\mathrm{d}x^2} = -p_F \tag{7-11}$$

将上式带入式(7-9)第3式，经过整理，得：

$$\frac{\mathrm{d}^4 y}{\mathrm{d}x^4} - \frac{C_F}{EI_w} \frac{\mathrm{d}^2 y}{\mathrm{d}x^2} = \frac{p(x)}{EI_w} \tag{7-12}$$

式(7-12)即为求解侧移 $y(x)$ 的基本微分方程。

令：

$$\lambda = H\sqrt{C_F/(EI_w)} \qquad \xi = x/H \tag{7-13}$$

则式(7-12)可写成：

$$\frac{\mathrm{d}^4 y}{\mathrm{d}\xi^4} - \lambda^2 \frac{\mathrm{d}^2 y}{\mathrm{d}\xi^2} = \frac{p(\xi)H^4}{EI_w} \tag{7-14}$$

式中　λ——框剪结构刚度特征值；

　　　ξ——相对坐标，坐标原点取在固定端处。

式(7-14)是一个四阶常系数线性微分方程，其一般解为：

$$y = C_1 + C_2\xi + A\mathrm{sh}\lambda\xi + B\mathrm{ch}\lambda\xi + y_1 \tag{7-15}$$

式中　C_1，C_2，A，B——任意常数；

　　　　y_1——式(7-14)的任意特解，视具体荷载而定。

在给定的荷载下，可求出式(7-14)的任意特解；再利用边界条件，可确定四个任意常数 C_1、C_2、A、B，从而得到位移 $y(\xi)$，再通过积分关系，即可求出总剪力墙的弯矩和剪力，详细的计算公式推导此处从略。下面分别给出三种典型水平荷载作用下的计算公式，其坐标及正负号规定见图7-8。

倒三角形分布荷载作用下：

$$\begin{cases} y = \frac{qH^2}{C_F}\left[\left(1 + \frac{\lambda\mathrm{sh}\lambda}{2} - \frac{\mathrm{sh}\lambda}{\lambda}\right)\frac{\mathrm{ch}\lambda\xi - 1}{\lambda^2\mathrm{ch}\lambda} + \left(\frac{1}{2} - \frac{1}{\lambda^2}\right)\left(\xi - \frac{\mathrm{sh}\lambda\xi}{\lambda}\right) - \frac{\xi^3}{6}\right] \\[3mm] M_w = \frac{qH^2}{\lambda^2}\left[\left(1 + \frac{\lambda\mathrm{sh}\lambda}{2} - \frac{\mathrm{sh}\lambda}{\lambda}\right)\frac{\mathrm{ch}\lambda\xi}{\mathrm{ch}\lambda} - \left(\frac{\lambda}{2} - \frac{1}{\lambda}\right)\mathrm{sh}\lambda\xi - \xi\right] \\[3mm] V_w = \frac{qH}{\lambda^2}\left[\left(1 + \frac{\lambda\mathrm{sh}\lambda}{2} - \frac{\mathrm{sh}\lambda}{\lambda}\right)\frac{\lambda\mathrm{sh}\lambda\xi}{\mathrm{ch}\lambda} - \left(\frac{\lambda}{2} - \frac{1}{\lambda}\right)\lambda\mathrm{ch}\lambda\xi - 1\right] \end{cases} \tag{7-16}$$

均布荷载作用下：

$$\begin{cases} y = \frac{qH^2}{C_F\lambda^2}\left[\left(\frac{1 + \lambda\mathrm{sh}\lambda}{\mathrm{ch}\lambda}\right)(\mathrm{ch}\lambda\xi - 1) - \lambda\mathrm{sh}\lambda\xi + \lambda^2\xi\left(1 - \frac{\xi}{2}\right)\right] \\[3mm] M_w = \frac{qH^2}{\lambda^2}\left[\left(\frac{1 + \lambda\mathrm{sh}\lambda}{\mathrm{ch}\lambda}\right)\mathrm{ch}\lambda\xi - \lambda\mathrm{sh}\lambda\xi - 1\right] \\[3mm] V_w = \frac{qH}{\lambda}\left[\lambda\mathrm{ch}\lambda\xi - \left(\frac{1 + \lambda\mathrm{sh}\lambda}{\mathrm{ch}\lambda}\right)\mathrm{sh}\lambda\xi\right] \end{cases} \tag{7-17}$$

顶点集中荷载下：

$$\begin{cases} y = \dfrac{PH^3}{EI_{\mathrm{w}}}\Big[\dfrac{\mathrm{sh}\lambda}{\lambda^3\mathrm{ch}\lambda}(\mathrm{ch}\lambda\xi - 1) - \dfrac{1}{\lambda^3}\mathrm{sh}\lambda\xi + \dfrac{1}{\lambda^2}\xi\Big] \\[3mm] M_{\mathrm{w}} = PH\Big(\dfrac{\mathrm{sh}\lambda}{\lambda\mathrm{ch}\lambda}\mathrm{ch}\lambda\xi - \dfrac{1}{\lambda}\mathrm{sh}\lambda\xi\Big) \\[3mm] V_{\mathrm{w}} = P\Big(\mathrm{ch}\lambda\xi - \dfrac{\mathrm{sh}\lambda}{\mathrm{ch}\lambda}\mathrm{sh}\lambda\xi\Big) \end{cases} \qquad (7\text{-}18)$$

7.2.2.3 计算图表

y、M_{w} 及 V_{w} 中自变量为 ξ、λ。为使用方便，按照式(7-16)~式(7-18)分别做出了各种荷载下的位移系数、弯矩系数和剪力系数表示于图 7-10 ~ 图 7-18 中，计算时可直接查用。

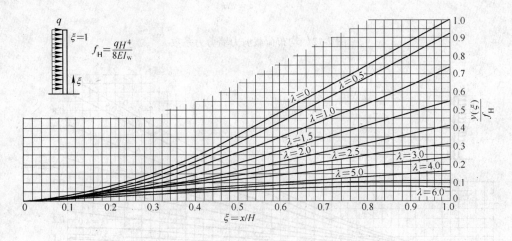

图 7-10 均布荷载位移系数

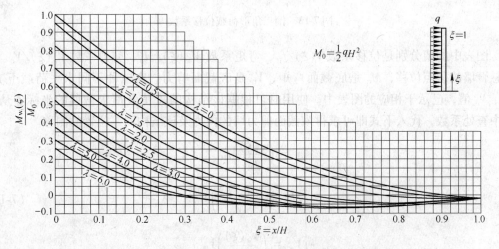

图 7-11 均布荷载剪力墙弯矩系数

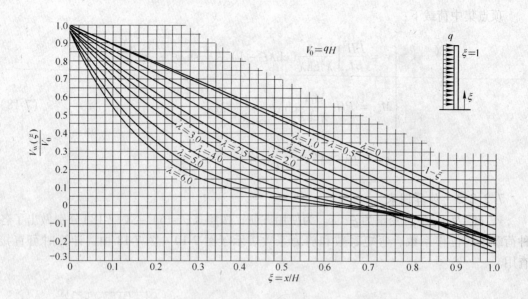

图 7-12　均布荷载剪力墙剪力系数

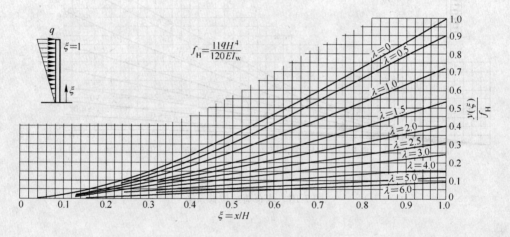

图 7-13　倒三角形荷载位移系数

图表中的值分别是位移系数 $y(\xi)/f_H$、弯矩系数 $M_w(\xi)/M_0$、剪力系数 $V_w(\xi)/V_0$。f_H 是悬臂墙的顶点位移，M_0 是底截面弯矩，V_0 是底截面剪力。在三种不同水平荷载下 f_H、M_0、V_0 值，已示于相应的图表中。使用时可根据该结构的 λ 值及所求截面的坐标 ξ 从图表中查处系数，代入下式即可求得该截面剪力墙的内力及该结构同一位置的侧移。

$$\begin{cases} y = \left(\dfrac{y(\xi)}{f_H}\right)f_H \\[2mm] M_w = \left(\dfrac{M_w(\xi)}{M_0}\right)M_0 \\[2mm] V_w = \left(\dfrac{V_w(\xi)}{V_0}\right)V_0 \end{cases} \qquad (7\text{-}19)$$

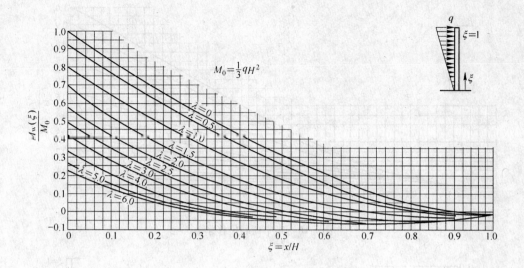

图 7-14　倒三角形荷载剪力墙弯矩系数

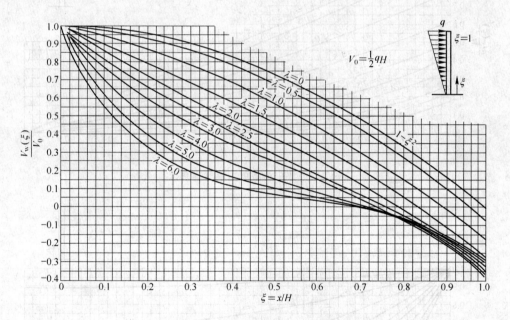

图 7-15　倒三角形荷载剪力墙剪力系数

框架的剪力可由式(7-10)求出：

$$V_F = C_F \frac{dy}{dx} = \frac{C_F}{H} \frac{dy}{d\xi} \tag{7-20}$$

也可通过平衡关系，由总剪力减去剪力墙的剪力得到：

$$V_F = V_p - V_w \tag{7-21}$$

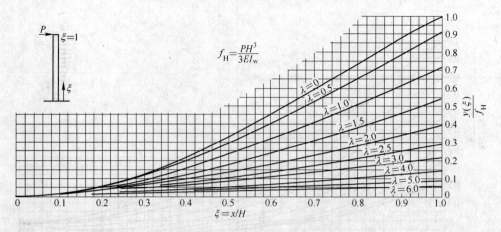

图 7-16　集中荷载位移系数

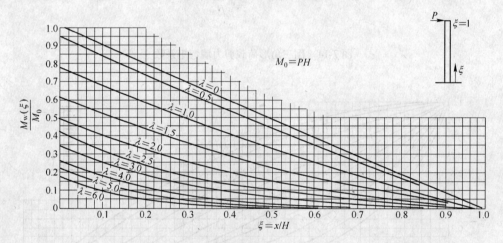

图 7-17　集中荷载剪力墙弯矩系数

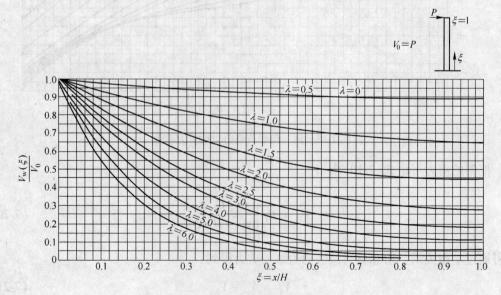

图 7-18　集中荷载剪力墙剪力系数

7.2.3 刚接体系协同工作计算

框架-剪力墙结构刚接体系的计算简图如图 7-19a 所示，它与铰接体系的区别在于连杆对墙肢有约束弯矩作用。将连杆切开后，连杆中除了有集中水平力 P_{Fi} 外，还有剪力和弯矩（图 7-19b）。将剪力和弯矩移到剪力墙轴线上，就形成约束弯矩 M_i（图 7-19c）。将集中力矩及连梁轴力连续化后，就可得到图 7-19d 所示的框架-剪力墙刚接体系协同工作的关系图。图 7-19d 与图 7-6d 相比，框架部分完全相同，只是剪力墙部分增加了约束弯矩。因此在建立刚接体系基本方程之前，需要先讨论连梁的约束弯矩。

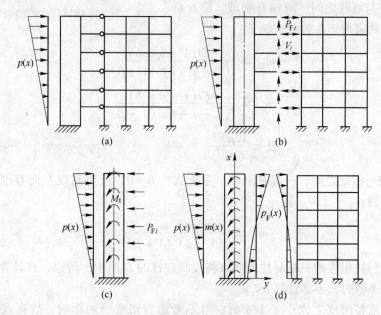

图 7-19 刚接体系协同工作关系

7.2.3.1 刚接连梁的梁端约束弯矩系数

如图 7-20 所示，形成刚性连杆的连梁有两种情况，一种是在墙肢与墙肢之间，另一种是在墙肢与框架之间。按照前述壁式框架中的处理方法，可把这两种连梁进入墙后的一

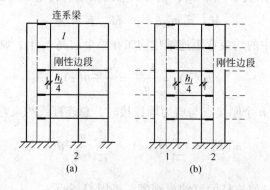

图 7-20 两种连梁图

（a）剪力墙与框架之间连系梁；（b）剪力墙之间连系梁

部分连梁的刚度视为无限大，刚性段的取法见6.2.6节。因此，刚接体系的连梁是带有刚性边段（即刚域）的梁。

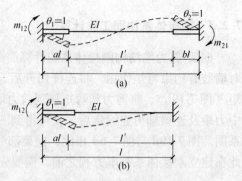

图 7-21　带刚域杆件的约束弯矩系数

由刚性楼板假设可知，水平力作用下，同层墙与框架的水平位移必相等，同时假设同层所有节点的转角 θ 也相同。梁端约束弯矩系数 m 即为刚接连梁两端都产生单位转角（$\theta = 1$）时梁端所需施加的力矩（图7-21）。

（1）墙肢与墙肢之间，两端有刚域。第6章中已推导出其约束弯矩系数公式如下：

$$
\begin{cases}
m_{12} = \dfrac{6EI(1 + a - b)}{l(1 - a - b)^3(1 + \beta)} \\[2ex]
m_{21} = \dfrac{6EI(1 - a + b)}{l(1 - a - b)^3(1 + \beta)} \\[2ex]
\beta = \dfrac{12\mu EI}{GAl'^2}
\end{cases}
\tag{7-22}
$$

（2）墙肢与框架之间，一端有刚域。令上式中 $b = 0$，就得到仅左面有刚性边段的梁端约束弯矩系数：

$$
m_{12} = \frac{6EI(1 + a)}{l(1 - a)^3(1 + \beta)}
\tag{7-23}
$$

由于连梁与柱相连的一端对柱的约束将反映在柱的 D 值中，所以，在计算一端有刚域梁的约束弯矩系数时，不必计算 m_{21}。

当连梁高度与跨度之比小于 1/4 时，可不考虑剪切变形的影响，故在式（7-22）和式（7-23）中应取 $\beta = 0$。

在实际工程中，按以上公式计算的结果，连梁的弯矩往往较大，梁配筋很多。为了减少配筋，允许考虑连梁的塑性变形，进行塑性调幅。塑性调幅的方法是降低连梁的刚度，在式（7-22）和式（7-23）中用 $\beta_h EI$ 代替 EI，β_h 值一般不小于 0.55。

有了梁端约束弯矩系数 m_{12} 和 m_{21}，就可以求出梁端有转角 θ 时的约束弯矩：

$$
M_{12} = m_{12}\theta \quad ; \quad M_{21} = m_{21}\theta
\tag{7-24}
$$

将第 j 层第 k 个集中的约束弯矩连续化均布在整个层高 h_j 上，则均布的线弯矩为：

$$
\overline{m}_k(x) = \frac{M_{abk}}{h_j} = \frac{m_{abk}}{h_j}\theta(x)
\tag{7-25}
$$

当同一层内连梁有 n 个刚接点与剪力墙连接时，总连杆线约束弯矩为：

$$
m(x) = \sum_{k=1}^{n} \overline{m}_k(x) = \sum_{k=1}^{n} \frac{m_{abk}}{h_j}\theta(x)
\tag{7-26}
$$

式中　$\displaystyle\sum_{k=1}^{n} \frac{m_{abk}}{h_j}$——第 j 层连杆的层约束刚度，可用 C_{bj} 表示；

　　　　n——梁与墙连接点的总数，其统计方法是：每根两端刚域连梁有两个节点，m_{ab}是指m_{12}和m_{21}；一端刚域的梁只有一个节点，m_{ab}是指m_{12}。

因本方法假定壁式框架各层层高及杆件截面均不变，因而沿高度连杆的层约束刚度是常数。当各层总连梁的约束刚度不同时，应取各层约束刚度的加权平均值作为连梁约束刚度。

7.2.3.2 计算公式

图7-19d中，刚接连梁的约束弯矩使剪力墙x截面产生的弯矩为：

$$M_m = -\int_x^H m(x)\,\mathrm{d}x \tag{7-27}$$

相应的剪力及荷载分别为（层高均为h）：

$$\begin{cases} V_m = -\dfrac{\mathrm{d}M_m}{\mathrm{d}x} = -m(x) = -\sum \dfrac{m_{abk}}{h}\dfrac{\mathrm{d}y}{\mathrm{d}x} \\[3mm] p_m = -\dfrac{\mathrm{d}V_m}{\mathrm{d}x} = \dfrac{\mathrm{d}m}{\mathrm{d}x} = \sum \dfrac{m_{abk}}{h}\dfrac{\mathrm{d}^2y}{\mathrm{d}x^2} \end{cases} \tag{7-28}$$

式(7-28)的剪力及荷载称为"等代剪力"和"等代荷载"，其物理意义为刚性连梁的约束弯矩作用所分担的剪力和荷载。

有了约束弯矩后，剪力墙的变形、内力和荷载之间的关系可表示为：

$$\begin{cases} EI_w\dfrac{\mathrm{d}^2y}{\mathrm{d}x^2} = M_w \\[3mm] EI_w\dfrac{\mathrm{d}^3y}{\mathrm{d}x^3} = \dfrac{\mathrm{d}M_w}{\mathrm{d}x} = -V_w - V_m = -V_w + m(x) \\[3mm] EI_w\dfrac{\mathrm{d}^4y}{\mathrm{d}x^4} = -\dfrac{\mathrm{d}V_w}{\mathrm{d}x} + \dfrac{\mathrm{d}m}{\mathrm{d}x} = p_w + p_m = p(x) - p_F + \sum \dfrac{m_{abk}}{h}\dfrac{\mathrm{d}^2y}{\mathrm{d}x^2} \end{cases} \tag{7-29}$$

与无约束弯矩剪力墙的式(7-9)相比，后两式中均多了一项，即多了式(7-28)中的"等代剪力"和"等代荷载"。

由于总框架的受力仍与铰接体系相同，p_F仍与前同，即：

$$p_F = -\dfrac{\mathrm{d}V_F}{\mathrm{d}x} = -C_F\dfrac{\mathrm{d}^2y}{\mathrm{d}x^2} \tag{7-30}$$

将式(7-30)代入式(7-29)的第三式，整理得：

$$\dfrac{\mathrm{d}^4y}{\mathrm{d}x^4} - \dfrac{C_F + \sum \dfrac{m_{abk}}{h}}{EI_w}\dfrac{\mathrm{d}^2y}{\mathrm{d}x^2} = \dfrac{p(x)}{EI_w} \tag{7-31}$$

上式就是求解$y(x)$的基本微分方程。

令：
$$C_m = C_F + \sum \dfrac{m_{abk}}{h}, \quad \lambda = H\sqrt{C_m/(EI_w)}, \quad \xi = x/H \tag{7-32}$$

式(7-31)转化为：

$$\dfrac{\mathrm{d}^4y}{\mathrm{d}\xi^4} - \lambda^2\dfrac{\mathrm{d}^2y}{\mathrm{d}\xi^2} = \dfrac{p(\xi)H^4}{EI_w} \tag{7-33}$$

上式与铰接体系的式(7-14)是完全一样的，因而铰接体系中所有微分方程的解对刚接体系都适用，所有曲线也可以应用。但要注意刚接体系和铰接体系有以下区别：

（1）刚度特征值 λ 不同。考虑了刚接连梁约束弯矩的影响，应按式(7-32)采用；

（2）剪力墙、框架剪力计算不同。由式(7-16)～式(7-18)计算的 V_w 或由图 7-10～图 7-18 中查出墙剪力系数后由式(7-19)计算出的 V_w 是铰接体系总剪力墙的剪力，而不是刚接体系总剪力墙的剪力。

在刚接体系中，先把由 y 微分三次得到的剪力记为 $-\bar{V}_w$（上述公式及图表中查得的结果是按此关系得到的）；再考虑连梁约束弯矩的影响，即式(7-29)的第二式，有：

$$EI_w \frac{\mathrm{d}^3 y}{\mathrm{d}x^3} = -\bar{V}_w = -V_w + m(x) \tag{7-34}$$

因此：

$$V_w = \bar{V}_w + m(x) \tag{7-35}$$

式中 $m(x)$——连杆总约束弯矩。

又因为，任意高度处（ξ 处）总剪力墙剪力与总框架剪力之和应与外荷载产生的总剪力相等，即：

$$V_p = V_w + V_F = \bar{V}_w + \bar{V}_F$$

则：

$$\bar{V}_F = V_p - \bar{V}_w \tag{7-36}$$

$\bar{V}_w$ 和 $\bar{V}_F$ 为考虑了刚接连梁约束弯矩的影响后墙和框架的广义剪力：$\bar{V}_w = V_w - m$，$\bar{V}_F = V_F + m$。

7.2.3.3   计算步骤

刚接体系剪力墙和框架剪力及连梁约束弯矩的计算步骤如下：

（1）由刚接体系的 λ 值和 ξ 值，查图 7-10～图 7-18，得墙的剪力系数，算出墙的广义剪力 $\bar{V}_w$。

（2）将总剪力 V_p 减去墙的广义剪力 $\bar{V}_w$，得框架的广义剪力 $\bar{V}_F$，即：

$$\bar{V}_F = V_p - \bar{V}_w \tag{7-37}$$

（3）将 $\bar{V}_F$ 按框架抗剪刚度和连梁刚度比例分配，求出框架的总剪力 V_F 和梁端的总线约束弯矩 m。

$$\begin{cases} V_F = \dfrac{C_F}{C_m} \bar{V}_F \\[4mm] m = \dfrac{\sum \dfrac{m_{abk}}{h}}{C_m} \bar{V}_F \end{cases} \tag{7-38}$$

（4）按下式计算墙的剪力：

$$V_w = \bar{V}_w + m \tag{7-39}$$

7.2.4   总框架总剪力的调整

在工程设计中，应当考虑由于地震作用等原因，可能使剪力墙出现塑性铰，从而使综合剪力墙的刚度有所下降，根据超静定结构内力按刚度分配的原则，框架承受的水平荷载会有所提高。另外，考虑到剪力墙的间距较大，楼板变形会使中间框架承受的水平荷载有所增加。因此框架-剪力墙结构中框架所承受的地震剪力不应小于某一限值，以考虑这种不利的影响。

侧向刚度沿竖向分布基本均匀的框架-剪力墙结构，任一层框架部分的地震剪力，不应小于结构底部总地震剪力 F_{Ek} 的 20% 和按框架-剪力墙协同工作分析的框架部分各楼层地震剪力中最大值 1.5 倍二者中的较小值，即：

（1）$V_F \geqslant 0.2V_0$ 的楼层，该层框架部分的地震剪力取 V_F；

（2）$V_F < 0.2V_0$ 的楼层，该层框架部分的地震剪力取 $0.2V_0$ 和 $1.5V_{f,max}$ 二者的较小值。

其中　V_0——对框架柱数量从下至上基本不变的规则建筑，应取对应于地震作用标准值的结构底部总剪力；对框架柱数量从下至上分段有规律变化的结构，应取每段最下一层结构对应于地震作用标准值的总剪力；

V_F——对应于地震作用标准值且未经调整的各层（或某一段内各层）框架承担的地震总剪力；

$V_{f,max}$——对框架柱数量从下至上基本不变的规则建筑，应取对应于地震作用标准值且未经调整的各层框架承担的地震总剪力中的最大值；对框架柱数量从下至上分段有规律变化的结构，应取每段中对应于地震作用标准值且未经调整的各层框架承担的地震总剪力中的最大值。

各层框架所承担的地震总剪力经上述调整后，应按调整前、后总剪力的比值调整每根框架柱和与之相连框架梁的剪力及端部弯矩标准值，框架柱的轴力标准值可不予调整。

按振型分解反应谱法计算地震作用时，框架柱地震剪力的调整可在振型组合之后进行。

7.2.5　各框架、剪力墙和连梁的内力计算

在求出总框架、总剪力墙和总连梁的内力之后，还要求出各框架梁柱、各墙肢及各连梁的内力，以供设计中控制断面所需。

7.2.5.1　各榀框架梁、柱内力计算

框架梁、柱的内力计算方法，仍然采用 D 值法。在求得框架总剪力 V_F 后，按各柱 D 值的比例把 V_F 分配给各柱。严格地说，应当取各柱反弯点位置的坐标计算 V_F，但计算太过烦琐。近似方法中，通常是近似取该柱上、下端两层楼板标高处剪力的平均值 V_{cij}，作为该层柱的剪力。则第 j 层第 i 个柱的剪力为：

$$V_{cij} = \frac{D_i}{\sum D_i} \cdot \frac{V_{F(j-1)} + V_{Fj}}{2} \tag{7-40}$$

在求得每个柱的剪力后，可用本书第 5 章框架结构计算梁、柱内力的方法计算各杆件的内力。

7.2.5.2　各根连梁内力计算

铰接体系中，总连杆的弯矩和剪力均为零。在刚接体系中，按式(7-38)的第二式求出总线约束弯矩 m 后，利用每个刚接端（刚域）的约束弯矩系数 m_{abk} 值，按比例将总线约束

弯矩分配到各连梁。需注意，凡是与墙肢相连的梁端都应分配到弯矩。共有 n 个刚接端，则第 i 个刚接端的分布约束弯矩 $\overline{m}_{abi}$ 为：

$$\overline{m}_{abi} = m\left(m_{abi} \bigg/ \sum_{k=1}^{n} m_{abk} \right) \tag{7-41}$$

连梁第 i 个刚接端的弯矩，可由连梁该端分布约束弯矩与层高相乘得到，即：

$$M_{abi} = \overline{m}_{abi}(h_j + h_{j+1})/2 \tag{7-42}$$

式中 h_j，h_{j+1}——分别表示第 j 层和第 $j+1$ 层的层高。

    式(7-42)弯矩为剪力墙轴线处的弯矩，设计时要求出墙边的弯矩和剪力（图7-22）。利用图7-22所示的三角形比例关系可以求出墙边的弯矩和剪力。

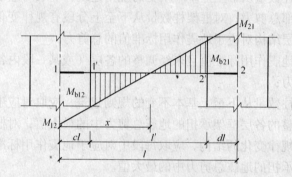

图7-22   连梁设计弯矩

连梁设计弯矩：

$$\begin{cases} M_{b12} = \dfrac{x - cl}{x} M_{12} \\[3mm] M_{b21} = \dfrac{l - x - dl}{x} M_{12} \end{cases} \tag{7-43}$$

$$x = \frac{M_{12}}{M_{12} + M_{21}} l \tag{7-44}$$

连梁设计剪力：

$$V_b = \frac{M_{b12} + M_{b21}}{l'} \quad \text{或} \quad V_b = \frac{M_{12} + M_{21}}{l} \tag{7-45}$$

7.2.5.3   剪力墙内力

    剪力墙的弯矩和剪力都是底部截面最大，越往上越小。一般取楼板标高处的 M、V 作为设计内力。求出各楼板坐标 ξ_j 处的总弯矩、剪力后，无论是铰接体系，还是刚接体系，均按各片墙的等效抗弯刚度进行分配，第 j 层第 i 个墙肢的内力（共有 k 个墙肢）为：

$$\begin{cases} M_{wij} = \left(EI_{eqi} \bigg/ \sum_{i=1}^{k} EI_{eqi} \right) M_{wj} \\[4mm] V_{wij} = \left(EI_{eqi} \bigg/ \sum_{i=1}^{k} EI_{eqi} \right) V_{wj} \end{cases} \tag{7-46}$$

式中　M_{wij}——第 i 片剪力墙 j 楼层处的弯矩；

　　　　V_{wij}——第 i 片剪力墙 j 楼层处的剪力。

由式(7-46)求出 M_{wij}、V_{wij} 之后，还需要根据各片剪力墙的具体情况，按照下述方法计算剪力墙墙肢的内力。

(1) 整截面剪力墙。若没有连梁与该片剪力墙相连，由式(7-46)求出的 M_{wij}、V_{wij} 就是第 i 片剪力墙 j 楼层处的弯矩和剪力。

若该片剪力墙与连梁直接相连，则需要考虑连梁对剪力墙弯矩的影响。设第 j 层第 i 根连梁的 1 端与剪力墙相连，则对第 i 片剪力墙在第 j 层楼盖上、下方的剪力墙截面弯矩 M^t_{wij}、M^b_{wij} 可近似按下式计算：

$$M^t_{wij} = M_{wij} + M_{i,12}/2 \qquad (7\text{-}47)$$

$$M^b_{wij} = M_{wij} - M_{i,12}/2 \qquad (7\text{-}48)$$

式中　$M_{i,12}$——第 j 层第 i 根连梁 1 端（与剪力墙相连端）在剪力墙轴线处的集中约束弯矩，按式(7-42)计算。

(2) 小开口整体剪力墙。若没有连梁与该片剪力墙相连，则式(7-46)计算出的 M_{wij}、V_{wij} 就是第 i 片剪力墙 j 楼层处的弯矩和剪力，则小开口墙第 k 个墙肢的弯矩 M^k_{wij}、剪力 V^k_{wij} 和轴力 N^k_{wij} 的标准值，可近似由下式计算：

$$M^k_{wij} = 0.85M_{wij}\frac{I_k}{I} + 0.15M_{wij}\frac{I_k}{\sum I_k} \qquad (7\text{-}49)$$

$$V^k_{wij} = V_{wij}\frac{A_k}{\sum A_k} \qquad (7\text{-}50)$$

$$N^k_{wij} = 0.85M_{wij}\frac{A_k y_k}{I} \qquad (7\text{-}51)$$

式中　M^k_{wij}，V^k_{wij}，N^k_{wij}——整体小开口墙中第 k 个墙肢第 j 楼层标高处的弯矩、剪力和轴力；

　　　　A_k，I_k，y_k——第 k 个墙肢的截面面积、惯性矩、截面形心到组合截面形心的距离；

　　　　I——组合截面的惯性矩。

若有连梁与该片剪力墙相连，则由式(7-46)计算出 M_{wij}、V_{wij} 后，应仿照式(7-47)和式(7-48)那样，对弯矩进行修正。小开口整体剪力墙中第 k 个墙肢的弯矩 M^k_{wij}、剪力 V^k_{wij} 和轴力 N^k_{wij}，仍然按式(7-49)~式(7-51)计算，不同的只是分别用 M^t_{wij}、M^b_{wij} 代替 M_{wij}，得出第 k 个墙肢 j 楼层上、下截面的内力，作为内力标准值。

(3) 联肢（双肢、多肢）剪力墙。对于联肢剪力墙（双肢、多肢），由式(7-46)计算出该片剪力墙的弯矩和剪力后，还需进一步求出每个墙肢和连梁的内力，但是这些内力不能直接由 M_{wij}、V_{wij} 分配得到，而应根据联肢墙所受的力，通过联肢墙的受力分析求解得到。对此，可采用如下近似处理方法：先由式(7-46)计算出墙顶和墙底的弯矩 M^n_{wij}、M^0_{wij} 及剪力 V^n_{wij}、V^0_{wij}。再根据墙顶和墙底的弯矩和剪力等效的原则，求得其"相当荷载"，据此求出联肢墙的每个墙肢和连梁的内力。

根据框架-剪力墙结构中，单片剪力墙的受力特点，"相当荷载"可由倒三角形荷载（g）、均布荷载（q）和顶点集中荷载（F）组成，并且它们产生的联肢墙顶端剪力、底部剪力和弯矩与总剪力墙分配到该联肢墙相应截面的剪力、弯矩应相等，据此有：

墙顶剪力

$$F = V_{wij}^n \qquad\qquad (7\text{-}52)$$

墙底剪力

$$gH/2 + qH + F = V_{wij}^0 \qquad\qquad (7\text{-}53)$$

墙底弯矩

$$gH^2/3 + qH^2/2 + FH = M_{wij}^0 \qquad\qquad (7\text{-}54)$$

墙顶弯矩的条件自然满足。式(7-52)~式(7-54)中 V_{wij}^0、V_{wij}^n、M_{wij}^0 已知，求解联立方程即可得出 g、q 和 F 的值。最后按照联肢墙内力计算方法计算荷载 g、q 和 F 分别作用下各墙肢的内力，再叠加起来就得到该墙肢拟求的内力，即联肢墙各墙肢的弯矩、剪力、轴力以及连梁的弯矩、剪力。

7.3　框架地震倾覆力矩和自振周期

7.3.1　框架地震倾覆力矩的计算

对于竖向布置比较规则的框架-剪力墙结构，框架部分承担的地震倾覆力矩可按下式计算：

$$M_c = \sum_{i=1}^{n} \sum_{j=1}^{m} V_{ij} h_i \qquad\qquad (7\text{-}55)$$

式中　M_c——框架-剪力墙结构在规定的侧向力作用下框架部分分配的地震倾覆力矩；

　　　n——结构层数；

　　　m——框架 i 层的柱根数；

　　　V_{ij}——第 i 层第 j 根框架柱的计算地震剪力；

　　　h_i——第 i 层层高。

设置少量剪力墙的框架结构，在规定的水平力作用下，底层框架部分承受的地震倾覆力矩大于结构总地震倾覆力矩的50%时，其框架部分的抗震等级应按框架结构确定，剪力墙的抗震等级可与其框架的抗震等级相同。

7.3.2　自振周期

框架-剪力墙结构基本自振周期的计算，可采用第4章中介绍过的方法。这里介绍一种框架-剪力墙结构自振周期的计算公式，它是将框架-剪力墙结构作为无限自由度的连续结构，用微分方程建立自由振动方程，从而求解出结构的自振周期，然后将系数制成图表，应用比较方便。

前三个自振周期的计算公式为：

$$T_j = \varphi_j H^2 \sqrt{\frac{w}{gEI}} \qquad (7\text{-}56)$$

式中 w——结构沿高度单位长度上的重量；$w = (\Sigma G_i)/H$；

      H——结构总高；

      g——重力加速度；

      EI——框架-剪力墙结构中所有剪力墙的总抗弯刚度；

      φ_j——系数，由图 7-23 中曲线查得，图中横坐标 λ 为框架-剪力墙结构的刚度特征值，$\lambda = H\sqrt{C_F/(EI)}$；$C_F$ 为框架-剪力墙结构中所有框架的总抗剪刚度。

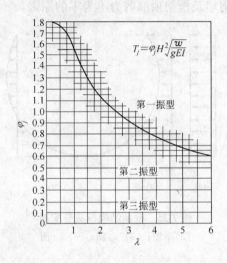

图 7-23   框架-剪力墙结构自振周期系数

7.4   刚度特征值 λ 对结构受力、位移特性的影响

（1）对位移特性的影响。λ 为框剪结构的刚度特征值，它的物理意义是总框架抗推刚度 C_F 与总剪力墙抗弯刚度 EI_w 的相对大小，它对框架-剪力墙结构的受力及变形性能有很大影响。λ = 0 即为纯剪力墙结构；λ = ∞ 时相当于纯框架结构。由图 7-24 可见，当 λ 小于 1 时，侧移曲线呈弯曲型，接近于剪力墙结构，说明剪力墙布置偏多；当 λ 大于 6 时，侧移曲线呈剪切型，接近于框架结构，说明剪力墙布置偏少；当 λ = 1~6 时，侧移曲线为弯剪型，这时的剪力墙数量布置合理。

（2）对结构受力的影响。图 7-2 给出了均布荷载作用下总框架与总剪力墙之间的剪力分配关系。如果外荷载产生的总剪力 V_p，则二者之间剪力分配关系随 λ 而变。λ 很小时，剪力墙承担大部分剪力，当 λ 很大时，框架承担大部分剪力。

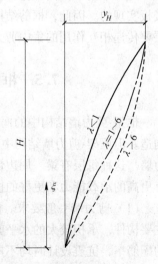

图 7-24   框剪结构侧移曲线

由图 7-2 还可见，框架和剪力墙之间剪力分配在各层是不相同的。剪力墙下部承受剪力，而框架底部剪力很小，框架底截面计算剪力为零，这是由于计算方法近似性造成的，并不符合实际。在上部剪力墙出现负剪力，而框架却承担了较大的正剪力。在顶部，框架和剪力墙的剪力都不是零，它们的和等于零（在倒三角形分布及均布荷载作用时，外荷载产生的总剪力为零）。

图 7-25 给出了二者之间的水平荷载分配情况（剪力 V_w 和 V_F 微分后可得到荷载 p_w 和 p_F），剪力墙下部承受的荷载 p_w 大于外荷载 p，上部荷载逐渐减小，顶部作用有反向的集中力。框架下部作用着负荷载，上部变为正荷载，顶部有正集中力。由变形协调产生的相互作用的顶部集中力是剪力墙及框架顶部剪力不为零的原因。

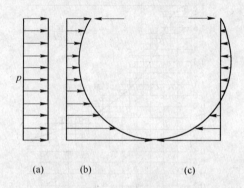

$$(a) \qquad (b) \qquad (c)$$

图 7-25　框剪结构荷载分配图

（a）p 图；（b）p_w 图；（c）p_F 图

正是由于协同工作造成了这样的荷载和剪力分配特征，使从底到顶各层框架层剪力趋于均匀。这对于框架柱的设计是十分有利的。框架的剪力最大值在结构中部某层，大约在 $\xi = 0.3 \sim 0.6$ 之间。随着 λ 值的增大，最大剪力层向下移动。通常由最大剪力值控制柱截面的配筋。因此，框剪结构中的框架柱和梁的断面尺寸和配筋可能做到上下比较均匀。

此外，由于协同工作，框架与剪力墙之间的剪力传递变得更为重要。剪力传递是通过楼板实现的。因此，框剪结构中的楼板应能传递剪力。楼板整体性要求较高，特别是屋顶层要传递相互作用的集中剪力，设计时要注意保证楼板的整体性。

7.5　框架-剪力墙结构截面设计与构造要求

框架-剪力墙结构中的框架部分和剪力墙部分可分别按第 5 章和第 6 章进行截面设计和构造。但框架-剪力墙结构中的剪力墙常设有端柱，同时也常将框架梁或连梁拉通穿过剪力墙。这种每层有梁、周边带柱的剪力墙也称为带边框剪力墙，它比矩形截面的剪力墙具有更高的承载能力和更好的抗震性能，其构造要求也与普通剪力墙稍有不同。

（1）剪力墙一般要求。框架-剪力墙结构、板柱-剪力墙结构中，剪力墙都是抗侧力的主要构件，承担较大的水平剪力，故其配筋应满足以下要求：剪力墙竖向和水平分布钢筋的配筋率，抗震设计时均不应小于 0.25%，非抗震设计时均不应小于 0.20%，并应至少双排布置。各排分布钢筋之间应设置拉筋，拉筋直径不应小于 6mm，间距不应大于 600mm。

（2）带边框的剪力墙截面设计与构造要求。包括：

1）带边框剪力墙的截面厚度应满足墙体稳定计算要求，且应符合下列规定：

①抗震设计时，一、二级剪力墙的底部加强部位不应小于 200mm；

②除第①项以外的其他情况下不应小于 160mm。

2）剪力墙的水平钢筋应全部锚入边框柱内，锚固长度不应小于 l_a（非抗震设计）或 l_{aE}（抗震设计）；

3）与剪力墙重合的框架梁可保留，亦可做成宽度与墙厚相同的暗梁，暗梁截面高度可取墙厚的 2 倍或与该榀框架梁截面等高，暗梁的配筋可按构造配置且应符合一般框架梁相应抗震等级的最小配筋要求；

4）剪力墙截面宜按工字形设计，其端部的纵向受力钢筋应配置在边框柱截面内；

5）边框柱截面宜与该榀框架其他柱的截面相同，边框柱应符合有关框架柱构造配筋规定；剪力墙底部加强部位边框柱的箍筋宜沿全高加密；当带边框剪力墙上的洞口紧邻边框柱时，边框柱的箍筋宜沿全高加密。

7.6 设计案例

某 10 层房屋的结构平面及剖面示意图如图 7-26 所示，各层纵向剪力墙上的门洞尺寸均为 1.5m × 2.4m，门洞居中。抗震设防烈度 8 度。场地类别Ⅱ类，设计地震分组为第一组。各层横梁截面尺寸：边跨梁 300mm × 600mm，走道梁 300mm × 450mm。柱截面尺寸：1～2 层为 550mm × 550mm，3～4 层为 500mm × 500mm，5～10 层为 450mm × 450mm。各层剪力墙厚度：1～2 层为 350mm，3～10 层为 200mm。梁、柱、剪力墙及楼板均为现浇钢筋混凝土。混凝土强度等级：1～6 层为 C30，7～10 层为 C20。经计算，集中于各层楼面处的重力荷载代表值为 $G_1 = 9285$kN，$G_2 = 8785$kN，$G_3 = G_4 = \cdots = G_9 = 8570$kN，$G_{10} = 7140$kN，$G_{11} = 522$kN。试按协同工作分析方法计算横向水平地震作用下结构的内力及位移。

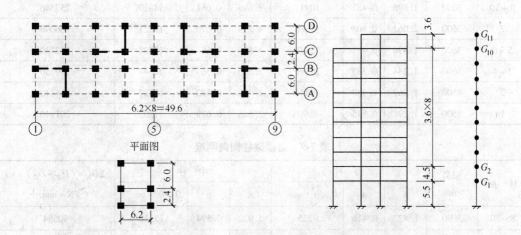

图 7-26　结构平面及剖面示意图

7.6.1 基本计算参数

7.6.1.1 横向框架的剪切刚度 C_F

框架横梁线刚度计算结果见表 7-6。柱线刚度计算结果见表 7-7。框架柱侧向刚度 D 按式(5-16)计算，其中节点转动影响系数 α 按表 5-2 取值，D 值计算结果见表 7-8 和表 7-9。将表 7-8 和表 7-9 各对应层的 D 值相加，并乘以层高，即得 C_{Fi}，见表 7-10。

表 7-6 梁线刚度 i_b

| 梁类别 | 楼层 | E /N·mm^{-2} | $b \times h$/mm^2 | I_0/mm^4 | 边框架 | | 中框架 | |
					$I_b(=1.5I_0)$ /mm^4	$i_b(=EI_b/l)$ /N·mm	$I_b(=2.0I_0)$ /mm^4	$i_b(=EI_b/l)$ /N·mm
一般梁	7~10	2.55×10^4	300×600	5.400×10^9	8.100×10^9	3.443×10^{10}	1.080×10^{10}	4.590×10^{10}
	1~6	3.00×10^4				4.050×10^{10}		5.400×10^{10}
走道梁	7~10	2.55×10^4	300×450	2.278×10^9	3.417×10^9	3.631×10^{10}	4.556×10^9	4.841×10^{10}
	1~6	3.00×10^4				4.271×10^{10}		5.695×10^{10}

表 7-7 柱线刚度 i_c

楼层	层高/mm	$b \times h$/mm^2	E/N·mm^{-2}	I_c/mm^4	$i_c(=EI_c/h)$/N·mm
7~10	3600	450×450	2.55×10^4	3.417×10^9	2.421×10^{10}
5~6	3600	450×450	3.00×10^4	3.417×10^9	2.848×10^{10}
3~4	3600	500×500	3.00×10^4	5.208×10^9	4.340×10^{10}
2	4500	550×550	3.00×10^4	7.626×10^9	5.084×10^{10}
1	5500	550×550	3.00×10^4	7.626×10^9	4.159×10^{10}

表 7-8 中框架柱侧向刚度

| 楼层 | 层高 /mm | 边柱 | | | 中柱 | | | $\Sigma D(=(D_{i1}+D_{i2}) \times 10)$ /N·mm^{-1} |
		$\overline{K}$	α	D_{i1}/N·mm^{-1}	$\overline{K}$	α	D_{i2}/N·mm^{-1}	
8~10	3600	1.896	0.487	10917	3.895	0.661	14817	257340
7	3600	2.063	0.508	11388	4.239	0.679	15221	266090
5~6	3600	1.896	0.487	12842	3.896	0.661	17431	302730
3~4	3600	1.244	0.383	15391	2.556	0.561	22544	379350
2	4500	1.062	0.347	10454	2.182	0.522	15727	261810
1	5500	1.298	0.545	8992	2.668	0.679	11202	201940

表 7-9 边框架柱侧向刚度

| 楼层 | 层高 /mm | 边柱 | | | 中柱 | | | $\Sigma D(=(D_{i1}+D_{i2}) \times 4)$ /N·mm^{-1} |
		$\overline{K}$	α	D_{i1}/N·mm^{-1}	$\overline{K}$	α	D_{i2}/N·mm^{-1}	
8~10	3600	1.422	0.416	9325	2.922	0.594	13316	90564
7	3600	1.548	0.436	9774	3.179	0.614	13764	94152

楼　层	层高/mm	边　柱			中　柱			$\Sigma D(=(D_{i1}+D_{i2})\times4)$ /N·mm^{-1}
		$\overline{K}$	α	D_{i1}/N·mm^{-1}	$\overline{K}$	α	D_{i2}/N·mm^{-1}	
5~6	3600	1.422	0.416	10970	2.922	0.594	15664	106536
3~4	3600	0.933	0.318	12779	1.917	0.489	19651	129720
2	4500	0.797	0.285	8586	1.637	0.450	13557	88572
1	5500	0.974	0.496	8183	2.001	0.625	10312	73980

表 7-10　各层框架剪切刚度 C_{Fi}

楼　层	1	2	3~4	5~6	7	8~10
层高/mm	5500	4500	3600	3600	3600	3600
ΣD/N·mm^{-1}	275920	350382	509070	409266	360242	347904
C_{Fi}/N	1.51756×10^9	1.57672×10^9	1.83265×10^9	1.47336×10^9	1.29687×10^9	1.25245×10^9

由式(7-7)计算 C_F，即各层的 C_{Fi} 值按高度加权取平均值

$$C_F=\frac{[1.51756\times5.5+1.57672\times4.5+(1.83265\times2+1.47336\times2+1.29687+1.25245\times3)\times3.6]\times10^9}{5.5+4.5+3.6\times8}$$

$$=1.48042\times10^9\text{N}$$

7.6.1.2　横向剪力墙截面等效刚度

本例的 4 片剪力墙截面形式相同，但各层厚度及混凝土强度等级不同。这里以第一层剪力墙为例进行计算，其他各层剪力墙刚度的计算结果见表 7-11。

第一层墙厚 350mm，端柱截面为 550mm×550mm，墙截面及尺寸如图 7-27 所示。有效翼缘宽度应取翼缘厚度的 6 倍、墙间距的一半和总高度的 1/20 中的最小值，且不大于至洞口边缘的距离。经计算，$b_f=1940$mm。

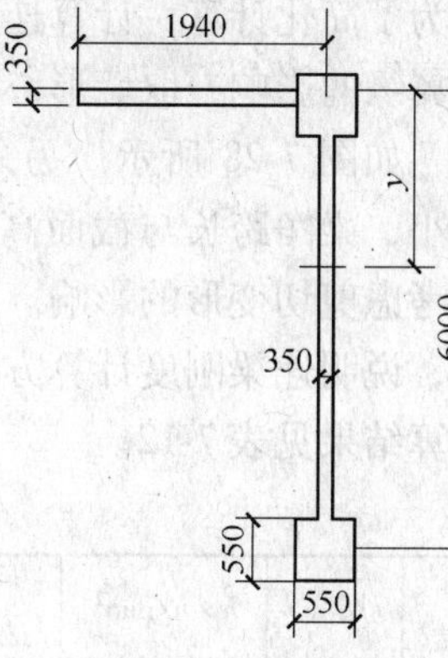

$$A_w=550^2\times2+(6000-550)\times350+$$
$$(1940-550/2)\times350$$
$$=3095250\text{mm}^2$$

图 7-27　剪力墙截面尺寸

$$y=\frac{550^2\times6000+(6000-550)\times350\times3000}{3095250}=2435\text{mm}$$

$$I_w=550^4\times2/12+550^2(2435^2+3565^2)+5450^3\times350/12+350\times$$
$$5450\times(3000-2435)^2+350^3\times1665/12+350\times1665\times2435^2$$
$$=14.44497\times10^{12}\text{mm}^4$$

由 $b_f/t=(1940+350/2)/350=6$ 和 $h_w/t=6550/350=19$，查表 6-6 得 $\mu=1.423$。

表 7-11　各层剪力墙刚度参数（一片墙）

楼层	t/mm	$b \times h$(端柱) $/\mathrm{mm}^2$	$b_{\mathrm{f}}/\mathrm{mm}$	y/mm	μ	$A_{\mathrm{w}}/\mathrm{mm}^2$	$I_{\mathrm{w}}/\mathrm{mm}^4$	EI_{w} $/\mathrm{N}\cdot\mathrm{mm}^2$
7~10	200	450×450	1200	2658	1.327	1710000	8.05658×10^{12}	2.05443×10^{17}
5~6	200	450×450	1200	2658	1.327	1710000	8.05658×10^{12}	2.41698×10^{17}
3~4	200	500×500	1200	2658	1.327	1790000	8.81246×10^{12}	2.64374×10^{17}
1~2	350	550×550	1940	2435	1.423	3095250	14.44497×10^{12}	4.33349×10^{17}
1~2	350	550×550	1940	2435	1.423	3095250	14.44497×10^{12}	4.33349×10^{17}

将表 7-11 中各层的 A_{w}、I_{w}、E、μ 沿高度加权取平均值得：

$A_{\mathrm{w}} = 2081869\mathrm{mm}^2$；$I_{\mathrm{w}} = 9.84334\times10^{12}\mathrm{mm}^4$；$E = 2.833\times10^4\mathrm{N/mm}^2$；得 $\mu = 1.352$。

将上述数据代入式(6-17)得：

$$E_{\mathrm{c}}I_{\mathrm{eq}} = \frac{EI_{\mathrm{w}}}{1 + \dfrac{9\mu I_{\mathrm{w}}}{A_{\mathrm{w}}H^2}} = \frac{2.833\times10^4\times9.84334\times10^{12}}{1 + \dfrac{9\times1.352\times9.84334\times10^{12}}{2081869\times38800^2}} = 2.68597\times10^{17}\mathrm{N}\cdot\mathrm{mm}^2$$

总剪力墙的等效刚度为：

$$EI_{\mathrm{eq}} = 2.68597\times10^{17}\times4 = 10.74388\times10^{17}\mathrm{N}\cdot\mathrm{mm}^2$$

7.6.1.3 连梁的等效刚度

为了简化计算，计算连梁刚度时不考虑剪力墙翼缘的影响，取墙形心轴为 1/2 墙截面高度处，如图 7-28 所示。另外，由于梁截面高度较小，梁净跨长与截面高度之比大于 4，故可不考虑剪切变形的影响。下面以第一层连梁为例，说明连梁刚度计算方法，其他层连梁刚度计算结果见表 7-12。

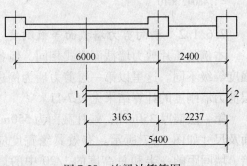

图 7-28　连梁计算简图

表 7-12　连梁剪切刚度 $C_{\mathrm{b}j}$

楼层	层高 /mm	$b\times h/\mathrm{mm}^2$ (端柱)	l/mm	α	EI_{b} /N·mm^2	m_{12}	m_{21}	C_{12}	$C_{\mathrm{b}j}/\mathrm{N}$
7~10	3600	450×450			1.162×10^{14}	2.669×10^{12}	0.718×10^{12}	7.414×10^8	2.966×10^9
5~6	3600	450×450		0.576		3.140×10^{12}	0.845×10^{12}	8.722×10^8	3.489×10^9
3~4	3600	500×500	5400	0.581		3.264×10^{12}	0.865×10^{12}	9.067×10^8	3.627×10^9
2	4500	550×550			1.367×10^{14}	3.394×10^{12}	0.886×10^{12}	7.543×10^8	3.017×10^9
1	5500	550×550		0.586		3.394×10^{12}	0.886×10^{12}	6.172×10^8	2.469×10^9

连梁的约束弯矩系数按式（7-22）计算，其中：

$$al = (6000 + 550)/2 - 450/4 = 3163\mathrm{mm}$$

$$l = 3000 + 2400 = 5400\text{mm}$$

$$\alpha = 3163/5400 = 0.586$$

由表 7-6 得：

$$EI_\text{b} = 3.00 \times 10^4 \times 4.556 \times 10^9 = 1.3368 \times 10^{14}\text{N} \cdot \text{mm}^2$$

将上述数据代入式(7-22)得：

$$m_{12} = \frac{6 \times 1.3368 \times 10^{14}}{5400} \times \frac{1 + 0.586}{(1 - 0.586)^3} = 3.39441 \times 10^{12}\text{N} \cdot \text{mm/rad}$$

$$m_{21} = \frac{6 \times 1.3368 \times 10^{14}}{5400} \times \frac{1}{(1 - 0.586)^2} = 8.86057 \times 10^{11}\text{N} \cdot \text{mm/rad}$$

则：
$$C_\text{b1} = \sum C_{12} = 4 \times 3.39441 \times 10^{12}/5500 = 2.46866 \times 10^9\text{N}$$

将表 7-12 中各层的 C_b 按高度加权取平均值：

$$C_\text{b} = \frac{[2.469 \times 5.5 + 3.017 \times 4.5 + (3.627 \times 2 + 3.489 \times 2 + 2.966 \times 4) \times 3.6] \times 10^9}{5.5 + 4.5 + 3.6 \times 8}$$

$$= 3.121 \times 10^9\text{N}$$

7.6.1.4 结构刚度特征值 λ

分别按连梁刚接和铰接两种情况计算。考虑连梁约束作用时，λ 按式(7-32)计算，连梁刚度折减系数取 0.55，则得：

$$\lambda = 38800 \sqrt{\frac{(1.48042 + 0.55 \times 3.121) \times 10^9}{10.74388 \times 10^{17}}} = 2.116$$

不考虑连梁约束作用时，λ 按式(7-13)计算，即：

$$\lambda = 38800 \sqrt{\frac{1.48042 \times 10^9}{10.74388 \times 10^{17}}} = 1.440$$

7.6.2 水平地震作用

7.6.2.1 结构自振周期计算

该结构的质量和刚度沿高度分布比较均匀，基本自振周期 T_1 可按下式计算：

$$T_1 = 1.7\psi_\text{T} \sqrt{u_\text{T}}$$

式中　u_T——计算结构基本自振周期用的结构顶点假想位移，m；

ψ_T——结构基本自振周期考虑非承重砖墙影响的折减系数，本例取 $\psi_\text{T} = 0.8$。

对带屋面局部突出间的房屋，上式中的 u_T 应取主体结构顶点位移。突出间对主体结构顶点位移的影响，可按顶点位移相等的原则，将其重力荷载折算到主体结构的顶层，如图 7-29 所示。对本例，其折算重力荷载可按下式计算：

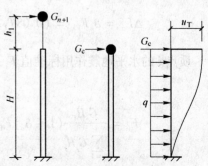

图 7-29　u_T 计算简图

$$G_e = G_{n+1}\left(1 + \frac{3}{2}\frac{h_1}{H}\right) = 522 \times \left(1 + \frac{3}{2} \times \frac{3.6}{38.8}\right) = 595\text{kN}$$

均布荷载 q 为：

$$q = \frac{\Sigma G_i}{H} = \frac{9285 + 8785 + 8570 \times 7 + 7140}{38.8} = 2196\text{kN/m}$$

结构顶点位移 u_T 为：

$$u_T = u_q + u_{Ge}$$

式中　u_q——均布荷载 q 作用下结构顶点位移，可将 $\xi = 1$ 代入式(7-17)或查图 7-10 得到；

　　　u_{Ge}——顶点集中荷载 G_e 作用下结构顶点位移，可将 $\xi = 1$ 代入式(7-18)或查图 7-16 得到。

结构自振周期 T_1 的计算结果见表 7-13。

表 7-13　结构自振周期计算

类　　别	$EI_{eq}/\text{N} \cdot \text{mm}^2$	λ	u_q/m	u_{Ge}/m	u_T/m	T_1/s
连梁刚接	10.74388×10^{17}	2.116	0.219	0.004	0.223	0.642
连梁铰接		1.440	0.325	0.006	0.331	0.782

7.6.2.2　水平地震作用计算

该房屋主体结构高度不超过 40m，且质量和刚度沿高度分布比较均匀，故可用底部剪力法计算水平地震作用。

结构等效总重力荷载代表值：

$$G_{eq} = 0.85G_E = 0.85 \times (9285 + 8785 + 8570 \times 7 + 7140 + 522) = 72864\text{kN}$$

结构总水平地震作用标准值：

$$F_{Ek} = \alpha_1 G_{eq} = \left(\frac{T_g}{T_1}\right)^{0.9}\alpha_{max}G_{eq} = \left(\frac{0.35}{T_1}\right)^{0.9} \times 0.16 \times 72864 = \begin{cases} 6753.248\text{kN} & （连梁刚接） \\ 5654.682\text{kN} & （连梁铰接） \end{cases}$$

顶部附加水平地震作用标准值 ΔF_n

$$\Delta F_n = \delta_n F_{Ek} = (0.08T_1 + 0.07)F_{Ek} = \begin{cases} 819.574\text{kN} & （连梁刚接） \\ 749.585\text{kN} & （连梁铰接） \end{cases}$$

质点 i 的水平地震作用标准值 F_i：

$$F_i = \frac{G_i H_i}{\sum\limits_{j=1}^{n} G_j H_j}(1 - \delta_n)F_{Ek} = \begin{cases} 5933.674 G_i H_i \Big/ \sum\limits_{j=1}^{n} G_j H_j（连梁刚接） \\ 4905.097 G_i H_i \Big/ \sum\limits_{j=1}^{n} G_j H_j（连梁铰接） \end{cases}$$

具体计算过程见表 7-14。

表 7-14 水平地震作用计算

楼层	H/m	G_i/kN	G_iH_i /kN·m	$\dfrac{G_iH_i}{\Sigma G_jH_j}$	连梁刚接		连梁铰接	
					F_i/kN	F_iH_i/kN·m	F_i/kN	F_iH_i/kN·m
11	42.4	522	22133	0.01164	69.05	2927.72	57.08	2420.19
10	38.8	7140	277032	0.14567	864.33 (819.57)	65335.32	714.50 (749.59)	56806.69
9	35.2	8570	301664	0.15862	941.18	33129.54	778.03	27386.66
8	31.6	8570	270812	0.14239	844.92	26699.47	698.46	22071.34
7	28.0	8570	239960	0.12627	748.67	20962.76	618.89	17328.92
6	24.4	8570	209108	0.10995	652.41	15918.80	539.32	13159.41
5	20.8	8570	178256	0.09373	556.15	11567.92	459.75	9562.80
4	17.2	8570	147404	0.07751	459.90	7910.28	380.17	6538.92
3	13.6	8570	116552	0.06128	363.64	4945.50	300.60	4088.16
2	10.0	8785	87850	0.04619	274.09	2740.90	226.58	2265.80
1	5.5	9285	51068	0.02685	159.33	876.32	131.71	724.41
Σ		85722	1901839		6753.24	193014.53	5654.68	162353.30

按上述方法所得的水平地震作用为作用在各层楼面处的水平集中力。当采用连续化方法计算框架-剪力墙结构的内力和侧移时，应将实际的地震作用分布转化为均布水平力或倒三角形分布的连续水平力或顶点集中力。根据实际地震作用基本为倒三角形分布的特点，下面按基底剪力和基底倾覆力矩分别相等的条件，将实际地震作用分布（图7-30a）转换为倒三角形连续地震作用（图7-30b）和顶点集中水平地震作用（图7-30c），即：

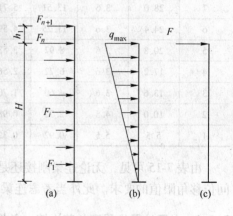

图 7-30 水平地震作用的转换

$$\frac{q_{max}H}{2} + F = V_0, \qquad \frac{q_{max}H^2}{3} + FH = M_0$$

$$V_0 = \sum_{i=1}^{n} F_i, \qquad M_0 = \sum_{i=1}^{n} F_iH_i$$

由上式可得：

$$q_{max} = \frac{6(V_0H - M_0)}{H^2}, \qquad F = \frac{3M_0}{H} - 2V_0$$

由表 7-14 中的有关数据及上式，可得连梁刚接时：

$$q_{max} = \frac{6 \times (6753.24 \times 38.8 - 193014.53)}{38.8^2} = 275.047\text{kN/m}$$

$$F = \frac{3 \times 193014.53}{38.8} - 2 \times 6753.24 = 1414.324\text{kN}$$

连梁铰接时：

$$q_{max} = \frac{6 \times (5654.68 \times 38.8 - 162353.30)}{38.8^2} = 227.369 \text{kN/m}$$

$$F = \frac{3 \times 162353.30}{38.8} - 2 \times 5654.68 = 1243.730 \text{kN}$$

7.6.3　水平位移验算

倒三角形水平荷载和顶点集中水平荷载作用下的位移分别按式(7-16)和式(7-18)计算，或查图7-13和图7-16，结果见表7-15。

表7-15　水平位移计算表

楼层	H_i/m	h_i/m	连梁刚接				连梁铰接			
			u_q/mm	u_F/mm	u_i/mm	$\Delta u/h$	u_q/mm	u_F/mm	u_i/mm	$\Delta u/h$
10	38.8	3.6	19.86	9.29	29.15	1/1102	24.51	12.37	36.88	1/805
9	35.2	3.6	17.81	8.08	25.88	1/1088	21.70	10.71	32.41	1/804
8	31.6	3.6	15.70	6.88	22.58	1/1073	18.86	9.07	27.93	1/808
7	28.0	3.6	13.51	5.71	19.22	1/1066	16.00	7.48	23.47	1/820
6	24.4	3.6	11.25	4.59	15.84	1/1078	13.13	5.96	19.09	1/849
5	20.8	3.6	8.97	3.53	12.50	1/1119	10.30	4.55	14.85	1/904
4	17.2	3.6	6.72	2.56	9.29	1/1207	7.60	3.26	10.86	1/1000
3	13.6	3.6	4.60	1.70	6.31	1/1382	5.12	2.14	7.26	1/1174
2	10.0	4.5	2.72	0.98	3.70	1/1828	2.98	1.22	4.20	1/1597
1	5.5	5.5	0.92	0.32	1.24	1/4435	0.99	0.39	1.38	1/3995

由表7-15可见，无论连梁刚接还是铰接，各层层间位移角均小于1/800，满足弹性层间位移角限值的要求。此外当考虑连梁的约束作用时，结构侧移减小（11%～27%）。

7.6.4　水平地震作用下总剪力墙、总框架和总连梁的内力计算

7.6.4.1　连梁铰接时总框架、总剪力墙内力

倒三角形分布荷载及顶点集中荷载作用下的内力分别按式(7-16)和式(7-18)计算，结果见表7-16。

表7-16　总框架及总剪力墙内力（连梁铰接）

楼层	H_i/m	ξ	倒三角形荷载			顶点集中力			总内力		
			M_w/kN·m	V_w/kN	V_F/kN	M_w/kN·m	V_w/kN	V_F/kN	M_{wi}/kN·m	V_{wi}/kN	V_{Fi}/kN
10	38.8	1.0	0.00	-1150.45	1150.45	0.00	558.02	685.71	0.00	-592.42	1836.15
9	35.2	0.907	-2724.01	-377.79	1158.35	2014.87	563.01	680.72	-709.14	185.22	1839.07
8	31.6	0.814	-2819.44	312.05	1173.12	4065.76	578.07	665.66	1246.32	890.11	1838.78

楼层	H_i /m	ξ	倒三角形荷载			顶点集中力			总内力		
			M_w /kN·m	V_w /kN	V_F /kN	M_w /kN·m	V_w /kN	V_F /kN	M_{wi} /kN·m	V_{wi} /kN	V_{Fi} /kN
7	28.0	0.722	−561.81	931.40	1182.42	6189.33	603.45	640.28	5627.52	1534.86	1822.70
6	24.4	0.629	3815.43	1491.36	1175.19	8423.56	639.63	604.10	12238.99	2130.99	1779.29
5	20.8	0.536	10116.71	2001.91	1141.41	10808.4	687.24	556.49	20925.10	2689.15	1697.90
4	17.2	0.443	18180.89	2472.20	1071.95	13386.4	747.14	496.59	31567.32	3219.34	1568.54
3	13.6	0.351	27878.32	2910.62	958.40	16203.8	820.39	423.34	44082.12	3731.01	1381.74
2	10.0	0.258	39108.54	3325.02	792.94	19310.9	908.32	335.41	58419.40	4233.34	1128.35
1	5.5	0.142	55193.06	3820.49	501.83	23687.2	1041.27	202.47	78880.30	4861.76	704.30
0	0	0	77832.19	4410.96	0.00	29949.3	1243.73	0.00	107781.44	5654.69	0.00

7.6.4.2 连梁刚接时总框架、总剪力墙及总连梁内力

表 7-17 为倒三角形分布荷载和顶点集中荷载作用下的内力计算结果，表 7-18 为两种荷载共同作用下的内力。

表 7-17 倒三角形荷载及顶点集中荷载作用下内力计算（连梁刚接）

楼层	H_i /m	倒三角形荷载						顶点集中荷载					
		M_w /kN·m	$\bar{V}_w$ /kN	$\bar{V}_F$ /kN	m /kN	V_w /kN	V_F /kN	M_w /kN·m	$\bar{V}_w$ /kN	$\bar{V}_F$ /kN	m /kN	V_w /kN	V_F /kN
10	38.8	0.00	−1814.11	1814.11	974.03	−840.08	840.08	0.00	336.01	1078.32	578.97	914.98	499.35
9	35.2	−4840.03	−989.73	1842.96	989.52	90.80	853.44	1217.42	342.50	1071.82	575.48	917.99	496.34
8	31.6	−6626.95	−110.26	1906.86	1023.83	913.57	883.03	2841.91	362.25	1052.08	564.88	927.13	487.20
7	28.0	−5749.50	581.77	1975.32	1060.59	1642.36	914.73	3842.37	395.95	1018.33	546.76	942.76	471.57
6	24.4	−2517.71	1204.13	2021.57	1085.43	2289.56	936.15	5351.42	445.06	969.27	520.42	965.48	448.85
5	20.8	2865.59	1780.89	2021.56	1085.42	2866.31	936.14	7067.40	511.33	903.00	484.84	996.17	418.16
4	17.2	10276.77	2334.35	1952.98	1048.60	3382.95	904.39	9056.68	597.37	816.95	438.64	1036.01	378.31
3	13.6	19670.62	2885.91	1794.43	963.47	3849.37	830.96	11396.17	706.52	707.81	380.04	1086.55	327.77
2	10.0	31078.59	3456.90	1524.57	818.58	4275.47	706.00	14176.35	842.98	571.34	306.76	1149.75	264.58
1	5.5	48345.21	4231.73	996.96	535.29	4767.02	461.67	18437.01	1060.14	354.18	190.17	1250.31	164.02
	0.0	74558.21	5335.91	0.00	0.00	5335.91	0.00	25191.23	1414.32	0.00	0.00	1414.32	0.00

注：$\bar{V}_w$、$\bar{V}_F$ 分别表示总剪力墙和总框架的名义剪力。

表 7-18 总框架、总剪力墙及总连梁内力（连梁刚接）

楼 层	H_i/m	M_w/kN·m	$\bar{V}_w$/kN	m/kN	V_w/kN	V_F/kN
10	38.8	0.00	−1478.10	1553.00	74.90	1339.42
9	35.2	−3622.62	−556.22	1565.01	1008.78	1349.77
8	31.6	−4141.04	251.98	1588.72	1840.70	1370.22

楼　层	H_i/m	M_w/kN·m	$\bar{V}_w$/kN	m/kN	V_w/kN	V_F/kN
7	28.0	-1907.13	977.76	1607.35	2585.11	1386.30
6	24.4	2833.71	1649.19	1605.84	3255.03	1385.00
5	20.8	9932.99	2292.22	1570.26	3862.48	1354.30
4	17.2	19333.45	2931.72	1487.23	4418.96	1282.70
3	13.6	31066.80	3592.43	1343.50	4935.93	1158.73
2	10.0	45254.94	4299.88	1125.34	5425.22	970.57
1	5.5	66782.22	5291.87	725.46	6017.33	625.69
	0.0	99749.36	6750.24	0.00	6750.24	0.00

7.6.5　连梁刚接时构件内力计算

7.6.5.1　框架梁、柱内力计算

考虑连梁约束作用时，框架-剪力墙结构底部总剪力为：

$$V_0 = 0.5 \times 275.047 \times 38.8 + 1414.324 = 6750.24 \text{kN}$$

$$0.2V_0 = 1350.05 \text{kN}$$

由表 7-17 可见，第 1~4，9，10 层的总框架剪力 V_F 小于 $0.2V_0$，应予以调整。

另外，$1.5V_{f,max} = 1.5 \times 1349.77 = 2024.66 \text{kN} > 0.2V_0$，所以调整后的 V_F 取 1350.05kN。

框架柱的剪力和弯矩用 D 值法计算，此处计算从略。

7.6.5.2　连梁内力计算

本例的 4 根连梁受力情况相同，只需要计算出 1 根连梁的内力即可。用式(7-42)~式(7-45)计算连梁内力，剪力墙轴力用式(7-51)计算，各层的计算结果见表 7-19。

表 7-19　连梁内力及剪力墙轴力计算

楼层	h_i/m	m_i/kN	m_ih_i/kN·m	M_{12}/kN·m	M_{21}/kN·m	V_b/kN	N_{wi}/kN
10	3.6	1553.00	5590.800	1397.700	364.850	326.389	326.389
9	3.6	1565.01	5634.036	1408.509	367.621	328.913	655.302
8	3.6	1588.72	5719.392	1429.848	373.190	333.896	989.198
7	3.6	1607.35	5786.460	1446.615	377.567	337.811	1327.009
6	3.6	1605.84	5781.024	1445.256	377.212	337.494	1664.503
5	3.6	1570.26	5652.936	1413.234	368.854	330.016	1994.519
4	3.6	1487.23	5354.028	1338.507	349.350	312.566	2307.086
3	3.6	1343.50	4836.600	1209.150	315.588	282.359	2589.445
2	4.5	1125.34	5064.030	1266.008	330.428	295.636	2885.081
1	5.5	725.46	3990.030	997.508	260.349	232.936	3118.017

7.6.5.3　剪力墙内力计算

本例的 4 片墙受力情况相同，可用式(7-46)计算每片墙的弯矩和剪力，计算结果见表

7-20，表中 $\bar{V}_{wi} = V_{wi} - m_i$。

表 7-20　一片剪力墙弯矩及剪力计算

楼层	H_i/m	M_w/kN·m	$\bar{V}_w$/kN	$EI_{eq}/\Sigma EI_{eq}$	M_{w1}/kN·m	m_{i1}/kN	V_{w1}/kN
10	38.8	0	−1478.10	0.25	0	388.25	18.73
9	35.2	−3622.63	−556.22	0.25	−905.66	391.25	252.20
8	31.6	−4141.04	251.98	0.25	−1035.26	397.18	460.18
7	28.0	−1907.13	977.76	0.25	−476.78	401.84	648.28
6	24.4	2833.71	1649.19	0.25	−708.43	401.46	813.76
5	20.8	9932.99	2292.22	0.25	2483.25	392.57	965.63
4	17.2	19333.45	2931.72	0.25	4833.36	371.81	1104.74
3	13.6	31066.80	3592.43	0.25	7766.70	335.88	1233.99
2	10.0	45254.94	4299.88	0.25	11313.74	281.34	1356.31
1	5.5	66782.22	5291.87	0.25	16695.56	181.37	1504.34
	0	99749.36	6750.24	0.25	24937.34	0	1687.56

思考题与习题

7-1　试从变形和内力两方面分析框架和剪力墙是如何协同工作的，框架-剪力墙结构的计算简图有何物理意义？

7-2　框架-剪力墙结构计算简图中的总剪力墙、总框架和总连梁各代表实际结构中的哪些具体构件，它们是否有具体的几何尺寸，各用什么参数表示其刚度特征？

7-3　框架-剪力墙结构中剪力墙的合理数量如何确定？试分析剪力墙数量变化对结构侧移及内力的影响。

7-4　框架-剪力墙结构的平衡微分方程是如何建立的，边界条件如何确定？

7-5　什么是结构刚度特征值，它对结构的侧移及内力分配有何影响？

7-6　总剪力墙、总框架和总连梁的内力各应如何计算，各片墙、各榀框架及各根连梁的内力如何计算？

7-7　框架-剪力墙结构应满足哪些构造措施？

8 钢筋混凝土筒体结构设计简介

8.1 筒体结构选型

筒体结构是一种竖向悬臂筒式结构体系，具有造型美观、使用灵活、受力合理以及整体性强等优点，比非筒式结构体系受力效率高，适用于建筑高度更高，抗震等级要求更高的建筑，属于高级高层建筑范畴，常用于超高层建筑中。目前，全世界最高的 100 栋高层建筑约 2/3 采用筒体结构，如麦加皇家钟塔酒店（601m，钢框架-钢筋混凝土核心筒结构）、上海环球金融中心（492m，采用框架-核心筒混合结构，RC 核心筒，钢框架、SRC 柱）、南京紫峰大厦（450m，采用框架-核心筒混合结构）、京基金融中心（441.8m，采用钢筋混凝土核心筒、巨型钢斜支撑框架及三道伸臂桁架、五道腰桁架组成三重抗侧力结构体系）、美国西尔斯大厦（442.1m，采用钢结构成束筒结构）、广州国际金融中心（439m，采用型钢混凝土柱斜交网格外筒、钢筋混凝土内筒的筒中筒结构体系）等。

常用的筒体结构有：框筒结构、框架-核心筒结构、筒中筒结构和成束筒结构。不同的筒体结构具有不同的特点，可以满足不同的使用要求。

（1）框筒结构。由建筑外围的深梁、密排柱和楼盖构成的筒状空间结构，称为框筒。典型的框筒结构如图 8-1a 所示，当框筒单独作为承重结构时，一般在中间需布置柱子（图 8-1b），承受竖向荷载，可减少楼盖结构的跨度；框筒结构外筒柱距较密，常常不能满足建筑使用要求。为扩大底层柱距，常用巨大的拱、梁或桁架等支承上部的柱子。

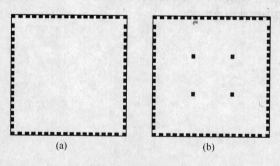

图 8-1　框筒结构图

（2）框架-核心筒结构。框架-核心筒结构由布置在楼层中央的剪力墙核心筒和周边的框架组成，见图 8-2。框架-核心筒结构的受力性能与框架-剪力墙结构相似，但框架-核心筒结构中的柱子往往数量少而截面大；框架-核心筒结构可提供较大的开阔空间，常被用于高层办公楼建筑中。

（3）筒中筒结构。筒中筒结构一般含内、外两个筒，外筒是由密排柱和截面高度相对较大的裙梁组成的框筒，内筒为剪力墙和连梁组成的薄壁筒，见图 8-3。一般把楼梯间、

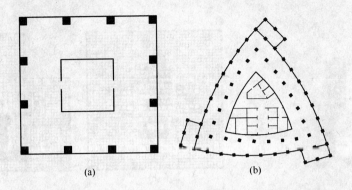

(a)   (b)

图 8-2　框架-核心筒结构

（a）框架-核心筒结构典型形式；（b）上海虹桥宾馆平面图（35层，高103.7m）

电梯间等服务性设施布置在核芯筒内，内外筒之间的开阔空间可满足建筑上自由分隔、灵活布置的要求。设计一般要求内筒与外筒之间的距离以不大于12m为宜，内筒的边长为外筒相应边长的1/3左右较为适宜。常用于可供出租的商务办公中心。

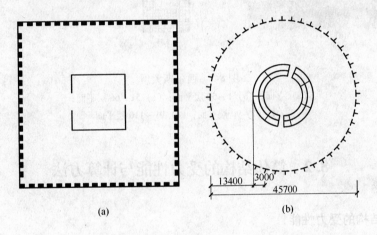

(a)   (b)

图 8-3　筒中筒结构

（a）筒中筒结构典型形式；（b）香港合和中心（64层，高215m）

（4）成束筒结构。由若干个单元筒集成一体，从而形成空间刚度极大的结构，每一个单元筒能够单独形成一个筒体结构，见图8-4。成束筒的抗侧刚度比框筒和筒中筒结构大，能适用更高的高层建筑。成束筒结构的典型代表是110层，高442m的芝加哥的西尔斯大厦，西尔斯大厦由9个尺寸相同的边长为22.86m的方筒组成，筒体数量由下到上逐渐减少，1~50层是9个筒体，51~66层是7个筒体，67~90层是5个筒体，91~110层是2个筒体。图8-5是西尔斯大厦的立面和平面图。成束筒结构的腹板框架数量较多，使翼缘框架与腹板框架相交的角柱增加，大大减小剪力滞后，从而充分发挥筒体结构的空间作用。

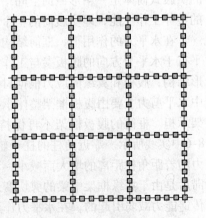

图 8-4　成束筒结构

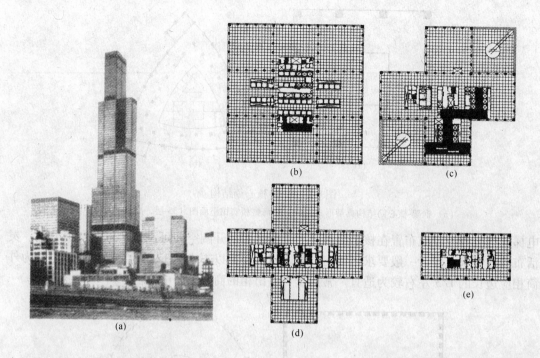

图 8-5 西尔斯大厦

（a）立面；（b）1~50 层平面；（c）51~66 层平面；

（d）67~90 层平面；（e）91~110 层平面

8.2 筒体结构的受力性能与计算方法

8.2.1 筒体结构的受力性能

（1）框筒结构。框筒是由密排的柱和高跨比很大的框筒梁组成，也可以说是实腹筒上开有规律的窗口的筒。但是由于洞口的存在，框筒的受力性能和实腹筒有一定差异。理想的实腹式筒体是一箱形截面空间结构，由于各层楼盖的水平支撑作用，整个结构具有很强的整体工作性能，即实腹筒的整个截面变形基本上符合平截面假定。

在水平力的作用下，框筒结构的受力既相似于薄壁箱形结构，又有其自身特点，不仅平行于水平力方向的腹板参与工作，而且与水平力垂直的翼缘板也完全参与工作。对于箱形结构，腹板和翼缘的应力根据材料力学解答都呈直线分布，如图 8-6 中虚线所示；框筒中水平剪力主要由腹板框架整体承担，整个弯矩则主要由一侧受拉、另一侧受压的翼缘框架承担。框筒的腹板框架不再保持平截面变形，其腹板框架柱的轴力呈曲线分布，如图8-6中实线所示。靠近角柱的柱子轴力大，远离角柱的柱子轴力小。这种翼缘框架柱内轴力随着距角柱距离的增大而减小，不再保持直线分布的规律称为"剪力滞后"。这种剪力滞后是由于翼缘框架中梁的剪切变形和梁、柱的弯曲变形造成的，即翼缘框架的裙梁剪力传递能力减弱引起的。在水平力作用下，腹板框架受力，角柱产生轴力、剪力和弯矩。因角柱的轴向变形，使相邻的翼缘框架裙梁端产生剪力，这个剪力使裙梁另一端翼缘框架柱

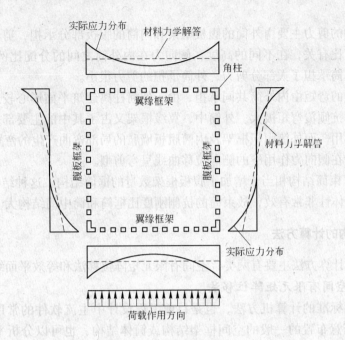

图 8-6　框筒结构受力特点

子产生轴力。依次传递下去，则翼缘框架的梁柱均产生内力，包括轴力、剪力和弯矩。这就是剪力传递，显然，翼缘框架的梁柱内力随着距角柱越远而越小。

剪力滞后使部分中柱分担的内力减小，承载能力得不到发挥，结构整体性减弱；且裙梁越高或剪切刚度大、墙面开孔率越小即整体性越强，剪力滞后效应越小。此外，框筒平面宽度越大，剪力滞后效应越明显。因此，为了增强框筒的整体性，减小剪力滞后，设计中应增加裙梁高度，限制柱距和开孔率，控制框筒的长宽比尽量接近于1。

侧向力作用下，腹板框架将发生剪切型的侧向位移曲线；而翼缘框架一侧受拉，一侧受压状态将形成弯曲型的变形曲线，因此，框筒结构在侧向力作用下的侧向位移曲线呈弯剪型。

（2）框架-核心筒结构。这种结构的外框架柱距较大，一般柱距为 6~12m，超过了框筒结构的柱距（不宜大于 4m）；框架-核心筒结构的工作性能接近于框架-剪力墙结构，中央核心筒承受外力产生的大部分剪力和弯矩，以弯曲型变形为主；外柱作为等效框架共同工作，承担的剪力较小，以剪切变形为主，在楼盖的作用下，两者位移协调，其侧移曲线呈弯剪型。

（3）筒中筒。筒中筒结构的外筒一般为框筒，内筒为剪力墙薄壁筒，其空间受力性能与许多因素有关，比实腹筒体和框筒要复杂得多，影响因素主要有：

1）影响一般筒体的剪力滞后效应、框筒的长宽比等。

2）筒中筒结构的高宽比。一般来讲，当筒中筒结构的高宽比分别为 5、3 和 2 时，外框筒的抗倾覆力矩约占总倾覆力矩的 50%、25% 和 10%。为了充分发挥外框筒的空间作用，筒中筒结构的高宽不宜小于 3，结构高度不宜低于 60mm。

3）内外筒之间的刚度比。该比值直接影响到结构整体弯矩和剪力在内筒和外筒之间的分配。

筒中筒结构的剪力主要由外筒的腹板框架和内筒的腹板部分承担，剪力分配与内外筒之间的抗侧刚度比有关，在不同的高度，侧向力在内外筒之间的分配比例不同，一般地，在结构底部，内筒承担了大部分剪力，外筒承担的剪力很小。

侧向力产生的弯矩由内外筒共同承担，由于外筒柱离建筑平面形心较远，故外筒柱内的轴力所形成的抗倾覆弯矩大。外筒中，翼缘框架又占了其中的主要部分，角柱也发挥了十分重要的作用，而外筒腹板框架及内筒腹板墙肢的局部弯曲产生的弯矩极小。

筒中筒结构在侧向力作用下的侧向位移曲线呈弯剪型。

（4）束筒。束筒结构相当于增加了腹板框架数量的框筒结构。这种结构对减小剪力滞后效应、增加整体性非常有效，故束筒的抗侧刚度比框筒和筒中筒结构大。

8.2.2 筒体结构的计算方法

筒体结构的计算方法主要有两类：空间有限元矩阵位移法和等效平面结构分析法。

8.2.2.1 空间有限元矩阵位移法

此法是一种标准的计算机方法，也是目前工程设计中主流软件的常用方法，该法可以分析梁柱为任意布置的一般的空间框架结构或筒体结构，也可以分析平面为非对称的结构或荷载，并可获得薄壁柱受约束扭转所引起的翘曲应力，在实际工程设计中广泛采用，因此，对于框筒、束筒、框架-核心筒、筒中筒、多重筒等筒体结构的计算均可用此法。

该法将框筒梁柱简化为带刚域杆件，按三维空间杆系方法求解。对于一般的空间杆件单元，如图 8-7 所示，每个杆端有 6 个自由度（三个方向的位移和转角）。对于内筒，一般可采用两种模型：一种是将薄壁筒体视为一种空间薄壁杆件，如图 8-8 所示，空间开口薄壁杆件在弯曲的同时，还将产生扭转，且杆件横截面不再保持平面而发生翘曲，因此杆件单元每端有 7 个自由度，比普通空间杆件单元增加了双力矩所产生的扭转角；另一种是

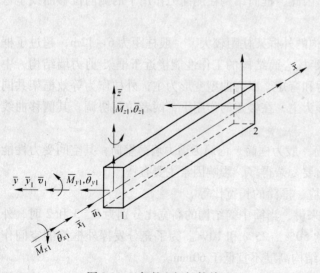

图 8-7　一般的空间杆件单元

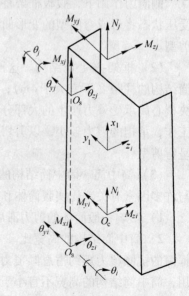

图 8-8　空间开口薄壁杆件单元

将筒壁划分成一系列平面有限单元。后者较前者精确，但计算工作量大。外筒与内筒通过楼板连接协同工作。通常还假定楼板为平面内无限刚性板，忽略其平面外刚度楼板的作用以保证内、外筒具有相同的水平位移，而楼板与筒之间不传递弯矩。

20世纪中期，为适应计算机容量的限制，曾发展了等效连续体法和有限条法两种简化的三维空间结构计算方法。

（1）等效连续体法。基于楼板在其平面内的刚度无限大和框筒的筒壁在其自身平面外的作用很小，只考虑其平面内的作用的基本假定，将框筒的四榀框架用四片等效均匀的正交异性平板代替，形成一个等效实腹筒，求出平板内的双向应力后再回复到梁柱内力。内筒为实腹筒体，与外筒协同工作。通常通过弹性力学方法得到函数解，也可通过程序计算。

（2）有限条法。该法是一种半解析法，通过分离变量，使得三维空间的分析简化为二维问题，二维问题简化为一维问题。将外筒及内筒均沿高度划分成竖向条带，条带的应力分布用函数形式表示，条带连接线上的位移为未知函数，通过求解位移函数得到应力。在高层建筑结构分析中，有限条分法是以竖向的条作为分析单元，比平面有限元方法大大减少了未知量，而且可以不受结构高度影响，适于在较规则的高层建筑结构的空间分析中采用。

8.2.2.2　等效平面结构分析法

（1）平面展开矩阵位移法。对矩形平面的框筒结构或筒中筒结构受力性能的分析表明：在侧向力作用下，筒体结构的腹板部分主要抗剪，翼缘部分的轴力形成弯矩主要抗弯；筒体结构的各榀平面单元主要在其自身平面内受力，而在平面外的受力则很小。因此可考虑采用平面展开矩阵位移法。

在计算中，需作如下基本假设：

1）对筒体结构的各榀平面单元，可略去其平面外的刚度，而仅考虑在其自身平面内的作用，因此，可忽略外筒梁柱构件各自的扭转作用；

2）楼盖结构在其自身平面的刚度可视为无穷大，因此，在对称侧向力的作用下，在同一楼层标高处的内外筒的侧移量应相等，楼盖结构在其平面外的刚度可忽略不计。

对于图8-9a所示的筒中筒结构，在对称侧向力作用下，整个结构不发生整体扭转，并且内外筒各榀平面结构在自身平面外的作用及外筒的梁柱构件各自的扭转作用与筒中筒结构的主要受力作用相比，均可忽略不计。另外，又因为楼盖平面外的刚度小，可略去它对内、外筒壁的变形约束作用。因此，可进一步把内外筒分别展开到同一平面内，分别展开成带刚域的平面壁式框架和带门洞的墙体，并相互由简化成楼盖连杆的楼面体系相连。由于大部分筒中筒结构在双向都为轴对称，所以，可取四分之一平面的结构来分析（图8-9b）。对称轴上的有关边界条件则需按筒中筒结构的变形及其受力特点来确定。

在 A—A（F—F）轴处：既不产生水平位移，也不产生转角，只会产生竖向位移，因此在各层的梁柱节点上，力学模式中应有两个约束。

在 C—C（D—D）轴处：柱的轴向力为零，但在此处会产生腹板框架平面的侧向位移与相应的转角。因此，在各层的相应节点上，应设一个竖向约束。

在 B—B（E—E）角柱处：展开成分属于两榀正交平面壁式框架的两根边柱（虚拟角

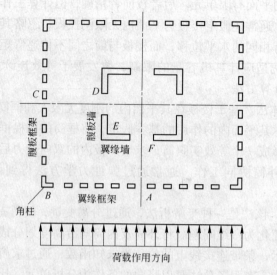

(a)

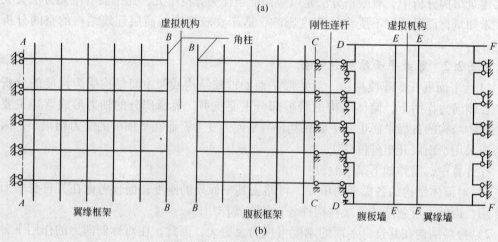

(b)

图 8-9   筒中筒结构的平面展开矩阵位移法

柱)（图 8-10）。角柱分开后，在每一楼层处用一仅能传递竖向剪力的虚拟机构将他们连接起来，以保证两个虚拟角柱的竖向变形一致，而相互之间又不传递水平力和弯矩。

在把实际角柱分成两个虚拟角柱以后，虚拟角柱刚度的取值可用两种方法：第一种方法是，当计算轴向刚度时，其截面取实际柱截面的一半；计算弯曲刚度时，其惯性矩可取实际角柱在相应方向上的惯性矩；第二种方法是，从虚拟角柱的简化力学模式，根据在相应荷载作用下变形相等的原则，导出虚拟角柱的轴向刚度与抗弯刚度的计算公式。

（2）框架-核心筒结构——框剪结构连续化方法。在框架-核心筒结构中，柱距远大于框筒中的柱距，其框架的空间工作不明显，像普通框架一样地工作，因而框架-核心筒结构可

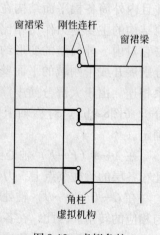

图 8-10   虚拟角柱

以按一般框架-剪力墙结构协同工作计算原理确定其总框架-剪力墙平面结构，用连续化方法计算。这种简化的内筒一般处理成剪力墙。

8.3 筒体结构的截面设计及构造要求

筒体结构截面设计及构造要求应遵循第5~7章中框架和剪力墙的设计要求和《高规》里面第9章的规定，《高规》第9章主要适用于钢筋混凝土框架-核心筒和筒中筒结构，其他类型的筒体结构可参照使用，因此此处主要列出这两种结构形式的构造要求。

（1）混凝土。筒体结构层数多，重量大，混凝土强度等级太低时，结构截面尺寸会很大，减少建筑使用空间，而且使自重增大，材料用量加大，地震作用增大，因此，混凝土强度等级不宜低于C30。

（2）框筒结构。构造要求如下：

1）抗震设计时，框筒柱和框架柱的轴压比限值可采用框架-剪力墙结构的规定；

2）外框筒梁的截面承载力设计方法、截面尺寸限制条件及配筋形式可参照一般框架梁进行，但是跨高比不大于2时，宜增配对角斜向钢筋。跨高比不大于1时，在梁内宜配置交叉暗撑（图8-11）。

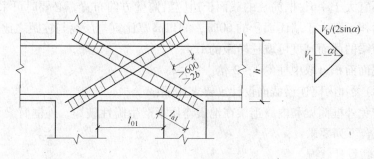

图 8-11　梁内交叉暗撑的配筋

l_{al}—抗震设计时取 l_{aE}，非抗震设计时取 l_{a}；b—窗裙梁截面宽度

（3）框架-核心筒结构。构造要求如下：

1）核心筒宜贯通建筑物全高。核心筒的宽度不宜小于筒体总高的1/12，当筒体结构设置角筒、剪力墙或增强结构整体刚度的构件时，核心筒的宽度可适当减小。

2）核心筒应具有良好的整体性，并满足下列要求：

①墙肢宜均匀、对称布置；

②筒体角部附近不宜开洞，当不可避免时，筒角内壁至洞口的距离不应小于500mm和开洞墙的截面厚度的较大值；

③核心筒外墙的截面厚度不应小于层高的1/20及200mm，对一、二级抗震设计的底部加强部位不宜小于层高的1/16及200mm，不满足时，应计算墙体稳定，必要时可增设扶壁柱或扶壁墙；在满足承载力要求以及轴压比限值（仅对抗震设计）时，核心筒内墙可适当减薄，但不应小于160mm；

④筒体墙的水平、竖向配筋不应少于两排；

⑤抗震设计时，核心筒的连梁，宜通过配置交叉暗撑、设水平缝或减小梁截面的高宽

比等措施来提高连梁的延性。

3）核心筒或内筒的外墙与外框柱间的中距，非抗震设计大于 15m、抗震设计大于 12m 时，宜采取增设内柱等措施。

4）框架-核心筒结构的周边柱间必须设置框架梁。

5）框架-核心筒结构的核心筒角部边缘构件应按下列要求予以加强：底部加强部位约束边缘构件沿墙肢的长度应取墙肢截面高度的 1/4，约束边缘构件范围内应全部采用箍筋；其底部加强部位以上宜按本书第 6 章的规定设置约束边缘构件。

（4）筒中筒结构。构造要求如下：

1）筒中筒结构的高度不宜低于 80m，高宽比不应小于 3。

2）筒中筒结构的平面外形宜选用圆形、正多边形、椭圆形或矩形等，内筒宜居中。矩形平面的长宽比不宜大于 2。

3）内筒的边长可为高度的 1/12 ~ 1/15，如有另外的角筒或剪力墙时，内筒平面尺寸还可适当减小。内筒宜贯通建筑物全高，竖向刚度宜均匀变化；三角形平面宜切角，外筒的切角长度不宜小于相应边长的 1/8，其角部可设置刚度较大的角柱或角筒；内筒的切角长度不宜小于相应边长的 1/10，切角处的筒壁宜适当加厚。

4）外框筒应符合下列规定：

①柱距不宜大于 4m，框筒柱的截面长边应沿筒壁方向布置，必要时可采用 T 形截面；

②洞口面积不宜大于墙面面积的 60%，洞口高宽比宜与层高与柱距之比值相近；

③外框筒梁的截面高度可取柱净距的 1/4；

④角柱截面面积可取中柱的 1 ~ 2 倍。

5）外框筒梁和内筒连梁截面设计。要求如下：

①为了避免外框筒梁和内筒连梁在地震作用下产生脆性破坏，外框筒梁和内筒连梁的截面尺寸应符合下列要求：

持久、短暂设计状况

$$V_b \leqslant 0.25\beta_c f_c b_b h_{b0}$$

地震设计状况

a. 跨高比大于 2.5 时 $V_b \leqslant \dfrac{1}{\gamma_{RE}}(0.20\beta_c f_c b_b h_{b0})$

b. 跨高比不大于 2.5 时 $V_b \leqslant \dfrac{1}{\gamma_{RE}}(0.15\beta_c f_c b_b h_{b0})$

式中 V_b——外框筒梁或内筒连梁剪力设计值；

      b_b——外框筒梁或内筒连梁截面宽度；

      h_{b0}——外框筒梁或内筒连梁截面的有效高度。

②外框筒梁和内筒连梁的构造配筋应符合下列要求：

a. 非抗震设计时，箍筋直径不应小于 8mm；抗震设计时，箍筋直径不应小于 10mm。

b. 非抗震设计时，箍筋间距不应大于 150mm；抗震设计时，箍筋间距沿梁长不变，且不应大于 100mm，当梁内设置交叉暗撑时，箍筋间距不应大于 200mm。

c. 框筒梁上、下纵向钢筋的直径均不应小于 16mm，腰筋的直径不应小于 10mm，腰筋间距不应大于200mm。

③跨高比不大于2的框筒梁和内筒连梁宜采用交叉暗撑；跨高比不大于1的框筒梁和内筒连梁应采用交叉暗撑（图8-11），且应符合下列规定：

a. 梁的截面宽度不宜小于400mm。

b. 全部剪力应由暗撑承担。每根暗撑应由4根纵向钢筋组成，纵筋直径不应小于14mm，其总面积A_s为：

持久、短暂设计状况 $$A_s \geqslant \frac{V_b}{2f_y\sin\alpha}$$

地震设计状况 $$A_s \geqslant \frac{\gamma_{RE}V_b}{2f_y\sin\alpha}$$

c. 两个方向暗撑的纵向钢筋均应采用矩形箍筋或螺旋箍筋绑成一体，箍筋直径不应小于8mm，间距不应大于150mm及梁截面宽度的一半，端部加密区间距不应大于100mm，加密区长度不应小于600mm及梁截面宽度的2倍。

d. 纵筋深入构件的长度不应小于l_{al}。

非抗震设计 $l_{al} = l_a$

抗震设计 $l_{al} = 1.15l_a$

（5）筒体结构的楼盖。具有良好的平面内刚度与整体性的楼盖是框架与核心筒或框筒与内筒的协同工作的保证。楼盖结构的选取必须考虑如下因素：抗震设防烈度、楼盖结构的高度对层高的影响、建筑物竖向温度变化受楼盖约束的影响、楼盖结构的材料、楼盖结构的翘曲等。

楼板角部因温差、自身的收缩产生平面变形以及因外框筒角柱过大的轴向变形导致板翘曲变形，然而结构的竖向构件会约束这些变形，从而导致板角出现斜裂缝。防止出现斜裂缝的措施是设置附加钢筋（图8-12）。即在筒体结构的楼盖外角宜设置双层双向钢筋，单层单向配筋率不宜小于0.3%，钢筋的直径不应小于8mm，间距不应大于150mm，配筋

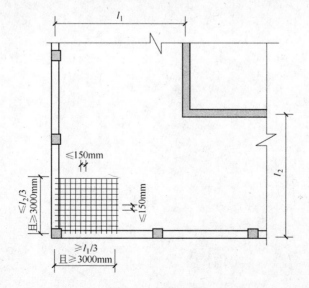

图8-12　板角配筋

范围不宜小于外框架（或外筒）至内筒外墙中距的 1/3 和 3m。

内筒或核心筒外缘楼板不宜开设较大的洞口。核心筒内部的楼板由于楼、电梯间及设备等要求开洞较多，为保证其整体性，能有效约束墙肢（开口薄壁杆件）的扭转与翘曲及传递地震作用，楼板的厚度不宜小于 120mm，并宜双层配筋。

楼盖主梁不宜搁置在核心筒或内筒的连梁上。

思考题与习题

8-1 常用筒体结构一般分为哪几类？

8-2 框筒结构受力有何特点？

8-3 筒中筒结构受力有何特点？

8-4 筒体结构在水平荷载作用下内力和位移计算有哪两类方法？实际工程设计中宜采用哪种方法？

8-5 筒体结构对楼板有何要求？

8-6 如何设计框筒的连梁？

9　高层建筑结构计算机计算原理与设计软件简介

9.1　高层建筑结构计算机计算原理

高层建筑结构的实用计算方法是计算机方法，通过程序来实现计算和设计的。

高层建筑结构采用计算机计算，其方法从原理上大体分三种：一是将高层建筑结构离散为杆单元，再将杆单元集成结构的矩阵位移法，或称杆件有限元法；二是将高层建筑结构离散为杆单元、平面或空间的墙、板单元，再将这些组合单元集成结构的组合结构法，或称为组合有限元法；三是将高层建筑结构离散为平面（或空间）的连续条元，再将这些条元集成结构的有限条方法。这三种方法中，完全离散为杆单元的矩阵位移法应用得最多，离散为杆单元和墙、板单元组合结构的组合结构法近年来应用也多起来，它们被认为是对高层建筑结构进行较精确计算的通用方法。

除了上述离散化的分析方法外，解析和半解析的方法也同时在发展。离散化方法计算量大，有些复杂结构的计算简图简化不尽合理，而且人们对高层建筑的解析方法曾经做过相当多的工作，有很好的基础。但因为解微分方程组的困难，且结构体系日益复杂，要求的计算模型也越来越复杂，因此使解析法的发展遇到了障碍。目前，国内外的研究者们已经开发研制了相当有效的常微分方程求解器（ordinary differential equation solver，简称 ODE Solver），功能很强，尤其可以自适应求解，从而可以满足用户预先对解答精度所指定的误差限，即能给出数值解析解的精度，为发展解析解或半解析解提供了强有力的计算工具。从 1990 年开始，包世华教授及其研究集体在解析半解析微分方程求解器解法中，已经做了大量工作，在静力、动力、稳定和二阶分析诸方面都取得了开拓性的进展。

以下简要介绍矩阵位移法（协同工作分析法和空间结构分析法）和空间组合结构计算法。

9.1.1　以杆件为单元的矩阵位移法

9.1.1.1　高层建筑结构协同工作分析法

为了适应当时国内中小型机及微型机内存不大的特点，1974 年对高层建筑常规三大结构体系提出了协同工作分析方法。协同工作分析法首先将结构划分为若干平面结构（框架或壁式框架），并视为子结构，然后引入楼板刚度无限大的假设，以平面杆件为单元，每个杆端有 3 个位移，并以楼板的 3 个位移（平移 u、v 和转角 θ）为基本未知量，建立与之相应的平衡方程（位移法基本方程），用矩阵位移法求解，得楼层位移，从而计算各片框架或剪力墙分配的水平力，最后进行平面结构分析求得各杆件内力。该方法提出以后，得到了极为迅速的推广，是常用的三大结构体系分析中采用最多的方法。随后，第一代空间协同工作程序开发出来了，并首先用于上海大名饭店的设计，解决了小机器计算大工程的难题，为几百座高层建筑提供了计算手段，成为 20 世纪 70 年代后期至 20 世纪 80 年代中期解算三大常规结构体系的主力程序。

9.1.1.2 高层建筑结构空间结构分析法

协同工作分析法是人为地将空间的高层建筑结构划分为平面结构进行分析，该方法存在以下不足之处：

（1）适用范围受限制，只能用于平面较为简单规则，能划分为平面框架或平面剪力墙的结构；

（2）同一柱或墙分别属于纵向或横向的不同框架，轴向力计算值各不相同，存在轴向力和轴向变形不协调问题。

进入 20 世纪 80 年代以后，国内高层建筑中框架-筒体结构和复杂体型结构增多，结构空间作用十分明显，必须考虑其空间的协调性，因而诞生了空间杆系（含薄壁杆）分析法。为了区别于空间协同工作分析法，通常称之为三维空间结构分析法。该法以空间杆件为单位，以节点位移（3 个线位移和 3 个角位移，对薄壁杆节点还多一个翘曲位移）为基本未知量，按空间杆结构建立平衡方程求解。空间杆系分析方法较少受形状、体系限制，应用面很广，但未知量极多，需要有大型、高速的计算机。为便于在工程中应用，仍保持楼板刚性的假定，用楼面公共自由度（平移 u、v 和转角 θ）代替层各节点相应的自由度，未知数可减少 30% 以上。20 世纪 80 年代中期以前，该法主要用于大中型计算机，先后用于深圳国际贸易中心（50 层，160m）、北京中央电视台大楼（27 层，112m，9 度设防）的结构分析，并进行了电视台大楼的有机玻璃模型试验，验证了计算方法的可靠性。1987年，实现了在 IBM-PC 系列微机上应用的三维空间分析程序。目前，它可以在微机上计算到近 100 层、少于 10 个塔的复杂平面与体型的高层建筑结构（每层可以达 800 根柱，1500 根梁），从而解决了高层建筑结构空间计算方法的普及问题。

三维空间结构分析法，因假设少、适应性广和精度高等特点，已成为当前高层建筑复杂体系分析的主流。

9.1.2 空间组合结构计算法

空间组合结构法是将结构离散为空间杆单元、平面单元、板、壳单元和实体单元的组合体进行分析，比较大的结构分析通用程序都有丰富的单元库，可以用来进行结构的空间静力和动力分析。

空间组合结构计算法的计算要点与杆件有限元法的相同，此法与杆件有限元法的主要区别是：将结构离散为有限单元时，对于一般的梁、柱单元仍采用空间杆单元模型；对于剪力墙，视具体结构和计算要求，可采用墙板模型或墙元模型；对于楼板，采用壳元。

9.2 高层建筑结构设计和分析软件简介

现代高层建筑体量大，功能多样，体型和结构越来越复杂，其计算一般须通过计算程序由电子计算机来完成。现有的计算程序很多，其计算模型和分析方法不尽相同，计算结果的表达方法也各异。在进行结构分析和设计时，需要了解现有结构分析和设计程序各自的特点，针对不同的结构类型及计算要求，选用合适的计算软件。以下根据我国当前建筑工程结构分析和设计软件的应用情况，介绍几种实用的计算程序，供结构分析和设计时选用。

9.2.1 结构分析通用程序

结构分析通用程序是指可用于建筑、机械、航天、船舶、交通等各部门的结构分析程序。其特点是单元种类多、适应能力强、功能齐全。结构分析通用程序原则上可以用来对高层建筑结构进行静力和动力分析，但由于其前、后处理功能弱，没有考虑高层建筑结构的专业特点，而且未纳入我国现行规范和标准，所以目前仅在结构分析时使用。

结构分析通用软件很多，下面介绍几种应用较普遍的软件。

9.2.1.1 SAP2000 程序

大型有限元结构分析程序 SAP2000 是由美国伯克利加州大学土木工程系教授 E. L. Wilson 等人编制、美国 CSI 公司（Computers and Structures, Inc.）开发的 SAP 系列结构分析程序的最新版本，是当今微机结构工程有限元技术的代表之一。除此之外，在我国流行的 SAP 程序系列还有 SAP90、SAP91、SAP92、SAP93 等。SAP 系列程序具有国际领先水平，这套程序还在不断开发中。

SAP2000 保持了原有产品的优点，具有完善、直观和灵活的界面。SAP2000 在三维图形环境中提供了多种建模、分析和设计选项，且完全在一个集成的图形界面内实现建模、修改、分析、设计、优化和结果浏览。

SAP2000 程序具有极强的结构分析功能，可用它来模拟众多的结构形式，包括房屋建筑、桥梁、水坝、油罐、地下结构等。应用 SAP2000 程序可以对上述结构进行线性及非线性静力分析、动力反应谱分析、线性及非线性动力时程分析，特别是地震作用及其效应分析，分析结果可被组合后用于结构设计。

SAP2000 程序中，静力荷载除了在节点上指定的力和位移外，还有重力、压力、温度和预应力荷载；动力荷载可以用地面运动加速度反应谱的形式给出，也可以用时变荷载形式和地面运动加速度形式给出；对桥梁结构可作用车辆动荷载。

SAP2000 程序中有丰富的单元库。其主要的单元类型有杆元、板元、壳元、实体元及线性（或非线性）连接单元，有绘图模块及各种辅助模块（交互建模器、设计后处理模块、热传导分析模块、桥梁分析模块等）。

9.2.1.2 ADINA 程序

ADINA 程序是美国 ADINA R&D, Inc. 公司的产品，是基于有限元技术的大型通用分析仿真平台，可进行固体、结构、流体以及结构相互作用的复杂有限元分析。该程序已成功地移植到微机上，是世界著名程序之一。

ADINA 程序是在总结 SAP、NONSAP 程序的编制经验以及结合有限元和计算机的发展而研制成功的大型结构分析程序系统。该程序可用于高层建筑结构的计算，能解决线性静力、动力问题，非线性静力、动力问题，稳态、瞬态温度问题，非线性稳态、瞬态温度场分析问题，流体与结构相互作用等问题。

9.2.1.3 ANSYS 程序

ANSYS 软件是融结构、流体、电场、磁场、声场分析于一体的大型通用有限元分析软件，由美国的 ANSYS 公司开发。其可广泛用于核工业、能源、机械制造、石油化工、轻工、造船、航空航天、汽车交通、国防军工、电子、土木工程、水利、铁道、地矿、生物医学、日用家电等一般工业即科学研究。它是世界上第一个通过 ISO9000 认可的有限元分析软件。

ANSYS 软件能与多数 CAD 软件接口，实现数据的共享和交换，是现代产品设计中的高级 CAD 工具之一。该软件使用了基于 Motif 标准的易于理解的图形用户接口（GUI），通过 GUI 可方便地交互访问程序的各种功能、命令、用户手册和参考资料，进而逐步完成整个结构分析。

ANSYS 软件由三大模块组成：前处理模块、分析计算模块和后处理模块。前处理模块提供了一个强大的实体建模及网格划分工具，可用于构造有限元模型；分析计算模块包括结构分析（可进行线性分析、非线性分析和高度非线性分析）、流体动力学分析、电磁场分析、声场分析、压电分析以及多物理场的耦合分析，可模拟多种介质的相互作用，具有灵敏度分析和优化分析能力；后处理模块可将计算结果以彩色等值线显示、梯度显示、矢量显示、粒子流迹显示、立体切片显示、透明及半透明显示等方式显示出来，也可将计算结果以图表、曲线形式显示或输出。

ANSYS 软件提供了 100 多种单元类型，可以模拟工程中的各种结构和材料，如四边形壳单元、三角形壳单元、膜单元、三维实体单元、六面体厚壳单元、梁单元、杆单元、弹簧阻尼单元和质量单元等。每种单元类型又有多种算法供用户选择。

该软件目前有 100 余种金属和非金属材料模型可供选择，如弹性、弹塑性、超弹性、泡沫、玻璃、土壤、混凝土、流体、复合材料、炸药及起爆燃烧以及用户自定义材料，并可考虑材料失效、损伤、黏性、蠕变、与温度相关、与应变相关等性质。

目前的 ANSYS 软件提供了土木工程专用软件包，从而使其成为土木工程科研领域中较为重要的工具。

9.2.1.4 MIDAS/Civil 软件

MIDAS/Civil 是个通用的空间有限元分析软件。其适用于桥梁结构、地下结构、工业建筑、飞机场、大坝、港口等结构的分析与设计，特别是针对桥梁结构。MIDAS/Civil 结合国内的规范与习惯，在建模、分析、后处理、设计等方面提供了很多便利的功能。目前已为各大公路、铁路部门的设计院所采用。MIDAS/Civil 的主要特点如下：

（1）提供菜单、表格、文本、导入 CAD 和部分其他程序文件等灵活多样的建模功能，并尽可能使鼠标在画面上的移动量达到最少，从而使用户的工作效率达到最高；

（2）提供刚构桥、板型桥、箱型暗渠、顶推法桥梁、悬臂法桥梁、移动支架/满堂支架法桥梁、悬索桥、斜拉桥的建模助手；

（3）提供中国、美国、英国、德国、欧洲、日本、韩国等国家的材料和截面数据库，以及混凝土收缩和徐变规范和移动荷载规范；

（4）提供桁架、一般梁/变截面梁、平面应力/平面应变、只受拉/只受压、间隙、钩、索、加劲板、轴对称、板（厚板/薄板、面内/面外厚度、正交各向异向）、实体单元（六面体、楔形、四面体）等工程设计时所需的各种有限元模型；

（5）提供静力分析（线性静力分析、热应力分析）、动力分析（自由振动分析、反应谱分析、时程分析）、静力弹塑性分析、动力弹塑性分析、动力边界非线性分析、几何非线性分析（$P\text{-}\Delta$ 分析、大位移分析）、优化索力、屈曲分析、移动荷载分析（影响线/影响面分析）、支座沉降分析、热传导分析（热传导、热对流、热辐射）、水化热分析（温度应力、管冷）、施工阶段分析、联合截面施工阶段分析等分析功能；

（6）在后处理中，可以根据设计规范自动生成荷载组合，也可以添加和修改荷载组合；

（7）可以输出各种反力、位移、内力和应力的图形、表格和文本。提供静力和动力分析的动画文件；提供移动荷载追踪器的功能，可找出指定单元发生最大内力（位移等）时，移动荷载作用的位置；提供局部方向内力的合力功能，可将板单元或实体单元上任意位置的节点力组合成内力；

（8）可在进行结构分析后对多种形式的梁、柱截面进行设计和验算。

9.2.2 高层建筑结构分析与设计专用程序

结构分析通用程序虽然可以用来对高层建筑进行静力和动力分析，但是正因为它通用性强，反而不如专用程序针对性强。人们往往更多地使用高层建筑结构的专用程序。

9.2.2.1 ETABS 程序

ETABS 程序也是由 CSI 公司开发研制的，高层建筑结构空间分析与设计专用程序，能进行在静载和地震荷载作用时结构的弹性分析。该程序将框架和剪力墙作为子结构来处理，采用刚性楼板假定。对结构中的柱子，考虑了弯曲、轴向和剪切变形，梁考虑了弯曲和剪切变形，剪力墙用带刚域杆件和墙板单元计算。

ETABS 程序可以对结构进行静力和动力分析；可对总体建筑结构响应量（包括楼层变位、层间位移、剪切力、扭矩、倾覆力矩）进行分析；能计算结构的振型和频率，并按反应谱振型组合方法和时程分析方法计算结构的地震反应；在静力和动力分析中，考虑了 P-Δ 效应；在地震反应谱分析中采用了改进的振型组合方法（CQC 法）；可自动生成按 UBC 和 ATC 规范等效的静力横向地震力；能计算每个单元的应力比；可进行为计算振型所需要的有效质量的计算；能考虑地基与建筑群的相互作用；在程序执行之前，有校核输入数据的功能。此程序已有微机版本（Super-ETABS），其在超高层建筑结构的分析计算中已得到广泛的应用。

目前的 ETABS 集成了大部分国家和地区的现行结构设计规范，包括美国、加拿大、欧洲规范和中国规范等，可完成绝大部分国家和地区的结构工程设计工作。中国建筑标准设计研究院与美国 CSI 公司合作，推出了完全符合我国规范的 ETABS 中文版软件。该软件纳入的中国现行的一些规范和规程，在中国已经广泛应用。

9.2.2.2 TBSA 程序

TBSA 程序是中国建筑科学研究院开发的高层建筑空间分析软件。它采用空间杆-薄壁柱模型，即梁、柱、斜杆采用空间杆单元，每端 6 个自由度；剪力墙采用空间薄壁杆单元，考虑截面翘曲的影响，每端 7 个自由度。该程序可对框架结构、剪力墙结构、框架-剪力墙结构以及筒体结构等常用的结构形式进行分析和设计，还可分析和设计其他复杂结构体系。

程序的基本功能如下：

（1）通过前处理程序可以自动形成结构分析的几何文件、设计信息文件和荷载文件；

（2）可以进行风荷载、双向水平地震作用和竖向地震作用分析，水平地震作用可考虑耦联或非耦联两种情况；可改变水平力作用方向，进行多方向水平力作用计算；

（3）可以分析普通单体结构、多塔楼结构、错层结构、连体结构等多种立面结构形式；

（4）可按指定施工顺序考虑竖向荷载的施工模拟计算，可考虑 $P\text{-}\Delta$ 效应以及荷载偶然偏心的影响；

（5）可以计算钢筋混凝土构件、型钢混凝土构件、钢管混凝土构件、异形柱及钢结构构件；可考虑框支柱及角柱的不同设计要求；

（6）可考虑梁与柱偏心刚域的影响；可计算独立杆件和自由节点，用于分析空旷结构和附属结构；

（7）可对梁进行挠度、裂缝验算，输出弹性和塑性挠度及指定梁的裂缝宽度。

9.2.2.3　TAT 程序和 SATWE 程序

这两个程序是由中国建筑科学研究院 PKPMCAD 工程部研制和开发的 PKPM 系列软件之一。它们都可与 PKPM 系列 CAD 系统连接，与该系统的各功能模块接力运行，可从 PM-CAD 中生成数据，从而省略计算数据填表。程序运行后，可借助 PK 绘制梁、柱施工图，并可为各类基础设计软件提供柱、墙底的组合内力作为各类基础的设计荷载。

TAT 程序与 TBSA 程序采用相同的结构计算模型（即空间杆-薄壁柱模型）。该程序不仅可以计算钢筋混凝土结构，而且对钢结构中的水平支撑、垂直支撑、斜柱以及节点域的剪切变形等均予以考虑。其还可以对高层建筑结构进行动力时程分析和几何非线性分析。

SATWE 程序采用空间杆-墙元模型，即采用空间杆单元模拟梁、柱及支撑等杆件，用在壳元基础上凝聚而成的墙元模拟剪力墙。墙元是专用于模拟高层建筑结构中剪力墙的，对于尺寸较大或带洞口的剪力墙，按照子结构的思路，由程序自动进行细分，然后用静力凝聚原理将由于墙元的细分而增加的内部自由度消去，从而保证墙元的精度和有限的出口自由度。这种墙元对于剪力墙洞口（仅考虑矩形洞）的大小及空间位置无限制，具有较好的适应性。墙元不仅具有平面内刚度，也具有平面外刚度，可以较好地模拟工程中剪力墙的实际受力状态。对于楼板，该程序给出了四种简化假定，即楼板整体平面内无限刚性、楼板分块平面内无限刚性、楼板分块平面内无限刚性带有弹性连接板带、弹性楼板，平面外刚度均假定为零。在应用时，可根据工程实际情况和分析精度要求，选用其中的一种或几种。

SATWE（space analysis of tall-buildings with wall-element）是专门为高层建筑结构分析与设计而研制的空间组合结构有限元分析软件，适用于各种复杂体型的高层钢筋混凝土框架、框架-剪力墙、剪力墙、筒体等结构，以及钢-混凝土混合结构和高层钢结构。其主要功能有：

（1）可完成建筑结构在恒荷载、活荷载、风荷载以及地震作用下的内力分析、动力时程分析和荷载效应组合计算；可进行活荷载不利布置计算；可将上部结构与地下室作为一个整体进行分析；

（2）对于复杂体型高层建筑结构，可进行耦联抗震分析和动力时程分析；对于高层钢结构建筑，考虑了 $P\text{-}\Delta$ 效应；具有模拟施工加载过程的功能；

（3）空间杆单元除了可以模拟一般的梁、柱外，还可以模拟铰接梁、支撑等杆件；梁、柱及支撑的截面形状不限，可以是各种异形截面；

（4）结构材料可以是钢、混凝土、型钢混凝土、钢管混凝土等；

（5）考虑了多塔楼结构、错层结构、转换层及楼板局部开大洞等情况，可以精细地分析这些特殊结构；考虑了梁、柱的偏心及刚域的影响。

9.2.2.4 广厦结构软件

广厦结构软件是由广东省建筑设计研究院开发的建筑结构设计软件，自1996年通过鉴定以来，目前已经发展到了运用国家最新规范的8.0版本，界面友好，使用方便。广厦CAD系统中用于高层建筑结构分析与计算的主要有广厦多、高层空间分析程序SS和广厦多、高层建筑三维（墙元）分析程序SSW。

广厦多、高层空间分析程序SS采用空间薄壁杆系计算模型，其主要功能有：

（1）可用于各种结构形式（框架、剪力墙、框架-剪力墙等）多、高层建筑物的三维结构分析；杆件的截面可为矩形、梯形、L形、十字形、圆形、工字形等，墙体的截面可为任意形状；

（2）荷载包括竖向荷载（恒荷载和活荷载）和水平荷载（水平面内任意确定的两主轴方向的风荷载和地震荷载）；

（3）考虑弯曲变形，并可考虑轴向变形、扭转变形和剪切变形；可考虑施工模拟加载；

（4）可计算自重、楼层重和重心；可自动处理偏心、刚域、刚臂、转杆等结构要求。

广厦多、高层建筑三维（墙元）分析程序SSW采用空间墙元杆系计算模型，其主要功能有：

（1）用于多、高层建筑物的三维结构分析；可分析多塔楼、连体结构，包括各种含空间框架-剪力墙的结构；可计算含错层、跨层柱、墙中梁柱等复杂结构；

（2）对剪力墙用连续体有限元分析；对框架系统采用空间杆系有限元分析；

（3）考虑多种截面类型，并对梁、柱、异形柱和剪力墙作配筋计算；

（4）可考虑荷载包括垂直荷载（恒荷载和活荷载）和水平荷载（风荷载和地震作用）；采用三向耦联地震分析，考虑任意确定的多个方向的地震作用；

（5）可考虑抗震设计时的框架内力调整；可考虑施工模拟加载；可考虑弯曲变形、轴向变形、扭转变形和剪切变形。

9.3 高层建筑结构程序计算结果的分析

高层建筑结构布置复杂，构件多，在目前计算机和计算软件广泛应用的条件下，除了根据工程具体情况选择适宜可靠的计算软件外，还应从力学概念和工程经验等方面对软件计算结果的合理性、可靠性进行判断，这对保证结构安全是十分必要的。

9.3.1 计算结果产生错误的原因

（1）程序编制问题。一方面，计算软件是根据现行规范、规程进行编制的，在建立计算模型时必须作必要的简化，而且现行规范、规程是成熟经验的总结，对于当前许多较复杂的工程而言，这些经验是滞后的。另一方面，由于程序编制人员对规范条文和设计习惯不熟悉，对规范条文理解不正确，导致在某些计算软件中，现行规范、规程规定的一些要求验算的内容没有得到体现，或者软件内容不完全符合规范和规程的要求。同时，高层建筑结构程序复杂，其中即便有错误，未经大量工程实践检验，也难以完全发现。

（2）程序使用问题。设计人员如果对程序的基本理论假定、应用范围和限制条件等没有理解透彻，或输入数据有误（其中包括集合图形、荷载和构件尺寸等），特别是边界的模拟与实际受力状态不符的情况下都会造成计算结构的不正确。

9.3.2 计算结果的分析、判断和调整

对计算结果进行正确性分析，一般是采用大量工程实践所得到的经验数据与结构、荷载特征进行综合分析比较，即进行定性和定量的检查，判断其是否符合力学的一般规律，是否满足规范要求。

对于比较规则的高层建筑结构，其计算结果正确性可按下列项目进行判断：

（1）自振周期。按正常设计，非耦联计算地震作用时，若不考虑周期折减，结构自振周期大致在以下范围内：

框架结构：$T_1 = (0.12 \sim 0.15)n$

框架-剪力墙结构和框架-筒体结构：$T_1 = (0.06 \sim 0.12)n$

剪力墙结构：$T_1 = (0.04 \sim 0.08)n$

筒中筒结构：$T_1 = (0.06 \sim 0.10)n$

$$T_2 = (1/5 \sim 1/3)T_1$$

$$T_3 = (1/7 \sim 1/5)T_1$$

其中，T_1 为结构基本自震周期；T_2、T_3 分别为第二、第三周期；n 为建筑物的层数。

为了充分考虑框架结构和框架-剪力墙结构的填充墙刚度对计算周期的影响，必须进行周期折减，周期折减系数的大小由结构类型和填充墙数量多少来决定，见下表。

周期折减系数表

结构类型	填充墙较多	填充墙较少	结构类型	填充墙较多	填充墙较少
框架结构	$0.6 \sim 0.7$	$0.7 \sim 0.8$	剪力墙结构	$0.9 \sim 1.0$	1.0
框架-剪力墙结构	$0.7 \sim 0.8$	$0.8 \sim 0.9$			

对于40层以上的建筑，上述近似周期的范围可能有较大差别。如果周期偏离上述数据太远，应考虑结构刚度是否合适，必要时须调整结构构件的截面尺寸。如果截面尺寸和布置合理，应检查输入数据有无错误。

（2）振型曲线。对于结构刚度和质量变化不大的高层建筑，正常的振型曲线多为连续光滑曲线，当沿竖向有明显的刚度和质量突变时，振型曲线可能出现不光滑的畸变点。如图9-1所示，第一振型没有零点；第二振型在$(0.7 \sim 0.8)H$处有一个零点；第三振型分别在$(0.4 \sim 0.5)H$和$(0.8 \sim 0.9)H$处有两个零点。

（3）水平位移。结构的弹性层间位移角需满足本书第3.2.3节的要求。位移与结构总体刚度有关，计算位移越小，其结构总体刚度越大，故可以根据初算的结果对结构整体刚度进行调整。如位移值偏小，则可以减小整体结构的刚度；反之，如果位移偏大，则需考虑增加整体结构的刚度。

将位移参考点上各水平位移画成曲线，一般情况下不会出现畸点，曲线应连续、光

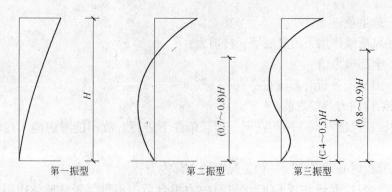

第一振型　　　　第二振型　　　　第三振型

图 9-1　振型曲线

滑。对于不同结构类型，其水平位移曲线有不同的特征，如图 9-2 所示。

剪力墙结构是竖向悬臂弯曲构件，其位移曲线是弯曲型，越往上层水平位移增长越快（图 9-2a）。

框架结构的变形是剪切型，越往上增长越慢，成内收形曲线（图 9-2c）。

框架-剪力墙和框架-筒体结构的水平位移介于两者之间，基本上呈反 S 形（图 9-2b）。

（4）地震剪力。根据目前大量工程计算结果，截面尺寸、结构布置都比较正常的结构，其楼层剪重比应符合本书第 3.2.4 节的要求。底部剪力大约在以下范围内为比较正常。

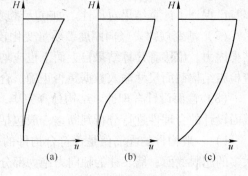

图 9-2　水平位移曲线
（a）剪力墙；（b）框架-剪力墙和
框架-筒体；（c）框架

8 度、Ⅱ 场地土 $F_{EK} = (0.03 \sim 0.06)G$

7 度、Ⅱ 场地土 $F_{EK} = (0.015 \sim 0.03)G$

式中，F_{EK} 为结构底部水平地震作用标准值；G 为建筑物的重力荷载。

层数多、刚度小时，偏于式中的较小值；层数少、刚度大时，偏于式中的较大值。其他烈度和场地类别时，应做相应调整。

当计算的地震作用小于上述范围的下限时，宜适当加大结构的截面尺寸，提高其刚度，适当增大地震力以保证安全；当地震作用超过上限太多时，应适当减少结构刚度以使技术经济指标合理。

一般情况下，按振型分解反应谱法计算得到的结构底部剪力小于按简化的底部剪力求得的数值。只有在结构刚度、质量沿竖向变化非常大，很不均匀时，才会出现振型组合法计算结果较大现象。

（5）内外力平衡。需分析结构在单一重力荷载或风荷载作用下内外力平衡条件是否满足。平衡条件软件本身已严格检查，但为了避免计算过程中的偶然因素，必要时应检查底层的平衡条件：

$$\Sigma N_i = G \qquad (9-1)$$

$$\Sigma V_i = \Sigma P \qquad (9-2)$$

式中　N_i——底层柱、墙在单组重力荷载下的轴力；

G——总重量；

V_i——风荷载作用下的底层墙、柱剪力；

ΣP——全部风力值。

进行内外力平衡分析时需注意：

1）应在结构内力调整之前；

2）平衡校核只能对同一结构在同一荷载条件下进行，故不能考虑施工过程中的模拟加载的影响；

3）平衡分析时必须考虑同一种工况下的全部内力；

4）各振型经过 SRSS 法或 CQC 法进行内力组合后，不再等于总地震作用力，故对地震作用不能校核平衡条件。当需要进行平衡校核时，可利用第一振型的地震作用进行平衡分析。

（6）对称性。对称结构在对称外力作用下，对称点的内力与位移必须对称。软件程序本身已保证了计算结果对称性。如有反常现象，应检查输入数据是否正确。

（7）渐变规律。竖向刚度、质量变化较均匀的结构，在较均匀变化的外力作用下，其结构内力、位移等计算结果自上而下也应均匀变化，不应有反常的大正大负等突变，否则应检查结构截面尺寸输入数据是否正确、合理。

（8）截面设计合理性。结构计算完毕，除对结构整体进行判断和调整外，还应对构件截面设计的合理性进行分析判断，一般包括以下内容：

1）一般构件的配筋值是否符合构件的受力特性。设计较为合理的结构，一般不应有太多的超限截面；墙、柱的轴向力绝大部分为压力，且大多数情况是构造配筋；梁不应有超筋和受压区过高现象；除个别墙段外，剪力墙符合截面抗剪要求；梁截面抗剪不满足要求、抗扭超限截面不多。

2）特殊构件（如转换梁和转换柱、大悬臂梁、跨层柱等）应分析其内力、配筋是否正常，必要时应做进一步结构分析。

3）柱、短肢剪力墙的轴压比须符合规范要求。竖向构件的加强部位（如角柱、框支柱、底层剪力墙等）的配筋是否得到加强。

（9）几个限值。除了上述的要求外，对于一般的抗震建筑，还需注意使轴压比、剪重比、位移比、周期比和刚重比等满足相应的规范限值。

设计中较为合理的结构，基本上能满足规范的各项要求。结构设计中，其计算结果一般可按上述几项内容进行分析。符合上述要求，可以认为结构基本正常，否则应检验输入数据是否有误或对结构方案进行调整，使计算结果正常、合理。

思考题与习题

9-1　高层建筑结构计算机计算有哪几种方法？

9-2　简述高层建筑结构协同工作法和空间结构分析法的原因。

9-3　常用的结构分析通用程序有哪些？

9-4　高层建筑结构分析与设计的专用程序有哪些？

9-5　高层建筑结构计算结果产生错误的原因有哪些？

9-6　高层建筑结构计算机计算结果的正确与否如何判断？

参 考 文 献

［1］中华人民共和国建设部．建筑工程抗震设防分类标准（GB 50223—2008）［S］．北京：中国建筑工业出版社，2012.

［2］中华人民共和国住建部．建筑结构荷载规范（GB 50009—2012）［S］．北京：中国建筑工业出版社，2012.

［3］中华人民共和国住建部．建筑抗震设计规范（GB 50011—2010）［S］．北京：中国建筑工业出版社，2012.

［4］中华人民共和国住建部．混凝土结构设计规范（GB 50010—2010）［S］．北京：中国建筑工业出版社，2012.

［5］中华人民共和国住建部．高层建筑混凝土结构技术规程（JGJ—2010）［S］．北京：中国建筑工业出版社，2012.

［6］中华人民共和国建设部．高层民用建筑设计防火规范（GB 50045—95）（2005版）［S］．北京：中国计划出版社，2007.

［7］罗福午，张惠英，杨军．建筑结构概念设计及案例［M］．北京：清华大学出版社，2006.

［8］王新平．高层建筑结构［M］．北京：中国建筑工业出版社，2003.

［9］包世华，张铜生．高层建筑结构设计和计算（上、下册）［M］．北京：清华大学出版社，2005.

［10］周果行．房屋结构毕业设计指南［M］．北京：中国建筑工业出版社，2004.

［11］沈蒲生．高层建筑结构设计［M］．北京：中国建筑工业出版社，2006.

［12］李达．抗震结构设计［M］．北京：化学工业出版社，2010.

［13］李国胜．多高层钢筋混凝土结构设计优化与合理构造［M］．北京：中国建筑工业出版社，2008.

［14］高立人，方鄂华，钱稼茹．高层建筑结构概念设计［M］．北京：中国计划出版社，2005.

［15］包世华．新编高层建筑结构［M］．2版．北京：中国水利水电出版社，知识产权出版社，2005.

［16］周坚．高层建筑结构力学［M］．北京：机械工业出版社，2006.

［17］田稳苓，黄志远．高层建筑混凝土结构设计［M］．北京：中国建材工业出版社，2005.

［18］方鄂华，钱稼茹，叶列平．高层建筑结构设计［M］．北京：中国建筑工业出版社，2003.

［19］范家骧，高莲娣，喻永言．钢筋混凝土结构（下册）［M］．北京：中国建筑工业出版社，1991.

［20］徐占发，马怀忠，王茹．混凝土与砌体结构［M］．北京：中国建材工业出版社，2004.

［21］沈小璞，胡俊．高层建筑结构设计［M］．合肥：合肥工业大学出版社，2006.

［22］何渐渐，黄林青．高层建筑结构设计（精编本）［M］．武汉：武汉理工大学出版社，2007.

［23］裴星洙，张立．高层建筑结构的设计与计算［M］．北京：中国水利水电出版社，2007.

［24］方鄂华．高层建筑钢筋混凝土结构概念设计［M］．北京：机械工业出版社，2004.

［25］吕西林．高层建筑结构［M］．武汉：武汉工业大学出版社，2001.

［26］王祖华，蔡健，徐进．高层建筑结构设计［M］．广州：华南理工大学出版社，2008.

［27］秦荣著．高层与超高层建筑结构［M］．北京：科学出版社，2007.

［28］原长庆主编．高层建筑混凝土结构设计［M］．哈尔滨：哈尔滨工业大学出版社，2008.

［29］杨金铎主编．高层民用建筑构造［M］．北京：中国建材工业出版社，2007.

［30］唐兴荣编著．高层建筑结构设计［M］．北京：机械工业出版社，2007.

［31］史庆轩，梁兴文编著．高层建筑结构设计［M］．北京：科学出版社，2006.

［32］雷春浓编著．高层建筑设计手册［M］．北京：中国建筑工业出版社，2002.

［33］刘建荣．高层建筑设计与技术［M］．北京：中国建筑工业出版社，2005.

［34］张维斌．多层及高层钢筋混凝土结构设计释疑及工程实例［M］．北京：中国建筑工业出版社，2008.

[35] http：//lw. china-b. com/gxlx/20090212/46101_1. html

[36] http：//www. ctbuh. org/HighRiseInfo/TallestDatabase/Criteria/tabid/446/language/en-US/Default. aspx.

[37] 东南大学，同济大学，天津大学. 混凝土结构（中册）[M]. 3 版. 北京：中国建筑工业出版社，2008.

[38] 朱炳寅. 建筑设计抗震规范应用与分析 GB 50011—2010[M]. 北京：中国建筑工业出版社，2011.

[39] 熊仲明，等. 高层结构设计题库及题解[M]. 北京：中国水利水电出版社，2004.

[40] 李国强，等. 建筑结构抗震设计[M]. 北京：中国建筑工业出版社，2005.